国家林业和草原局普通高等教育"十四五"规划教材

草坪保护学

（第2版）

徐秉良　主编

中国林业出版社
China Forestry Publishing House

国家林业和草原局草原管理司 支持出版

内 容 简 介

本教材分上下两篇。上篇为草坪保护基础知识，介绍了草坪病、虫、草害的主要类群，发生发展规律及成灾机理，草坪有害生物综合治理的原理与方法；下篇为草坪病、虫、草害及其防治，介绍了草坪主要病、虫、草害的识别及其防治，草坪种传有害生物及其防治，草坪保护常用农药及施药技术。在内容上，融入了课程思政元素，兼具理论知识的系统性、操作的实用性和使用的广泛性；在撰写方法上，采用通俗与专业相结合的原则。二维码中配套大量草坪病、虫、草的图片，包括草坪病害症状彩色图片、病原菌墨线图、害虫及其害状彩色图片、害虫形态特征墨线图、常见草坪杂草彩色图片等。

本教材图文并茂，是草坪业技术人员、管理人员、植保工作者、农林院校师生以及从事草坪业生产、经营、销售等人员的重要参考书。

图书在版编目（CIP）数据

草坪保护学／徐秉良主编． — 2 版 . -- 北京：中国林业出版社，2024.12. --（国家林业和草原局普通高等教育"十四五"规划教材）． -- ISBN 978-7-5219
-3037-5

Ⅰ. S436. 8

中国国家版本馆 CIP 数据核字第 2025A5V507 号

策划编辑：李树梅　高红岩
责任编辑：李树梅
责任校对：苏　梅
封面设计：睿思视界视觉设计

出版发行　中国林业出版社
　　　　　（100009，北京市西城区刘海胡同 7 号，电话 010-83143531）
电子邮箱　jiaocaipublic@163. com
网　　址　https://www.cfph. net
印　　刷　北京盛通印刷股份有限公司
版　　次　2011 年 12 月第 1 版
　　　　　2024 年 12 月第 2 版
印　　次　2024 年 12 月第 1 次印刷
开　　本　787mm×1092mm　1/16
印　　张　16. 375
字　　数　400 千字　　数字资源：70 千字
定　　价　49. 00 元

《草坪保护学》(第2版)编写人员

主　　编　徐秉良

副 主 编　王森山　李春杰　张树武　马　荣　王海光

编　　者　(按姓氏拼音排序)

安沙舟(新疆农业大学)

陈　斌(云南农业大学)

崔晓宁(甘肃农业大学)

段立清(内蒙古农业大学)

龚国淑(四川农业大学)

何鹏博(云南农业大学)

李春杰(兰州大学)

李海平(内蒙古农业大学)

李沛利(四川农业大学)

梁巧兰(甘肃农业大学)

廖晓兰(湖南农业大学)

刘发央(兰州大学)

刘慧芹(天津农学院)

刘　佳(甘肃农业大学)

马　荣(新疆农业大学)

任金龙(新疆农业大学)

谭济才(湖南农业大学)

王海光(中国农业大学)

王海建(四川农业大学)

王丽丽(新疆农业大学)

王　敏(华南农业大学)

王森山(甘肃农业大学)

徐秉良(甘肃农业大学)

薛龙海(兰州大学)

薛应钰(甘肃农业大学)

杨　帆(青海大学)

杨顺义(甘肃农业大学)

杨　燕(云南农业大学)

张树武(甘肃农业大学)

张振粉(甘肃农业大学)

张志勇(北京农学院)

赵明敏(内蒙古农业大学)

朱海霞(青海大学)

朱玉溪(扬州大学)

主　审　刘荣堂(甘肃农业大学)

薛福祥(甘肃农业大学)

商鸿生(西北农林科技大学)

前言（第2版）

草坪不仅可以为人们创造出舒适优美、赏心悦目的学习、生活、工作、休息和游憩环境，还具有地表覆盖、净化空气、调节区域小气候等提升区域生态质量的功能。党的二十大报告提出："我们坚持绿水青山就是金山银山的理念，坚持山水林田湖草沙一体化保护和系统治理，全方位、全地域、全过程加强生态环境保护。"草坪业是我国的朝阳产业，近年来发展十分迅猛，与草坪学相关的产业正逐步发展壮大，对草坪学专业人才，尤其是既有理论知识又有实践动手能力的创新性人才的需求日益增加。因此，我们博采相关院校和草坪学科教学改革之长，总结本学科多年教学实践的经验，在《草坪保护学》第1版的基础上，编写了第2版。

本教材充分体现了草坪病、虫、草等有害生物的整体和共性特点，多学科融合，对涉及知识点进行高度归纳总结，力求对草坪病、虫、草等有害生物及其防治给予系统介绍；采用以理论知识介绍为主、实际操作技术为辅的原则，书中所涉及的研究方法、实验方法等，尽可能筛选具有代表性、有深度、有广度和可操作性强的技术和手段，充分体现教材的可操作性和实用性；在内容方面，在第1版的基础上，增加了课程思政、草坪非侵染性病害及草坪保护专业最新研究成果，汇集了13所农业院校教师多年来的科研与教学经验。依据各位编写人员的所在区域及科研方面的特色，结合其专长进行编写，使本教材的内容不仅丰富多彩，而且新颖独到。

本教材由徐秉良担任主编，王森山、李春杰、张树武、马荣、王海光担任副主编。本教材分为上下两篇共10章，上篇为草坪保护基础知识，下篇为草坪病、虫、草害及其防治。徐秉良编写第1章，王丽丽、廖晓兰、龚国淑、李沛利、赵明敏、张树武、马荣、徐秉良、刘佳编写第2章，王森山、段立清、谭济才、陈斌、任金龙、王敏、杨帆、崔晓宁编写第3章，安沙舟、杨燕编写第4章，张志勇、刘慧芹编写第5章，徐秉良、薛应钰、张树武、刘佳、张振粉、朱海霞、马荣编写第6章，王森山、张志勇、王敏、任金龙、朱玉溪、王海建、刘发央、崔晓宁编写第7章，杨顺义、何鹏博、杨燕编写第8章，李春杰、薛龙海、安沙舟编写第9章，梁巧兰、李海平编写第10章，王海光编写思政课堂，刘荣堂、薛福祥和商鸿生教授担任主审。

本教材在编写过程中得到了北京农学院、甘肃农业大学、湖南农业大学、华南农业大学、兰州大学、内蒙古农业大学、青海大学、四川农业大学、天津农学院、新疆农业大学、扬州大学、云南农业大学、中国农业大学的大力支持；本教材的出版得到了国家林业和草原局草原管理司项目资助，在此一并表示诚挚的感谢！

本教材是在刘荣堂、薛福祥、商鸿生教授的亲切关怀和指导下，在全体编写人员的共同努力下完成的。在本教材完成之际，向他们表示衷心的感谢！由于时间的限制和编者的水平有限，错误和遗漏之处在所难免，恳请广大读者批评指正。

编　者

2024 年 1 月

前言（第1版）

随着我国经济发展，人民生产水平的提高，建设优美的环境越来越重要。草坪在城市绿化、净化空气、改善生态环境方面发挥了重要的作用，我国城市草坪建设也日益受到重视。近年来，许多高等院校都陆续成立了草坪及草坪相关专业，编写和出版有关草坪保护方面的专业教材，对培养面向21世纪宽基础、高素质、强能力的草坪专业本科人才意义重大。因此，我们博采相关院校和草坪学科教学改革之长，总结本学科多年教学实践的经验，特编写了这本《草坪保护学》。

本教材全面、系统地介绍了草坪保护学的基本知识及原理，实用方法和技能。涵盖了草坪病理学，草坪有害生物综合治理的原理与方法，各类草坪病、虫、草害的识别与防治，草坪种传有害生物防治，草坪保护常用农药及施药技术等方面的主要内容。各部分在结构方面体现了总论和各论并重的特点，拓宽了学生的知识面。在内容方面，增加了草坪保护专业近期的最新研究成果，汇集了10所农业大专院校教师多年来的科研与教学经验。依据各位编写人员所在区域及科研方面的特色，结合其专长进行编写，使本教材的内容不仅丰富多彩，而且新颖独到。

本教材由徐秉良主编，张志勇、李春杰、安沙舟、廖晓兰、段立清、刘慧平、赵莉副主编。全书分为上下两篇共10章，上篇为草坪保护基础知识，下篇为草坪病、虫、草害及其防治。第1章绪论、第6章草坪病害的诊断及主要病害由徐秉良组织编写；第2章草坪病害基础知识由罗明组织编写；第3章草坪害虫基础知识，第7章草坪主要害虫及防治由王森山组织编写；第4章草坪杂草由安沙舟组织编写；第5章草坪有害生物综合治理原理与方法由张志勇编写；第8章草坪常见杂草由杨顺义组织编写；第9章草坪种传有害生物及其防治由李春杰组织编写；第10章草坪保护常用农药及施药技术由刘慧平组织编写。

在编写过程中得到了北京农学院、湖南农业大学、华南农业大学、兰州大学、内蒙古农业大学、山西农业大学、四川农业大学、新疆农业大学、云南农业大学、中国农业大学的大力支持。

本教材是在商鸿生、冯光翰、薛福祥教授的亲切关怀和指导下，在全体编写人员的共同努力下完成的。在本教材完成之际，向他们表示衷心的感谢！同时，感谢为本教材进行校对工作的古丽君、刘佳、张瑾等博士！在本教材中还引用了国内外许多研究成果，在此无法一一标出，尚请谅解并致谢意。

由于时间的限制和编者的水平有限，错误和遗漏之处在所难免，在此诚挚地希望广大读者批评指正。

徐秉良

2011年6月于甘肃农业大学

目 录

上篇　草坪保护基础知识

下篇 草坪病、虫、草害及其防治

上篇　草坪保护基础知识

绪 论

草坪在保护环境、绿化和美化环境方面发挥着重要的作用。随着人们生活水平的日益提高，人类社会与经济发展的需要，绿化环境、保护和改善生态环境已成为现代化社会不可或缺的重要组成部分，一些具有多种功能的草坪，如供休闲和娱乐、体育锻炼、护坡固堤的草坪等应运而生。草坪除了作为绿色植被为人类提供一个美丽的生活环境以外，还具有减缓太阳辐射、调节小气候、净化大气、保持水土、预防自然灾害等多种改善生态环境的作用。草坪业已成为现代化社会中重要的组成部分，广泛地渗入人类生活各个方面。然而，由于受病虫杂草危害，草坪长势衰弱，甚至成片死亡，直接影响草坪的观赏价值和使用价值，给园林绿化造成巨大经济损失；与此同时，国外草种的大量引进、绿地面积不断扩大及草坪集约化管理程度的提高，病虫杂草对草坪业造成的危害越来越严重，致使草坪提早衰败、难以利用，甚至废弃。

草坪草属多年生植物，其生态条件十分利于多种病、虫、草害的发生和滋长；草坪草类型又多，生长的环境各不相同，养护水平高低不一，使草坪上有害生物的发生与防治十分复杂。因此，正确识别与诊断草坪病、虫、草害，摸清草坪病、虫、草害的种类，采取相应的防治和管理措施，对保护草坪草的健康和防止草坪退化，是一项十分重要的工作。我国的草坪科学研究远远滞后于草坪业的发展，草坪草在新品种培育、病、虫、草害综合防治等方面均需开展深入研究。

1.1 草坪病、虫、草害的发生情况

1.1.1 草坪病、虫、草害发生的主要类群

草坪病、虫、草害全年均有发生，不同的地区、季节、草坪草品种发生的病、虫、草害有所区别。

(1)草坪病害主要类群

草坪病害可分为两大类：一类是由非侵染性病原，如营养失调，不适宜的温、湿度和不良的环境条件所引起的非侵染性病害；另一类是由侵染性病原，如菌物、细菌、病毒、线虫、寄生性种子植物、藻类和原生动物等引起侵染性病害。侵染性病害具有传染性，因而是草坪病害防治的主要对象。这些病原物可以从植物体内摄取营养，借以生存和繁殖，引起植物生理功能失调，继而出现组织结构和外部形态的病变，使植物生长发育过程受阻甚至死亡。据统计，目前在草坪上发生的病害种类有 300 余种，其中大多数病害是由植物病原菌物所引起。在我国发生的主要病害种类是锈病、白粉病、褐斑病、腐霉枯萎病、根腐病、币斑病、叶斑病、白绢病、炭疽病、叶枯病及全蚀病等。

(2)草坪害虫主要类群

在节肢动物门的昆虫纲和蛛形纲中,有许多昆虫和螨类都可取食危害草坪植物。危害草坪的昆虫种类很多,且数量大,分布广,适应性强。这些害虫和螨类不仅可以取食植物,直接破坏草坪生长和发育,且可以作为媒介,传播各种病菌和病毒,使草坪植物染病而影响草坪的观赏与商品价值。目前,我国发生的危害草坪的害虫主要有金龟甲类、金针虫类、蝼蛄类、地老虎类、拟步甲类、土蝽类、蝗虫类、夜蛾类、螟蛾类、叶甲类、蚜虫类等。

(3)草坪杂草主要类群

在我国各地区均有种类和数量不同的杂草,但主要杂草都集中在禾本科、菊科、十字花科、茜草科、车前科、玄参科、石竹科、马齿苋科、苋科、蓼科以及莎草科。北方地区禾本科杂草相对较少,并且一般发生在苗期,成坪后则不多见,一般见到的是双子叶阔叶杂草;而且,阔叶杂草大部分都是二年生或多年生,一年生的较少。

多年生杂草适合草坪草经常修剪的特点,主要依靠其营养器官进行繁殖,从而在北方地区形成优势种,如萹蓄、独行菜等。过渡地区气候因素比较温和,禾本科杂草与阔叶杂草都能适应,而且大量发生,但以一年生杂草为主,四季均有发生危害。夏秋季危害草坪的杂草最多,夏季杂草密度高,生长快,危害期长,主要有马唐、白茅、狗尾草等。也有在春季危害比较重的杂草草种,如泥胡菜、看麦娘、婆婆纳等。在南方地区,草坪杂草比较多,并且一年生杂草较多,其中禾本科杂草最多,菊科居次,再次是大戟科和莎草科,如狗尾草、香附子等。草坪杂草不仅影响草坪的美观,降低其使用价值,而且由于某些杂草对人、畜有害,造成环境污染。杂草传播病虫,使草坪病虫害加重,增加草坪养护的费用,并可能因此缩短草坪的使用寿命,导致草坪建植的成本增高。

1.1.2　草坪有害生物多样性

我国幅员辽阔,各地区气候条件相差很大,生态环境类型多种多样,在不同地域和不同生态环境下草坪类型各有不同;即使在同一地域或同一生态环境中草坪的功能也各不相同,草坪类型也有分化。草坪的多样化造成包括有害生物在内的生物物种的多样性。

据不完全统计,全世界已记录的生物为141.3万种,其中昆虫75.1万种、其他动物28.1万种、高等植物24.84万种、菌物6.9万种、真核单细胞有机体3.08万种、藻类2.69万种、细菌等0.48万种、病毒0.1万种。估计全世界生物总数在200万种至1亿种。和生物总种数相比,有害生物总种数的比例很小,其中危害草坪草的有害生物种数更是微乎其微。

(1)草坪杂草物种多样性

我国杂草种类繁多,目前已达到1 000种,其中600种较为常见。草坪杂草约450种,隶属45科127属;在草坪杂草中,菊科47种,藜科18种,禾本科9种,玄参科18种,莎草科16种,石竹科14种,唇形花科28种,蔷薇科13种,豆科27种,伞形科12种,蓼科27种,十字花科25种,毛茛科15种,茄科11种,大戟科11种,百合科8种,罂粟科7种,龙胆科7种。其中,主要杂草约60种。

(2)草坪病原物物种多样性

截至目前据不完全统计,我国草坪草(含禾本科牧草)上已记录的菌物病害超过

1 300 种，病原菌物总数超过 400 种，其中锈菌、黑粉菌、无性型真菌的比例仍保持较高水平。国外报道的草坪病原菌物种类已超过 150 种，估计国内草坪草的病原菌物数可能超过 600 种。

（3）草坪害虫物种多样性

在我国危害草坪的害虫种类比较多，常见的主要害虫约 110 种。

（4）草坪寄生线虫物种多样性

可寄生草坪的线虫多达 70 余种。我国报道的引起草坪线虫病害的寄生线虫种类也较多，分布较广。

（5）草坪有害脊椎动物物种多样性

我国记载的啮齿目动物 179 种，食虫目动物 60 种，其中常见危害草坪的啮齿动物 15~20 种，食虫目动物 5~8 种。主要有害种类为食虫目鼩鼱科和啮齿目仓鼠科与鼠科的几种啮齿动物。

1.1.3　我国草坪病、虫、草害的发生发展趋势

（1）主要病虫猖獗危害

我国草坪发展历史较短，加之各口岸检疫部门的高度重视，严格检疫，草坪病虫害的种类有限。但是，世界性主要病虫害的大部分在我国都有发生，如褐斑病、腐霉病、黏虫、地老虎、蛴螬及淡剑袭夜蛾等，近几年在国内危害严重，从南至北大的地理区域内广泛流行，经常造成草坪大面积成片枯死或被蚕食殆尽。

（2）不同气候及草坪种类形成了南北病虫区系

由于我国地域广阔，南北方气候差别较大，形成了南方的暖地型与北方的冷地型草坪模式，与之相适应地构成了南北不同的草坪病虫区系，如北方地区草坪病害以立枯丝核菌褐斑病、腐霉病、锈病、叶斑病及根腐病等为主；而南方地区除了立枯丝核菌褐斑病、腐霉病、锈病外，炭疽病及白绢病等可以危害百合科的地被式草坪植物。

（3）持续高温干旱后病虫害大流行

高温干旱可以引起草坪害虫（如黏虫、刺吸式口器的叶蝉等）的发生流行。前期持续高温会造成草坪的生长势衰弱，一旦连续降雨则腐霉病及褐斑病可以暴发流行，对新植草坪的危害尤其严重。

（4）病、虫、草害种类趋于多元化

随着我国草坪业的发展，国外草坪种子大量涌入中国市场，很可能导致危险性病虫害的传入。同时，随着草坪建植时间的延长，草坪植物与有害生物在一定生态环境条件下长期识别，也可能导致新病害的发生。在我国，禾本科农作物病虫害种类繁多，随着生态适应，这些病虫害很可能传播给同属于禾本科的草坪植物。发生于早熟禾等草坪植物上的禾白粉菌，其寄主范围十分广泛，完全可以造成由农作物向草坪的传播。淡剑袭夜蛾是近几年在草坪上发生的新害虫，渐呈蔓延的趋势。

（5）草坪病、虫、草害有"南北交流"的趋势

在草种的选择上，我国传统的草坪建植基本上为南方采用暖季型草种，北方采用冷季型草坪草种。近几年来，南方很多城市如上海、南京及杭州，冷季型草坪如高羊茅、黑麦草草坪异军突起，其建植面积不断扩大，原本主要在北方地区发生的病、虫、草害随着寄

主植物南下，在南方地区蔓延流行。例如，南京地区发生的"羊茅瘟"即北方冷季型草坪的立枯丝核菌褐斑病。与此同时，过去广泛栽植于南方地区的麦冬类地被式草坪，在北京及沈阳等城市已经陆续开始栽培，炭疽病及白绢病等也会向北方发展。这种草坪病害流行区域的扩大，是草坪草种南北引种的必然结果。

1.1.4　病、虫、草害对草坪的危害性

(1)危害草坪植物的正常生长

草坪病、虫、草害的发生，严重影响了草坪植物正常的生长与发育，如影响根系的正常生长。根系是支持植物和吸收水分、营养的部分，根部受病原物危害后有些引起死苗，或幼苗生长衰弱，如镰刀菌引起的根腐病、腐霉菌引起的腐霉病等；或受害虫啃食根系被破坏；有些根部肿大形成瘤状物，影响根的吸收能力等。叶部病害造成褪绿、黄化、变红、花叶、枯斑、皱缩等，严重影响了叶片的光合作用和呼吸作用。茎部受害导致萎蔫或致死、腐烂等，影响水分、养分的运输。杂草不仅与草坪草争夺空间、水分、阳光、营养，甚至会产生有毒化学物质抑制或杀死草坪草。

(2)破坏生态，影响环境，弱化各类草坪功能

一些人工草坪如足球场、高尔夫球场、赛马场、城市绿地，由于管理不善，常造成各种病、虫、草的危害，有的草坪植物被害虫咬呈缺刻，影响美观；有的被地下害虫损害，草从根断掉而死亡；还有的由于病害的侵染，使草坪变黄，枯萎，严重时会出现大片裸地，更有甚者，会使整片草坪全部损坏；这不仅严重影响了草坪的观赏价值，而且弱化了各类草坪的功能。

1.2　病、虫、草害的综合治理对草坪业发展的重要性

由于草坪生境中病、虫、草害种类繁多、数量大，生物因素与生物因素之间、各生物因素与非生物因素之间的联系，构成了一个互相依赖、互相制约的草坪生态系统。因此，应以预防为主，本着安全、有效、经济、简便的原则，有机地、协调地使用农业、化学、生物和物理的防治措施及生态学手段，开展草坪病、虫、草害的综合治理，将病、虫、草害发生数量控制在经济允许水平以下，以达到确保草坪植物正常生长、低成本、少公害或无公害的防治目的。

1.2.1　病、虫、草害综合治理的重要性

有害生物的综合治理(integrated pest management，IPM)是1966年联合国粮农组织(FAO)提出的，其定义是：有害生物的综合治理是一套有害生物治理系统，这个系统考虑到有害生物的种群动态及其相关环境，利用所有适当的方法与技术以尽可能互相配合的方式，来维持有害生物种群达到这样一个水平，即低于引起经济危害的水平。1972年，Rabb等为有害生物的综合治理下了一个简单的定义："明智地选择及利用各种防治方法来保证有利的生态方面的、经济方面的和社会方面的防治效果。"这个定义进一步提出了对维持生态平衡、社会安全及经济效果的要求。

1975年，我国生态学家马世骏为综合治理下了一个定义：从生态与环境关系的整体观

点出发，本着预防为主的指导思想和安全、有效、经济、简易的原则，因地因时制宜，合理应用农业、生物、化学、物理等方法，把有害生物控制在不足造成危害的水平，以达到保护人、畜健康和增产的目的。同年，在由农林部召开的全国植物保护工作会议上，将"预防为主，综合防治"确认为我国植物保护的工作方针。

1987 年，在四川成都召开的全国第二次农作物病虫害综合防治学术讨论会，总结以往病、虫、草害防治的经验教训，特别是单一依赖化学防治的经验，使人们不得不重新考虑病、虫、草害的防治策略问题。通过多年的实践证明，虽然化学杀虫剂、杀菌剂、除草剂在有害生物防治中取得了很大成效，但不幸的是，病、虫、草害的抗药性问题、农药对自然天敌的杀伤及对生态环境的污染和农畜产品的残留等越来越严重。为了改变人们单一使用化学农药防治植物病、虫、草害的传统习惯，减轻"3R"问题（即抗药性、再猖獗现象、残留问题）对环境造成的威胁，把植物病、虫、草害的防治当作一项系统工程，实行长期持续的治理和控制，于是提出了有害生物综合治理的概念，这里讲的有害生物包括病害、虫害、杂草等一些有害生物。这一防治原理在农业可持续发展中显得尤为重要。会上对综合治理的定义："综合治理就是对有害生物进行科学管理的一种体系，它属于农田最优化生产管理体系中的一个子系统。它是从农业生态系统的整体出发，根据有害生物和环境之间的相互关系，充分发挥自然控制因素的作用，因地制宜协调应用必要的措施，将有害生物控制在经济损害允许水平以下，以获得最佳的经济、生态和社会效益。"

1.2.2　病、虫、草害综合治理的任务

草坪病、虫、草害的综合治理，通过将环境、技术、经济和社会等因素作为草坪生态系统的组分，纳入管理系统，进行综合调控，获得优化管理措施。草坪管理措施多种多样，常需要根据有害生物的发生情况对管理方案做出调整。有害生物综合治理的系统具有独特的内部约束机理，能做到对有害生物或有益生物进行监测，从而避免误诊或片面应用单一控制措施而使管理出现问题。

草坪病、虫、草害综合治理的目的是最大限度地综合草坪有害生物及其防治信息，了解与掌握草坪有害生物的形态结构、分类方法与系统、分布特点及生物学特性，揭示种群和群落的生物学和生态学特征，分析病、虫、草害的发生发展规律，研究控制对策，保证草坪生态环境安全，增强草坪功能，使其在提高人们生活质量中发挥应有的作用。

草坪病、虫、草害综合防治的任务是学习和掌握识别与诊断草坪病、虫、草害的各种方法与技术，依据草坪病、虫、草害发生发展规律，综合运用农业、化学、生物、物理和生态的防治措施，经济、安全、有效地控制草坪各种有害生物的发生，确保草坪草的健康生长，防止草坪退化，使其发挥正常的功能。草坪病、虫、草害的综合治理，不仅是对草坪中有害生物个体和种群的生存、繁殖等生命系统各个层次的记述，而且还要进一步研究：①有害生物在各类草坪和各种生活条件下，由于适应性而形成的一系列生理和生态学特性；②在不同草坪管理水平下，有害生物的发生、发展和蔓延规律；③有害生物与草坪植物种内和种间关系，以及它们在进化过程中的作用，尤其要重视其抗逆性特点；④现代化的监测手段、预警系统、环保标准和以综合防治为主的灾害控制方法。

思考题

1. 草坪病、虫、草害发生的主要类群有哪些？

2. 草坪病、虫、草害的发生趋势是什么?

3. 病、虫、草害对草坪的危害性是什么?

4. 如何理解病、虫、草害综合治理的重要性?

5. 何谓 IPM? 试述病、虫、草害综合治理的目的与任务。

第 1 章思政课堂

第 2 章

草坪病害基础知识

在自然生态系统中，人会生病，动物会生病，植物也会生病。与其他植物一样，草坪植物的生长和发育总会遇到一些生物因素或非生物因素的胁迫和挑战，尤其是当这种影响和侵袭超过植物忍耐限度时，草坪植物内在的生理代谢活动以及外在生长发育形态均表现出异常，从而影响草坪草品质、产量，甚至引起死亡。引起草坪草发生病害的因素非常复杂，有外来有害生物，如菌物、细菌、病毒、线虫和寄生植物五大类，还有不良的物理或化学环境条件，甚至植物自身遗传变异也会造成病害。而不同种类的病害发生发展的过程各不相同，其造成的损失以及防控措施与策略也差异较大。正确诊断草坪植物病害类别和致病因素种类，掌握病害发生、发展以及流行规律，是制订精准有效的病害防控策略和措施的重要前提和依据。

2.1 草坪病害的基本概念

2.1.1 草坪病害的定义

①草坪病害 草坪植物在生长发育过程中受到病原生物的侵害或不良环境条件的干扰，影响或干扰程度超过草坪植物忍耐限度时，植物新陈代谢紊乱，在细胞和组织结构上发生一系列生理或生化病变，最后表现为内部生理和外部形态上的异常现象。感染病害后草坪植物最初表现是对水分和养分的吸收与运输、光合作用等，最终会出现生长不良，品质变劣，抗逆性减弱，甚至死亡，破坏草坪景观生态，造成经济损失。

草坪病害是一个从细胞生理到组织形态、由里及表的逐渐加深并持续发展的动态病变过程，特定的病原或诱因造成的病变，往往有相对稳定的症状表现。

草坪植物受到昆虫和动物咬伤、风害、雹害、机具重压或人、畜踩踏造成的机械损伤属于病害吗？这类损伤发生突然，无持续生理病变过程，不能称为病害。但是，机械损伤会削弱草坪植物的生长势，所造成伤口可为病原生物的侵入创造有利条件。

②病因 即造成草坪病害发生的因素，也称病原。病因可能是单个或多个因素，通常将直接致病因素称为病原；间接致病因素称为诱因。

③病原物及病原菌 引起草坪病害的生物称为病原物或病原生物。菌物和细菌类病原称为病原菌。

④寄主 即遭受病原生物侵染的植物。

例如，草坪植物幼苗遭受高温灼伤，随后又受病原菌侵染，引发茎腐病，被害的草坪植物是寄主，高温是诱因，病原菌直接导致病害发生，即为病原。

2.1.2　草坪病害的症状

草坪病害的症状是草坪植物发生病害后其内部生理和外部形态表现出的异常状态。各种病害大多有其特有的症状，它是植物与病因相互作用的结果的一种表型现象，是人们识别、描述和诊断病害的主要依据。

病害症状的表现十分复杂，根据其在植物体内显示部位不同，分为内部症状与外部症状。内部症状是指患病植物内细胞或组织形态结构的病变，需在显微镜等仪器下检测，如病毒病的包含体、萎蔫病的侵填体等。外部症状是指患病植物外表所显示的各种病变的统称，可肉眼识别。外部症状根据有无病原物出现，其又分病状和病征两类，病状是发病部位植物自身的异常表现，病征是病部产生的特征性病原物子实体。

2.1.2.1　病状

草坪病害的病状表现多样，主要有五大类型。

（1）变色

患病草坪植物的色泽发生改变称为变色。本质是病部细胞叶绿素减少，或花青素等其他色素增多而出现不正常的颜色。整个植株、叶片或叶片一部分均匀变色时，呈现淡绿色的称为褪绿，而当叶绿素减少到一定程度就表现为黄化。叶片由深绿色、淡绿色或黄色相间呈不均匀变色时，变色部分轮廓不清晰的称为斑驳，轮廓清晰的称为花叶。花叶是病毒病的重要病状之一，单子叶植物的花叶受平行叶脉所限，呈条纹、条斑、条点；有些花叶仅局限于主脉和支脉褪色称为脉明。花青素形成过多则叶片变为紫红色。例如，冰草、狗牙根、黑麦草等草坪植物的黄矮病，羊茅、早熟禾、剪股颖等草坪植物的花叶病等。

（2）坏死

草坪植物的细胞或组织受到破坏而死亡，称为坏死。叶片上的局部坏死常表现为叶斑和叶枯。叶斑的大小、颜色、形状和结构特点不同，但轮廓清晰。叶斑依颜色可分为黑斑、褐斑、灰斑、白斑等；依形状可分为圆斑、梭斑、轮纹斑、不定型斑等，有的叶斑扩大受叶脉限制形成角斑，有的沿叶肉发展形成条纹或条斑，有的周围有明显的边缘，有的没有。不同病害的叶斑大小不一，往往较小的病斑扩展后可连接成较大的病斑。叶片上较大面积枯死称为叶枯，在叶尖和叶缘的枯死一般称为叶烧。草坪植物幼苗近土面的茎组织坏死，其地上部分倒伏的则称为猝倒，若直立不倒的称为立枯。叶、叶柄、果、穗等各部位都可以出现病斑，造成叶枯、枝枯、茎枯、落叶果等。

（3）腐烂

腐烂是植物组织较大面积的分解破坏。通常在含水较多或幼嫩组织容易发生，依腐烂部位不同可分为根腐、茎基腐和穗腐等；依腐烂的色泽和形态不同又可分为黑腐、褐腐、白腐和绵腐等；依腐烂组织的水分流失快慢，还分为干腐、湿腐和软腐。若组织解体较慢，水分快速散失，病部干缩而形成干腐；反之，病组织快速解体而腐烂，水分未能及时散失的则为湿腐；软腐与湿腐类似，但区别是前者中胶层先被破坏分解，病组织细胞离析后再发生细胞消解，后者中胶层未分解。

（4）萎蔫

萎蔫是指植物整株或局部脱水而枝叶下垂的现象。这主要是因为根或茎受到病原诱导的导管堵塞物或毒素的毒害迫使茎部维管束的水分吸收及输导受阻，地上部枝叶表现为失水萎垂，甚至干枯死亡。病原侵染造成的萎蔫一般难以恢复，称为永久性萎蔫；只在高温强光条件下发生，早晚能恢复的称为暂时性萎蔫。根据受害部位不同，有个别枝条或叶片凋萎的为局部性萎蔫，更多的则是全株性萎蔫，其后整株变色干枯。若植株迅速萎蔫死亡但仍保持绿色的称为青枯，不能保持绿色的为枯萎或黄萎。

（5）畸形

草坪植物受害部位的细胞分裂和生长发生促进性或抑制性病变，植物整体或局部的形态异常称为畸形。畸形可分为增大、增生、减生和变态 4 种。增大是病组织细胞体积增大，数量不变，如根结、徒长恶苗的症状。增生是病组织薄壁细胞的分裂加快，数量迅速增多而引起的症状，如肿瘤、癌肿、丛枝、发根等。减生是细胞分裂受阻，生长发育减慢，造成矮缩、矮化、小叶、小果、卷叶等。变态（又称变形）是指病株出现花变态成叶片状、叶片扭曲、蕨叶、花器变菌瘿等。

2.1.2.2　病征

患病草坪植物的病征有以下几类。

（1）粉状物

一些菌物病害（如白粉病和黑粉病）在发病部位产生白色或黑色的粉状物。例如，剪股颖、狗牙根等多种草坪植物的白粉病，早熟禾和梯牧草的黑粉病等。锈病产生粉状物有黄色、铁锈色或黑褐色，有时特称为锈状物。

（2）霉状物

病部产生各种霉层，如青霉、灰霉、赤霉、霜霉等，各代表一定的菌物类群。霉状物主要是由菌物的菌丝体或孢子梗和分生孢子等组成，如苜蓿、草木樨等霜霉病。

（3）菌核

菌核是指大量菌丝在病株体内外形成黑色、褐色、棕色或蓝紫色坚硬的颗粒或块状的休眠体。菌核大小相差悬殊，有的似鼠粪状、有的像菜籽形，多数为黑褐色。

（4）粒状物

粒状物是指病株病部产生各种大小、形状、色泽和着生方式各不相同的较小颗粒状物。粒状物包括菌物的分生孢子器、分生孢子盘、子囊壳、子座等，如豆科、禾本科植物的白粉病等。

（5）毡状物及漆斑状物

毡状物及漆斑状物多为菌物的子座，如禾草香柱病在茎秆形成的毡状物，黑痣病在叶部产生漆斑状物。

（6）脓状物或菌痂

脓状物是指在病部出现的脓状黏液，即细菌个体和植物组织分解物混合而成的菌脓，失水干燥后变成菌膜或菌痂。

病状和病征体现了植物病害症状不同的两个方面，但常产生于同一部位，二者统称为症状。有时，一些草坪植物病害病征非常明显，而病状却不明显，如白粉类病害早期难以看到寄主明显变化；反之，一些病害病状明显，但病征不明显，如畸形病状和大部分病害发生的早期；甚至有些病害只有病状没有病征，如病毒病、植原体病和非侵染性病害。

此外，症状的复杂性还体现在其有不同的变化。通常，一种植物病害仅有一种症状，但有些病害在不同的阶段、抗病品种或环境条件下出现不同症状，其中一种常见症状称为该病害的典型症状。例如，TMV病毒侵染多种植物后都表现花叶，但侵染心叶烟则表现枯斑。有的病害在一种植物上可以同时或先后表现两种或多种不同类型的症状，称为综合症。当两种或多种病害同时在一株植物上发生时，可以出现多种不同类型的症状，称为并发症；有时这两种病害症状彼此互不影响，但有时二者可能出现在同一部位或同一器官上相互干扰，发生拮抗现象，也可能出现相互促进、加重症状的协生现象，甚至出现完全不同于各自原有症状的第三种症状类型。一种病害的症状出现后，由于环境条件的改变（如使用了农药治疗），会发生原有症状逐渐减退直至消失的隐症现象；一旦环境恢复或药效消失，症状又可能重新出现。

2.1.3 草坪病害的类别

草坪植物病害种类因分类方法不同，可以有多个种类。

（1）按草坪和草种类型分类

按照草坪的类型，可划分为冷季型草坪草病害和暖季型草坪草病害。按草种类型，可分为高羊茅病害、黑麦草病害等。

（2）按生育阶段分类

按生育阶段，可分为苗期病害、成株病害等。

（3）按发病部位分类

按发病部位，可分为叶部病害、根部病害、茎秆病害、种子病害等。

（4）按传播方式分类

按传播方式，可分为气传病害、土传病害、水传病害、种传病害、虫传病害等。

（5）按病原性质分类

按病原性质，可分为侵染性病害和非侵染性病害两大类。

不同的分类方法各有优缺点，其中按照病原性质分类的方式最为普遍。

①侵染性病害　是指由病原生物侵染引起的病害。这类病害在适宜条件下，可在植株间传染蔓延，甚至造成流行，因此又称传染性病害。侵染性病害的病原生物包括菌物、原核生物、病毒、线虫及寄生性种子植物五大类。侵染性病害的种类、数量和重要性在草坪植物病害中均居首位。

②非侵染性病害　是指由植物自身原因或外界环境条件恶化所引起的病害。这类病害在植物间不会相互传染，因此又称非传染性病害。由植物自身遗传因子或先天性缺陷引起的非侵染性病害，也称为遗传性病害或生理病害。当因为水分或温度过多或过少、光照过强或过弱、栽培管理不当等因素引起的非侵染性病害，称为物理因素恶化所致病害；由土壤中营养元素缺乏或不均衡、土壤pH值过酸或过碱、有毒物质的环境污染、农药及化学制品使用不当等因素造成的非侵染性病害，又称化学因素恶化所致病害。

非侵染性病害与侵染性病害，特别是病毒病有时症状相似，易于混淆，必须细致观察和深入研究才能区分。二者也常互为因果，伴随发生。当环境条件不适于草坪植物生存时，草坪植物抗病力下降，甚至消失，如遭受冻害的草坪植物易发生根腐病。反之，侵染性病害也会使植物的抗逆性显著降低，如美国报道白花车轴草因患多种病毒病而难以越冬，草地在一两年内就稀疏衰败，以致许多牧民不肯再种这种草坪植物。锈病由于破坏寄主表皮和角质层，使其防止水分蒸发的能力减弱，所以患锈病的草坪植物易提早萎蔫并枯死。这些说明了在正确区分非侵染性病害和侵染性病害的同时，也要注意彼此之间的联系和制约关系。

2.2 草坪侵染性病害的病原

2.2.1 植物病原菌物

2.2.1.1 菌物的定义

菌物不是生物分类学的分类单位和术语，迄今，对菌物也没有准确的定义。通常菌物是指一类具有真正细胞核，典型营养体为丝状具分枝的菌丝体、细胞壁的主要成分是几丁质或纤维素，无光合色素，主要以吸收获取养分，以产生孢子进行繁殖的异养生物。菌物通常无根和茎叶的分化，不运动。大多数菌物可腐生，从死的生物残骸、有机物或土壤腐殖质中吸收营养，少数可寄生于动植物和人体上引起病害，被寄生的生物称为寄主。有些菌物的寄生性非常强，只能从活的生物机体上得到它们的营养，称为专性寄生菌。有些菌物只能分解死的生物体或有机物生活，称为专性腐生菌。有些菌物并不是严格的寄生物或腐生物，以寄生为主兼行腐生的称为兼性腐生物；以腐生为主兼行寄生的称为兼性寄生物。寄生和腐生并无严格的界限。

菌物数量庞大，是生物中除昆虫之外种类最多的一类生物类群，估计全球有 150 多万种，目前已知的菌物数量约 10 万种。在自然生态系统中分布极为广泛，菌物参与动植物残体的分解，使其还原为某些生物利用的营养物质，促进物质循环，维持生态平衡；有些菌物可以和植物根系共生形成菌根，促进植物的生长发育；有些菌物可以以无害的形式寄生于植物体内形成植物内生菌，保护植物免受病害的危害和昆虫的取食；还有些菌物寄生于昆虫或对其他病原物有拮抗作用，可作为生防菌开发利用；许多菌物还可以产生抗生素、有机酸、酶制剂等，或用于食品发酵，是重要的工业和医药微生物；菌物中还包括大量的食用菌和药用菌。但有些菌物也常引起食物和其他农产品腐败变质，使木材腐朽以及布匹、纸张、皮革等霉烂；有些菌物的毒素可以引起人、畜中毒，有的还会致癌。那些可以寄生于植物并引致病害的菌物称为植物病原菌物。已记载的植物病原菌物有 8 000 种以上，可引起 3 万余种植物病害，占植物病害总数的 80%，属第一大病原物。植物上常见的霜霉病、白粉病、锈病和黑粉病四大病害都由菌物引起，历史上大流行的植物病害多数是菌物所致。

2.2.1.2 植物病原菌物的一般性状

（1）营养体

菌物在营养生长阶段的结构称为营养体（vegetative body）。菌物营养体除极少数为单细胞原质团外都是丝状结构。单条丝状物称为菌丝（hypha），交错成团的称为菌丝体（mycelium）。酵母菌芽殖产生的芽孢子相互连接呈链状，与菌丝相似，称为假菌丝。菌丝通常圆管状、无色透明。但一些菌物菌丝（特别是老熟菌丝）可呈现不同颜色。低等菌物菌丝一般没有隔膜，高等菌物菌丝则有隔膜，因而菌丝可分为无隔菌丝（aseptate hypha）和有隔菌丝（septate hypha）。虽然隔膜把菌丝分隔成许多细胞，但是细胞与细胞之间有孔道相通，但是细胞之间的细胞质或养分可通过隔膜上的孔道互相流通（图 2-1）。

菌丝细胞主要由细胞壁、细胞质膜、细胞质和细胞核组成。细胞壁是细胞最外层的结

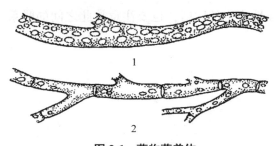

图 2-1 菌物营养体
1. 无隔菌丝　2. 有隔菌丝

构，其成分是葡聚糖和几丁质，还有蛋白质、类脂、无机盐等，集中了细胞 30%左右的干物质，作为细胞与周围环境的分界面，起着保护细胞的作用。细胞质膜具有多种重要功能，在物质转运、能量转换、激素合成、核酸复制等方面都具有重大意义。细胞质中包含有各种细胞器，如线粒体、内质网、液泡、泡囊、核糖体、脂肪体、高尔基体、微体、结晶体等。菌物细胞核较其他真核生物的细胞核小，直径多为 2~3 μm。细胞核具有核膜、核仁、核液和染色质。核膜上有孔，可能是核与细胞质物质交换的通道。不同菌物细胞所含细胞核数目变化很大，有隔菌丝的单个细胞通常含有 1 个细胞核，有的可含有 2 个或多个细胞核。菌物的细胞核像高等植物一样进行有丝分裂，不同的是菌物的核膜在细胞核分裂过程中不消失，纺锤体在细胞核内形成。菌物的染色体很小，由组蛋白和 DNA 组成，两者比例大致相等，采用常规细胞学分析法不易染色和观察。

菌丝体是以菌丝的顶端部分生长和延伸，且不断产生分枝，无限生长。菌体的每一部分都有潜在生长的能力，在合适的基质上，单根菌丝片段从一点向四周呈辐射状延伸，之后生长发育成一个完整的圆形菌体，即菌落(colony)。

菌物的营养方式主要是吸收，菌物侵入寄主体内后，以菌丝体在寄主细胞间或细胞内扩展蔓延。菌丝体与寄主的细胞壁或原生质接触后，营养物质因渗透压关系进入菌丝体。菌丝吸收营养时要分泌各种酶类，酶的种类决定其寄主范围，如淀粉酶、纤维素酶等。

菌物的菌丝体为了适应某些特殊功能，可产生以下一些特殊的变态类型。

①吸器(haustorium)　即专性寄生菌的菌丝长出的、伸入寄主细胞内高效吸收营养的小突起，有球状、指状、掌状和丝状等类型。

②附着胞(appressorium)　许多植物寄生菌物孢子萌发形成的芽管或老菌丝顶端发生膨大，并分泌黏性物，借以牢固地黏附在宿主的表面，这一结构就是附着胞；附着胞上再形成纤细的针状感染菌丝(侵入钉)，穿透寄主植物的角质层和表层细胞壁而吸取营养。

③假根(rhizoid)　有些菌物的菌丝体长出的根状菌丝，可以深入基质内吸取养分并固着菌体，如根霉、芽枝霉等。

④附着枝(hyphopodium 或 hyphopode)　若干寄生菌物由菌丝细胞生出 1~2 个细胞的短枝，将菌丝附着于寄主上，这种特殊的结构即附着枝，如小煤炱属。

⑤菌环(constricting ring)　菌丝交织呈套状。

⑥菌网(networks loops)　菌丝交织呈网状。

高等菌物的有隔菌丝体还可以密集地纠结在一起，形成具有一定功能的结构，称为菌组织。菌组织的作用是形成产孢机构和特殊结构。菌组织分两类：①疏丝组织，菌丝排列较疏松，在显微镜下可以看出菌丝的长形细胞，用机械方法可以分开；②拟薄壁组织，菌丝排列很紧密，在显微镜下菌丝细胞接近圆形，类似高等植物的拟薄壁组织，用机械方法不能分开，只能用碱液煮开。

菌组织进一步构成特殊结构的菌丝组织体：①菌核(sclerotium)，大小、形态、颜色各异，内外结构不同，内部为疏丝组织，外部为拟薄壁组织。其作用是度过不良环境。由菌组织和寄主组织结合在一起共同形成的菌核称为假菌核。②子座（stroma），即由菌组织形成的、产生子实体的座垫，作用是产生繁殖体，也可度过不良环境。有的子座是由菌组织和寄主组织结合形成的，称为假子座。③菌索（rhizomorph），即菌组织形成的绳索状结构，外形似植物根，作用是从寄主体内吸收水分和矿物质，度过不良环境，还可以侵入树木寄主。

（2）繁殖体

菌物经过营养阶段后，即转入生殖阶段。菌物产生孢子体或孢子的结构称为繁殖体（reproductive body）。通常菌物先进行无性生殖、产生无性孢子。后期在同一菌丝体上进行有性生殖产生有性孢子。无论是无性繁殖或有性繁殖的产孢机构均称作子实体（fruitbody）。低等菌物繁殖时，营养体全部转为繁殖体时称为整体产果（holocarpic）。高等菌物繁殖时，营养体部分转为繁殖体时，称为分体产果（eucarpic）。

菌物的无性繁殖是不经过性细胞结合，营养体直接以断裂、裂殖、芽殖和割裂的方式直接产生后代新个体。无性繁殖产生的各种孢子均称为无性孢子。其基本特征是营养繁殖，无有性结合过程。常见的菌物无性孢子类型有（图 2-2、图 2-3）以下几种。

①游动孢子（zoospore）　形成于游动孢子囊内。

②孢囊孢子（sporangiospore）　形成于孢子囊内。

③分生孢子（conidium coniiospore）　产生于由菌丝分化而形成的分生孢子梗（特化的产孢菌丝）、分生孢子梗束（一束基部聚集，顶端分散的分生孢子梗）、分生孢子盘（由菌丝构成的垫状物产孢结构）、分生孢子器（近圆形的产孢结构）或分生孢子座（极短分生孢子梗构

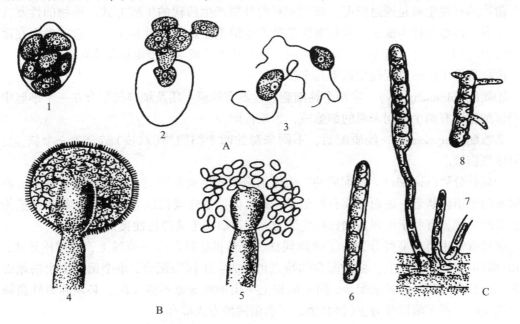

图 2-2　常见的菌物无性孢子类型（Ⅰ）（引自陈利锋、徐敬友，2006）

A. 游动孢子　B. 孢囊孢子　C. 分生孢子

1. 游动孢子囊　2. 游动孢子囊释放游动孢子　3. 游动孢子　4. 孢子囊梗和孢子囊

5. 孢子囊破裂释放孢囊孢子　6. 分生孢子　7. 分生孢子梗　8. 分生孢子萌发

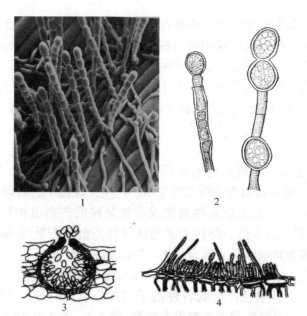

图 2-3 常见的菌物无性孢子类型(Ⅱ)(引自康振生,1996)
1. 节孢子 2. 厚垣孢子 3. 分生孢子器和分生孢子 4. 分生孢子盘和分生孢子

成的垫状产孢结构)上。

④厚垣孢子(chlamydospore) 各类菌物均可产生,属于休眠孢子,壁厚。在菌丝生长到一定阶段,由菌丝一个细胞内原生质浓缩形成的,抗逆境,可以存活多年。

菌物的有性生殖是通过质配、核配和减数分裂产生后代的生殖方式。菌物的性器官称为配子囊,性细胞称为配子。菌物有性生殖产生的孢子称为有性孢子。一般都发生在菌物侵染植物后期,具有度过不良环境的作用,往往越冬后成为初侵染病菌来源。

菌物有性生殖的过程包括以下几个步骤。

①质配(plasmohgamy) 指两个性细胞或性器官的原生质及细胞核结合在一个细胞中的过程,细胞中有两个不同来源的细胞核,为双核期。

②核配(karyogamy) 经质配后,不同来源的两个细胞核(双核)结合为一个核,变为二倍体细胞核。

③减数分裂(meiosis) 核配后的二倍体细胞核发生减数分裂,染色体数目减半,恢复为原来的单倍体状态,进而形成有性孢子。染色体经过连续两次有丝分裂,易产生遗传物质重组的后代,有利于增强菌物物种生活力,但造成寄主品种抗性丧失。

菌物有性生殖类型可分为:①雌雄同株,雌器和雄器在同一菌丝上;②雌雄异株,雌器和雄器不在同一菌丝上。根据配合的特点可分为:①同宗配合,单个菌株生出的雌雄器能交配,自身亲和;②异宗配合,同一菌株上生出的雌雄器不能交配,必须和另外菌株上的才能交配,担子菌以此为主(接合菌、子囊菌两种方式都有)。

常见的菌物有性孢子类型(图2-4)有以下几种。

①休眠孢子囊(resting sporangium) 由两个游动配子配合所形成的合子发育而成,具厚壁,萌发时发生减数分裂释放出单倍体的游动孢子。

②卵孢子(oospore) 由异型配子囊交配形成,一般发生在卵菌中。

③接合孢子（zygospore）　由同型配子囊交配形成，一般发生在接合菌中。

④子囊孢子（ascospore）　由异型配子囊交配形成。子囊菌在有性生殖中形成的子实体有 3 种（图 2-5），呈球状而无孔口的称为闭囊壳；呈瓶状或球状而有孔口的称为子囊壳；呈盘状的称为子囊盘，它们通称为子囊果。在子囊果内形成子囊。子囊是无色透明的囊状结构，多为棒状、椭圆形。子囊内形成子囊孢子，子囊孢子的形状有多种，每个子囊通常产生 8 个子囊孢子。

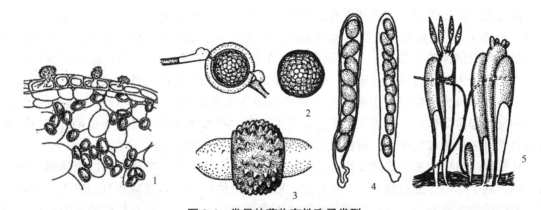

图 2-4　常见的菌物有性孢子类型
1. 休眠孢子囊　2. 卵孢子　3. 接合孢子　4. 子囊孢子　5. 担孢子

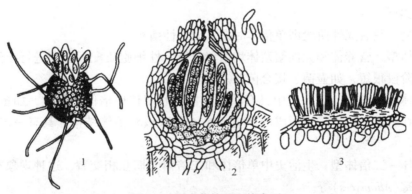

图 2-5　子囊菌的子实体类型
1. 闭囊壳　2. 子囊壳　3. 子囊盘

⑤担孢子（basidiospore）　由体细胞或菌丝接合形成的棒状物的担子，经减数分裂后在担子外面形成的 4 个小孢子称为担孢子，发生在担子菌中。

菌物的准性生殖（parasexualism）指异核体菌丝细胞中，两个遗传物质不同的细胞核结合成杂合二倍体细胞核，该细胞核经有丝分裂发生染色体交换和单倍体化，最后形成遗传物质重组的单倍体过程。实质是在体细胞中发生的染色体基因的重组，导致致病性变异。许多无性型真菌就是通过这种方式而变异的。准性生殖过程如下：形成异核体→形成杂合二倍体→有丝分裂交换与单倍体化。

准性生殖与有性生殖的区别在于有性生殖是通过减数分裂进行遗传物质重组和产生单倍体，而准性生殖则是通过二倍体细胞核的有丝分裂交换进行遗传物质的重组，并通过产生非整倍体后不断丢失染色体来实现单倍体化的，类似于有性生殖但更为原始的一种生殖方式。有性生殖可使同一生物的两个不同来源的体细胞经融合后，不通过减数分裂而导致低频率的基因重组。有性生殖主要过程：菌丝联结、质配→形成异核体→核配→体细胞交换和单倍体化。

体细胞中染色体交换—有丝分裂交换：双倍体杂合子遗传性状不稳定，进行有丝分裂过程中，极少数核中染色体会发生交换和单倍体化，而形成具有新性状的单倍体杂合子。

2.2.1.3　植物病原菌物的生活史

菌物孢子经过萌发、生长和发育，最后又产生同一种孢子的整个过程称为菌物的生活史(life-cycle)。菌物典型的生活史包括无性繁殖和有性繁殖阶段；单倍体阶段和双倍体阶段。但菌物双倍体阶段很短，故无明显世代交替。不同菌物各个阶段长短和特点也不一样，有的种类主要以有性方式繁殖，无性阶段退化；有的种类以无性方式繁殖，产生的无性孢子的数量极大，在它的生活史中往往可以独立地多次重复循环，对植物病害的传播、发展和流行起重要作用，待进入菌物生长后期、寄主植物休闲期或环境不适情况时，菌物转入有性阶段产生有性孢子，有性生殖在整个生活史中往往仅出现一次。

从菌物生活史中细胞核的变化来看，一个完整的生活史是由单倍体和二倍体两个阶段组成的。两个单倍体细胞经质配、核配后，形成二倍体阶段，再经减数分裂进入单倍体时期。有的菌物在质配后，其双核单倍体细胞不立即进行核配，这种双核细胞有的可以形成双核菌丝体并独立生活。根据单倍体、二倍体和双核阶段的有无及长短，可将菌物的生活史分为5种类型。

①无性型　只有无性阶段即单倍体时期，如无性菌物。

②单倍体型　营养体和无性繁殖体均为单倍体，性细胞质配后立即进行核配和减数分裂，二倍体阶段很短，如壶菌、接合菌等。

③单倍体—双核型　生活史中具有单核单倍体和双核单倍体的菌丝，如多数担子菌。许多子囊菌在有性生殖过程中形成的产囊丝是一种双核单倍体结构，具有一定的双核期，也属此类型。

④单倍体—二倍体型　生活史中单倍体和二倍体时期互相交替，这种现象在菌物中很少，如异水霉(*Allomyces*)等。

⑤二倍体型　单倍体仅限于配子囊时期，整个生活史主要是二倍体阶段，如卵菌。

有些菌物生活史中有多型现象(polymorphism)，可以产生两种或两种以上的孢子，如禾柄锈菌可以产生性孢子、锈孢子、夏孢子、冬孢子和担孢子共5种不同类型的孢子。多数植物病原菌物在一种寄主植物上就可以完成生活史，称为单主寄生(autoecism)；有些菌物则需在两种不同的寄主植物上才能完成生活史，称为转主寄生(heteroecism)。例如，梨胶锈病菌的冬孢子和担孢子产生在圆柏上，性孢子和锈孢子则产生在梨树上。

2.2.1.4　植物病原菌物的生理和生态

大多数植物病原菌物对营养要求不严格，但专性寄生菌却有较严格的要求，必须由活的生物体上获取营养，如霜霉菌等；也有些种类可以兼性腐生或寄生。菌物对矿质营养的要求大致与植物相同，除氮、磷、钾、镁、硫、铁以外，还需要锌、锰、硼、铜等微量元素。这些元素均以有机态被菌物吸收。有些菌物还要求适量的维生素和生长物质，如硫胺素、生物素、吡哆醇、肌醇、叶酸等。

　　菌物获取养分主要靠菌丝吸收。一切营养物质都是在溶液状态下被吸收，并主要取决于菌物的渗透压和细胞的透性(菌物细胞的渗透压比寄主往往高 2~5 倍)，同时必须分泌多种酶和毒素，杀死寄主组织和细胞，或把复杂有机物分解成较简单的小分子化合物，才可以吸收和利用。一些专性寄生菌在菌丝上产生各种形态的吸器，伸入寄主细胞中吸收营养。菌物的许多代谢产物对其他生物常有毒害或抑制作用。例如，尖镰孢(*Fusarium oxysporum*)分泌的一种毒素——萎凋素(lycomarasmin)可使番茄中毒，叶片枯萎。有的菌物也产生生长调节物质，对植物生长发育有很大影响。

　　菌物对环境条件有一定的要求。温度影响菌物的孢子萌发、菌丝生长、繁殖等生命活动。每种菌物都有各自的最适、最高和最低生长温度。例如，禾草雪腐镰刀菌(*Fusarium nivale*)的最适、最高和最低生长温度分别为 20℃、32℃ 和 0℃。大多数菌物都要求高湿(相对湿度在 95% 以上)才能生长良好。有不少种类的孢子要在液态水中才可以萌发，如锈菌。有些种类可以耐受 65%~90% 的相对湿度，如白粉菌。近年来发现，光量、光质、光照时间是某些种类菌物繁殖体形成的重要因素。菌物对氢离子浓度有一定的适应范围，一般在 pH 3~9 都能生长。植物病原菌物多是好氧的，在生长发育过程中必须有充分的氧气供应，才能生长良好。

2.2.1.5　植物病原菌物的遗传与变异

　　植物病原菌物是一类容易发生变异的生物，具有多样性。已证实，菌物是一类理想的用于遗传分析的材料，已报道对 20 多个属 30 多个种的菌物进行了较全面的遗传学研究。同时，现代分子遗传学的许多突破也是首先从菌物的研究中取得。菌物的遗传学研究广泛受重视，原因是它具有下列其他生物无可比拟的优点：①菌物是真核生物，但是它的世代周期却不像动植物那么长，具有短的生长周期，便于研究和利用。另外，菌物像细菌一样容易操作，它们在实验室条件下很容易培养和保存。②多数菌物的营养体是单倍体，比较容易进行遗传突变和突变体筛选。同时，基因在单倍体下没有显隐性之分，容易进行遗传分析。③它们既能进行无性繁殖(有丝分裂)，又能进行有性生殖(核配后进行减数分裂)，因此很容易分析基因的分离和重组规律，也很容易大量获得遗传上均一的无性孢子群体。④交换现象是遗传重组的一个重要过程，子囊菌在有性生殖过程中，减数分裂后产生的单倍体细胞核以一定顺序排列于子囊内，一个核形成一个子囊孢子，而且这些子囊孢子有序地直线排列于筒状的子囊内，所以在进行遗传学研究时，可以利用适当的标记基因，把第一次分裂分离和第二次分裂分离区别开来，可以检测出相互交换的和非相互交换的染色体，同时利用基因定位原理进行染色体作图。⑤异核体是菌物的菌丝之间相互融合，彼此交换细胞核而形成。可以通过分离孢子或菌丝片段的方法被检测出来，用于遗传学的互补实验。菌丝融合现象也可以导致细胞质交换，形成异质体，这对于细胞质遗传的研究更有利用价值。⑥同其他真核生物相比，菌物的基因组很小、内含子少、重复序列和冗余基因数少，这些都有利于开展基因组学的研究。

　　同其他生物一样，菌物的变异主要来源有性生殖中染色体的交换和重组。但是，因为多数菌物的营养体是单倍体，任何基因的突变都容易反应在表型上，因此，同二倍体生物相比，菌物更容易因为环境条件的影响而发生变异。这有利于菌物适应外界环境的胁迫。近年来，随着菌物功能基因组学研究的深入，人们发现转座子的活跃跳跃可能是菌物发生变异的重要因素。

2.2.1.6　植物病原菌物的分类

（1）分类单元

菌物的主要分类单元和其他生物的一样，包括界（kingdom）、门（phylum）、纲（class）、目（order）、科（family）、属（genus）、种（species），必要时在两个分类单元之间还可增加一级如亚门（subphylum）、亚纲（subclass）、亚目（suborder）、亚科（subfamily）、亚种（subspecies）等。

种（species）是菌物分类的基本单元，多采用生物学种的概念，即以形态特征为基础，种与种之间在主要形态上应该具有显著而稳定的差异。但有些菌物种的建立，有时还应考虑生态、生理、生化及遗传等方面的差异。对于某些寄生性菌物，有时也根据寄主范围的不同而分为不同的种。近年，分子生物学技术应用于菌物学分类，出现了根据 DNA 序列同源性来划分的系统发育种的概念（phylogenetic species）。

菌物种的下面可以根据一定的形态差别分为亚种（subspecies，缩写为 subsp.）或变种（variety，缩写为 var.）。亚种和变种以上的各类分类单元是命名法规正式承认的。根据对不同科、属的寄主植物的寄生专化性，在种的下面分为专化型（forma specialis，缩写为 f. sp.）。有的专化型可以根据对不同种或品种（一套鉴别寄主品种）的致病能力差异，即病原与寄主抗病或感病的互作表型，分为不同的小种（race），也称生理小种（physiological race）。还可以根据营养体亲和性，在种下或专化型下面划分出营养体亲和群（vegetative compatibility group，VCG）或菌丝融合群（anastomosis group，AG）。营养体亲和群或菌丝融合群与小种的关系较复杂，有的营养体亲和群内包含多个小种，而有的同一个小种的菌株可以划分为不同的营养体亲和群。

（2）分类依据及方法

菌物的分类一般是根据形态学、细胞学和生物学特性以及个体和系统发育资料进行。其中最重要的是形态特征，特别是有性生殖和有性孢子的性状是菌物分类的重要依据。近年来由于分子生物学等新技术新方法越来越多地用于菌物分类研究，如 DNA 碱基组成的测定、DNA 序列同源性分析、核酸杂交、氨基酸序列测定、氨基酸合成途径的研究、血清学反应、数值分类、光谱和色谱技术测定菌物代谢产物、菌物细胞细微结构等。

（3）分类系统

应用最广的菌物分类系统有两个：一个是以英国出版的《菌物词典》为代表的 Ainsworth 系统，另一个是以美国出版的《菌物学概论》为代表的 Alexopoulos 系统。随着科学的进步，现代菌物分类系统发生了许多新的变化。

①两界分类系统　自 1753 年到 20 世纪 50 年代的近 200 年间，人们一直沿用将生物分为动物界（Animalia）和植物界（Plantae）的两界分类系统，菌物被归入植物界的藻菌植物门（Thallophyta）。然而，这样的归属很早就受到质疑，因为菌物不像植物那样可进行光合作用，也不像动物那样可进行吞食和消化。

②Alexopoulos 分类系统　Alexopoulos（1962）在真菌门下设立了黏菌亚门和真菌亚门。黏菌亚门下设黏菌纲；真菌亚门下有 9 个纲，其中，以往的藻状菌纲改为 6 个纲，其他 3 个纲为子囊菌纲、担子菌纲和半知菌纲。该系统为后来的菌物分类系统演变奠定了基础，为其他菌物分类系统的建立提供了参考依据。

③五界分类系统　Whittaker（1969）提出将生物分为原核生物界（Procaryotae）、原生生

物界(Protista)、植物界、真菌界(Fungi)和动物界的分类系统并得到广泛的采纳和应用。1983 年出版的《菌物词典》第 7 版接受了生物的五界分类系统。基于生物的五界分类系统，Ainsworth 根据菌物 G+C 含量(1971 和 1973)提出了菌物界的分类系统，即 Ainsworth 系统。在该系统中，菌物界下设两个门，即黏菌门(Myxomycota)和真菌门(Eumycota)。黏菌门的菌物一般称为黏菌，其营养体为原质团(plasmodium)，大多腐生于腐木、树皮、落叶上，少数生活在草本植物的茎叶上，有时影响植物的生长。真菌门的营养体为菌丝体，少数为单细胞，具细胞壁。根据营养体和繁殖体的类型，真菌门分为鞭毛菌亚门(Mastigomycotina)、接合菌亚门(Zygomycotina)、子囊菌亚门(Ascomycotina)、担子菌亚门(Basidiomycotina)和半知菌亚门(Deuteromycotina)。自建立以来，Ainsworth 系统被世界各国菌物学家广泛接受和采用，在过去一段时间甚至今天的国内教科书或文章上还被采纳。此后，随着超微结构、生物化学和分子生物学，特别是 DNA 序列分析研究的深入，生物五界分类系统的科学性和合理性受到质疑。

　　④八界分类系统　Cavalier-Smith(1981)提出将细胞生物分为八界，即原核总界(或细菌总界)的古细菌界(Archaebacteria)和真细菌界(Eubacteria)，真核总界的原始动物界(Archaezoa)、原生动物界(Protozoa)、藻物界(Chromista)、真菌界、植物界和动物界。由八界分类系统可知，原五界分类系统中真菌实际上是一个由不同祖先的后裔组成的若干生物界的混合体，即多元的复系类群(polyphyletic group)，并非单系群(monophyletic group)的混杂的生物类群，称为旧真菌界，为了将它与现在的新真菌界(也称真真菌)区分开，将过去混杂的旧真菌界生物类群称为菌物。因此，菌物包括黏菌、卵菌和真菌，分别被列入原生动物界、藻物界和真菌界。1995 和 2001 年出版的《菌物词典》第 8 版和第 9 版均接受了生物的八界分类系统。

　　在八界分类系统中，原来五界分类系统里真菌界中的卵菌和丝壶菌被归到新设立的藻物界，黏菌和根肿菌被归到原生动物界中，其他菌物则保留在真菌界中。在新的真菌界下分壶菌门(Chytridiomycota)、接合菌门(Zygomycota)、子囊菌门(Ascomycota)和担子菌门(Basidiomycota)。原来的半知菌亚门则不再单设，而是将已经发现有性态的半知菌分别归入相应的子囊菌门和担子菌门中，对尚未发现有性态的半知菌列入有丝分裂孢子菌物(Mitosporic fungi)中。

　　⑤现代菌物分类系统的新变化　近年来，随着分子生物学、分子系统学、生物信息学等相关学科的发展，《菌物词典》第 10 版(2008)主要根据有性繁殖结构以及大量分子系统学分类研究成果，在真菌界下划分为 7 个门和无性型真菌(anamorphic fungi)；国际上实施了真菌生命之树项目(Assembling the Fungal Tree of Life，AFTOL)，启动了千种真菌基因组计划，菌物分类发生了巨大变化。真菌界高阶分类系统做了重大调整，建立了一个新亚界即双核真菌亚界(Dikarya)，包括生活史中具有双核阶段的子囊菌门和担子菌门；真菌界新建立了芽枝霉门(Blastocladiomycota)、新丽鞭毛菌门(Neocallimastigomycota)和球囊菌门(Glomeromycota)。"半知菌"概念再无分类学意义，取而代之是无性型真菌。微孢子虫(Microsporidia)是寄生于动物的一类线粒体高度退化的原生动物，现在被作为一个独立的门。此外，还建立了隐菌门(Cryptomycota)在内的 21 个目以上新分类单位，这些都大大改变了传统上对分类系统的认知。

　　⑥本教材采用的分类系统　基于目前菌物类群 DNA 系统发育学研究的不断深入和菌物

分类体系不断变化完善，本教材根据《菌物词典》第8~10版的菌物分类系统，将植物病原菌物放在原生动物界、藻物界和真菌界3个界下，但有关菌物界内的分类体系则按照《现代菌物分类系统》(贺新生，2015)给出属的分类地位。

(4)菌物的命名

菌物的命名与其他生物一样，采用林奈提出的拉丁双名法，即生物的学名(scientific name)用拉丁文书写。第一个词是属名，首字母必须大写；第二个词是种加词，一律小写。学名要求斜体印刷，命名人的姓名加在种加词之后。如果命名人是两个，则用"et"或"&"联结，如隐匿柄锈菌(*Puccinia recondida* Rob. et. Desm.)。菌物的学名如需改动或重新组合时，原命名人应置于括号中，如玉蜀黍赤霉[*Gibberella zeae* (Schw.) Petch]。

在2012年之前，菌物的命名一直遵循《国际植物命名法规》(International Code of Botanical Nomenclature, ICBN)，一种菌物的学名是根据有性阶段的特征确定的学名。如果一种菌物的生活史中包括有性和无性两个阶段，按有性阶段所起的名称是合法的。而实际上，有些菌物在其生活中既可进行无性繁殖，又可进行有性繁殖，这类的菌物通常称为全型(holomorph)。但有些菌物由于遗传进化或受到环境因子的影响，在其生活史中丧失了有性繁殖的能力，不能进行细胞核有性结合和减数分裂，而只进行无性繁殖并产生无性孢子(asexual spore)。随着越来越多菌物的有性阶段被发现，绝大多数的无性型菌物的有性阶段属于子囊菌，而少数无性型菌物的有性阶段属于担子菌，因此，就产生了无性型子囊菌(anamorphic ascomycetes)或无性型担子菌(anamorphic basidiomycetes)的概念。这些子囊菌和担子菌的有性阶段很少见，难于根据有性阶段的特征进行分类，而无性阶段更为常见，因此，《国际植物命名法规》在1981年做了修订，增加了第59条，允许子囊菌和担子菌的无性阶段拥有独立名称。这样，一些子囊菌和担子菌就可能有两个甚至更多个学名。菌物因此成为所有生物中唯一一类一个种可以拥有多个合法种名的生物。无性型真菌因为只知道其无性阶段，因而都是根据无性阶段的特征来命名的，如果发现其有性阶段时，应该按其有性阶段定名，称为有性态(telemorph)。但有些无性型真菌在整个生活史中以无性阶段为主，偶尔也产生有性阶段，因此仍常用其无性阶段的名称，称为无性态(anamorph)。例如，曲霉属(*Aspergillus*)即无性阶段的名称；水稻稻瘟病菌的有性型是稻巨座壳(*Magnaporthe oryzae*)，在自然条件下尚未发现，在实验室条件下虽然可以诱导产生，但常见的是无性型稻梨孢(*Pyricularia oryzae*)，一般正式发表文章时都使用水稻稻瘟病菌有性型的学名*Magnaporthe oryzae*。

2011年7月，在澳大利亚墨尔本举行的第18届国际植物学大会上，《国际藻类、菌物、植物命名法规》(International Code of Nomenclature for Algae, Fungi and Plant, ICN)正式取代了原来的《国际植物命名法规》。新法规自2012年1月1日起生效，主要变化有以下几个方面：①注册新名称是发表菌物新种的必要条件，从2013年1月1日起，菌物新名称发表之前必须在认可的信息库如MycoBank(http：//www. mycobank. org/，目前最活跃的菌物名称注册网站)、Index Fungorum (http：//www. indexfungorum. org/names/IndexFungorum Registration. asp，2010年开始接受菌物名称的注册)和Fungal Name(http：//www. fungalinfo. net/，中国的菌物名称注册网站)进行登记并存储名称等重要信息，此为合格发表(valid publication)的强制要求，在特征集要中必须显示出其相应的注册号；②在具有ISSN或ISBN号码的期刊或书籍中，以电子版PDF格式发表的新名称均为有效发表(effective publication）；③"一个菌物一个名称"（One Fungus＝One Name），即每一个生物的种只能有一个合法的学名，即使菌物的有性阶段目前还未知，但其依据无性阶段特征而建立的属种名称可以成为正统名称，如引起水稻胡麻斑病的病原菌是一种子囊菌，学名是宫部旋胞腔菌（*Cochliobolus miyabeanus*），但是它的有性阶段很少见，危害水稻的主要分生孢子阶段，一般可只用它的分生孢子阶段的学名稻平脐蠕孢（*Bipolaris oryzae*）；④菌物新分类单元特征集要或描述由过去只能用拉丁文一种文字撰写改为用拉丁文或英文任何一种文字撰写，都将满足合格发表的要求。

（5）植物病原菌物的主要类群

①原生动物界　营养体为单细胞、原生质团或非常简单的多细胞，营养方式为吞食。《菌物词典》第 8 版将原生动物界划分为 4 个门：集胞菌门（Acroasiomycota）、网柄菌门（Dicteosteliomycota）、黏菌门（Myxomycota）和根肿菌门（Plasmodiophoromycota），引起植物病害的主要是黏菌门和根肿菌门。

黏菌门的营养体生长到一定阶段，形成一定结构的有柄或无柄的子实体（孢子囊），其中产生有细胞壁的孢子。孢子萌发时释放出变形体或双鞭毛的游动细胞。黏菌的营养方式主要是吞食其他微生物和有机质。少数黏菌引起草坪草、草莓、蔬菜和食用菌病害。黏菌门只有一纲即黏菌纲，其下分 6 个目，与草坪草病害关系密切的黏菌主要有绒泡菌属（*Physarum*）。

根肿菌门菌物可专性寄生于高等植物的根或茎细胞内，有的寄生于藻类和其他水生菌物。寄生于高等植物的往往形成肿瘤（引起细胞膨大或组织增生，受害根部肿大），故称为根肿菌。根肿菌物营养体为多核的、没有细胞壁的原生质团。但与黏菌的原生质团不同，因为它们不能活动，缺乏吞噬食料的能力，全部生活在寄主细胞或菌丝中。以整体产果的方式繁殖，营养体以原生质割裂的方式形成大量散生或堆积在一起的孢子囊。无性繁殖时，原生质团发展成为一个或多个游动孢子囊，具薄膜，内生游动孢子，游动孢子一端生有两根长短不等的尾鞭式鞭毛。有性繁殖由同型配子囊配合形成合子（休眠孢子囊）。根肿菌门仅含一纲一目一科，即根肿菌纲根肿菌目根肿菌科。引起植物病害的根肿菌主要有根肿菌属（*Plasmodiophora*）、多黏菌属（*Polymyxa*）和粉痂菌属（*Spongospora*）3 个属。与草坪草病害关系密切的根肿菌主要有多黏菌属。

②藻物界　又称假菌界，营养体为单细胞或多细胞，丝状或集群状，主要为自养。细胞壁成分主要为纤维素，接近于植物，与其他菌物有明显不同。这类生物很像真菌，但与真菌有本质的区别，所以称为假真菌。《菌物词典》第 8 版将藻物界划分为丝壶菌门（Hyphochytriomycota）、网黏菌门（Labyrinthulomycota）和卵菌门（Oomycota）。藻物界中引起植物病害的主要是卵菌门菌物。

卵菌的营养体是二倍体。无性繁殖由孢子囊或游动孢子囊产生多个双鞭毛的游动孢子，茸鞭向前，尾鞭向后。高等的卵菌孢子囊直接萌发产生芽管，形成菌丝体，作用相当于分生孢子。游动孢子有单游现象、两游现象或多游现象。两游现象是指从游动孢子囊中产生的梨形游动孢子，经过一段休止以后，萌发产生肾脏形的游动孢子，再经过休止以后，萌发产生芽管。有性生殖产生高度分化的雌雄配子囊，雌配子囊称为藏卵器（oogonium），常为圆形，内含一至多个卵球；雄配子囊称为雄器（antheridium），常呈棍棒形或圆柱状。进行卵配生殖时，在藏卵器内产生一至多个卵孢子，高等卵菌只产生一个卵孢子，所以，这类菌又称卵菌。其卵孢子壁厚，具纹饰，能抵抗不良环境。

卵菌是从低等到高等、从水生到陆生进化比较明显的一类菌物。低等卵菌多习居于水中，大多腐生或寄生于藻类、其他水生菌物或水生低等动物上，通称为水霉。部分发达的卵菌过渡为两栖生，多腐生于土壤中，也有生活在水中，当条件适合时又能侵染活的有机体，行寄生生活，如腐霉、疫霉等。高等卵菌发展成为陆生植物的专性寄生菌，孢子囊靠风传播，引起栽培植物的流行性病害，如疫霉属(*Phytophthora*)、霜霉属(*Peronospora*)、白锈菌属(*Albugo*)，一些卵菌危害鱼类及经济植物，造成较大经济损失。

卵菌门只有一纲，即卵菌纲(Oomycetes)，下分4个目500多个种。其菌体形态、孢子囊萌发的方式(直接萌发还是间接萌发)、有无两游现象、产果方式(分体产果式或整体产果式)、有无隔膜、卵球数目、游动孢子类型都是分类的依据。

与草坪草病害关系密切的卵菌主要有腐霉属(*Pythium*)、指梗疫霉属(*Sclerophthora*)和霜霉属等。

③真菌界　《菌物词典》第10版的分类系统中，真菌界下设有7个门：壶菌门、芽枝霉菌门、新丽鞭毛菌门、球囊菌门、接合菌门、子囊菌门、担子菌门以及无性型真菌。下面重点介绍与草坪草和草坪种子生产有重要关系几类菌物。

Ⅰ子囊菌门：是真菌界中种类最多的一个类群。它们的形态、生活史和生活习性差别很大，最基本的特征是有性生殖产生子囊和子囊孢子。子囊菌与担子菌因结构相对复杂，统称为高等菌物。子囊菌营养体除酵母是单细胞以外，通常都是单核菌丝体，少数有多核菌丝体，常形成菌核、子座等菌丝组织体。子囊菌的无性繁殖非常发达，可通过裂殖、芽殖、断裂的方式产生粉孢子、芽孢子和厚垣孢子，最主要的是在分生孢子梗等产孢结构上产生分生孢子。由于无性繁殖阶段在子囊菌生活史中占有很重要的地位，所以将该阶段称为分生孢子阶段。子囊菌大多数有性生殖产生子囊果，即由菌丝组成包被，内部产生子囊的有性子实体，子囊内产生子囊孢子。子囊菌有性阶段子囊果的有无、子囊果的类型、子囊的构造等是子囊菌分类的主要依据。子囊菌都是陆生的，除白粉菌是专性寄生菌外，其他都是非专性寄生菌。子囊菌是自然界中一个庞大的菌物类群，分类相当困难。目前，还没有一个完善的、被大家公认的分类系统。《菌物词典》第10版将子囊菌门分为3亚门15纲68目327科6 355属。与草坪草和草坪种子生产有重要关系的子囊菌类主要有白粉菌属(*Erysiphe*)、麦角菌属(*Claviceps*)、香柱菌属(*Epichloe*)、核盘菌属(*Sclerotinia*)和假盘菌属(*Pseudepeziza*)等，可引起多种病害，如草坪草的白粉病、麦角病、香柱病、褐斑病等。

Ⅱ担子菌门：该类菌物一般称为担子菌，是菌物中进化等级最高的类型。其共同特征是有性生殖产生担孢子。担孢子产生于担子上，每个担子一般形成4个担孢子。担子菌的分布极为广泛，大多数营腐生生活。多数担子菌的营养体是非常发达的多细胞有隔菌丝体，细胞壁为几丁质。担子菌的生活史中可以形成3种类型的菌丝体，即初生菌丝体、次生菌丝体和三生菌丝体。初生菌丝体(primary mycelium)又称同核体，由担孢子萌发产生的单核菌丝体。初期无隔多核，不久产生隔膜，成为单核有隔菌丝(n)，如黑粉菌和锈菌。初生菌丝体阶段较短，很快通过体细胞融合的方式进行质配而形成双核菌丝体，即次生菌丝体(secondery mycelium)，两根初生菌丝发生细胞融合形成的双核菌丝体。单核菌丝—单核菌丝、单核菌丝—芽管融合、质配，产生双核菌丝——次生菌丝($n+n$)。次生菌丝在担子菌中很发达，是担子菌的主要营养菌丝。寄生担子菌主要以次生菌丝侵染寄主。三生菌丝体(thirdly mycelium)集结形成特殊形状的子实体($n+n$)。次生菌丝体发育到一定阶段形成繁殖体，产生发达的担子果。一般把构成担子果的菌丝体称为三生菌丝(包括生殖菌丝、骨干菌丝和联络菌丝)，三生菌丝的作用是形成高等担子菌的担子果。担子(basidium)是担子菌进行核配和减数分裂的场所，典型的担子呈棍棒状，是从双核菌丝体的顶端细胞形成的。当顶端细胞开始膨大时，其中的双核进行核配形成一个二倍体的细胞核，接着进行减数分裂形成 4 个单倍体的细胞核。每个细胞核形成一个单核的担孢子，着生在担子的小梗上。担孢子萌发形成单倍体的初生菌丝体。高等担子菌的担子着生在具有高度组织化的结构上，形成子实层，这种担子菌的产孢结构称为担子果(basidiocarp)。多数担子菌产生担子果，其发育类型有裸果型、半被果型和被果型 3 种。多数担子菌没有无性繁殖阶段，少数担子菌的担子可以芽殖或以菌丝体断裂方式产生无性孢子，只有锈菌比较发达，其夏孢子相当于分生孢子；黑粉菌的担孢子可借出芽生殖方式形成芽孢子。担子菌的有性生殖过程比较简单。除锈菌外，一般没有特殊分化的性器官，主要是由两个担孢子或两个初生菌丝细胞进行质配；有的是通过孢子与菌丝或受精丝结合进行质配。担子菌质配后形成双核的次生菌丝体，一直到形成担子和担孢子时才进行核配和减数分裂，所以有较长的双核阶段。目前，担子菌门分为 3 个亚门 16 纲 52 目 177 科 1 589 属 31 515 种。引起草坪植物病害的担子菌类主要有条黑粉菌属(*Urocystis*)、黑粉菌属(*Ustilago*)、单胞锈属(*Uromyces*)和柄锈菌属(*Puccinia*)等，引起多种草坪草的黑粉病和锈病等。

Ⅲ无性型真菌：根据分生孢子产生和着生的方式分为 3 种类型，即丝孢纲(Hyphomycetes)，分生孢子产生在单独的分生孢子梗上或产生于具有特殊结构的产孢结构上，如孢梗束；腔孢纲(Coelomycetes)，分生孢子产生在分生孢子器和分生孢子盘上；芽孢纲(Blastomycetes)，营养体是单细胞或发育程度不同的菌丝体或假菌丝，产生芽孢子繁殖。其中，丝孢类和腔孢类的菌物可以引发严重的植物病害。大多数无性型真菌是非专性寄生菌，以不同方式在菌丝特化形成的分生孢子梗、分生孢子束、分生孢子器、分生孢子盘或分生孢子座上产生各种分生孢子，有的菌还产生菌核、厚垣孢子等。无性繁殖发达，可以产生、没有或不常见其有性生殖，但大多可进行准性生殖。若存在有性生殖，多属于子囊菌门，少数属担子菌门。

与草坪草病害关系密切的无性型真菌主要有：交链孢属(*Alternaria*)引起草坪草幼苗枯萎、猝倒、种子腐烂病、成株期叶斑病等；镰刀菌属(*Fusarium*)引起根腐、萎蔫等病害；德氏霉属(*Drechslera*)引致多种包括草坪和草坪种子的叶斑、根腐、死苗病等；刺盘孢属(*Collelotrichum*)，引起炭疽病；壳二孢属(*Ascochyta*)、壳针孢属(*Septoria*)引起许多草坪草的叶斑病和叶枯病；丝核菌属(*Rhizoctonia*)主要引起多草坪草和作物根和地下部分腐烂，但也可以危害其地上部分；小核菌属(*Sclerotium*)使许多草坪草和作物发生根腐病等。

2.2.2　植物病原原核生物

原核生物是指含有原核结构的单细胞生物。与真核生物相比，它的遗传物质 DNA 分散在细胞质中，无核膜包围，细胞质中核糖体分子质量小(70S)，无内质网、线粒体和叶绿体等细胞器。原核生物包括细菌、放线菌、蓝细菌、古细菌、植原体、衣原体、立克次体等。能够引起植物病害的原核生物称为植物病原原核生物，草坪草病原的原核生物主要有细菌、菌原体等，是仅次于菌物和病毒的第三大病原物。

2.2.2.1　植物病原原核生物的一般性状

（1）细菌

细菌基本形态有球状、杆状和螺旋状，引起植物病害的植物病原细菌多是杆状，少数为球状。杆状细菌的大小一般为 0.5~0.8 μm，球状细菌的直径一般为 0.6~1.0 μm。细菌细胞的基本结构包括细胞壁、细胞质膜、细胞质(图 2-6)。细菌细胞壁是由肽聚糖、拟脂类和蛋白质组成。有些细菌细胞壁外有以多糖成分为主的黏质层，比较厚而固定的黏质层为荚膜。植物病原细菌细胞壁外有厚薄不等的黏质层，但很少有荚膜。大多数植物病原细菌有鞭毛，是从细胞质膜下粒体的鞭毛基体上产生的蛋白质丝，穿过细胞壁和黏质层延伸到体外，鞭毛基部有鞭毛鞘。着生在菌体一端或两端的鞭毛称为极鞭；着生在菌体侧面或四周的鞭毛称为周鞭(图 2-7)。

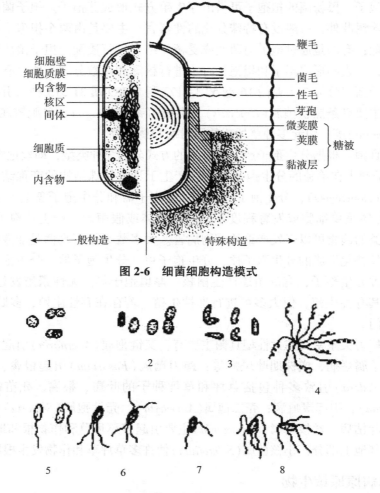

图 2-6　细菌细胞构造模式

图 2-7　细菌的形态

1. 球菌　2. 杆菌　3. 棒杆菌　4. 链丝菌　5. 单鞭菌　6. 多鞭毛极生　7、8. 周生鞭毛

细胞壁内有半渗透性的细胞质膜，膜内遗传物质 DNA 集中在细胞质中央，形成没有核膜包裹的近圆形的核质区，称为拟核。在有些细菌中，还有独立于核质之外呈环状结构的遗传因子，称为质粒，它的编码控制细菌的抗药性、接合或致病性等性状。大多数植物病

原细菌的革兰染色反应是阴性，少数是阳性，革兰染色反应是一重要的细菌鉴别方法。

细菌都是以裂殖方式进行繁殖，即菌体先逐渐伸长，然后细胞质膜从菌体中部内折延伸产生新的细胞壁，母细胞从中分为两个子细胞。条件适宜的最快 20 min 繁殖一次，24~48 h 可以在培养基上长出细菌菌落。

对于植物病原细菌，目前除了一些寄生在维管束的细菌还难以或不能人工培养外，大多数都是非专性寄生物，可在以无机铵盐为氮源的人工培养基上生长，少数需要氨基酸或其他有机氮源，形成白色、灰白色或黄色的菌落。最适生长温度大多为 25~28℃，在 33~40℃时停止生长，致死温度是 48~53℃；绝大多数都是好氧的，少数为兼性厌气的；生长基质的酸碱度中性或微碱性最为适合；植物病原革兰阳性细菌对青霉素敏感，阳性反应和阴性反应的细菌都对链霉素敏感。

不同细菌在相同或不同的培养基上表现的性状不同，培养性状是细菌的重要生物学性状之一，是其鉴定的重要依据。

（2）菌原体

菌原体是一类无细胞壁，外缘为一层称为单位膜的原生质膜包围的单细胞原核生物。菌体没有肽聚糖成分，形态在寄主细胞内为球形、椭圆形，但在穿过细胞壁或筛板孔时为丝状或哑铃状等变形体，有时为螺旋形。细胞内有颗粒状的核糖体和丝状的核酸物质。菌原体无鞭毛，大多数不能运动，少数可滑行或旋转。以芽殖或缢缩断裂方式进行繁殖。菌原体基本为专性寄生，对营养要求苛刻，有的至今不能人工培养，有的能在有甾醇的固体培养基上形成"煎蛋"形菌落。对青霉素、链霉素等抗生素不敏感，但对四环素类药物敏感。

2.2.2.2　植物病原原核生物的主要类群

原核生物的形态差异较小，许多生理生化性状也较相似，遗传学性状了解的不是很多，因而原核生物界内各成员间的亲缘关系还不很明确。《伯杰氏系统细菌学手册》(Bergey's Manual of Systematic Bacteriology)的分类系统是国际上大多数细菌学家目前所认可的，在国际上被普遍采用。《伯杰氏细菌鉴定手册》第 8 版将原核生物分为 4 个门：薄壁菌门 (Gracilicutes)、厚壁菌门 (Firmicutes)、软壁菌门 (Tenericutes) 和疵壁菌门 (Mendosicutes)。薄壁菌门和厚壁菌门的成员有细胞壁，而软壁菌门没有细胞壁，也称菌原体。疵壁菌门是一类与植物病害无关的没有进化的原细菌或古细菌。第 9 版改为古细菌类和真细菌类两类 4 个大组 35 个群，古细菌类 (Achaeobacteria) 在古细菌中分为广古细菌门和泉古细菌门两部分；真细菌类 (Eubacteria) 下分为 3 个大组，即革兰阴性真细菌组 (Gram-negative Eubacteria)、革兰阳性真细菌组 (Gram-positive Eubacteria) 和无细胞壁真细菌组 (Eubacteria lacking cell walls)。多数植物病原细菌属于革兰阴性真细菌组（薄壁菌门），少数属于革兰阳性真细菌组（厚壁菌门）和无壁菌组。新的分类系统把无壁菌组看作是革兰阳性真细菌组的一组低 (G+C)% 含量的成员。

（1）革兰阴性植物病原细菌

植物病原原核生物中的大多数成员属革兰反应阴性的薄壁菌门。细菌壁薄，厚度为 7~8 nm，细胞壁中肽聚糖含量为 8%~10%，结构较疏松，表面不光滑；大多数成员对营养要求不十分严格。重要的植物病原细菌属有以下几个。

①土壤杆菌属 (*Agrobacterium*)　菌体短杆状，鞭毛 1~6 根，周生或侧生。好气性，无

芽孢。营养琼脂上菌落为圆形、隆起、光滑，灰白色至白色，质地黏稠。不产生色素。该属少数腐生，多数兼性寄生，是根围和土壤习居菌，可引起根部肿瘤、发根等畸形症状。

②黄单胞菌属(*Xanthomonas*)　菌体短杆状，单鞭毛，极生。严格好气性，代谢为呼吸型。营养琼脂上的菌落圆形隆起，蜜黄色，可产生非水溶性黄色素。该属成员都是植物病原菌，引起叶斑、叶枯等症状。

③欧文菌属(*Erwinia*)　菌体短杆状，多双生或短链状，偶单生，周生鞭毛。营养琼脂上菌落灰白色、隆起。多数为好气性，少数为兼性厌气，无芽孢。原欧文菌属按新分类体系，仅保留梨火疫病菌一群，其他成员另设泛菌属(*Pantoea*)和果胶杆菌属(*Pectobacterium*)。该属有17种，引起植物腐烂、萎蔫、坏死等症状。

④假单胞菌属(*Pseudomonas*)　菌体短杆状或略弯，鞭毛1~4根或多根，极生。严格好气性，无芽孢。营养琼脂上的菌落圆形、隆起、灰白色，多数有荧光反应，引起植物叶斑、溃疡、枝枯、腐烂等症状。

⑤劳尔菌属(*Ralstonia*)　由假单胞菌属独立出来。菌体短杆状，鞭毛1~4根或多根，极生。严格好气性，无芽孢、在组合培养基上的菌落圆形、隆起、光滑、灰白色。引起的典型症状是全株急性凋萎(青枯)。

⑥木质部小杆菌属(*Xylella*)　菌体短杆状，无鞭毛，好气性。对营养要求十分苛刻，要求有生长因子。在营养琼脂上菌落有两种类型：一是枕状凸起、半透明、边缘整齐；二是脐状，表面粗糙、边缘波纹状。如难养木质部菌(*X. fastidiosa*)，引起苜蓿矮化病等，该菌依赖叶蝉类昆虫媒介侵染木质部后致使全株表现叶片边沿焦枯、枯死、早落、枯死、生长缓慢、生长势弱，结果减少和变小，最终植株萎蔫而全株死亡。

(2)革兰阳性植物病原细菌

植物病原原核生物的第二大组是革兰阳性的厚壁菌门的细菌和放线菌门的链霉菌属。细菌壁厚，厚度30~40 nm，单层结构，肽聚糖含量占细胞壁成分的60%~90%。重要的植物病原细菌有以下几种。

①棒形杆菌属(*Clavibacter*)　菌体短杆状至不规则杆状，无鞭毛，不产生孢子。好气性。营养琼脂上菌落为灰白色、圆形、光滑、凸起，灰白色不透明。重要的植物病原菌是马铃薯环腐菌亚种(*C. michiganense* subsp. *sepedomicum*)可侵害番茄等5种茄属植物，引起马铃薯环腐病，造成薯块维管束变褐坏死并充满黄白色菌脓，地上部萎蔫。

②芽孢杆菌属(*Bacillus*)　菌体直杆状，周生鞭毛多根，好气性或兼性厌气性。营养琼脂上菌落扁平灰白色，有的淡红色或灰黑色等，边缘波纹状或有缺刻，较黏稠。革兰反应阳性，但老龄细胞常为阴性，鞭毛消失，产生芽孢。芽孢杆菌存在许多腐烂或坏死的病材料中，促进病组织的腐烂或坏死。少数可以侵染植物，如禾草巨大芽孢杆菌(*B. megaterium* pv. *cerealis*)在美国引起小麦白叶条斑病。

③无细胞壁的植物病原原核生物　无细胞壁的植物病原细菌俗称菌原体，专性寄生，营养要求苛刻，对四环素类敏感，包括植原体属(*Phytoplasma*)和螺原体属(*Spiroplasma*)。

植原体属旧称类菌原体(MLO)。植原体的大小为200~1 000 nm，形态在寄主细胞内为球形、椭圆形，但易变形，在穿过细胞壁或韧皮部筛板孔时变为丝状、杆状或哑铃状等变形体，有时为螺旋形(图2-8)。目前，还不能在离体条件下人工培养。植原体侵染主要造成寄主植物黄化、矮缩、丛枝、花器变叶等症状。症状先出现在一两个枝条上，然后全株逐渐枯死。植原体必须依赖介体传播,多由叶蝉、木虱及粉虱传播;通过嫁接和菟丝子也可以传播。

螺原体属菌体的基本形态为螺旋形,繁殖时可产生螺旋形分枝,无鞭毛,但可在培养液中做旋转运动,兼性厌氧性。螺原体生长繁殖需要甾醇,在固体培养基上形成直径约 1 mm 的煎蛋状菌落,常在主菌落周围形成更小的卫星菌落。螺原体只有 3 个种,主要寄主是双子叶植物和昆虫,如柑橘僵化螺原体(*S. citri*)侵染柑橘等多种寄主。柑橘受害后表现为植株矮化,枝条直立、节间缩短、枝丛生,叶变小,果小、畸形、易脱落。媒介昆虫是叶蝉。

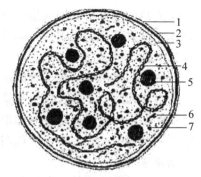

图 2-8　植原体模式

1~3. 三层单位膜　4. 核酸链　5. 核糖体
6. 蛋白质　7. 细胞质

2.2.2.3　原核生物病害的特点

植物受原核生物侵害后,在外表显示出许多特征性症状。植物细菌性病害常见症状有坏死、腐烂、萎蔫,少数引起肿瘤,有的还有菌脓溢出。在田间,多数细菌病害的症状有如下特点:一是受害组织表面常为水浸状或油浸状;二是在潮湿条件下,病部有黄褐或乳白色、胶黏、似水珠状的菌脓;三是腐烂性病害往往有恶臭味。植原体病害的症状主要有变色和畸形,包括病株黄化、矮化或矮缩,枝叶丛生,叶片变小,花变叶等。

细菌一般通过伤口或自然孔口(气孔、水孔、皮孔、蜜腺等)侵入寄主。侵入后通常先将寄主细胞或组织杀死,从死亡的细胞或组织中吸取养分,并进一步扩展。在田间,病原细菌主要通过雨水、灌溉水等进行传播。风雨、冰雹、冻害、昆虫等造成寄主植物上的伤口数量越多,越有利于细菌侵入和传播,因而往往是细菌病害流行的一个重要条件。植原体和寄主维管束的难养细菌往往要借助叶蝉等在韧皮部取食的昆虫介体或随嫁接、菟丝子才能传播。

2.2.3　植物病毒

病毒(virus)是 19 世纪末才被发现的一类微生物,在自然界分布极为广泛,它们可以寄生于细菌、菌物、植物、动物和人类等生物体。其中,侵染植物的病毒称为植物病毒。目前,植物病毒病是植物病害中危害较大、防治最难的一类病害,称为植物的"癌症"、不治之症,是世界难题。据国际有关资料报道,现已发现 1 000 多种植物病毒病,几乎所有的农作物都受不同程度的病毒危害。据统计,全世界每年因病毒病危害造成的直接损失达 150 亿美元以上。我国许多重要的经济作物,如烟草、花卉和多种蔬菜作物每年因病毒病造成的直接经济损失达 10 亿美元以上。

2.2.3.1　植物病毒的一般性状

病毒是一种细胞内专性寄生物,基本个体单位称为粒体(virion, virus particle),大部分病毒的形态有球状、杆状或线状,少数为弹状、杆菌状和双联球状等。病毒粒子的大小用纳米(nm)来表示。球状病毒的直径大多在 20~30 nm,只有在电子显微镜下才可以观察到。

绝大多数病毒粒子是由一个核酸的内芯和蛋白质(或脂蛋白)的衣壳组成。一种病毒只有一种核酸,脱氧核糖核酸(DNA)或核糖核酸(RNA),单链或双链,核酸携带病毒的遗传信息,在寄主细胞内参与病毒的复制,使病毒具有传染性。植物病毒所含核酸绝大多数为单链核糖核酸。植物病毒的蛋白分为结构蛋白和非结构蛋白。结构蛋白如衣壳蛋白,是由多肽链经过三维折叠形成蛋白亚基(subunit,也称结构亚基)。多个蛋白亚基聚集起来形成壳基,多数壳基构成衣壳,起到保护核酸链的作用。非结构蛋白(功能蛋白),如复制酶、聚合酶及一些运动蛋白等。

病毒的繁殖和其他生物截然不同,病毒以复制的方式进行繁殖。病毒缺乏细胞所具有的细胞器和酶,不能合成自身繁殖所需要的物质和能量。病毒侵入寄主细胞后,利用寄主的营养物质和能量进行复制和增殖,合成核酸和蛋白质,形成新的病毒粒子。因此,病毒在侵染过程中,改变寄主的代谢途径,破坏寄主的正常生理机能,从而导致寄主生长发育表现异常。

2.2.3.2　植物病毒的分类与命名

(1)分类

植物病毒的分类与命名是在国际病毒分类委员会(International Committee on Taxonomy of Viruses, ICTV)的领导下进行,经过多年的不断充实、完善和修改,国际病毒分类委员会的网站公布了以往多个版本的植物病毒分类报告。目前,最新版本的病毒分类系统,把病毒独立列为病毒界,并逐渐实现了按科属种等分类单元进行分类,包括55目168科103亚科1 421属和6 590个种,其中包括病毒和亚病毒(类病毒、卫星病毒、病毒卫星等)。类病毒包括2科8属32种:鳄梨日斑类病毒科(Avsunviroidae)和马铃薯纺锤形块茎类病毒科(Pospiviroidae);卫星病毒包括5属7种:丁型肝炎病毒属(*Deltavirus*)、烟草坏死卫星病毒属(*Albetovirus*)、绿萝卫星病毒属(*Aumaivirus*)、黍花叶卫星病毒属(*Papanivirus*)和烟草花叶卫星病毒属(*Virtovirus*);病毒卫星包括2科2亚科13属135种[α卫星科(Alphasatellitidae)、番茄曲叶病毒卫星科(Tolecusatellitidae)]。侵染植物的病毒涉及16目31科132属1 608种。其中,双生病毒科(Geminiviridae)的菜豆金色花叶病毒属(*Begomovirus*)是病毒种类最多的属,也是种类最多的DNA病毒属,包含388种病毒;其次,马铃薯Y病毒科(Potyviridae)马铃薯Y病毒属(*Potyvirus*)是病毒种类最多的RNA病毒属,有168种病毒。

植物病毒的分类主要依据:结构病毒基因组的核酸类型(DNA或RNA);核酸是单链(single strand, ss)还是双链(double strand, ds);病毒粒体是否存在脂蛋白包膜;病毒形态;核酸分段状况(即多分体现象)等。现代植物病毒分类系统中根据病毒核酸的类型,分为双链DNA(dsDNA)病毒,单链DNA(ssDNA)病毒,双链RNA(dsRNA)病毒、负单链RNA(-ssRNA)病毒、正单链RNA(+ssRNA)病毒、RNA逆转录病毒、类病毒(Viroids)和卫星病毒(Satelites)。

(2)命名

目前,植物病毒的命名不采用拉丁文双名法,以寄主英文俗名加上主要发病症状来命名。如烟草花叶病毒为Tobacco mosaic virus,缩写为TMV;黄瓜花叶病毒为Cucumber mosaic virus,缩写为CMV。属名为专用国际名称,词尾为"virus",常由代表种的寄主名称(英文或拉丁文)缩写+主要症状特点描述(英文或拉丁文)缩写+virus拼组而成。例如,黄瓜花叶病毒属的学名构成为Cucu-mo-virus;烟草花叶病毒属的学名构成是Toba-mo-virus。在书写病毒学名时,目、科、亚科、属的接受名(accepted name)一律采用斜体,且第一个字母要大写;种名用斜体,且第一个词的首字母要大写;暂定种不用斜体,但第一个词的首字母仍要大写。

2.2.3.3 植物病毒病的症状和诊断

（1）症状

与其他植物侵染性植物病害相比，植物病毒病在症状上有许多显著的特点。病毒病绝大多数属于系统侵染，随着病毒从侵染点扩展到整个植物体，整个植株逐渐表现出病状，但观察不到病征。植物病毒病的病状主要有 3 种类型。

①变色 主要为花叶和黄化两种类型。植物幼嫩的茎叶上首先表现褪绿，颜色斑驳不匀、黄绿相间，表现在叶片上称为花叶；有时也全部变成黄色，即黄化。

②坏死 叶片产生枯斑，或者嫩茎上产生坏死斑。这主要是由寄主的过敏性坏死反应引起，以阻止病毒在植物体内的进一步扩展。

③畸形 罹病植株器官变小、矮化、节间缩短、肿瘤、丛枝、卷叶、缩叶、裂叶，果实皱缩、变小，开花结果少，甚至不开花结果等。

环境条件对植物病毒病的症状表现有抑制或增强作用。例如，花叶病症状在高温下常受到抑制，而在强光下表现得更为明显。由于环境条件的影响，使植物暂时不表现明显症状，甚至原来已经表现的症状也会暂时消失，这种现象称为隐症现象。

（2）诊断

植物病毒病的诊断比其他侵染性病害要复杂得多。首先，根据症状观察初步确定。但是病毒病在症状上常易与生理性病害，特别是缺素症、环境污染引起的病害相混淆。其次，要区分侵染性病害和非侵染性病害。病毒病在大田的表现是具有明显的发病、传染和扩散中心，发病程度距离中心病株越近则越严重，而非侵染性病害的发生一般是成片的，发病程度也大体相同。病毒病多为系统侵染，发病部位分布不均匀，植株的幼嫩部分表现最明显，而生理性病害大多分布均匀。再次，要区分病毒病和其他侵染性病害。植物病毒病无病征，而其他侵染性病害最终一般要出现病征，如线虫虫体、细菌菌脓、菌物的组织体或子实体等。还可通过人工诱发试验进一步确定它的传染性、传染方式、寄主范围等。最后，再利用显微观察、血清学反应、核酸杂交及 PCR 技术等手段最终确定植物病原病毒。

2.2.3.4 植物病毒的传播和植物病毒病的防治

（1）植物病毒的传播

由于植物病毒是专性寄生物，只能在活体细胞内增殖，其传播方式受到很大限制。气流、水流、雨滴飞溅对植物病毒的传播几乎不起作用。大多数植物病毒在自然界依靠人或其他生物为媒介传播，偶尔也可通过病、健植株的接触摩擦而传播。植物病毒传播的方式主要有以下几种情况。

①接触传播 通过病、健植株的接触摩擦而产生的轻微伤口，植物病毒随着病株汁液从伤口流出侵染健康植株，或者通过手和操作工具传染健株。植物嫁接也可传染病毒。

②昆虫介体传播 传播植物病毒的昆虫主要是具有刺吸式口器的种类，特别是蚜虫和叶蝉。蚜虫的传毒专化性比较弱，有些植物病毒可以被几十种蚜虫携带传播，有的蚜虫也能传播多种植物病毒；叶蝉的传毒转化性较强，往往一种植物病毒只能被一种叶蝉传播。除蚜虫和叶蝉外，飞虱、粉蚧、蝽象、木虱、蓟马等也可以传播植物病毒。

在自然界，有一些植物病毒还可以通过线虫、螨类、菌物、寄生性种子植物传播。另外，种子和其他无性繁殖材料也可以携带传播植物病毒。

(2)植物病毒病的防治

由于植物病毒的寄主范围广,对一般化学药剂不敏感,因此植物病毒病与其他侵染性病害比较,更难防治。目前,植物病毒病主要通过以下途径进行综合防治:①选用无病繁殖材料,病毒一般不进入植物生长点,利用植物的茎尖分生组织进行组织培养可获得无毒苗,进一步培养也可获得无毒种子;②减少侵染来源,带毒的植株是病毒的主要传染源,清除有病植物和可能成为病毒寄主的其他杂草是防治植物病毒病的重要途径;③防治传毒介体,对蚜虫、叶蝉等传毒介体的有效防治,可切断病毒的传播路径;④选育抗病品种,品种抗性可从两个方面考虑,即对病毒本身的抗性和对传毒介体的抗性;⑤病株治疗,用温水处理带病种苗和无性繁殖材料,可杀死病毒。目前,化学防治主要采用病毒抑制剂或干扰核酸代谢的药剂。

2.2.4　植物病原线虫及其他病原物

2.2.4.1　植物病原线虫

线虫(nematodes)是一类低等的无脊椎动物,属于动物界线虫门(Nemata),过去的分类体系一直将线虫放在线形动物门线虫纲(Nematoda)。线虫在自然界分布广泛,种类繁多,据Hyman(1950)估计有50万种,多数在土壤和水域中自由生活,少数寄生于人、动物和植物体内。其中,寄生于植物体内的线虫,称为植物寄生线虫,简称植物线虫。有一些植物寄生线虫除损伤植物体外,还可引起植物一系列的病变,称为植物病原线虫,通常也简称植物线虫。目前,已被描述和记载的植物线虫约210属5 000多种。

植物线虫的寄主种类很多,几乎每一种栽培植物都可被一种或几种线虫寄生。植物线虫可以危害寄主植物的任何部位,还能够传带其他病原物或为其侵入打开门户,也可以和其他病原物复合侵染使病害更加严重。

(1)线虫的一般性状

线虫体形细长,两侧对称,两端稍尖,形似线状;某些种类在虫体发育到一定阶段,会膨大成梨形、肾形、柠檬形或袋状。线虫分为3个发育阶段,即卵、幼虫和成虫。卵通常为椭圆形或梭形,表面多具纹饰或附属物,多数卵壳透明,少数暗色,较坚韧。幼虫和成虫阶段至少有一个时期虫体为线形。线形虫体头端一般平钝,尾端为鞭状、钝圆或棒状,变化较大。

植物线虫个体微小,长度多数不超过1 mm,直径不及长度的1/10,而且虫体透明,所以肉眼不易看见,需要用显微镜才能观察到。植物线虫在土壤或植物组织中产卵,卵孵化后形成幼虫,幼虫经数次蜕皮后发育成成虫。雄虫交配后不久即死亡,雌虫产卵。有的线虫雌虫不经过交配就可产卵,即孤雌生殖。线虫完成生活史所需要的时间从几天到几周或更长,大多数线虫一年发生多代,也有的一年只发生1代。

最适合植物线虫孵化和发育的温度范围为20~30℃。适度潮湿的土壤、良好的通气状况有利于植物线虫活动。植物线虫可在病组织、土壤、种子或其他繁殖材料中越冬。线虫的远距离传播主要靠种子或其他繁殖材料进行,土壤灌水、工具也可就近传播,而线虫自身的短距离主动运动对传播病害并无多大意义。

(2)植物线虫病害的症状

植物线虫多在地下或植物体内隐蔽危害,线虫分泌的酶和毒素对寄主组织有破坏作用，常引起瘿瘤、丛根及茎叶扭曲等局部症状；发病植物还可表现植株矮小、发育缓慢、变色、萎蔫、早枯等全株性症状。

（3）植物线虫病害的防治

植物线虫病害的防治主要从以下几个方面入手：① 加强植物检疫，防止线虫随着种子和其他无性繁殖材料传播扩散；② 轮作，很多植物线虫是专性寄生的，对寄主有一定的选择性，用非寄主植物进行轮作，可以有效防治线虫病害；③ 土壤处理，土壤是线虫活动的主要场所，用杀线虫剂如氯化苦、克线灵、呋喃丹等处理土壤可以杀死线虫；④ 选育抗性品种。

2.2.4.2 植物其他病原物

（1）寄生性种子植物

少数种子植物由于叶退化不能进行正常的光合作用，或无正常的根，寄生于其他植物的根、茎或叶上，但可以正常开花、结实，称为寄生性种子植物（parasitic seed plants）。已知寄生性种子植物 2 500 多种，分属于 12 个科。常见的有桑寄生科（Loranthaceae）、菟丝子科（Cuscutaceae）和列当科（Orobanchaceae）等。

根据寄生性种子植物对寄主依赖程度的不同，可以将其分为全寄生和半寄生两大类。全寄生种子植物叶退化，不能进行光合作用，根退化为吸器，自身生活需要的所有营养物质都来自寄主；半寄生种子植物根退化，但是有正常的叶，可以进行光合作用。

寄生性种子植物的危害主要表现为对寄主营养物质的掠夺，种子主要通过被风吹、鸟类携带或与寄主种子混杂调运等途径进行传播。

危害草坪的寄生性种子植物主要为菟丝子属（*Cuscuta*）植物，如中国菟丝子（*C. chinensis*）、田野菟丝子（*C. campestris*）、南方菟丝子（*C. australis*）、日本菟丝子（*C. japonicus*）、欧洲菟丝子（*C. europaea*）、百里香菟丝子（*C. epithimum*）和三叶草菟丝子（*C. trifolii*）等。植物被菟丝子寄生以后生长缓慢、衰弱，容易萎蔫，抗逆性下降甚至死亡。

菟丝子的防治主要采用种子检验、人工拔除或多次低剪草坪等方法，也可尝试使用一些选择性除草剂。

（2）类病毒、拟病毒和螨类

类病毒是 Diener 等 1967—1971 年在研究马铃薯纺锤块茎病时发现的。拟病毒为 1981 年 Franki 发现并命名。这两类病原物比病毒更小、结构更简单，只有裸露的小分子核糖核酸（RNA）而没有蛋白质衣壳，其致病症状和防治方法也与病毒类似。

螨类属于节肢动物门（Arthropoda）蛛形纲（Arachnida），虫体微小，多数仅 0.1 ~ 0.3 mm，肉眼不可见，刺吸汁液危害植物，引起毛毡病、瘿瘤病等，还可传播病毒。

2.3 草坪草非侵染性病害的病原

2.3.1 化学因素

（1）施用农药过度

施用农药过度特别是除草剂会危害草坪健康或杀死草坪，还会导致土壤微生物群落不平衡，尤其对是有益微生物，间接利于发病。

（2）肥料施用不当

化肥施用不当，特别是过量施用时会危害草坪。

(3)养分缺乏

草坪的土壤肥力不足会严重影响草坪生长。草坪草的生长发育需要大量的各种营养元素和微量元素，如氮、磷、钾、镁、铁、钙、硼、锰、锌等，无论任何元素过多或不足或受土壤酸碱度影响，都不利于吸收，会引起草坪草某种元素缺素症或过多症。

(4)空气污染

工业生产、车辆等产生的气态污染物浓度过高是会改变草坪草代谢作用，而影响草坪生长。污染物包括二氧化硫、臭氧、二氧化氮、氯酸气、氯气、乙烯、硝酸过氧化乙酰、氟化氢和毒尘等。空气污染一般发生在大城市及工业区、发电厂(站)、矿区附近。

(5)动物排泄物

野生动物和宠物的排泄物(包括尿和粪便)含有非常高浓度的可溶性盐、尿素及其他化合物。尽管这些排泄物稀释后施用到草坪上可作为有机肥料，并不会造成危害，草坪会呈深绿色，草坪草会生长更快，但是如果排泄物直接施用到草坪上的较小局部范围则可杀死草坪而造成危害。

(6)盐害

寒冷地区用盐消融道路积雪，当气温回升解冻时，常造成草坪草和其他植物受害。

2.3.2　物理因素

(1)水或冰冻

土壤水分含量(可利用水)的过高和过低是危害草坪生长的首要非生物因子。土壤水分过高(土壤含水量饱和或接近饱和)加上排水不良会影响草坪草生长；草坪草根系因缺氧或有害气体的积累而变弱或致死；同时土壤水分过高还会间接给草坪带来腐霉病、藻类和苔藓问题。但是，土壤缺水会限制草坪草正常生长。

草坪上的冰层覆盖时间过长会影响草坪草来春生长，严重时会闷死草坪。尽管在冬季草坪草的呼吸作用显著降低，但冰层下的草坪草因缺少气体交换，使草坪草及其土壤缺氧，同时由草坪草和土壤微生物活动产生的二氧化碳和其他气体逐渐积累达到致毒浓度，从而使草坪受损。

土壤、水分同温度的影响常难以分开，同其他因子有相互作用。

(2)温度和光照

温度是草坪草生长的主要因子之一。温度过高或过低均会影响草坪草生长，甚至造成危害。盛夏全日照会使叶表面温度过度升高使植物的蒸腾作用无法有效降低叶片温度，从而影响植物内酶的正常功能，进而影响光合作用和呼吸代谢，乃至叶细胞和组织死亡，这种损伤也称日灼。例如，大气湿度高、土壤缺水会使其危害加重。

温度过低对草坪草的影响主要有两种情况。一种是冬寒枯死，另一种是霜冻。霜冻发生在生长季节早期和晚期。此时，当温度骤降时，因植物耐寒性已降低、消失或还未完全发展起来，故易被冻伤。

(3)瘠薄土壤

建植于浅土层上的草坪草易遭干旱和病害为害。浅土层的持水量低，无法持有足够水分供草坪草正常生长。草坪草的根系也浅，稍有旱情，浅土层上的草坪草便会呈干旱症状。有个别草坪草地下埋藏有瓦砾(砖头、石块、玻璃等)或枯死树桩等，夏季干燥时草坪草易干旱萎蔫或土层过浅等。

（4）土壤板结

频繁人为活动和机械过重或不当操作会造成土壤板结。湿土壤和土壤颗粒细的土壤易板结，板结的土壤难以进行气体交换，也不利于水肥渗透，根系易缺氧，同时也不利根系生长从而影响草坪。

（5）枯草层

枯草层是由未分解或未完全分解的植物残根、根冠、匍匐茎和根茎在土壤表面上和草坪绿色植被之间长期积累所形成的植物残体层，为草坪生长基质的上层。不超过 1 cm 厚的枯草层可降低草坪土壤水分的蒸发，1.3 cm 左右为保护草坪少受磨损、损伤的适宜厚度，超过 1.9 cm 厚通常对草坪草生长有不良影响。

（6）乔木和灌木荫蔽

草坪草的耐阴性能是有限的，有的草种较强，有的很弱。草坪周围的乔灌木胁地则同草坪草竞争水、肥、光资源，直接影响草坪草生长。

（7）机械作用致病

①剪草机伤害　割草机刀片钝时割草会伤害草坪，铰卷式割草机的刀具安装调整不合适时也会伤害草坪。当出现频繁修剪调整高度、机械性能较差、地面不平坦及在斜坡上、草坪地过于低洼潮湿、超过负重力或干燥地面等情况，都会造成草坪草伤害。

②磨损伤害　草坪常因过度践踏而受到磨损伤害。践踏一方面直接造成草皮磨损，降低草坪草叶片的光合作用而导致草坪植株生长缓慢；另一方面改变了土壤性质，造成土壤紧实，土壤中水分、养分和氧气减少而影响草坪草根系生长，间接影响草坪草发育，从而降低草坪评定的质量。

③异物伤害　草坪地上常有部分被金属、塑胶、橡胶、牛毛毡、硬纸板等异物覆盖，遮光时间稍久就会出现伤害。

2.3.3　侵染性病害与非侵染性病害的关系

草坪草的侵染性病害与非侵染性病害的关系密切。非侵染性病害可能诱发或加重侵染性病害的发生。非侵染性病害使草坪植物抗病性降低，而枯草层能给病原菌提供优良的越冬或越夏场所，使草坪草发病概率显著增加，如生理病害和真菌病害等，且杀菌剂难以作用于栖于枯草层中的病原菌。草坪土壤排水不良，不仅增加土壤湿度促使病害活动，也会影响草坪草根系的生长发育，降低草坪草的抗病能力。草坪草周围的乔灌木过密、过高会影响光照、通风和通气，从而影响草坪草生长，乔灌木的遮阴使草坪因缺光生长慢也易生白粉病，特别是草地早熟禾。通风不良、湿度增高会使草坪易感多种病害。大多数的草坪草病害都与过量施入氮肥有关，大量施入氮肥，使草坪草陡长，植株变嫩而多汁，利于病原菌侵入。草坪草磨损的伤口还易导致病原菌入侵而感病。同样，侵染性病害也能诱发非侵染性病害的发生，侵染性病害能削弱草坪对非侵染性病害的抵抗力。

2.4　草坪病害的发生与发展

2.4.1　草坪病害的侵染过程

病害的侵染过程(infection process)是指病原物与寄主植物的可侵染部位接触后侵入寄主植物,在植物内繁殖和扩展,然后发生致病作用,显示症状的过程;也是植物个体遭受病原物侵染后的发病过程,又称病程。病原物的侵染是一个连续的过程,为了便于分析,侵染过程一般分为以下4个阶段。

2.4.1.1　接触期

从病原物与寄主植物接触,或达到能够受到寄主外渗物质影响的根围或叶围后,开始向侵入的部位生长或运动,并形成某种侵入结构的一段时间称为接触期(contact period)。

病原生物必须接触到寄主的感病部位才能发生侵染,由于病原物大多数都不能主动位移,故多借助气流、雨水、生物介体、修剪机具、土肥、人类活动等途径到达寄主表面。其中,人类活动和气流是病原物远距离传播的最重要途径。细菌、线虫以及菌物的游动孢子,可做短距离的主动运动。菌物的菌丝生长也有助于接触寄主。

由于病原物在接触期尚未进入植物体内,因此容易受生物因素和环境因素的影响,其中以温度和湿度影响最大。接触期是病原物在侵染过程中的一个脆弱环节,也是防止病原物侵染的有利阶段,避免或减少病原物与寄主的接触是防治病害的一种重要手段。

接触期的长短因病原物种类而异。例如,条黑粉病菌的冬孢子可附着在种子表面越冬,待种子发芽,冬孢子萌发侵入植物幼苗的胚芽鞘或成株的根状茎、匍匐茎和冠部,接触期长达数月;白粉菌、锈菌的接触期短至数小时;病毒由介体直接送入寄主活细胞中,不存在接触期。

2.4.1.2　侵入期

从病原物侵入寄主到建立寄主关系的这段时间,称为病原物的侵入期(penetration period)。

病原物侵入植物的途径包括直接穿透侵入、自然孔口侵入和伤口侵入3种方式,选择何种途径侵入与病原物的种类有关。细菌一般选择通过气孔、蜜腺等自然孔口和伤口侵入;菌物除上述途径外还能直接穿透表皮细胞;而病毒只能通过活细胞上的微伤口侵入;线虫和寄生性种子植物一般直接穿透侵入。病原物侵入寄主所需的时间与环境条件有关,但是一般不超过几小时,很少超过24 h。侵入期中,一般生长季节的温度都能满足孢子萌发的要求,而湿度条件变化较大,湿度会影响病原物的萌发和侵染,是最重要的环境条件,常成为限制侵入的因素。除温湿度外,植物体表所存在的某些化学物质也影响病原物的侵入活动。营养物质不但促进孢子萌发,而且诱导芽管趋向侵染点,起着促进侵入的作用。植物分泌的抗菌物质则对病菌的侵入有抑制作用。叶围微生物也会对病原菌的侵入起到抑制或促进作用。

2.4.1.3　潜育期

从病原物与寄主建立寄生关系到表现明显症状这一时期称为潜育期(incubation period)。在此期间,病原物必须从寄主体获取必要的营养和水分才能扩展和繁殖,同时寄主对病原物的扩展产生阻止和抵抗反应。潜育期内,从寄主外观看似乎是静止的,但实际上植物体内发生着十分复杂的生物化学过程。

潜育期的长短因病害而异，一般 10 d 左右，也有较短或较长的。腐霉枯萎病的潜育期在适宜条件下不超过 3 d，而散黑穗病的潜育期可达 1 年。影响潜育期长短的主要环境因素是温度，另外也与寄主的抗病程度有关，抗性不同的品种潜育期不同。同一植物的不同发育时期以及营养条件不同，潜育期的长短也不同。

2.4.1.4　发病期

从出现症状直到寄主生长期结束甚至死亡为止的有症状的时期称为发病期（symptom appearance phase）。症状的出现是潜育期的结束和发病期的开始。发病期是病原物扩大危害，大量产生繁殖体的时期。如果是菌物性病害，病斑处往往产生病原菌的孢子，成为下一次侵染的来源，不同病害孢子形成的时期是不同的。有的在潜育期结束立即产生孢子，如锈菌和黑粉菌孢子几乎和症状同时出现。大多数的菌物是在发病后期或在死亡的组织上产生孢子，有性孢子的产生更迟一些。细菌性病害在显现症状后，病部往往产生脓状物，含有大量细菌菌体。

2.4.2　草坪病害的病害循环

病害循环（disease cycle）是指病害从前一个生长季节开始发病，到下一个生季节再度发病的过程，也称侵染循环（infection cycle）。侵染性病害的病害循环包括病原物的越冬和越夏、病原物的初侵染和再侵染、病原物的传播 3 个环节。

2.4.2.1　病原物的越冬和越夏

病原物成功越冬和越夏是保持其持续危害植物的基础，及时消灭越冬和越夏的病原物，对于减轻下一季节发病有重要意义。病原物主要通过以下场所进行越冬和越夏：①田间病株，许多病原菌可在病株体内越冬或越夏。多年生草坪草尤其如此，如许多病毒、细菌和菌物均可在草坪草的根系、根颈、茎中越冬和越夏，成为翌年田间的初侵染源。②种子及其他繁殖材料，许多病原物在种子或其他繁殖材料中越冬和越夏，如禾草麦角病、禾草镰刀菌萎蔫和根腐病等病菌。③病株残体，绝大部分非专性寄生的菌物和细菌，都可以在病株残体上存活一定的时间而成为下一生长季节的初侵染源。④土壤，病株残体和病株上的病原物都很容易落到土壤表面或埋入土中，成为病原物越冬和越夏的场所，如禾草黑粉病和豆科菌核病等。⑤粪肥，病原物可随病株残体混入粪肥中，若粪肥未经充分腐熟后施入草坪中，就会成为侵染来源。如有些病原物被家畜吃下，经消化后由粪便排出还未丧失生活力，施入田间可能会传播病害。⑥机具，机具中残留有修剪下的病株残体或黏附有病原菌，可成为病原菌越冬和越夏的场所。下一次修剪时若带入健康的草坪，可成为侵染来源。

2.4.2.2　病原物的初侵染和再侵染

在生长季节中，由越冬或越夏后传播而来的病原物引起的侵染，称为初侵染。有的病原物成功初侵染后，在同一生长季节还可能在寄主上产生大量的繁殖体，在田间反复侵染，称为再侵染。一些病害在一个生长季内只有一次初侵染，称为单循环病害（monocyclic disease），如多种禾本科的黑粉病等；有的则有多次再侵染，称为多循环病害（polycyclic disease），引起病害的迅速流行，如禾草锈病等。

病害防治策略的制订涉及这种病害是否有再侵染，对于单循环病害，应集中力量消灭越冬和越夏的病原物;对于多循环病害,除了控制初侵染来源外,还应在生长季节内,采取措施限制再侵染的发生。

2.4.2.3 病原物的传播

病原物不断传播是引起病害发生和流行的基本条件。病原物的传播途径主要有以下几种。

(1)气流传播

气流传播对菌物的传播有重要作用,可将孢子传送到几十或几百千米之外,如锈菌的夏孢子等。细菌和病毒本身单独不易经气流传播,但是传毒介体昆虫和带细菌的残体,可以随气流做远距离传播。因此,及时喷药,铲除中心病株,选育和种植抗病品种,加强田间管理,以提高寄主的抗病性,是防治气流传播病害的主要途径。

(2)雨水和流水传播

许多病原细菌和一部分覆盖着胶质的菌物孢子是由雨水传播的。雨水可以使细菌或黏质中的菌物孢子分散,再借水滴飞溅到其他植株上。地面雨水或灌溉水的流动,可以把病株残体、土壤和根系中的病原物传送到其他地点。灌溉水的传播距离有时还比较远。

(3)介体传播

有的病害由一种或几种专化性介体传播,不管病原物是在介体外或介体内携带,它们的传播大部分或全部都依赖这些介体。例如,蚜虫和叶蝉等昆虫是病毒传播最重要的介体,少数几种螨和线虫也可作为病毒传播介体,而叶蝉是植原体传播的主要介体。有的病害病原物很容易被介体传播,但并不依赖介体的传播,如禾草炭疽病和麦角病,昆虫在植物间活动时沾染了菌物的孢子,可带着这些病原物从一株植物到另一株植物,并将病原物带到植物外表,或取食时造成的伤口内。昆虫、螨和线虫不仅是病原物的传播者,同时还能产生伤口,为携带的病原物开辟了侵入的途径。

(4)人为传播

人们在各种农业生产活动中,往往无意识地传播病原物。例如,人类在引种、施肥、修剪等活动中可以导致病原菌有效、大量的传播和侵染。

2.4.3 草坪病害发生的环境条件

草坪病害是草坪植物和病原物在一定的环境条件下相互斗争的结果,因此环境条件在草坪病害系统中起着重要作用。

2.4.3.1 气象因素

气象因素既影响病原物繁殖、传播和侵入,又影响寄主植物的抗病性,其中对病害影响较大的因素是温度、湿度(包括雨量、雨日、雾、露)和光照。温度和湿度对病原物孢子萌发和生长以及侵入等活动都有很大的影响,如假盘菌引起的病害,在温度14℃,相对湿度大于98%,最有利于病原菌孢子的萌发和侵入;在30℃下则不发生侵染,相对湿度小于93%,孢子也不萌发。但温度和湿度对病害影响的程度并不完全相同,在一定范围内,湿度决定病原菌孢子能否萌发和侵入,而温度主要影响孢子萌发和侵入速度。因此,了解温湿度指标就可以知道病害在何种温湿度下可能迅速发生或停止发生和流行。不同类群的病原物对温湿度要求不同,一般而言适合病原菌生存、繁殖、侵入的温度多在15~28℃,相对湿度在95%以上。例如,一些锈病的夏孢子萌发和侵入的适温为15~25℃,相对湿度不低于98%。但也有少数病原物可耐受65%~90%的相对湿度，如白粉菌。光照对一些病原菌的孢子和菌丝生长有较大的影响，如禾柄锈菌(*Puccinia graminis*)的夏孢子在没有光照的条件下萌发较好，但禾本科植物的气孔在黑暗条件下是完全关闭的，夏孢子的芽管不易侵入，因此锈菌接种时有一定光照是有利的。另外，寄主植物在不适应的温湿度及光照条件下生长不良，抗病性下降，可以加重病害的发生和流行。

2.4.3.2　土壤因素

土壤因素包括土壤的理化性质(土壤结构、土壤酸碱度等)、土壤微生物等，这些因素对寄主植物根系和在土壤中病原物的生长发育影响较大，可影响根部病害的发生发展。

2.4.3.3　栽培管理措施

栽培管理措施在不同情况下对病害发生有不同的作用。例如，灌水频繁或过量，草层经常结露、吐水，则有利于病原菌孢子的萌发、侵入和生长发育，同时在潮湿环境下寄主植物的保护结构不发达(如组织纤弱)，气孔开放时间长，也为病原菌的侵染提供了有利条件。土壤中氮、磷、钾和各种微量元素的含量过高、过低或比例失调，都会降低草坪草的抗病性，如禾草麦角病发病率在氮肥过量时显著增加。草地利用及草地卫生也会影响病害的发生和流行，修剪不足或过迟有可能会使病原物产生大量繁殖体，使后期的发病更趋严重；修剪后的病残体若不及时清理则导致下一生长季病害的严重发生。种植方式对病害的发生也有很大影响，如密度太大则通风透光差，湿度大有利于病原物的侵染和传播；单播草地比混播草地发病重。因此，在病害的防治管理中应注重栽培管理措施对病害的影响。

气象因素、土壤因素和栽培管理措施三方面的相互配合是病害发生流行必不可少的环境条件，但这并不等于说，在任何情况下，三方面的因素都是同等重要的。实际上，对于任何一种植物病害来说，在一定的地区和时间内，病害的发生流行都有一个起决定作用的因素，因为在自然情况下，一切条件常常是在不同程度上存在着的，某个最易变化或变化最大的因素，必然会对病害发生较大的影响而成为流行的主导因素。

2.5　草坪病害的流行、预测与调查

2.5.1　草坪病害的流行

草坪病害的流行是指植物病原物大量繁殖和传播，在一定的环境条件下侵染并导致草坪群体发病，造成严重损失的过程和现象。例如，草坪锈病等侵染性病害在较短的时间内大面积且严重发生的现象。

(1)病害流行的因素

病害的流行与病害的发生相似，同样涉及寄主、病原和环境条件，但所有这些要素都受人类活动的影响，因此可以从病害四面体的概念来理解病害流行的影响因素。

①大量的感病寄主植物　寄主植物群体的感病性和感病品种的种植面积是植物病害流行的必要条件。寄主不同品种间感病性差异很大，种植感病品种尤其是大面积种植感病品种，极易导致病害大规模流行。长期大面积推广种植单一化的或遗传性一致的抗病品种，能对病原物形成强大的定向选择压力，导致病原物毒性生理小种种群组成改变，品种抗病性"丧失"和病害的大流行。因此，在推广抗病品种时，尤其是垂直抗病品种时，应特别注意不同抗病品种的合理布局和轮换，以提高品种的使用周期。

②大量致病力强的病原物　病原物的致病性强且数量多是病害流行的基本条件之一。没有再侵染或再侵染不重要的病害,病原物越冬和越夏的数量,对病害的流行起决定性的作用。再侵染重要的病害,除初侵染来源外,再侵染次数多,潜育期短,病原物繁殖快,短期内可积累大量的病原物,对病害的流行起很重要的作用。对生物介体传播的病害,传毒介体数量也是重要的流行因素。此外,病原物在与寄主和环境的适应中会不断发生变异,新的毒性生理小种的形成对病害的流行也至关重要。

③适宜发病的环境条件　有利流行的环境条件应能持续足够长的时间,且出现在病原物繁殖和侵染的关键时期。对于大多数多循环病害而言,环境条件既直接影响病原物的传播、侵染、潜育和产孢,又影响寄主的抗病性,只有当环境条件有利于病原物的繁殖、传播和侵染,而不利于寄主生长时,病害才可能流行。我们所种植的草坪植物种类一般是适应种植地区的环境条件的,与之对应的病原物在长期的进化选择中,也适应这种环境条件,这是植物病害能发生且易流行的重要条件。

④人为因素的影响　人的活动对环境的干扰是很多草坪植物病害能够大面积发生流行的重要原因。草坪是在人的活动下形成的,人类在选育草种的同时,把与病原物长期进化的很多有利因素丢掉了,导致寄主与病原物之间无法实现相互适应和协同进化,二者之间很难形成动态平衡,一旦病原物占据优势则易造成病害流行。

(2)病害的流行类型

①积年流行病害　这类病害只有初侵染,没有再侵染,或虽有再侵染,但在当年病害发生的过程中所起的作用不大。病害流行的程度,主要取决于初侵染的菌量和发病程度,这类病害又称单循环病害,在一个生长季节中,病害的菌量和发病程度增幅不大,往往要经过多年的积累才能达到流行所需要的病原物数量,最终达到病害流行的程度,如一些土传和种传病害。

②单年流行病害　这类病害在一个生长季节中有多次再侵染完成菌量积累,病害就可以由轻到重达到流行程度,又称多循环病害,如锈病、白粉病等。

积年流行病害与单年流行病害的流行特点不同,防治策略也不相同。对积年流行病害,由于病原物的初始菌量对当年的流行起着决定作用,因此,这类病害的防治策略主要是针对初侵染而进行,如种子处理、土壤处理、清除病残体和利用垂直抗病品种等,是这类病害有效的防治措施。对于单年流行病害,由于病害的发生流行主要由再侵染引起,病原物对环境条件比较敏感,其防治策略主要是针对病害的再侵染进行,如利用水平抗病品种、喷施保护性杀菌剂等为主要的防治方法。

(3)病害流行动态

①病害流行的时间动态　是指在一个生长季节内植物病害的发生量随时间变化的动态过程。在一个流行季节中,以病害发生量为纵坐标,时间为横坐标,绘成时间曲线,即病害流行的时间动态曲线。单年流行病害在一个生长季节具有明显的始发—盛发—衰退3个阶段,这类病害的流行曲线为"S"形曲线,可用逻辑斯蒂方程描述这类病害,在"S"形曲线上,将病害流行过程划分为3个阶段,即指(对)数增长阶段,这个阶段是病害的缓慢增长期或流行前期;即始发期,从田间初见微量病害至病情普遍率达0.05的一段时期,此阶段是菌量积累的关键时期,对于做好病害测报和防治具有重要价值;逻辑斯蒂增长阶段(logistic phase),也是病害的盛发期,病情从0.05发展到0.95或病情趋于稳定的一段时期,

田间绝对病情增长很快。在实际生产中，此期的早些时候仍然是化学防治的重要阶段。流行末期，病情不再增长或达 0.95 以后，也称衰退阶段。

②病害流行的空间动态　是指病害的空间传播，即病害发生发展在空间上的表现，其变化取决于寄主、病原、环境条件的相互作用。对于多循环病害，通常是指在寄主植物一个生长季节内病害在空间上的传播和发展动态；对于单循环病害，则指一个或多个生长季节病害传播在空间上的表现和分布规律；从区域来讲，一般指一个田块(或果园、草坪等)、一个地区、一个国家甚至多个国家范围内病害的空间传播和发展动态。提供病原接种体的场所称为菌源中心或发病中心。菌源中心可分为点源(单病斑、单病叶、单病株或发病中心等可视作点源，通常规定其半径不得超过传播距离的 1%或 5%)、线源(指线状的菌源中心，一般规定其宽度的一半不得超过可能传播距离的 1%或 5%)、区源(一定区域内较点源和线源面积大的菌源中心。同样，区源也可看作一定区域内多个点源或线源的集合)。病害的传播距离和传播速度因病原物种类和传播方式不同而异。气流传播病害的传播距离较远，速度较快，其变化主要受气象因素的影响，常表现为大面积流行，需要区域联合进行病害防治。土传病害一般传播距离较短，速度较慢，主要受田间耕作、灌溉等农事活动的影响。雨水传播的病害其传播距离和速度介于气传病害和土传病害之间。种传病害主要受人类活动的影响，而虫传病害主要取决于介体昆虫的数量、迁飞能力以及病原与介体之间的关系。

病害的传播距离可用一次传播距离和一代传播距离两个概念来度量和描述。一次传播指一日之内所引致的病害传播距离，实际上一次传播距离是很难测定和估计的。一代传播距离是指从菌源中心开始传播后，在一个潜育期内多批传播所造成的病害传播距离。实际观测时，即从开始观察记载的第一天起，菌源中心逐日产孢散布，每天都有病害传播发生，至两个潜育期天数时调查得到的病害扩展距离，即为一代传播距离。病害传播距离分为近程、中程和远程三类。一次传播距离在 100 m 以内的称为近程传播；几百米至几千米称为中程传播；几十甚至几百千米以外的称为远程传播。病害传播距离的推算，首先要针对病害，确定最低发病密度(或概率)，即确定"实际可查"的最低病情。最低病情的标准，通常依照病害种类和工作要求精度而定。病害传播速度是指单位时间内病害的传播距离的增长或病害"前沿"的推进距离。不同的病害田间扩展和分布型不同，主要与病原物初侵染源、传播方式和传播距离有关。当初侵染源位于本田时，田间有一个发病中心，病害在田间的扩展过程是由点到面，逐渐扩展，病害呈核心分布，此为中心式传播。当初侵染源为外来菌源时，病害初发时一般呈随机分布或接近均匀分布，此为弥散式传播。

2.5.2　草坪病害的预测

草坪病害的预测(forecasting)是根据病害的流行规律，利用经验的或系统模拟的方法，分析菌源、田间病情、作物感病性、栽培条件和气候条件等预测因子，估测未来病害的流行程度。预报(prediction, prognosis)指由权威机构发布预测结果。有时对二者不做严格区分，将预测和预报通称为病害测报。病害预测的内容主要根据病害防治需要确定，可以是侵染期、侵染量、流行程度、流行趋势等方面的预测。

(1)病害预测的依据

病害预测的依据主要是病害的流行规律，根据田间菌源和病情、寄主感病性、品种布局、栽培条件和环境条件等因素，分析主导因素，采用各种模型进行预测。

(2)草坪病害的预测方法

有类推法(物候预测法、指标法、发育进度法、预测圃法)、数理统计模型法、专家评估法、系统模拟模型法等。信息技术特别是以地理信息系统、遥感和全球定位系统为核心的"3S"技术已经应用到病害预测中，目前国际上利用专家系统(expert system)或病害预警系统(disease-warning system)做出病情预报，预报内容的发布多通过互联网、传真、移动电话等形式，大幅提高了病害预报服务的时效。此外，基于核酸的早期分子诊断技术也开始用于病害的预测中，特别是实时荧光定量 PCR 技术能大大提高早期预测的灵敏度并实现病原物的快速定量。

(3)草坪病害预测类型

根据预测时间的长短可分为短期预测、中期预测和长期预测。短期预测一般是对病害未来几天的发生趋势预测，主要用于受气候条件影响较大的流行性病害。中期预测是对病害在未来几周或几十天的发生发展情况做出估计。长期预测一般是对下一个季节或翌年病害的发生情况进行预测。预测期限越长，其可靠性越差。根据预测内容可分为发生期预测、发生量预测、病害分布区预测和病害损失估计等。病害发生期预测主要是估计病原物侵染高峰期，用于确定防治适期。发生量预测即流行程度预测，一般以预测发病率、严重度和病情指数为目标，也可以较简单地定性表达流行级别，一般分为大发生、中偏重、中发生、中偏轻和轻发生 5 个级别。病害分布区预测是根据地域和地理环境条件，预测在不同区域的病害发生情况。病害损失估计难度较大，不仅预测发病程度，还要根据草坪草品种、栽培条件、土壤、气象等各方面因素，预测产量损失。

2.5.3　草坪病害的调查

(1)调查的种类

草坪病害的调查分为一般调查(普查)、重点调查(专题调查)和调查研究 3 种。对某一个地方的病害缺乏基本了解时，为了弄清当地病害的种类、危害程度和发生特点时，则一般在发病盛期开展一般调查。对已经发现的重要病害，需要深入了解这类病害的分布、发病率、严重度、损失、发病条件、防治状况等，一般在不同的发展阶段开展重点调查，数据应力求精确。调查研究则是为了掌握某一病害的发生规律，选择有代表性的样点，做上标记，定期进行相应的观察和试验研究，积累系统的数据。

(2)取样方法

①随机取样(非等距机械抽样)　即根据随机原理，利用随机数字表或计算机(器)产生随机数的方式确定取样位置。

②等距机械取样　常见方法有以下 5 种：a. 五点取样，适合于密集或成行的植物、病害分布为随机分布型的情况，可按一定面积、一定长度或一定植株数量选取样点。b. 对角线取样，适合于密集或成行的植物、病害分布为随机分布型的情况，有单对角线和双对角线两种方式。c. 棋盘式取样，适合密集或成行的植物、病害分布为随机分布型或核心分布型的情况。d. 平行线取样，适合于成行的植物、病害分布为核心分布型的情况。e. "Z"形取样，适合于病害分布为嵌纹分布型的情况。

(3)病害程度的记载与计算

植物病害的种类很多，危害情况各不相同，因而，记载方法也不尽一致。目前，使用较普遍的记载标准主要有普遍率、病害严重度和病情指数，发病面积的记载也是不可忽略的。

普遍率是指发病的普遍程度，用病叶(病株)数占调查总叶(株)数的百分率表示。

$$普遍率(\%)=\frac{病叶(株)数}{调查总叶(株)数}\times100$$

病害严重度表示植株或器官的发病面积(如病斑面积占总面积的比例)，用分级法表示，即发病的严重程度由轻到重分成几个等级，分别用各级的代表值或百分率表示。

$$平均严重度=\frac{\sum(严重度\times病叶数)}{调查的总病叶数}$$

病情指数是表示群体水平上病害发生的程度，如叶部病害病情指数的计算公式：

$$病情指数=普遍率\times平均严重度$$

以病级表示严重度的，计算公式：

$$病情指数=\frac{\sum[病级代表值\times该级病叶(株)数]}{调查总数\times最高一级代表值}\times100$$

2.6　草坪病害的诊断

草坪病害诊断(diagnosis)就是判断草坪发病的原因，确定病原种类和病害类型的过程。准确的诊断是草坪病害防治的科学依据，是合理有效防治病害的基础。

2.6.1　草坪病害的诊断依据

要正确诊断病害，首先必须全面了解病害的发生特点、症状特征、病原性状及种类。因此，既必须掌握和熟悉常见病害的症状、病原分类的基础知识、病害研究的基本方法，以及查阅文献资料的能力，同时还要懂得草坪草的生活习性、栽培特点、正常的种内变异等方面的知识。一般以下列几方面作为诊断依据。

(1)发病特点

病原性质不同，病害的发生发展及病株分布特点也不同。例如，非侵染性病害的发生是由于各种不适宜的环境条件所致，因此发病与立地条件(如地形地势、坡向坡位、土壤性质等)、当年气象因素变化、栽培管理是否恰当等关系密切。这类病害在草地上开始时成片发生，在较大面积上均匀发生。发病程度可由轻到重，但没有由点到面的扩展过程。侵染性病害由病原生物侵染所致，草地上的病株一般呈分散状态，先形成逐个的发病中心，然后才由此逐渐向四周扩展蔓延开来，有明显的传播蔓延过程。发病常由点到面，表现为点发性。

(2)症状特征

各种病害一般各具特异的症状特征。例如，非浸染性病害只有病状而无病征，因此可以通过检查有无病症以初步确定是否为非浸染性病害(注意：病毒、植原体等病害也无病征)。侵染性病害有病原生物(病征)，且各类不同病害有其固有的、相对稳定的独特性。掌握这些特点有利于病害的诊断，如菌物病害的病部有粉状物、霉状物、粒状物、锈状物或各种特殊的结构等。细菌病害在潮湿条件下，有时病部可见脓状物，呈黄色或乳白色，称为细菌溢脓，干燥时呈小珠状、不定型粒状或发亮的薄膜。寄生性种子植物有寄生物存在。线虫病有时可见白色透明的丝状雌虫。病毒病害虽肉眼见不到病征，但也有其特异症状。由此可见，症状对诊断病害具有重要意义，是病害诊断简单而又常用的依据。

(3)病原

病原又称病因，是指病害发生的原因，包括生物因子和非生物因子。确定何种病原引起的病害是诊断病害的关键。生物因子引起的传染性病害要依据病原物形态特征、生物学特性、侵染性试验、免疫和分子生物学检测等方法进行诊断。非生物因子引起的非传染性病害要依据化学诊断、治疗诊断和指示植物鉴定等方法诊断。

2.6.2　草坪病害的诊断程序

草坪病害的诊断一般遵循以下程序进行。

①现场调查　包括调查发病的时间、发病面积、发病区域的气象因素、自然环境条件、栽培技术条件、周边环境状况等，必要时还要询问病史、查阅相关档案；观察病害发生的宏观症状，如发病植株是否连成片状、有没有明显的发病中心等。

②症状观察　直接用肉眼或借助手持放大镜仔细观察发病症状，然后用准确的术语描述记录。要注意侵染性病害和非侵染性病害的区别。一般情况下，不同种类的草坪病害的症状表现是不同且相对稳定的。因此，常常可以通过病害症状特点来初步判定病害种类，特别是一些常见病害。

③病原鉴定　对于非侵染性病害，一般要进行人工诱发试验确定病原；对于侵染性病害，则需要采样，然后在实验室通过镜检或培养以后镜检，或者其他专项检查技术来确定病原。

④病害确定　在上述基础上，查阅相关资料比对，最终确认病害。

上述程序只限于常规病害的诊断，对于从来没有研究过的新病害的诊断则需要遵循柯赫法则。

2.6.3　柯赫法则

柯赫法则(Koch's rule)又称柯赫假设(Koch's postulate)或柯赫证病律，一般用来诊断侵染性病害。例如，发现一种新的病害或疑难病害时，就需要遵循柯赫法则来完成诊断。柯赫法则包括如下四项基本原则：①在病植物上常伴随有一种病原微生物存在；②该微生物可在离体或人工培养基上分离纯化而得到纯培养；③将纯培养接种到相同品种的健株上，表现出症状相同的病害；④从接种发病的植物上再分离到其纯培养，其性状与原来的记录②相同。在严格完成了上述工作的基础上，就可确认该微生物为病原物。

显然，对于还不能人工培养的专性寄生物引起的病害，或者由两种或两种以上病原物复合侵染引起的病害，利用柯赫法则来完成诊断尚有一定的局限性。不过，柯赫法则所体现出来的科学严谨的诊断思路，在诊断这类病害时仍然可以借鉴。同样，柯赫法则对非侵染性病害的诊断也有一定的指导意义。

2.6.4　草坪病害的诊断要点

植物病害的诊断是一个全面、系统的过程。首先，要确定是不是病害。自然灾害、昆虫和其他动物取食、栽培管理作业都会引起植物形态解剖上的变化，不能误认为病害；其次，要区分侵染性和非侵染性两类病害；最后，从发病症状入手，根据病害发生的特点，全面检查，仔细观察，寻找引发病害的关键因子。

2.6.4.1　侵染性病害的诊断

病原物侵染植物有一个侵入、致病、传播和扩散的过程。侵染性病害在田间的分布具有明显的由点到面的发展过程，在特定的品种或环境条件下，病害表现的严重程度不一致。大部分菌物病害、细菌病害、线虫病害以及所有的寄生性种子植物病害，在适宜的条件下可在发病部位发现病原物，即病征。

（1）菌物所致病害的特点

大多数菌物病害可在病部产生霉状物、粉状物、颗粒状物等病征，有时稍加保湿培养即可长出子实体，必要时还需要进行病原物的分离培养。接下来需要鉴定病原物，当病部出现明显病征时，可以制片进行病原形态观察。病征类型不同应采取不同的制片观察方法。当病征为霉状物或粉状物时，可用解剖针或解剖刀直接从病组织上挑取子实体制片；当病征为颗粒状物或点状物时，采用徒手切片法制作临时切片；当病原物十分稀疏时，可用透明胶带粘贴制片；然后在显微镜下观察其形态特征，根据子实体的形态、孢子的形态、大小、颜色及着生情况等与文献资料进行对比。这对于常见病、多发病一般可确定病原。

（2）细菌所致病害的特点

细菌引起的草坪病害主要有 4 种症状类型，即斑点、溃疡、枯萎和畸形。叶斑类的细菌病害，在发病初期病斑呈水渍状或油渍状，边缘半透明，有晕圈。在潮湿条件下一般在病部可见一层黄色或乳白色的脓状物，即菌脓，干燥后形成发亮的薄膜（即菌膜）或颗粒状的菌胶粒。菌膜和菌胶粒都是细菌的溢脓，这是细菌病害的病征。发病后期，往往会由于病斑扩大，中间组织坏死脱落，在叶片上形成穿孔，即穿孔斑。如果怀疑某种病害是细菌性病害但在田间病征又不明显，可将该病株带回室内进行保湿培养，待病征充分表现后再进行鉴定。腐烂类型的细菌病害产生特殊的气味。萎蔫型的细菌病害，横切病株茎基部，挤压后可见有乳白色菌脓溢出。细菌病害都可以通过徒手切片看到喷菌现象（bacterium exudation）。观察时，应选择典型、新鲜、早期的病组织，先将病组织用自来水冲洗干净，用吸水纸吸去多余的水分，再用灭菌剪刀从病健交界处剪下 0.5~1 cm 的病组织，将其置于载玻片中央，滴上一滴灭菌水，盖上盖玻片，静置 1~2 min 后用显微镜检查。注意镜检时光线不宜太强，观察病组织周围，如发现有大量细菌似云雾状溢出，即为喷菌现象。革兰染色反应、血清学检验和噬菌体反应常被用来快速诊断和鉴定细菌病害。

（3）病毒所致病害的特点

病毒病没有病征，病状以黄化、花叶、明脉、环斑、矮缩、小叶、丛枝等全株性病状多见。用电子显微镜可观察到病毒粒体。常用病株汁液接种指示植物或血清学技术等进行快速诊断（病毒病的诊断详见本章 2.2.3.3）。

（4）线虫所致病害的特点

线虫病害常引起植物生长衰弱，似缺水、缺肥。当看到这样的植株，应仔细检查其根部，观察有无肿瘤和虫体。线虫病害的地上部分症状有茎叶的卷曲、叶片或顶芽坏死、形成种瘿或叶瘿等。根部症状有根结、肿瘤、根组织的坏死或腐烂、过度分枝或分枝减少、停止生长等。外寄生线虫可在根部观察到虫体,切开根结可见到根结线虫,种瘿内也可见大量线虫。根据线虫种类不同采用相应的分离方法,将线虫分离出来,然后制片镜检。诊断时要注意腐生线虫和植物寄生线虫的区别。根据线虫的形态确定其分类地位。在线虫鉴定方面,电子显微镜、血清学及分子生物学技术已被广泛应用。

(5)植原体所致病害的特点

植原体病害的病状多数为植株矮缩、丛枝或扁枝、小叶、黄化或变色,与病毒病害类似,诊断可参考病毒病害,但是植原体对四环素敏感可以和病毒区别。

2.6.4.2　非侵染性病害的诊断

非侵染性病害的诊断比较困难。这主要是因为引起非侵染性病害的原因有很多,而且有些原因相互影响、相互作用导致病害。但由于非侵染性病害是因不良环境条件所致,因此,在病害诊断时,现场的调查和观察尤其重要,不能依据个别病株的观察做出诊断结论。首先,要根据病害在田间的分布和症状,看其是否符合非侵染性病害的特点;其次,还要了解病害发生的时间、范围、病史、气候条件以及土壤、地形、施肥、施药、灌水等,然后进行综合分析,找出病害发生的原因。

非侵染性病害一般具有以下3个特点:①病害往往大面积同时发生,表现同一症状;②病害没有逐步传染扩散现象;③病株上无任何病征,组织内也分离不到病原物。一般来说,病害突然大面积同时发生,大多是由于大气污染或其他工业排污、灾害性气候因素所致;病害产生明显的枯斑、灼烧、畸形等症状,又集中于某一部位,无病史,多为使用农药、化肥不当造成的伤害;植株下部老叶或顶部新叶颜色发生变化,可能是缺素症。对于缺素症可进行治疗性诊断,即根据田间症状的表现,进行有针对性的施肥处理,观察病害的发展情况。一般植株的缺素症在对症施肥后可以很快减轻或消失。必要时也可以对病株进行有关营养元素的测试分析,找出所缺的营养。若病害只限于某一品种,表现生长不良或有系统性的一致表现,多为遗传性障碍。

思考题

1. 什么是侵染性病害?引起侵染性病害的病原有哪些?

2. 什么是非侵染性病害?引起非侵染性病害发生的原因有哪些?

3. 草坪草的病状类型有哪些?病症类型有哪些?

4. 什么是菌物?菌物主要有哪几类?各有何特点?

5. 菌物的营养体有哪些类型?菌物是如何繁殖的?

6. 植物病原菌物的无性繁殖和有性生殖在植物病害发生中起何作用?

7. 半知菌的分类单元在性质上与其他菌物有什么不同?

8. 植物病原原核生物主要有哪些类群?其所致病害有什么特点?

9. 简述植物病毒的组成和结构。

10. 植物病毒有哪些传播方式?

11. 为什么把线虫列为植物病原物?

12. 常见的重要寄生性种子植物有哪些?如何防治这类病害?

13. 名词解释:侵染过程或病程、潜育期、病害循环、初侵染、再侵染、单循环病害、多循环病害、初侵染源、菌源中心或发病中心、病原接种体。

14. 草坪病害的侵染过程分为哪几个时期?各时期是如何划分的?

15. 病原物在接触期有哪些活动?为什么说接触期是病害防治的关键时期?

16. 病原物侵入寄主有哪些途径和方式？

17. 病害潜育期的长短与哪些因素有关？

18. 病原物越冬和越夏的场所(病害的初侵染源)主要有哪些？

19. 病原物的传播途径主要有哪些？

20. 草坪病害的发生受哪些环境因素的影响？

21. 病害循环包括哪几个重要环节？为什么说病害循环是制订防治措施的重要依据？

22. 何谓病害流行？如何从病害四面体的概念来理解影响病害流行的主要因素？

23. 以一种多循环病害为例，说明其流行的时间动态。

24. 说明单循环病害(积年流行病害)和多循环病害(单年流行病害)的特点及防治策略。

25. 试述植物病害预测的依据、方法和类型。

26. 简述病害调查的种类和现实意义。

27. 植物病害诊断的一般程序包括哪几个步骤？

28. 非侵染性病害和侵染性病害在田间表现上各有何特点？

29. 草坪病害诊断的依据有哪些？

30. 在何种情况下要用柯赫法则的步骤诊断病害？其步骤是什么？

31. 菌物、细菌、病毒所致病害诊断时分别有什么特点？

第 2 章思政课堂

第 3 章

草坪害虫基础知识

草坪草在生长发育过程中，经常遭受到很多动物的危害，这些动物绝大多数是昆虫。昆虫隶属于节肢动物门（Arthropoda）昆虫纲（Insecta），是动物界中种类最多的一类。全世界已知的昆虫种类有 100 万种以上，约占动物界的 2/3。

由于昆虫有翅、身体较小、取食方式多样化、繁殖能力强，使其成为动物界中种类最多、数量最大、分布最广的类群。取食草坪草的害虫和以害虫为食料的益虫，都是我们的研究对象。为了保护草坪，减少害虫危害，必须正确识别昆虫，掌握它们的形态特征、生活习性、发生规律和影响害虫种群数量变动的主要因素，才能制订正确的防治策略，确定准确的防治时机，达到预期的防治效果。

3.1 昆虫的基本形态特征

昆虫的基本形态特征主要讨论昆虫体躯的外部结构与功能。昆虫的种类繁多、形态各异，即使是同种昆虫，也因地理分布、发育阶段、性别及发生季节等的不同而呈现明显的差异。但是，不管昆虫形态如何变化，它们的基本结构还是一致的，各种不同的变异类型，只不过是其基本构造的特化。掌握昆虫的基本形态特征，是认识昆虫进而利用益虫防治害虫的基础。

3.1.1 昆虫体躯的一般构造

昆虫的体躯由坚硬的外壳和包藏的内部组织与器官组成。外壳一般由一系列的环节即体节组成。这些体节集合成 3 个明显的体段：头部、胸部、腹部（图 3-1）。昆虫成虫的头部着生有 1 个口器、1 对触角、1 对复眼和 0~3 个单眼；胸部由 3 个体节组成：即前胸、中胸和后胸，每个胸节上生有 1 对足，中胸和后胸常各生有 1 对翅；腹部通常由 11 个体节构成，第 1~8 节两侧各生有 1 对气门，末端生有外生殖器和尾须。

3.1.2 昆虫的头部

头部是昆虫体躯的第 1 个体段，一般认为由 4~6 个体节愈合而成，其外壁结构紧密而坚硬，通常呈圆形或椭圆形，称为头壳。头壳以膜质的颈与胸部相连。头壳上着生有触角、复眼等感觉器官和口器，是感觉与取食的中心。蝗虫头部构造如图 3-2 所示。

3.1.2.1 头式

按照口器在头部着生的位置和方向，头式可分为 3 种（图 3-3）。

①下口式　口器向下与体躯纵轴垂直，大多数取食植物茎、叶的昆虫属此类型，如蝗

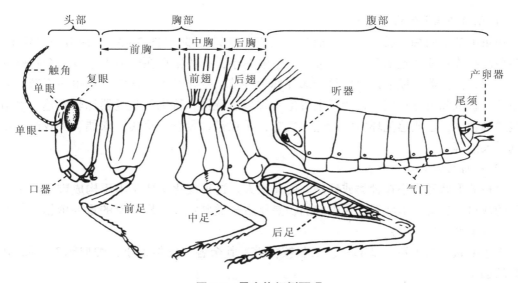

图 3-1 昆虫体躯侧面观

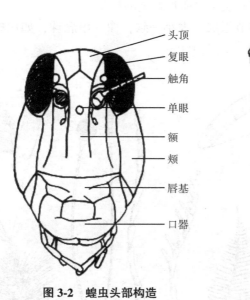

图 3-2 蝗虫头部构造

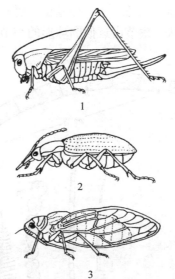

图 3-3 昆虫的头式
1. 下口式 2. 前口式 3. 后口式

虫以及蛾、蝶的幼虫等。

②前口式 口器向前与体躯纵轴平行，很多捕食性、钻蛀性、潜叶性昆虫属此类型，如步甲、虎甲等。

③后口式 口器向后与体躯纵轴成锐角，常弯曲贴在腹面，常见于刺吸式口器昆虫，如蝉、蜻、蚜虫等。

3.1.2.2 触角

昆虫的触角有 1 对，一般着生在头部的额区，有的位于复眼之前，有的位于两复眼之间。触角的基部着生在膜质的触角窝内，触角窝周围有一环形骨片，称为围角片。围角片上有一小突起，称为支角突，它与触角基部相连接，因而，触角可以自由转动。

(1)触角的基本结构和功能

触角由基部向端部通常可分为柄节、梗节和鞭节三部分(图3-4A)。柄节一般较粗大，与触角窝相连；梗节是触角的第2节，一般较短小，有些昆虫在梗节上生有一个特殊的感觉器，称为江氏器；梗节以后的整个部分称为鞭节，变化最大，通常分成很多亚节。触角有嗅觉、触觉和听觉作用。在触角上着生有许多感觉器，特别是嗅觉器比较发达。触角不仅能感触物体，也能感觉环境中的化学气味，昆虫借以觅食、聚集、求偶、寻找产卵场所和逃避天敌等。

(2)触角的类型

触角的形状和大小在种类或性别间变化很大。这种变化主要是由于构成鞭节的小节或亚节的数目、长短、形状等变化引起的，是昆虫分类鉴定或区别雌雄的重要依据。一般有以下几种类型(图3-4B)。

①刚毛状　触角短，基部一、二节较粗大，其余各节突然缩小，细似刚毛，如蜻蜓、叶蝉的触角。

②丝状或线状　触角细长，呈圆筒形。除基部一、二节较粗外，其余各节的大小、形状相似，逐渐向端部缩小，如蝗虫、蟋蟀及某些雌性蛾类的触角。

③念珠状　鞭节由近似圆球形的小节组成，大小一致，像一串念珠，如白蚁、褐蛉的触角。

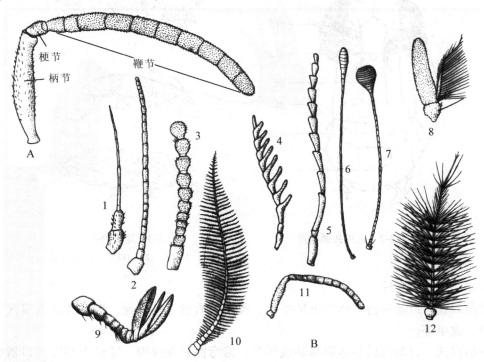

图3-4　触角的基本构造和类型

A. 基本构造　B. 类型

1. 刚毛状(蜻蜓)　2. 丝状(蝗虫)　3. 念珠状(白蚁)　4. 栉齿状(雄性绿豆象)

5. 锯齿状(叩头虫)　6. 球杆状(白粉蝶)　7. 锤状(郭公虫)　8. 具芒状(绿蝇)

9. 鳃片状(金龟甲)　10. 双栉状(雄性蚕蛾)　11. 膝状(蜜蜂)　12. 环毛状(雄性摇蚊)

④栉齿状 鞭节各亚节向一边突出很长,形如梳子,如雄性绿豆象的触角。

⑤锯齿状 鞭节各亚节的端部一角向一边突出,像一根锯条,如叩头虫、雌性绿豆象的触角。

⑥棒状或球杆状 触角细长如杆,近端部数节逐渐膨大,如白粉蝶和蚁蛉的触角。

⑦锤状 类似棒状,但鞭节端部数节突然膨大,形状如锤,如郭公虫等一些甲虫的触角。

⑧具芒状 触角短,鞭节不分亚节,较柄节和梗节粗大,其上有一刚毛状或芒状构造,称为触角芒,为蝇类(如绿蝇)特有。

⑨鳃片状 端部数节扩展成片状,可以开合,状似鱼鳃,如金龟甲的触角。

⑩双栉状或羽状 鞭节各亚节向两边突出呈细枝状,像篦子或鸟类的羽毛,如雄性蚕蛾、毒蛾的触角。

⑪膝状或肘状 柄节特别长,梗节缩小,鞭节由大小相似的亚节组成,在柄节和梗节之间成膝状或肘状弯曲,如象甲、蜜蜂的触角。

⑫环毛状 除基部两节外,大部分触角节具有一圈细毛,越接近基部的毛越长,逐渐向端部递减,如雄性摇蚊的触角。

3.1.2.3 眼

昆虫的眼有两类,即复眼和单眼。

(1)复眼

复眼 1 对,位于颅侧区,多为圆形、卵圆形,由数个小眼组成。小眼的数目在各种昆虫中变化很大,为 1~28 000 个。小眼面一般呈六角形。在双翅目和膜翅目昆虫中,雄性的复眼常较雌性为大,甚至两个复眼在背面相接,称为接眼式;雌性的复眼则相离,称为离眼式。

复眼是昆虫的主要视觉器官,不但能分辨近处物体,特别是运动着的物体的影像,而且对光的强度、波长和颜色等都有较强的分辨能力。大多数昆虫对紫外光有很强的反应,并呈趋光性,由此可利用黑光灯、双色灯等诱杀害虫。也有很多害虫表现出趋绿性,而蚜虫则有趋黄性。

(2)单眼

单眼分为背单眼和侧单眼。背单眼 2~3 个,位于额区上端两复眼之间,为成虫和不完全变态类昆虫的若虫所具有,与复眼同时存在。侧单眼为完全变态类昆虫的幼虫所特有,位于头部两侧,其数目在各类昆虫中变异很大,常为 1~7 对。单眼只能辨别光的方向和明暗。

3.1.2.4 口器

口器是昆虫的取食器官,也称取食器,位于头的下方或前端。昆虫由于食性和取食方式的不同,形成了多种口器类型。根据取食食物的形态,大体可分为取食固体食物的咀嚼式口器、取食液体食物的吸收式口器和既能取食固体食物又能取食液体食物的嚼吸式口器三大类。咀嚼式口器是最基本、最原始的类型,其他类型的口器都是由咀嚼式口器演化而来的。吸收式口器又因吸收方式的不同可分为刺吸式、锉吸式、虹吸式、舐吸式、舐吸式等类型。

(1)咀嚼式口器

咀嚼式口器由上唇、上颚、下颚、下唇和舌五部分组成,主要特点是具有坚硬的上

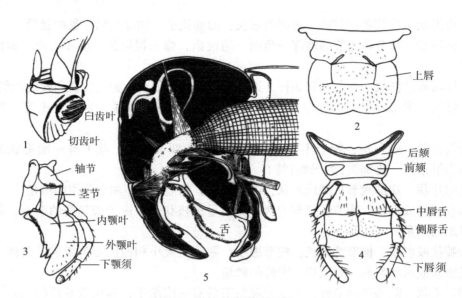

图 3-5　蝗虫的咀嚼式口器
1. 上颚　2. 上唇　3. 下颚　4. 下唇　5. 舌侧面观

颚，能够取食固体食物。蝗虫的咀嚼式口器如图 3-5 所示。

①上唇　位于口器上方，是衔接在唇基前缘的一个双层薄片，外壁骨化，内壁膜质而有密毛和感觉器官。上唇盖在上颚前面，形成口前腔的前壁，可防止食物外落。

②上颚　1 对，位于上唇之后，大而坚硬，前端有切齿叶，用以切断和撕裂食物；后端有白齿叶，用以磨碎食物。

③下颚　1 对，位于上颚之后。可以分为轴节、茎节、外颚叶、内颚叶和下颚须五部分。外颚叶、内颚叶用来刮落、抱持和推进食物。下颚须通常分为 5 节，是感觉器官，进食时有味觉和嗅觉功能。

④下唇　位于下颚之后，形成口前腔的后壁。下唇由后颏、前颏、侧唇舌、中唇舌和下唇须五部分组成。下唇须 3 节，帮助下颚须起感觉作用。下唇的作用是盛托食物。

⑤舌　位于下唇前方，口前腔的中央，起味觉作用，并帮助运输和吞咽食物。

具有咀嚼式口器的昆虫有直翅类、鞘翅类的成虫和幼虫、脉翅目成虫、鳞翅目幼虫、膜翅目的大部分成虫和叶蜂类幼虫等。其危害特点是使植物受到机械损伤。有的沿叶缘蚕食成缺刻；有的在叶片中间咬成大小不同的孔洞；有的能钻入叶片的上下表皮之间蛀食叶肉，形成弯曲的虫道或白斑；有的能钻入植物的茎秆、花蕾、铃果，造成作物断枝、落蕾、落铃；有的在土中取食刚播种下的种子或作物的地下部分，造成缺苗断垄；有的还吐丝结茧，躲在里面咬食叶片。

(2)吸收式口器

①刺吸式口器　是蝉、飞虱、蚜虫、叶蝉、蝽象等具有的口器。与咀嚼式口器不同点在于：上颚和下颚的内颚叶特化成细长的口针；下唇延长成喙；食窦形成强有力的抽吸机构。

刺吸式口器上唇小，三角形，覆盖在喙的基部。下唇须、下颚须、舌均退化。下唇延长成的喙，前面有一凹槽，内部包有 4 根由上颚、下颚特化成的细长口针。4 根口针相互嵌合，其中 1 对上颚口针包在外面，具有刺进作用，1 对下颚口针里面有两条纵槽，嵌合成两条管道，一根用来吸食汁液，另一根用来分泌唾液。食窦和咽喉的一部分形成具有抽吸作用的唧筒构造。蝉的刺吸式口器如图 3-6 所示。

介壳虫、蚜类的口器也属于刺吸式口器，但构造上各有不同。

刺吸式口器危害特点是破坏叶绿素，形成变色斑点；或使枝叶生长不平衡而卷缩扭曲；或因刺激形成瘿瘤。大量危害时，植物因失去大量营养物质而生长不良。

②锉吸式口器　为蓟马类昆虫所特有（图 3-7）。其上颚不对称，即右上颚高度退化或消失，只有 3 根口针，即由左上颚和 1 对下颚特化而成。其中，2 根下颚口针形成食物管，唾道则由舌与下唇舌紧合而成。被害植物常出现不规则的变色斑点、畸形或叶片皱缩卷曲等症状。

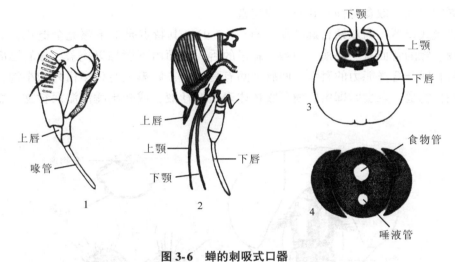

图 3-6　蝉的刺吸式口器
1. 蝉头部侧面　2. 头部正中纵切面　3. 喙横断面　4. 口针横断面

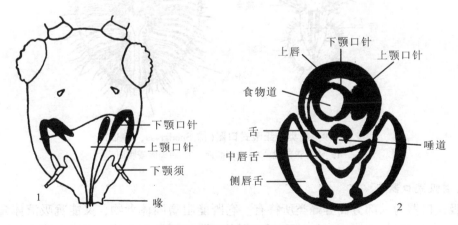

图 3-7　蓟马的锉吸式口器
1. 头部前面观　2. 喙横断面

③虹吸式口器　为蝶、蛾类成虫所特有（图 3-8）。其主要特点是下颚的外颚叶极度延长成喙，内面具纵沟，相互嵌合形成管状的食物道。除下唇须发达外，口器的其余部分均退化或消失。喙由许多骨化环紧密排列组成，环间有膜质，故能卷曲。喙平时卷藏在头下

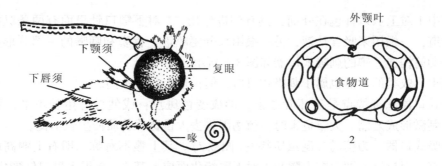

图 3-8 蝶的虹吸式口器(仿 Eidmann，1924)

1. 侧面观 2. 喙横断面

方两下唇须之间，取食时伸到花心吸取花蜜。

④舔吸式口器 为双翅目蝇类所特有(图 3-9)。其特点是上下颚完全退化，下唇变成粗短的喙。喙的背面有一小槽，内藏一扁平的舌。槽面由下唇加以掩盖，喙的端部膨大形成 1 对富有展开合拢能力的唇瓣。两唇瓣间有食物道，唇瓣上有许多横列的小沟，这些小沟都通到食物道。取食时即由唇瓣舔吸物体表面的汁液，或吐出唾液湿润食物，然后加以舔吸。

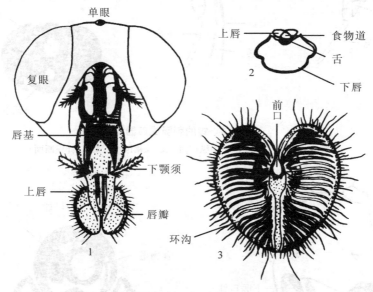

图 3-9 蝇类的舔吸式口器(仿 Snodgrass，1935)

1. 头部正面观 2. 喙横断面 3. 丽蝇唇瓣腹面

(3)嚼吸式口器

嚼吸式口器为一部分高等蜂类所特有。它既能咀嚼固体食物，又能吮吸液体食物。如蜜蜂具有 1 对与咀嚼式口器相仿的上颚，用以咀嚼花粉和筑巢等，而以下颚和下唇组成吮吸用的喙。

了解昆虫口器的类型，不仅可以了解害虫的危害方式，而且对于正确选用农药和合理施药具有重要意义。咀嚼式口器的害虫是将植物组织嚼碎后吞入消化道进而消化吸收的，因此可选用具有胃毒作用或触杀作用的药剂来防治，也可制成毒饵使它们吞食后中毒死亡。而刺吸式口器的害虫是以植物的汁液为食料，可选用具内吸作用或触杀作用的药剂来防治。

3.1.3　昆虫的胸部

胸部是昆虫体躯的第 2 个体段，由 3 个体节组成，由前向后依次称为前胸、中胸、后胸。每一胸节有 1 对足，分别称为前足、中足和后足。多数昆虫的成虫在中、后胸各有 1 对翅，分别称为前翅和后翅。足和翅都是昆虫的运动器官，所以胸部是昆虫的运动中心。

3.1.3.1　昆虫的胸足

胸足一般由 6 节组成，由基部到端部分为基节、转节、腿节、胫节、跗节和前跗节。基节与胸部相连，一般粗短，呈圆筒形或圆锥形，着生在基节臼内，可自由转动。转节小(有的分两节)。腿节一般粗大。胫节细长，常有成排的刺，末端有距。这些刺和距的大小、数目及排列常作为分类的依据。跗节通常分为 2~5 个跗分节，跗节的形状和数目也是主要的分类特征。前跗节是胸足最末端的构造，一般生有 1 对爪，两爪间常有一柔软的中垫(图 3-10A)。昆虫的胸足因生活环境和习性不同，其结构和形状发生变化，常见的类型如图 3-10B 所示。

①步行足　是昆虫中最常见的一种足，较细长，各节无显著变化，适于行走，如步行虫、蝽象的足。

②跳跃足　腿节特别膨大，胫节细长，末端有距，当腿节内肌肉收缩时，嵌在腿节的胫节可突然伸直，使虫体向前或向上跳起，如蝗虫、蟋蟀和跳甲等的后足。

③开掘足　胫节宽扁，外缘具齿，状似耙子，适于掘土，如蝼蛄、金龟子等在土中活动的昆虫的前足。

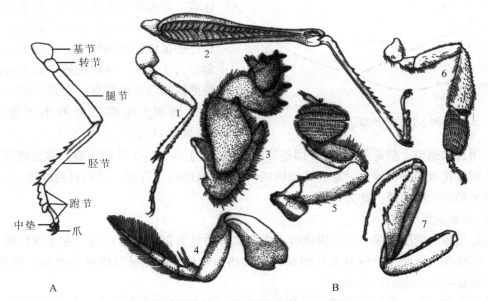

图 3-10　昆虫胸足的基本构造和类型

A. 基本构造　B. 类型

1. 步行足(步行虫)　2. 跳跃足(蝗虫后足)　3. 开掘足(蝼蛄前足)　4. 游泳足(龙虱后足)
5. 抱握足(雄性龙虱前足)　6. 携粉足(蜜蜂后足)　7. 捕捉足(螳螂前足)

④游泳足　足扁平而长，有长缘毛，形如桨，用以划水，如仰蝽、龙虱等水生昆虫的后足。

⑤抱握足　跗节特别膨大，其上有吸盘状的构造，在交配时用以夹持雌虫，如雄性龙虱的前足。

⑥携粉足　后足胫节宽扁，外面光滑，两边有长毛相对环抱，用以携带花粉，通称"花粉篮"。第一跗节膨大，内侧有10~12排横列的硬毛，用以梳刷附在体毛上的花粉，如蜜蜂的后足。

⑦捕捉足　基节延长，腿节的腹面有槽，胫节可以折嵌在腿节的槽内，形似折刀，用以捕捉猎物等。有的腿节和胫节还有刺列，以防止捕获的猎物逃脱，如螳螂、猎蝽的前足。

根据胸足的类型可以推断昆虫的栖息场所和生活习性，因此可供害虫防治和益虫利用的参考，同时也是识别种类的主要特征。

3.1.3.2　昆虫的翅

昆虫是无脊椎动物中唯一有翅的一类动物。翅对昆虫寻找食物、觅偶繁衍、躲避敌害以及迁移扩散等具有重要意义。多数昆虫成虫有2对翅；少数只有1对翅，后翅退化为平衡棒；也有部分昆虫无翅或翅完全退化。

（1）翅的构造

翅一般为三角形。翅平展后，它前面的边缘称为前缘；后面靠虫体的边缘称为后缘（或内缘）；前后缘之间的边缘称为外缘；翅基部的角称为肩角；前缘和外缘的夹角称为顶角；外缘和后缘的夹角称为臀角。

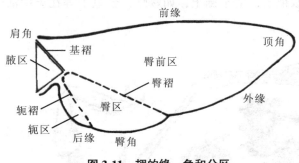

图3-11　翅的缘、角和分区

为了适应翅的折叠和飞行，翅上常发生一些褶线，因而将翅面划分为若干区域。翅基部具有腋片的三角形区域称为腋区；腋区外边的褶称为基褶；腋区以外的区域通称为翅区。翅区由2条褶划分为3个区。臀褶把翅区分为前面的臀前区和后面的臀区。在翅基部后面有一条轭褶，此褶后面的小区称为轭区（图3-11）。

双翅目的蝇类，前翅的基后部（即连接胸部的部位）具有1~2片膜质瓣，称为翅瓣，护盖在后翅转化成的平衡棒上。有些昆虫的翅（如蜻蜓的前翅、后翅，膜翅目前翅）在其前缘的端半部有一深色斑，称为翅痣。

（2）翅脉和脉序

翅脉是翅的两层薄膜之间的纵横行走的条纹，由气管部位加厚而成，起支撑作用。翅脉分为纵脉和横脉两类，纵脉是从翅基部通向翅边缘的脉；横脉是横列在纵脉间的短脉。纵脉和横脉都用一定的符号来表示。

脉序又称翅相，是翅脉在翅面上的分布形式。脉序在不同类群的昆虫中的变化很大，但在同类昆虫中稳定而相似，是研究昆虫分类和进化的重要依据（图3-12）。

翅脉把翅面划分为许多小区，称为翅室。翅室周围都围有翅脉时称为闭室，有一边没有翅脉而达翅缘的称为开室。翅室以其前缘的纵脉的名称来命名。

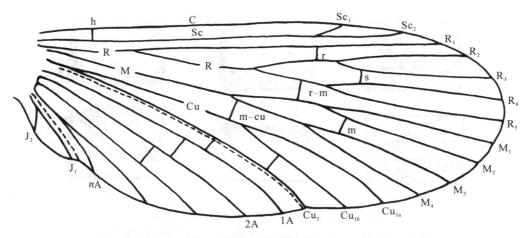

图 3-12　昆虫翅的模式脉相图(仿 Ross，1982)

纵脉：C. 前缘脉　Sc. 亚前缘脉　R. 径脉　M. 中脉　Cu. 肘脉　A. 臀脉　*n*A. 第 *n* 臀脉　J. 轭脉

横脉：h. 肩横脉　r. 径横脉　s. 分横脉　r-m. 径中横脉　m. 中横脉　m-cu. 中肘横脉

（3）翅的类型

根据翅的形状、质地及功能可将翅分为不同的类型，常见的类型有 8 种。

①膜翅　翅膜质，薄而透明，翅脉明显可见。例如，蜂类和蜻蜓的前后翅，蝇类的前翅，甲虫、蝗虫和蟑的后翅。

②鞘翅　翅全部骨化，坚硬，不见翅脉，不用于飞行，只用于保护背部和后翅，如鞘翅目的前翅。

③半鞘翅　翅基半部革质，端半部膜质，如蝽类的前翅。

④覆翅　翅革质，有翅脉，多不透明或半透明，兼有飞翔和保护后翅的作用，如蝗虫和叶蝉类的前翅。

⑤鳞翅　翅膜质，但翅面上被有鳞片，如蝶、蛾类的翅。

⑥毛翅　翅膜质，但翅脉和翅面上被有许多毛，如石蛾的翅。

⑦缨翅　翅狭长，膜质透明，翅脉退化，在翅的周缘有许多缨状的长毛，如蓟马类昆虫的翅。

⑧棒翅　又称平衡棒，呈棍棒状，能起感觉和平衡体躯的作用。例如，双翅目昆虫和雄性蚧虫的后翅，捻翅目昆虫的前翅。

（4）翅的连锁

前后翅借用一些连锁器连接起来，使前后翅在飞行时相互配合，协调动作。昆虫翅的连锁器(图 3-13)主要有以下几种。

①翅褶型连锁　同翅目昆虫(如蝉)，前翅的后缘有一向下的卷褶，后翅的前缘有一短而向上的卷褶，依靠这两个卷褶把前、后翅勾连在一起。

②翅钩型连锁　同翅目昆虫(如蚜虫)及膜翅目昆虫，后翅前缘有一短列向上的小钩，用以勾连在前翅后缘的卷褶上。

③翅轭型连锁　鳞翅目昆虫中，低等蛾类(如蝙蝠蛾)前翅轭区的基部有一个指状突起(称为翅轭)，伸在后翅前缘的下面，像一个夹子把前后翅连接在一起。

④翅缰型连锁　大部分蛾类用翅缰和翅缰钩作为连锁器。翅缰是从后翅前缘基部发生

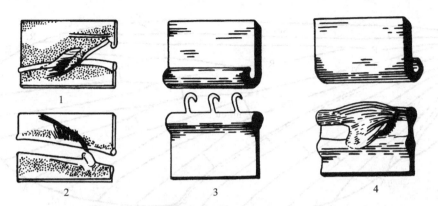

图 3-13 昆虫翅的连锁器(仿 Eidmann，1924)

1. 翅轭(反面观)　2. 翅缰和翅缰钩(反面观)　3. 后翅的翅钩和前翅的卷褶
4. 前翅的卷褶和后翅的短褶

的一至数根硬鬃，翅缰钩是位于前翅反面翅脉上的一簇钩状毛或鳞片，翅缰穿在翅缰钩内作为连锁。

⑤翅抱型连锁　蝶类和部分蛾类(如枯叶蛾、天蚕蛾等)的后翅的肩角部分扩大，并有短的翅脉(称为肩脉)突伸于前翅后缘之下，这样可以使前后翅一起升降。

3.1.4　昆虫的腹部

腹部是昆虫的第 3 个体段，前端与胸部紧密相连，内部有主要的脏器及生殖器官，后端生有肛门和外生殖器，因此，腹部是昆虫新陈代谢和生殖的中心(彩图 3-1)。

第 3 章彩图

3.1.4.1　腹部的基本结构

昆虫的腹部一般由 9~11 节组成，但有的种类仅有 3~5 节，如部分双翅目(彩图 3-2)和膜翅目青蜂科(彩图 3-3)。腹部无运动附肢，结构简单，各节由背板、腹板和连接它们的侧膜组成，没有侧板。各节间由柔软的节间膜连接。因此，腹节可以相互套叠，伸缩弯曲，以利于交配和产卵等活动(图 3-14)。

腹部根据外生殖器的着生位置分为 3 段。生殖前节是指腹部的第 1~7 节(雌性)或第 1~8 节(雄性)，也称脏节。每节脏节两侧各有 1 对气门，用于呼吸。生殖节是指腹部第 8、

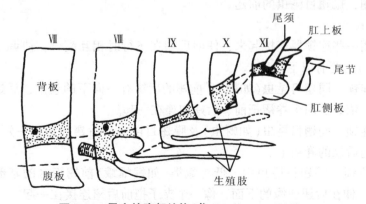

图 3-14 昆虫的腹部结构(仿 Snodgrass，1935)

9 节(雌性)或仅第 9 节(雄性)上生有外生殖器。生殖节具有附肢特化成的交尾和产卵器官。生殖后节是腹部第 10 腹节和第 11 腹节的统称。第 11 腹节又称臀节,肛门位于此节末端,其背板称为肛上板,侧腹面 2 块板称为肛侧板。部分种类第 11 腹节上生有 1 对附肢,称为尾须。

3.1.4.2　腹部的附肢

（1）外生殖器

外生殖器是昆虫用于交尾和产卵的器官。雌性的外生殖器称为产卵器。雄性的外生殖器称为交配器(图 3-15)。

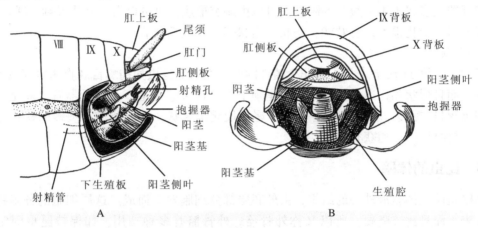

图 3-15　雄性外生殖器的基本构造(仿 Weber et Snodgrass,1935)

A. 侧面观　B. 后面观

①产卵器　一般为管状结构,通常由 3 对产卵瓣组成,分别生在第 8、9 腹节上(图3-16)。产卵瓣是生殖肢,它的基部有一骨片,称为生殖突基节。

第 8 腹节上的产卵瓣称为腹产卵瓣(腹瓣)或第一产卵瓣,它基部的生殖突基节称为第一负瓣片;第 9 腹节上的称为内产卵瓣(内瓣)或第二产卵瓣及第二负瓣片。在第二负瓣片上向后伸出的瓣状外长物,称为背产卵瓣(背瓣)或第三产卵瓣。所以,第 9 腹板上有 2 对产卵瓣。

产卵器的有无、形状和构造的不同,反映了昆虫的产卵习性和方式。例如,蝗虫的产卵器短小呈瓣状;蟋蟀的产卵器呈剑状;叶蜂和蓟马的产卵器呈锯状;叶蝉的产卵器呈刀状;姬蜂的产卵器细长;蜜蜂的产卵器特化为螫针。有些昆虫没有产卵器,如蝶类、蛾

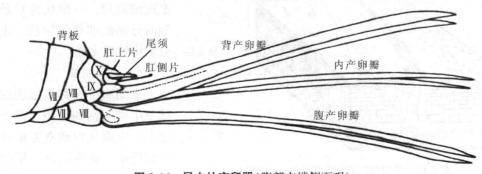

图 3-16　昆虫的产卵器(腹部末端侧面观)

类、甲虫和蝇类的雌虫腹部末端数节逐渐变细，并且相互套叠，具有产卵器的功能，称为伪产卵器。实蝇类腹部末端尖细而骨化可以刺入果实内产卵。

②交配器　雄性的交配器结构复杂，在各类昆虫中变化很大。交配器主要包括将精子送入雌体的阳茎和交配时夹持雌体的抱握器。

阳茎是第9腹节腹板后的节间膜的外长物，生殖孔开在它的末端。第9腹节的腹板常扩大或向后延伸成为下生殖板。发生阳茎的节间膜向内陷入，在生殖板之上形成生殖腔，阳茎不用时缩在腔内。阳茎一般为管状或锥状的构造，大多包括一个较大的阳茎基和从阳茎基伸出的一根细长的阳茎。阳茎在各类昆虫中有着极复杂的变化。

抱握器大多属于第9腹节的附肢，可以由刺突形成，也可以由肢基片或刺突联合形成。抱握器的形状变化很大，有叶状、钩状、钳状等，一般不分节。

(2)尾须

通常位于第11腹节，是1对非生殖性附肢，在低等昆虫如蜻蜓目和直翅目等昆虫中普遍存在，而且形状和构造等变化很大。尾须上常有许多感觉毛，是感觉器官。双尾目的铗尾虫和革翅目(蠼螋，彩图3-4)等昆虫，尾须硬化呈铗状，用以防御。蠼螋的铗状尾须还可以帮助折叠后翅，捕获猎物等。

3.1.5　昆虫的体壁

体壁是昆虫体躯最外层的组织，由外胚层部分细胞发育而成。这层细胞的分泌物常堆积在体表，而且比较坚硬，所以又称外骨骼。外骨骼有多种功用，如保持昆虫固定的体形、内陷供肌肉着生、保护内脏器官免受机械损伤、防止体内水分过度蒸发和外来有害物质的侵入等。体壁上还有各种感觉器官和腺体，可接受环境因子的刺激和分泌各种化合物，调节昆虫的行为。所以，体壁是昆虫的重要保护组织，可调节昆虫与外界环境的联系(彩图3-5)。

3.1.5.1　体壁的构造与特性

昆虫的体壁由内向外依次由底膜、皮细胞层和表皮层组成。其中，皮细胞层是活的组织，表皮层和底膜都是它的分泌物(图3-17)。

(1)底膜

底膜位于体壁的最里层，是紧贴在皮细胞层下方的双层结缔组织，直接与血腔中的血淋巴接触，常有各种血细胞黏附在上面，也有神经和微气管穿过至皮细胞层。一般认为它是血细胞所分泌的非细胞物质，主要成分为中性黏多糖。

(2)皮细胞层

皮细胞层又称真细胞层，是体壁中唯一活的组织，位于底膜之上，由圆柱形或立方形的单层细胞组成。成虫期这一层细胞很薄而且退化；但在幼虫期，尤其

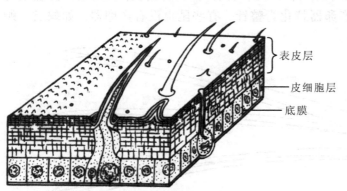

图3-17　昆虫的体壁(仿 Richards，1951)

是在新表皮形成时，皮细胞层特别发达，细胞多呈柱形，细胞质也比较浓厚。皮细胞层的主要生理功能包括控制昆虫的脱皮作用、分泌表皮层形成虫体的外骨骼、在脱皮过程中分泌蜕皮液、消化和吸收旧的内表皮、合成新表皮物质、修补伤口等。皮细胞中常有一些细胞特化成刚毛、鳞片和各种形状的感觉器，以及各种特殊的腺体。

（3）表皮层

表皮层是昆虫体壁的最外层，是皮层细胞向外分泌的非细胞性物质，结构比较复杂，从内向外可分为内表皮、外表皮和上表皮三层。

①内表皮　是表皮中最厚的一层，在皮细胞层之上，由许多重叠的薄片形成，一般柔软无色，主要成分是几丁质和蛋白质，具有一定的亲水能力。

②外表皮　由内表皮转化而来，主要成分是几丁质和蛋白质，但其蛋白质已被多元酚氧化酶鞣化为骨蛋白而失去亲水性。外表皮性质坚硬且颜色较深，许多甲虫的体壁坚硬如盔甲，就是外表皮特别发达的缘故。软体的昆虫和幼虫及成虫的节间膜外表皮不发达。

③上表皮　是表皮最外一层，也是最薄的一层，一般厚 1 μm 左右，但它的构造和性质很复杂，是最重要的通透性屏障。上表皮中不含几丁质，主要成分是脂类和蛋白质。一般可分为三层，从内向外依次为角质精层、蜡层和护蜡层。有些昆虫则在角质精层和蜡层之间还有一层多元酚层。

角质精层由绛色细胞所分泌，含有脂蛋白和鞣化蛋白，质地坚硬而呈琥珀色，由于脂类和蛋白质紧密结合，一般称为脂腈素，它具有抵抗酸类腐蚀的能力，也不溶于有机溶剂。角质精层是表皮中最先形成的，也是最重要的一层，它是表皮通透性的屏障。在昆虫新表皮形成和脱皮过程中，角质精层隔离原表皮层和旧内表皮层，对脱皮液有很强的抗性，使新分泌的原表皮层不被溶化和消化；而且具有韧性，可限制虫体使其适度伸长；角质精层对于决定虫体表层模式和刻纹等有重要作用。

蜡层由皮细胞所分泌，通过孔道运输至体表凝结而成，含有很多的蜡质，主要成分是碳氢化合物和脂类，还有游离的固醇。蜡分子排列紧密而整齐，能阻止水分和外物的渗入；也能防止体内水分的过度蒸发。但高温、脂肪溶剂或惰性粉都能扰乱蜡分子的排列，使虫体内的水分过量蒸发或使药物进入虫体。

护蜡层是上表皮的最外一层，在每次脱皮后不久由皮细胞腺分泌而成，主要含有类脂、鞣化蛋白和蜡质。其主要功能是保护蜡层、贮存类脂、修补表面和防止水分蒸发。

在表皮层中常贯穿有许多细小孔道，它们是由皮细胞的原生质在表皮的形成过程中向外突出，其后缩回而形成的。在表皮形成以后，孔道为其他物质所填塞，成为表皮的支柱。孔道的数目多少及其中物质的性质与药剂的穿透能力有很大的关系。

3.1.5.2　体壁的衍生物

昆虫体壁的衍生物是指由皮细胞和表皮特化而成的体壁附属物。共有两大类：一类是发生在体壁外方的各种外长物，另一类是体壁内陷在体壁下方形成的内骨骼和各种腺体。

（1）体壁外长物

昆虫体壁的表面很少是光滑的，常具有刻点、脊纹、棘、毛、鳞片、突起等外长物（图 3-18）。按其构造特点可以分为非细胞性突起和细胞性外长物两大类。非细胞性突起均由表皮向外突出形成，没有皮细胞的参与，如刻点、脊纹、小疣、小棘（刺）、小毛等。细胞性外长物则由皮细胞特化而成，分为单细胞和多细胞两类：①单细胞性外长物由一个

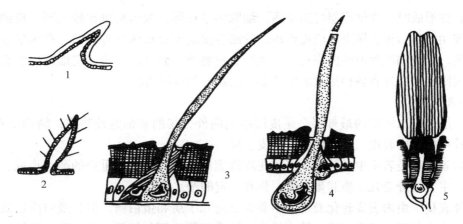

图3-18 昆虫体壁的外长物(仿 Snodgrass，1935)

1. 刺　2. 距　3. 刚毛　4. 毒毛　5. 鳞片

皮细胞特化，如刚毛、毒毛、感觉毛和鳞片等；②多细胞性外长物由多个皮细胞与表皮一起向外突出而成，如体壁外突形成的中空的刺和距等。但刺是基部固着在体壁上，不能活动，如蝗虫、叶蝉后足胫节上着生的刺；而距是基部以膜质与体壁相连，能够活动，常着生在昆虫胫节的顶端，如飞虱后足胫节着生的距。

(2)皮腺细胞

所有的皮腺细胞都具有分泌功能，底膜和表皮层就是由皮腺细胞分泌形成的。有一些皮腺细胞则特化成各种特殊的腺体，这些腺体有的仍与皮层细胞相连，有的则完全脱离皮层细胞层而陷入体腔内。腺体的种类一般可分为两大类，一类是单细胞腺体，由一个皮腺细胞变形而成，其分泌物可直接或通过刚毛排出体外，如毒腺、香腺、蜡腺等；另一类是多细胞腺体，是体壁内陷，由多数皮腺细胞形成，有向体外分泌的唾腺、丝腺、胶腺、臭腺、防御腺、翻缩腺、性信息素腺等，也有不外排的蜕皮腺等。

3.1.5.3 体壁与药剂防治的关系

昆虫体壁的特殊构造和理化性能，使它对虫体具有良好的保护作用，在应用药剂防治害虫时，应考虑到体壁这个因素。

不同种类的昆虫以及同种昆虫不同的发育期，其体壁的厚薄、软硬和被覆物多少等都会对药效产生一定影响。如甲虫的体壁比较坚硬、鳞翅目幼虫的体壁比较柔软、灯蛾和毒蛾幼虫体上有很多长毛，粉虱、粉蚧等虫体体表常被蜡粉等。凡是体壁厚、蜡质多和体毛较密的种类，药剂不容易通过。同时，昆虫幼龄期比老龄期体壁薄，尤其在刚蜕皮时，由于外表皮尚未形成，药剂就比较容易渗入体内。昆虫体躯的不同部位体壁的厚度也不一样，一般节间膜、侧膜和足的跗节处体壁较薄，而感觉器则是最薄弱的地方，且感觉器下面直接与神经相连，触杀剂很容易透入感觉器而使昆虫中毒。此外，表皮上的孔道也是药剂浸入的主要门户。

3.2 昆虫的生物学特性

昆虫的生物学特性包括繁殖、发育、变态、生活史等。昆虫个体的生长发育过程一般包括卵、幼虫、蛹、成虫 4 个阶段或卵、若虫、成虫 3 个阶段。

3.2.1　昆虫的生殖方式

昆虫的生殖方式各异，从不同角度可分为不同的类型。根据受精机制，分为两性生殖和孤雌生殖；根据子代虫态，分为卵生和胎生；根据每粒卵产生的子代数，分为单胚生殖和多胚生殖。卵在母体内即发育，雌虫直接产下幼虫，幼虫在母体内发育过程中由卵黄供给营养，这种生殖方式称为卵胎生。

3.2.1.1　两性生殖

两性生殖是绝大多数昆虫的生殖方式，雌雄两性交配，卵子受精后，受精卵发育成新个体。

3.2.1.2　孤雌生殖

孤雌生殖又称单性生殖，是指卵不经过受精就能发育成新个体的生殖方式。

根据出现的频率，孤雌生殖又分为兼性孤雌生殖(facultative parthenogenesis)和专性孤雌生殖(obligate parthenogenesis)。

(1)兼性孤雌生殖

兼性孤雌生殖指在正常情况下营两性生殖，偶尔进行孤雌生殖，如家蚕、舞毒蛾等昆虫。

(2)专性孤雌生殖

专性孤雌生殖指卵不经过受精而能发育成新个体的现象。专性孤雌生殖可再分为以下几种类型。

①经常性孤雌生殖(cyclical perthenogenesis)　又称永久性孤雌生殖，指在整个生活史过程中雄虫很少或从未见雄虫，几乎完全是通过孤雌生殖来完成繁殖。例如，一些膜翅目、半翅目、缨翅目、鳞翅目和鞘翅目昆虫的生殖方式。

②周期性孤雌生殖(cyclical perthenogenesis)　又称异态交替或世代交替，是指在整个生活史过程中，两性生殖和孤雌生殖随季节的变迁而交替进行。例如，棉蚜(*Aphis gossypii* Glover)从春季到秋末，没有雄蚜出现，营孤雌生殖；到秋末冬初则出现雌、雄两性个体，并进行交配产卵越冬。

③幼体生殖(paedogenesis)　指一些昆虫在性成熟前的幼期就能进行生殖。幼体生殖的昆虫不经历卵期、成虫期和蛹期，幼体在母体血腔内发育。

根据子代雌雄性比，可将孤雌生殖分为产雌孤雌生殖、产雄孤雌生殖和产雌雄孤雌生殖 3 种类型。

①产雌孤雌生殖　一些介壳虫、蓟马等，雄虫很少或从未见有雄虫，未经交配所产下的卵，均能正常发育为雌性或绝大部分为雌性的成虫。

②产雄孤雌生殖　是指子代全部为雄性，无雌性。例如，蜜蜂及多数膜翅目昆虫，未经交配或未受精的卵发育为雄虫。

③产雌雄孤雌生殖　子代既有雄虫，又有雄虫。

3.2.1.3　多胚生殖

多胚生殖指 1 粒成熟卵可产生 2 个或多个胚胎，并能发育成正常新个体的生殖方式。多胚生殖方式主要见于膜翅目一些寄生蜂类，如小蜂科、茧蜂科、姬蜂科和螯蜂科等蜂类。

3.2.1.4　卵生和胎生

卵生是指从母体产出体外的子代虫态是受精卵,受精卵需经过一定时间才能发育成新个体。

胎生是指受精卵在母体内孵化出幼体,然后产出体外。

3.2.2　昆虫的发育和变态

3.2.2.1　昆虫的个体发育

昆虫的生长发育包括胚胎发育和胚后发育两个阶段。

胚胎发育(embryonic development)是指从单细胞的合子——卵隔裂开始至发育成为器官完全的胚胎的过程。该阶段在卵内进行直到幼虫孵出,只有卵1个虫态。

胚后发育(postembryonic development)是指从卵孵化出幼体开始到成虫性成熟的整个发育过程。该阶段包括幼虫、成虫2个虫态或幼虫、蛹、成虫3个虫态。

(1)胚胎发育过程

卵生昆虫的胚胎发育可分为卵裂、胚盘形成、胚带形成、胚膜形成、胚层形成、胚体分节、附肢形成、胚动、体壁形成及背合等若干阶段,但在昆虫胚胎发育过程中,有些发育现象是同步进行的。

(2)胚后发育过程

①孵化　胚胎发育完成,幼虫破卵壳而出的过程。

②生长和蜕皮　昆虫自卵孵出,即进入幼虫期。由于营养物质的累积和器官组织的分化和成长,昆虫的体积不断增大,只有将限制体积增长的、没有生命的外表皮蜕去,体积才能进一步增长。昆虫蜕去旧表皮形成新表皮的过程称为脱皮(moulting),蜕下的旧表皮称为蜕(exuvium)。

在整个幼虫生长期间,昆虫要进行多次蜕皮。在正常条件下,同种幼虫的蜕皮次数较恒定,大多为3~12次。在异常的生活条件下,特别是食物不足时,幼虫往往会提早或推迟蜕皮,或显著增加蜕皮次数。蜕皮也是昆虫排泄的一种特殊方式。

从卵孵出的幼虫为第1龄,第1次脱皮后为第2龄。相邻两次蜕皮之间所经历的时间,称为昆虫的龄期(stadium)。根据戴氏定律(Dyar's law),昆虫幼虫每蜕一次皮,其头壳宽度增加1.4倍,同时种内各龄幼虫的头壳宽度之比为一常数。

③蛹化(emergence)或化蛹　全变态类昆虫从自由生活的幼虫蜕皮变为不食不动的蛹的过程。

蛹化前,多数昆虫的老熟幼虫常先停止取食,寻找适宜的化蛹场所,有的还吐丝作茧或建造土室等,随后幼虫身体缩短,体色变淡,不再活动,此时称为前蛹(propupa)或预蛹(prepupa)。

自末龄幼虫蜕去表皮起到变为成虫时所经历的时间称为蛹期。

④羽化(emergence)　成虫从它的前一虫态(蛹、末龄若虫或稚虫)蜕皮而出的现象。

全变态昆虫从蛹中羽化后常会排出一些排泄物,这些排泄物称为蛹便(meconium)。

昆虫的性成熟(sex maturation)是指成虫体内的生殖细胞——精子和卵子的发育成熟。

一些昆虫成虫羽化后,性器官尚未发育成熟,还需继续取食一段时间,才能达到性成熟,这种生殖细胞发育必需的成虫期营养称为补充营养(complementary nutrition),如直翅目、半翅目、鞘翅目、鳞翅目昆虫。

（3）昆虫幼虫的类型

根据幼虫胚胎发育的程度及其在胚后发育中的适应和变化，将幼虫分为以下类型。

①原足型幼虫（protopod larva）　在胚胎发育的原足期就孵化，体胚胎型，胸足只是芽状突起，腹部分节不明显，神经系统和呼吸系统简单，其他器官发育不全。

②多足型幼虫（polypod larva）　胚胎发育完成于多足期，幼虫除 3 对胸足外，还具有数对腹足，腹部有多对附肢。例如，鳞翅目幼虫腹部有 2~5 对腹足，腹足末端有趾钩。而膜翅目叶蜂类幼虫的腹足多于 5 对，其末端无趾钩。根据腹部附肢的构造，将多足型幼虫又分为蠋型幼虫和蛞型幼虫。

蠋型幼虫（eruciform larva）：体近圆形，口器向下，触角无或很短，胸足和腹足粗短，如鳞翅目、长翅目和膜翅目叶蜂类的幼虫。

蛞型幼虫（campodiform larva）：体形似石蛞，口器向下或向前，触角和胸足细长，腹部有多对腹足或附肢，如广翅目、毛翅目和部分水生鞘翅目昆虫的幼虫（图 3-19）。

③寡足型幼虫（oligopod larva）　胚胎发育完成于寡足期。胸足发达，但无腹足。根据体形和胸足发达程度，寡足型幼虫又可分为以下 4 种类型。

蛴螬型（scarabaeiform larva）：体粗壮，具 3 对胸足，无尾须，静止时体呈"C"形弯曲，如鞘翅目金龟子幼虫（图 3-19）。

步甲型（carabiform larva）：体长形略扁，口器向前，触角和胸足发达，无腹足，行动活跃，如脉翅目、蛇蛉目和部分肉食性鞘翅目幼虫。

叩甲型（elateriform larva）：体壁较硬，体细长，胸部和腹部粗细相仿，胸足较短，如鞘翅目叩甲科的幼虫。

扁型幼虫（platyform larva）：体扁平，胸足有或退化，如鞘翅目扁泥甲科和花甲科的幼虫。

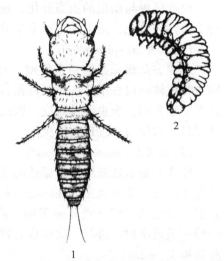

图 3-19　鞘翅目幼虫类型
1. 蛞型幼虫　2. 蛴螬型

④无足型幼虫（apodous larva）　又称蠕虫型幼虫，胸足和腹足均无。幼虫除性器官和翅尚未成熟外，其余器官和成虫十分相似，这一类幼虫通称为若虫，如双翅目、蚤目、大部分膜翅目、部分鞘翅目和鳞翅目昆虫。根据头壳的发达程度，又可分为以下三类。

无头无足式（acephalous larva）：俗称蛆，似蝇类幼虫，头全部缩入胸内，仅口钩伸出取食，无足，如双翅目环裂亚目幼虫。

显头无足式（eucephalous larva）：头及口器发达，胸足退化或无胸足，如蚤目、双翅目长角亚目、膜翅目针尾部、吉丁虫和少数潜叶危害的鳞翅目幼虫。

半头无足式（hemicephalous larva）：头部仅前半部骨化，后半部缩入胸内，无足，如双翅目大蚊科的幼虫。

（4）蛹的类型

蛹（pupae）是完全变态类昆虫在生长发育过程中，由幼虫变为成虫必须经历的一个特有的静止的虫态。根据昆虫附肢、翅与蛹体的连接情况，以及这些附属器官的活动情况，可将蛹分为离蛹、被蛹和围蛹 3 种类型。

①离蛹(extrate pupae) 又称裸蛹。其特点是附肢和翅游离悬垂于蛹体外，因此附肢和翅都可活动，腹部各节也能扭动。这一类蛹均隐藏于由其幼虫造成的特殊环境中(如土室、幼虫在树木内所穿凿的坑道等)，如鞘翅目和膜翅目等昆虫的蛹。

②被蛹(obtect pupa) 翅和附肢都紧贴于蛹体上，由坚硬而完整的蛹壳所包被，不能活动，大多数腹节或全部腹节不同能扭动，如鳞翅目、双翅目长角亚目、鞘翅目隐翅虫科和瓢甲科昆虫的蛹。

③围蛹(coarctate pupae) 蛹的本体为离蛹，但紧密包被于末龄幼虫的皮壳内，即直接在末龄幼虫的皮壳内化蛹，如蝇类的蛹。

3.2.2.2 昆虫的变态类型

昆虫由幼虫期变为成虫期状态的现象，称为变态(metamorphosis)。变态过程中，其内部结构及外部形态都在发生变化。

根据成虫与幼虫的虫态分化、翅的发生过程、幼虫期对生活环境的特殊适应和其他生物学特性的分化，昆虫的变态类型分为以下几种。

(1)表变态(epimorphosis)

表变态是最原始的变态类型，其特点是初孵幼体已具成虫特征，在胚后发育过程中，幼体和成体间仅在个体大小、性器官发育程度、触角和尾须节数有变化，其他生物学特性并无明显差别，成虫继续蜕皮。因此，表变态也称无变态，如无翅亚纲中除原尾目以外的弹尾目、双尾目和缨尾目昆虫。

(2)原变态(prometamorphosis)

原变态是有翅亚纲中最原始的变态类型，仅见于蜉蝣目昆虫。其特点是从幼体到成体过程中经历一个亚成虫(subimago 或 subadult)期。亚成虫的外形与成虫相似，性已发育成熟但不能生殖，翅已展开能飞翔，但体色较浅，足较短，多呈静止状态。亚成虫期较短，一般一至数小时，进行一次蜕皮后就变为成虫。原变态类昆虫其幼体多生活于水中，故特称为稚虫(naiad)。

(3)不全变态(incomplete metamorphosis)

不全变态又称直接变态，即胚后发育经历卵、幼体和成体 3 个虫态，幼虫时期的翅在体外发育。不完全变态类昆虫幼体的翅芽和复眼在体外发育，因此在分类上称为外生翅类(Exopterygota)。

(4)全变态(complete metamorphosis)

全变态又称间接变态(indirect metamorphosis)，其特点是个体发育经历卵、幼体、蛹和成体 4 个阶段，翅在幼体的体内发育。全变态为昆虫幼体的翅芽、复眼和背单眼隐藏在体壁下不发育，在分类上称为内生翅部(Endopterygota)。全变态类昆虫幼体称为幼虫(lava)，如广翅目、蛇蛉目、脉翅目、鞘翅目、长翅目、捻翅目、蚤目、毛翅目、鳞翅目、双翅目和膜翅目昆虫。

3.2.3 昆虫的雌雄二型和多型现象

3.2.3.1 雌雄二型

同种昆虫的雌雄个体间，除第一性征(雌、雄外生殖器)不同外，还有大小、体形、体色等形态上的明显区别，这种区别称为雌雄二型。蚧科、袋蛾科及某些尺蛾科昆虫雄虫具翅，雌虫无翅；蛾类雄虫触角为羽毛状，雌虫则为丝状等。

3.2.3.2　多型现象

多型现象指同种昆虫在同一性别的个体中出现不同类型分化的现象。多型现象在社会性昆虫较为典型。例如，蚂蚁、白蚁、蜜蜂等社会性昆虫，除雌雄二型外，还有工蚁和工蜂。

3.2.4　昆虫的世代和年生活史

昆虫的卵或若虫，从离开母体发育到成虫性成熟并能产生后代为止的个体发育史，称为一个世代(generation)，简称一代或一化。一个世代通常包括卵、幼虫、蛹及成虫等虫态。

昆虫一年发生世代数的多少是受种的遗传性所决定的。一年发生 1 代的昆虫，称为一化性(univoltine)昆虫，如大豆食心虫、梨茎蜂、舞毒蛾等；一年发生 2 代及以上者，称为多化性(polyvoltine)昆虫，如棉铃虫一年发生 3~4 代，棉蚜一年发生 10~30 余代。也有些昆虫则需两年或多年完成 1 代，如大黑鳃金龟两年发生 1 代；沟金针虫、华北蝼蛄约三年发生 1 代；十七年蝉则需十七年发生 1 代。

昆虫的生活史(life history)又称生活周期(life cycle)，是指昆虫个体发育的全过程。昆虫在一年中的个体发育过程，称为年生活史或生活年史。年生活史是指昆虫从越冬虫态(卵、幼虫、蛹或成虫)越冬后复苏起，至翌年越冬复苏前的全过程。

一年发生 1 代的昆虫，其年生活史与世代的含义是相同的。一些多化性昆虫，其年生活史较为复杂，从而形成了年生活史的世代交替现象。

3.2.5　昆虫的习性

昆虫的习性(habitat)是指昆虫的种或种群具有的生物学特性。昆虫的行为是指昆虫适应其生活环境的活动方式。

3.2.5.1　昆虫的趋性

趋性(taxis)是指昆虫对外界光、温度、湿度以及某些化学物质刺激所产生的趋向或背离的活动。昆虫的趋性主要有趋光性、趋化性、趋温性、趋湿性等。趋性有"正""负"之分。

①趋光性(phototaxis)　是指昆虫对光刺激所产生的趋向或背向活动，趋向光源的，称为正趋性；而背向光源的，称为负趋性。例如，鳞翅目蛾类昆虫多数在夜间活动，对灯光表现为正趋性；而蜚蠊类则常在黑暗的地方活动，表现为负趋性。

②趋化性(chemotaxis)　是指昆虫对一些化学物质的刺激所表现出的趋向反应。例如，一些夜蛾类昆虫，对糖醋混合液气味有正趋性；菜粉蝶喜趋向在含芥子油的十字花科植物上产卵。

③趋温性(thermotaxis)　是指昆虫对温度刺激所产生的定向活动。

④趋湿性(hygrotaxis)　是指昆虫对高湿或水汽区所表现出的定向活动。

3.2.5.2　昆虫的食性

昆虫在长期的演化过程中，对食物形成一定的选择性，即食性(feeding habits)。

(1)按取食的食物性质划分

①植食性(phytophagous)　指以植物的各部分为食料,如黏虫、菜蛾等农业害虫。

②肉食性(carnivorous)　指以其他动物为食料,又可分为捕食性(如七星瓢虫、草蛉等)和寄生性(如寄生蜂、寄生蝇等)两类,它们在害虫生物防治上有着重要意义。

③腐食性(saprophagotls)　指以动物的尸体、粪便或腐败植物为食料,如埋葬甲和果蝇等。

④杂食性(omnivorous)　指兼食动物、植物等,如蝗螋。

(2)按取食范围的广狭划分

①单食性(monophagous)　指以某一种植物为食料,如豌豆象只取食豌豆等。

②寡食性(oligophagous)　指以1个科或少数近缘科植物为食料,如菜粉蝶取食十字花科植物、棉大卷叶螟取食锦葵科植物等。

③多食性(polyphgous)　指以多个科的植物为食料,如棉铃虫可取食茄科、豆科、十字花科、锦葵科等30个科200种以上的植物。

3.2.5.3　群集性

同种昆虫的个体大量聚集在一起生活的习性,称为群集性(aggregation)。其分为临时性群集和永久性群集两种类型。

①临时性群集　是指昆虫仅在某一虫态或某一阶段时间内行群集生活,然后分散。例如,多种瓢虫越冬时,其成虫常群集在一起,度过寒冬后即行分散生活。

②永久性群集　往往出现在昆虫个体的整个生育期,一旦形成群集后,很久不会分散,趋向于群居型生活。例如,东亚飞蝗卵孵化后,蝗蝻可聚集成群,集体行动或迁移,蝗蝻变成虫后仍不分散,往往成群远距离迁飞。

3.2.5.4　拟态和保护色

①拟态(mimicry)　指昆虫模仿环境中其他动、植物的形态或行为,以躲避敌害。例如,枯叶蝶其体色和形态很似枯叶,停留在灌木丛中时,很难被发现。

②保护色(protective coloration)　指一些昆虫的体色与其周围环境的颜色相似的现象。例如,栖居于草地上的绿色蚱蜢,其体色或翅色与生境极为相似,不易被发现,利于保护自己。

3.2.5.5　休眠和滞育

休眠和滞育都是生命活动暂时性的休止,其生理活动都处于极低的水平。

(1)休眠

休眠是由于不利的环境条件所引起(如高温或低温),当这些不利因素消失时,昆虫立即恢复活动,继续生长发育。

(2)滞育

滞育是昆虫长期适应不良环境而形成的种的遗传特性。滞育主要受光周期的控制,在一定的光照条件下,同种昆虫的大部或全部个体停止发育,进入滞育。一旦进入滞育,就必须经过一定的时期,并且需要一定的条件刺激,才能继续生长发育。

①专性滞育　又称确定性滞育,无论当时环境条件如何,按期进入滞育,已成为种的遗传性。专性滞育的昆虫为严格的一年发生1代的昆虫,滞育虫态固定。

②兼性滞育　又称任意性滞育。不良环境条件对滞育具有诱导作用,但其遗传性具有一定的可塑性。兼性滞育的昆虫为多化性昆虫,滞育的虫态一般固定。例如,亚洲玉米螟

在河北、山东等地一年发生 3 代，以第 3 代老熟幼虫越冬，但第 2 代至少部分老熟幼虫也可滞育越冬。

3.3　影响草坪害虫发生的主要因素

昆虫的发生与其生活环境有着紧密的关系。环境因素包括气象因子、土壤因子和生物因子。研究昆虫与其周围环境相互关系的科学称为昆虫生态学。昆虫生态学是害虫预测预报和防治的理论基础。

3.3.1　气象因子对昆虫的影响

气象因子与昆虫的生命活动关系非常密切。气象因子包括温度、湿度（降水）、光照和风（气流）等，尤以温度、湿度对昆虫的影响显著。

3.3.1.1　温度

昆虫是变温动物，体温随周围环境温度而变化。体温的变化可直接加速或抑制新陈代谢过程。因此，温度对昆虫的生命活动尤为重要。

（1）昆虫对温度的反应

昆虫的生长发育和繁殖都要求在一定的温度范围内进行，这个范围称为昆虫的适宜温区，也称有效温区，一般在 8~40℃。在适宜温区内还有对昆虫的生长发育和繁殖最为适宜的温度范围，称为最适温区，一般在 22~30℃。在适宜温区的下限有最低有效温度，是昆虫开始生长发育的温度，又称发育起点温度。在适宜温区的上限有最高有效温度，是昆虫的生长发育开始被抑制的温度，称为高温临界，一般为 35~45℃。昆虫在发育起点温度以下的一定范围内并不死亡，而是呈昏迷状态，当温度上升至适宜温区时昆虫仍可以恢复生长发育。因此，发育起点温度以下有一个停育低温区。温度再下降时昆虫因过冷而死亡，即为致死低温区，一般在零下若干度。同样，在高温临界上有一个停育高温区，在此温度范围内昆虫生长发育停止；如果温度再高，即进入致死高温区，一般在 45℃ 以上，昆虫因高温而死亡。

昆虫有适应冬季低温的能力，一般在低温来临前即开始做越冬前准备，大量积累脂肪和糖类，减少细胞原生质和体液中的含水量，降低呼吸，停止生长发育；处于停育或滞育状态。昆虫耐低温的能力常用"过冷却点"来表示，即昆虫在低温条件下体温迅速下降，但至 0℃ 时体液尚不致结冰，这个过程称为过冷却现象。当体温降至一定程度，体液在结冰前产生放热现象，引起体温突然回升，如果这时气温仍然甚低，虫体温度随即下降，体液开始结冰，这一导致体温回升并引起体液结冰开始的温度称为过冷却点。在过冷却点下，如果低温持续时间不长，昆虫仍可复苏，若低温持续期长甚至继续下降，则昆虫可能死亡。

（2）有效积温法则及其应用

昆虫的生长发育要有一定的温度范围和在温度持续期内，且对持续期温度的逐日累计总数也有一定要求。只有累积到一定温度总数才能完成发育。因此，有效积温法则是指昆虫完成一定发育阶段（如一个虫态或一个世代）所需的累计温度总和，它是一个常数。计算公式：

$$K = NT$$

式中，N 为发育日数；T 为发育期平均温度；K 为总积温，单位以日度表示。

有效积温可应用于预测某种害虫下一虫态或下一世代的发生期；推测当地某种昆虫可能发生的世代数；估计某种昆虫是否可在当地分布。

3.3.1.2　湿度

湿度影响昆虫的生长发育、繁殖和生存，影响其地理分布，但影响程度不如温度那么明显。湿度通过影响昆虫的新陈代谢而直接影响昆虫，或通过影响食物、天敌而间接影响昆虫。适度的降水有利于昆虫的发生，如早春降水对解除越冬幼虫滞育状态有密切关系；东亚飞蝗的黄蛹发育至性成熟所需的时间在相对湿度 70% 最快，高于或低于这个相对湿度都会延缓性成熟的时间；冬季降雪可覆盖地表保持温度，有利于保护土中和越冬昆虫，暴雨对昆虫有直接冲刷作用，可直接杀死害虫，也对天敌昆虫的寄生、捕捉行为产生影响。

3.3.1.3　温湿度的综合作用

在昆虫生长发育的过程中，温湿度总是同时存在，相互影响，共同作用于昆虫。不同温湿度组合对昆虫的孵化率、幼虫死亡率、蛹的羽化率和成虫的产卵量都有不同程度的影响。在相同的温度(或湿度)下，不同的湿度(或温度)所产生的生物效应并不相同。在说明温湿度组合对昆虫的影响时，常采用温湿度比值，即温湿度系数来表示。计算公式：

$$Q = \frac{RH}{T}$$

式中，RH 为相对湿度；T 为平均温度；Q 为生态温湿度系数。

应用温湿度系数时必须限制在一定的温度和湿度范围内，这是因为在不同的温湿度组合可以得到相同的温湿度系数，而对昆虫的作用有较大的差异。

3.3.1.4　光照

昆虫的可见光为波长 $250 \sim 700$ nm，可以看到紫外光，不能看到红外光。很多昆虫都具有趋光性。光可以直接影响昆虫的生长、发育、生殖、存活、活动、取食和迁飞等，光对昆虫滞育的影响主要是指光周期的变化，目前已证明 100 多种昆虫的滞育与光周期的变化有关。可以利用昆虫的趋光性进行预测预报和直接消灭害虫。

3.3.1.5　风

风可以直接影响某些昆虫的垂直分布、水平分布以及在大气层中的活动范围。例如，许多善飞的昆虫多在微风或无风晴天飞行，风速增大，飞行的虫数减少。某些蝶类在有风的天气不飞翔，而某些具有远距离迁飞特性的昆虫常集中选择在风速最大的低空急流层中飞行。在某些经常刮大风的地方，无翅型昆虫的比例高，但也有些种类翅特别发达可以抗衡强风。

3.3.2　土壤因子对昆虫的影响

某些昆虫终生生活在土壤中，而有些昆虫则以一个虫期或几个虫期生活在土壤中，因此土壤是昆虫的一个特殊的生态环境。土壤温湿度是影响土栖昆虫的分布、生长发育的重要因子。很多在土壤中越冬的昆虫，出土数量和时期受土壤含水量的影响十分明显。

此外，土壤的理化性状对某些昆虫的活动、分布和生存也有很大影响。例如，小麦吸浆虫主要发生于碱性土壤中，当土壤的 pH $3 \sim 6$ 时则不能生存。土壤的有机质含量和土壤结构对土栖昆虫的分布、种群数量和种类组成也具有很大影响。例如，蝼蛄喜欢生活在含沙质多、湿润的土壤中，尤其是经过耕翻后而施有厩肥的松软土壤中，而在黏性大、结板块的土壤中很少发生。

3.3.3　生物因子对昆虫的影响

生物因子主要包括食物和天敌两大类因素。

3.3.3.1　昆虫与寄主植物的关系

食物是一种营养性环境因素，食物的质量和数量影响昆虫的分布、生长、发育、存活和繁殖，从而影响种群密度。昆虫对食物的适应，可引起食性分化和种型分化。

（1）食物对昆虫生长发育、繁殖和存活的影响

各种昆虫都有其适宜的食物。虽然杂食性和多食性的昆虫可取食多种食物，但它们仍都有各自最嗜食的植物或动物种类。昆虫取食嗜食的食物，其发育、生长快，死亡率低，繁殖力高。取食同一种植物的不同器官，对昆虫的发育历期、成活率、性比、繁殖力等都有明显的影响。

（2）植物的抗虫性

植物的抗虫性是指同种植物在某种害虫危害较严重的情况下，某些品种或植株能避免受害、耐害，或虽受害而有补偿能力的特性。在田间与其他种植物或品种植物相比，受害轻或损失小的植物或品种称为抗虫性植物或抗虫性品种。植物的抗虫性是害虫与寄主植物之间在一定条件下相互作用的表现。就植物而言，其抗虫机制表现为不选择性、抗生性和耐害性 3 个方面。

①不选择性　指植物使昆虫不趋向其上栖息、产卵或取食的一些特性。例如，由于植物的形态、生理生化特性、分泌一些挥发性的化学物质，可以阻止昆虫趋向植物产卵或取食；或者由于植物的物候特性，使其某些生育期与昆虫产卵期或危害期不一致；或者由于植物的生长特性，所形成的小生态环境不适合昆虫的生存等，从而避免或减轻害虫的危害。

②抗生性　指有些植物或品种含有对昆虫有毒的化学物质，或缺乏昆虫生长发育所必要的营养物质，或虽有营养物质而不能为昆虫所利用，或由于对昆虫产生不利的物理、机械作用等，而引起昆虫死亡率高、繁殖力低、生长发育延迟或不能完成发育的一些特性。

③耐害性　指植物受害后，具有很强的增殖和补偿能力，而不致在产量上有显著的影响。例如，一些禾谷类作物品种受到蛀茎害虫危害时，虽被害茎枯死，但可分蘖补偿，减少损失。

3.3.3.2　天敌因子的作用

昆虫与昆虫之间、昆虫与其他生物之间，通常存在捕食、寄生、共生、共栖和竞争等自然现象。昆虫的生物性敌害统称天敌，主要包括捕食性生物和寄生性生物。天敌因子对于害虫种群消长常起着一定的抑制作用。害虫的天敌主要包括天敌昆虫、食虫动物以及病原微生物三大类群。

（1）天敌昆虫

天敌昆虫包括捕食性昆虫和寄生性昆虫。常见的捕食性昆虫有瓢虫、虎甲、螳螂、草蛉、食蚜蝇、猎蝽、蜻蜓、胡蜂、泥蜂等。寄生性昆虫有姬蜂、茧蜂、赤眼蜂、金小蜂、寄蝇等。其中，生产上应用较多的有赤眼蜂（彩图 3-6）、瓢虫和草蛉（彩图 3-7）等。

（2）食虫动物

自然界常见的食虫动物有蜘蛛（彩图 3-8）、肉食螨、鸟类（彩图 3-9）、两栖类、爬虫类

等，常可消灭多种害虫，对害虫数量的控制起着一定的作用。

(3)病原微生物

引起昆虫疾病的病原微生物有细菌、菌物(彩图3-10)、病毒(彩图3-11)、立克次体、原生动物、线虫等。应用较多的是细菌、菌物和病毒。

①细菌　主要经寄主昆虫的口进入消化道，在肠道内萌发形成营养细胞，并伴有毒素产生。被细菌感染的昆虫行动迟缓、食欲减退、口腔和肛门常有排泄物，最后导致败血症而死亡，虫体死亡后多变为黑褐色，失去原形，软化腐烂且有臭味。常见致病菌如苏云金杆菌。

②菌物　主要靠孢子或菌丝接触昆虫体壁，适宜条件下萌发，产生芽管侵入体壁，菌丝不断生长并分枝侵入寄主的组织和器官，最后整个昆虫体被菌丝充满，致使昆虫死亡。由于大量菌丝在虫体内吸收营养和水分，致使被害虫体死后身体硬化，称为"僵虫"。常见致病菌如白僵菌、绿僵菌。

③病毒　昆虫病毒的专化性很强，一般一种病毒只能感染一种昆虫。由昆虫消化道侵染虫体，幼虫感病初期行动迟缓，不取食，后期乱爬，虫体变色，病死虫体常用腹足吊挂在枝叶上。虫体皮肤光亮，极脆，触之即破，流出体液，但无臭味。应用比较多的主要有颗粒体病毒、核型多角体病毒、质型多角体病毒等，大多用于防治鳞翅目害虫。

3.3.4　害虫的预测预报

害虫的预测预报是以昆虫生态学为理论基础的应用科学。根据害虫的发生规律，田间调查资料，结合草坪草的生长情况及气象资料进行综合分析，对害虫的发生趋势做出正确的判断，以便做好害虫的防治工作。根据预测预报的时间长短，可以分为短期、中期和长期预测。短期预测一般为预测1个虫态或10 d左右的虫情；中期预测一般为1个世代以上或30 d左右的虫情；长期预测主要预测某种害虫当年的虫情及其发生趋势。根据预测预报内容可分发生期预测、发生量预测及分布蔓延预测。

3.3.4.1　发生期预测

发生期预测是对害虫某一虫态出现时期的预测，如该害虫什么时候孵化、化蛹、羽化、迁飞等。发生期预测的准确性对于害虫的防治至关重要。发生期预测是以害虫虫态历期在一定条件下需经历一定时间的资料为依据。在掌握虫态历期资料的基础上，只要知道前一虫期出现期，同时结合近期的环境条件(如温度)，就可以推断后一虫期出现的时期。发生期预测的方法很多，常用以下几种方法。

(1)期距(历期)预测法

期距是指有规律的带必然性的两种现象之间的时间间隔，如前后两虫态之间的时间间隔，或上、下两个世代同一虫态之间的时间间隔。历期是指各虫态发育所经历的时间。了解虫态历期或期距的方法有以下几种。

①饲养法　在人工饲养或接近自然条件下饲养昆虫，观察记载卵、幼虫、蛹和成虫的历期，根据各虫态历期分别求出平均数，这种平均历期可以作为期距资料用于期距预测。

②田间调查法　从某一虫态出现前开始田间调查，定期进行，统计各虫态的百分比，从中可以看出其发育进度的变化规律。一般将某虫态出现数量达20%时定为始盛期，达到50%时定为盛发高峰期，达到80%时定为盛发末期。根据前一虫态与后一虫态盛发高峰期

相隔的时间，即可定为盛发高峰期期距。

③诱集法　利用害虫的趋光性、趋化性、觅食、潜伏等生物学特性进行预测。例如，用黑光灯诱测各种夜蛾、螟蛾、金龟子、蝼蛄等；用糖醋液诱测小地老虎；用黄板诱测蚜虫等。在害虫发生之前开始诱测，逐日统计所获虫量，据此可以看出当地当年各代成虫的始见期、盛发期、高峰期和终见期。然后，比较上、下两代的始见期、盛发期、高峰期、终见期，分别求出期距，就可用于期距预测。

④收集资料　从文献资料中收集有关害虫的历期与温度之间的关系，然后绘制发育历期与温度关系曲线，或分析计算出直线回归式或曲线回归式。在预测时，应注意结合当地、当时的气温预告值，求出所需的适合历期资料。

(2) 有效积温预测法

当了解到害虫某一虫态、龄期或世代的发育起点温度和有效积温后，就可以根据田间虫情、当地常年的平均气温或近期气象预报，利用积温公式来预测下一虫态或世代出现所需的天数，计算公式：

$$K = N(T - C)$$

式中，K 为有效积温；N 为发育历期；T 为观测温度；C 为发育起点温度。

有效积温和发育起点温度的研究可以采用实验的方法，将某种昆虫(或虫态)分别放在几种不同的定温或变温条件下，观察记载发育经历的时间，用统计学上的"最小二乘法"求出发育起点温度和有效积温。

(3) 物候预测法

物候学是研究自然界的生物与气候等环境条件的周期性变化之间相互关系的科学。应用物候学知识预测害虫的发生期，这种方法称为物候预测法。许多害虫生长发育的阶段性经常与寄主植物的生育期相吻合。例如，河南省对小地老虎的研究观察发现"桃花一片红，发蛾到高峰；榆钱落，幼虫多"的现象。物候预测法具有严格的地域性，甚至在同一地区所选用的指示动植物也会受地势、地形、土质、品种、树龄及其管理水平等方面的影响。

3.3.4.2　发生量预测

预测害虫发生数量对于指导害虫防治具有现实意义。但害虫发生数量的增减是一个比较复杂的问题，一方面取决于害虫的虫口基数、繁殖力和存活率等内在因素，另一方面受气候、天敌和食料条件所影响。

害虫的数量预测有多种方法，如根据田间虫口密度调查或诱虫器捕获虫量资料，与历史资料进行对比分析，判断害虫发生数量的趋势以及危害程度的大小。另外，也可采用相关分析方法，以害虫发生量与单因子或多因子的相关分析结果制订预测式。还可以根据历年的资料绘制生物气候图或坐标图，将当年气象预报的条件与生物气象图相比较，做出害虫发生数量趋势的估计。采用害虫生命表，根据当地当代或某虫态因各种原因所致的害虫死亡率和存活率，同时结合害虫的繁殖力情况，预报下一代或下一虫态的发生量。

3.3.4.3　分布蔓延预测

害虫分布蔓延预测具有两方面的意义，一是知道了某种害虫各虫态所要求的生存条件后，便可根据不同地域是否具备这些条件来预测害虫的分布区域。例如，应用有效积温预测某害虫的分布时，某地区如果具有完成某害虫的一个世代以上的有效积温，从温度条件来看，这种害虫可能在该地区分布。二是对于某些具有迁移习性的害虫，可根据害虫的种群数量、种型变化、地形及气象资料等因素，综合分析这种害虫在某一时期内可能扩散蔓延的范围。

3.4　昆虫的分类

昆虫分类学是昆虫学和动物分类学的分支学科，是研究昆虫的类别及其异同和历史渊源关系，并建立分类系统，以总结进化历史，反映自然系谱的一门基础学科。

3.4.1　昆虫分类原理

3.4.1.1　分类阶元

昆虫分类中有7个基本的分类阶元，包括界、门、纲、目、科、属、种。同时，还常在这些基本阶元间加上中间阶元，如"亚(sub-)"和"总(super-)"级的阶元等。例如，东亚飞蝗(*Locusta migratoria manilensis*)分类地位和阶元：

界(kingdom)：动物界(Animalia)

门(phylum)：节肢动门(Arthropoda)

纲(class)：昆虫纲(Insecta)

亚纲(subclass)：有翅亚纲(Pterygota)

目(order)：直翅目(Orthoptera)

亚目(suborder)：蝗亚目(Locustodea)

总科(superfamily)：蝗总科(Locustoidea)

科(family)：蝗科(Locustidae)

亚科(subfamily)：蝗亚科(Locustinae)

属(genus)：飞蝗属(*Locusta*)

种(species)：飞蝗(*migratoria*)

亚种(subspecies)：东亚飞蝗(*manilensis*)

种(species)是能够相互交配的自然种群的类群，这些类群与其他近似类群在生殖上相互隔离。种是生物进化过程中连续性与间断性统一的基本间断形式。因此，种是繁殖的单元、进化的单元、分类的单元。

3.4.1.2　昆虫的命名

昆虫种的学名采用双名法或三名法。

双名法(binominal nomenclature)包括属名、种名、命名人的姓氏或缩写，如水稻二化螟(*Chilo suppressalis* Walker)。

三名法(trinominal nomenclature)包括属名、种名、亚种名、命名人的姓氏或缩写。即为属名+种名+亚种名+定名人。

属名首字母大写，学名在印刷时要用斜体，命名人姓氏要用正体。如东亚飞蝗(*Locusta migratoria manilensis* Meyern)。

3.4.2　昆虫纲的分目

昆虫纲各目的分类系统，不同学者意见不一样，最少分为7个目，最多分为40多个目，一般分为 28~34 目。现主要介绍无翅亚纲（Apterygota）和有翅亚纲（Pterygota）33 目的分类系统。

3.4.2.1　无翅亚纲

（1）原尾目（Protura）

内口式，增节变态；无复眼和单眼；无触角；前足长，并前伸代替触角的作用；腹部 12 节，第 1~3 节有腹足遗迹；无尾；跗节 1 节，如原尾虫。

（2）双尾目（Diplura）

口器内藏式；表变态；跗节 1 节，尾须 1 对，线状或铗状；腹部 11 节，多数节上生有成对的刺突或泡囊，如双尾虫。

（3）弹尾目（Collembola）

内口式，表变态；腹部 6 节，第 1 节有黏管，第 3 节有握弹器，第 4 节有弹器；复眼退化，如跳虫。

（4）缨尾目（Thysanura）

外口式，表变态；足的基节和腹部第 2~9 节上有刺突或泡囊，尾须 1 对，尾须间有中尾丝，如衣鱼、石蛃。

3.4.2.2　有翅亚纲

（1）蜉蝣目（Ephemeroptera）

体中型，细长；口器咀嚼式；触角刚毛状；前翅发达，后翅小，翅脉多，休息时翅竖立在背上；尾须 1 对，细丝状，有的还有中尾丝；原变态；有亚成虫期，幼期水生，多足型；腹部有附肢变成的鳃，如蜉蝣。全世界已知 37 科约 3 000 种，中国已知约 260 种。

（2）蜻蜓目（Odonata）

体中到大型；口器咀嚼式；触角刚毛状；腹部 10 节，细长；翅长，膜质透明，脉纹网状，有翅痣和翅切，休息时翅平伸于身体两侧，或竖立于背上；跗节 3 节；半变态；幼虫期以直肠鳃或尾鳃呼吸，属寡足型幼虫，如蜻蜓、豆娘。

（3）渍翅目（Plecoptera）

体小到中型，体扁长而柔软；口器咀嚼式；触角丝状多节；翅 2 对，膜质，前翅中脉和肘脉间有横列脉，后翅臀区大，休息时平放于腹背；跗节 3 节；尾须 1 对，丝状，多节或 1 节；半变态；幼期水生，有时有气管鳃，如渍翅虫。

（4）纺足目（Embioptera）

体小到中型，体扁长而柔软；口器咀嚼式；触角丝状或念珠状；胸部长；雌虫无翅，雄有翅 2 对，翅脉简单，前后翅形状和翅脉相似，休息时平放于腹背；跗节 3 节，前足第 1 跗节特别膨大；能分泌丝质而结网；渐变态，如足丝蚁。

（5）螳螂目（Mantodea）

体中到大型；口器咀嚼式；前胸长；前足捕捉式，中后足步行式；前翅覆翅，后翅膜质；尾须 1 对，雄虫第 9 节腹板上有 1 对刺突；渐变态；若虫和成虫均捕食性，如螳螂。

（6）蜚蠊目（Blattaria）

体中到大型，头宽扁；口器咀嚼式；有翅或无翅，有翅的前翅为覆翅，后翅膜质；尾须 1 对，雄虫第 9 节腹板上有 1 对刺突；渐变态；成虫和幼虫期生活于阴暗处，卵粒为卵鞘所包，如蜚蠊（蟑螂）。

(7)等翅目（Isoptera）

体小到大型，多型性社会昆虫；口器咀嚼式；触角连珠状；有翅型有翅2对，前后翅大小、形状相似，翅狭长，纵脉多，缺横脉；渐变态；少数种类雌虫也分泌卵鞘，如白蚁。

(8)直翅目（Orthoptera）

体中到大型；口器咀嚼式；前胸背板发达，一般有翅2对，前翅覆翅，后翅膜质，臀区大，有些无翅或翅短；后足多为跳跃足，有些前足为开掘式；产卵器呈刀状、剑状或锥状；渐变态，如螽斯、蝗虫。

(9)竹节虫目（Phasmatodea）

体中到大型，细长如竹枝，或扁平似树叶；口器咀嚼式；前胸短，中胸长，后胸与腹部第一节愈合，腹部长；有翅或无翅，有的前翅短；渐变态，如竹节虫。

(10)革翅目（Dermaptera）

体中型，长而坚硬；头前口式；口器咀嚼式；触角丝状；前胸大而略呈方形，有翅或无翅，前翅革质，后翅膜质，休息时褶藏于前翅下，仅露少部分；尾须1对，或特化成坚硬的钳状；渐变态，如蠼螋。

(11)蛩蠊目（Grylloblattodea）

体中型，扁而细长；头前口式；口器咀嚼式；触角细长；无翅；3对足步行式，跗节5节；有长而分节的尾须1对，产卵器发达，雄虫第9腹节有刺突；变态不明显，如蛩蠊。

(12)缺翅目（Zoraptera）

体小柔软；口器咀嚼式；触角9节，连珠状；有无翅型和有翅型，有翅型翅2对，膜质，翅脉简单，纵脉1~2条；跗节2节；尾须1节；渐变态，如缺翅虫。

(13)啮虫目（Psocoptera）

体小柔软；口器咀嚼式；触角丝状；前胸细小如颈，有无翅、短翅和有翅型；翅膜质，有翅痣，横脉少；无尾须；渐变态，如啮虫。

(14)食毛目（Mallophaga）

体微小到小型；口器咀嚼式；触角短，3~5节；中后胸愈合，无翅；跗节1或2节，爪1或2个；气门生于腹面，无尾须，无产卵器；渐变态；寄生于鸟兽毛上，如羽虱。

(15)虱目（Anoplura）

体微小到小型，椭圆形而扁，头向前突伸；口器刺吸式；触角3~5节；胸部3节愈合，无翅；跗节1节，爪1个；气门背生，无尾须，渐变态；寄生于哺乳动物体外，吸血，如虱。

(16)缨翅目（Thysanoptera）

体微小到小型；口器锉吸式；有些种类无翅，有些有1对翅，有些有2对翅，狭长，边缘有长缨毛；跗节1~2节，端部有泡；过渐变态，如蓟马。

(17)同翅目（Homoptera）

体小到大型，头后口式；口器刺吸式；翅2对，前翅覆翅或膜质，后翅膜质，也有无翅或短翅型；渐变态或过渐变态，如蝉、木虱、粉虱、蚜虫、介壳虫。

(18)半翅目（Hemiptera）

体小到大型，头后口式；口器刺吸式；翅2对，前翅半鞘翅，后翅膜质；渐变态，如蝽。

（19）鞘翅目（Coleoptera）

体小到大型，头前口式或下口式；口器咀嚼式；前翅鞘翅，后翅膜质；跗节多为 5 节；完全变态或复变态。该目昆虫统称甲虫。

（20）捻翅目（Strepsiptera）

体小型，雌雄异型，雄虫有翅有足，自由活动；触角 4~7 节，有旁枝向侧面伸出使触角呈栉状；前翅退化成为平衡棒，后翅宽大、扇状、膜质，脉纹 3~8 条，放射状；雌虫终生寄生；腹部膜质呈袋状，翅、足、触角、复眼、单眼均无；复变态，如拟蚤蝼蟛。

（21）广翅目（Megaloptera）

体中到大型，头前口式；口器咀嚼式，有的雄虫上颚特别发达；翅 2 对，膜质，翅脉网状；无尾须；全变态；幼虫水生，如鱼蛉、泥蛉。

（22）蛇蛉目（Raphidioptera）

体小到中型，头部延长，后部缩小如颈，前口式；口器咀嚼式；前胸细长，翅 2 对，膜质，前后翅形状相似，翅脉网状，有翅痣；触角丝状、念珠状或栉齿状；雌产卵器细长如针；全变态，幼期和成虫均捕食性，如西岳蛇蛉。

（23）脉翅目（Neuroptera）

体小到大型，头下口式；咀嚼式口器；翅 2 对，膜质，前后翅形状相似，翅脉网状，纵脉在翅的边缘分叉；全变态或复变态；成、幼虫捕食性，如草蛉、蚁蛉。

（24）长翅目（Mecoptera）

体小到中型，头向下延伸呈喙状；口器咀嚼式；触角丝状；翅 2 对，狭长，有翅痣，前后翅形状相似；雄虫腹末向上弯曲，末端膨大呈球状，全变态；成幼虫捕食性，如蝎蛉。

（25）蚤目（Siphonaptera）

体微小到小型；无翅，头与胸部密接；无单眼，复眼小或无；口器刺吸式；足基节粗大，腿节发达，适于跳跃，跗节 5 节；全变态；寄生于哺乳动物或鸟体上。

（26）双翅目（Diptera）

体小到大型；口器刺吸或舐吸式；翅 1 对，前翅膜质，后翅平衡棒；全变态或复变态，如蚊、蝇。

（27）毛翅目（Trichoptera）

体小到中型；口器咀嚼式，但无咀嚼能力；翅 2 对，膜质，被毛，翅脉近标准脉序；全变态；幼虫水生，如石蛾。

（28）鳞翅目（Lepidoptera）

体小到大型，外形似蛾类；触角细长、丝状；复眼发达；口器虹吸式；翅 2 对，膜质，被鳞片和毛；全变态；陆生，少数幼虫营半水生生活，幼虫蠋型，如蝶、蛾。

（29）膜翅目（Hymenoptera）

体微小到大型；口器咀嚼式或嚼吸式；翅 2 对，膜质，前翅大，后翅小，以翅钩列连接，翅脉特化；有的产卵器特化成螫刺；全变态或复变态，如蚂蚁、蜜蜂、胡蜂等。

3.4.3　主要目科的概述

3.4.3.1　直翅目

直翅目主要科包括蝗科（Acrididae）、螽斯科（Tettigouridae）、蝼蛄科

(Grhllotapidae)等。

(1)蝗科

触角短，一般丝状；前胸背板发达，马鞍形；多数具2对翅，少数具短翅或完全无翅；跗节3-3-3式；雄虫以后足腿节摩擦前翅发音；腹部第1节背板两侧有1对鼓膜听器(tympanic organ)。

栖于植物或地表，产卵于土中。具迁飞习性，如东亚飞蝗(*Locusta migratoria manilensis*)。

(2)螽蟖科

触角长丝状，至少与身体等长；三对足胫节背面有端距；跗节4-4-4式；雌虫产卵器刀状；尾须短。栖于草丛或树木上。多为植食性，也有肉食性和杂食性。卵产于植物组织内。多数种类雄虫能发音，俗称蝈蝈，如中华螽蟖(*Tettigonia chinensis*)。

(3)蝼蛄科

触角短于体长；前足开掘足，胫节宽而有4齿，跗节基部有2齿；后足腿节不发达；跗节3-3-3式；听器在前足胫节上。前翅短；后翅长且纵卷，伸出腹末如尾状；雌虫产卵器退化，不外露；尾须长。

咬食植物根部，为重要的地下害虫。生活史长，一般1~3年完成一代。成虫有趋光性，如华北蝼蛄(*Gryllotalpa-unispina*)。

3.4.3.2　半翅目

半翅目重要科有盲蝽科（Miridae）、姬蝽科（Nabidae）、缘蝽科（Coreidae）、蝽科（Pentatomidae）等。

(1)盲蝽科

体小型至中型，触角4节，无单眼，喙4节，前翅分为革片、爪片、楔片及膜质部；膜质区基部翅脉围成2个翅室，为该科的重要特征。卵产于植物组织内；以成虫越冬；多食性，如绿盲蝽(*Lygus lucorum*)。少数为肉食性，如黑肩绿盲蝽(*Cyrtorrhinus lividipennis*)能捕食叶蝉和飞虱卵。

(2)姬蝽科

体浅褐色或深褐色；头细长，前伸；触角4节，喙4节；小盾片小三角形，前胸膜片上有多个翅室；足多刺，跗节3-3-3式。肉食性，捕食蚜虫、叶蝉、飞虱、蓟马等小昆虫，如暗色姬蝽(*Nabis stenoferus*)等。

(3)缘蝽科

体狭长，触角、前胸背板和足常有扩展成叶状突起，尤其是后足胫节更为明显；头小，短于前胸背板，两侧缘平行；触角4节，喙4节；小盾片呈小三角形；雄虫后足胫节常膨大并有锐刺，跗节3-3-3式。多为植食性，吸食植物细嫩组织或果实汁液。少数肉食性。臭腺特别发达，如环胫黑缘蝽(*Hygia touchei*)、瘤缘蝽(*Acanthocoris scaber*)。

(4)蝽科

体绿色或褐色，小至大型；触角5节，少数4节；通常有2个单眼，喙4节；小盾片通常呈大三角形，前翅革片伸达翅的臀缘；跗节3-3-3式；膜区有许多纵脉，多从一基横脉分出。多为植食性，少数为肉食性。若虫具群集习性，臭腺发达，如稻绿蝽(*Nezara viridula*)危害水稻。

3.4.3.3　同翅目

全世界已知同翅目约 3.28 万种，中国已知 1 200 余种。重要科有蚜科（Aphididae）、粉虱科（Aleyrodidae）、绵蚧科（Monophlebidae）、叶蝉科（Cicadellidae）、飞虱科（Delphacidae）等。

（1）蚜科

体小，喙 3~4 节，口针长；有些种类有额瘤；触角 6 节，少数 4~5 节，分基节和鞭节，第 2 节上有圆形或椭圆形感觉孔；腹部第 6 或 7 节两侧前方生有 1 对管状突起，称为腹管；腹末生有 1 个圆形或乳状突起，称为尾片；孤雌生殖，具多型现象，如菜缢管蚜（*Lipaphis erysimi*）、麦长管蚜（*Macrosiphum granarium*）。

（2）粉虱科

体小型，虫体及翅面被有白色蜡粉，翅不透明；触角 7 节；前翅纵脉 1~3 条，后翅纵脉 1 条；跗节 2 节；过渐变态。末龄若虫似蛹状，背面有"T"形蜕裂缝。重要种类有温室白粉虱（*Trialeurodes vaporariorum*）、柑橘粉虱（*Dialeurodes citri*）。

（3）绵蚧科

该科是蚧总科中体形最大的一个科。雌虫体肥大，分节明显，体背有白色卵囊；触角 11 节，雄虫触角 10 节；足发达；前翅膜质，后翅棒翅；腹末有成对突起，如吹绵蚧（*Icerya purchasi*）。

（4）叶蝉科

俗称浮尘子，体小；触角着生于两复眼间或前方；前翅覆翅，后翅膜翅；后足胫节有 1~2 列短刺；产卵器锯状。该科是同翅目中最大的科，有 40 个亚科，如大青叶蝉（*Cicadella viridis*）、黑尾叶蝉（*Nephotettis cincticeps*）。

（5）飞虱科

体小，善跳跃，后足胫节有 1 端距；雌虫产卵器发达，卵产于植物组织内；具多型现象，有长翅型和短翅型；危害禾本科植物，能传播多种植物病毒病。一些种类还具有远距离迁飞习性。重要种类有白背飞虱（*Sogatella furcifera*）、褐飞虱（*Nilaparvata lugens*）。

3.4.3.4　缨翅目

缨翅目通称蓟马。主要为植食性、菌食性种类，少数为捕食性或腐食性。其中，植食性种类通常取食危害植物的花、幼果、芽或嫩梢部位，或形成虫瘿，取食花粉、花蜜或植物汁液。肉食性种类捕食蚜虫、粉虱、介壳虫、蓟马、螨等。有些种类还能传播植物病毒病。

重要科有管蓟马科（Phlaeothripidae）和蓟马科（Thripidae）。

（1）管蓟马科

该科为缨翅目中最大的科。触角 8 节，少数 7 节；腹部第 9 节阔大于长、比末节短，腹部末节管状；翅面无毛；多数为菌食性，少数为植食性。主要种类如稻简管蓟马（*Haplothrips aculeatus*），是水稻上的一种重要害虫。

（2）蓟马科

触角 6~9 节，第 3、4 节上生有数目不等的叉状或锥状感觉器，末节 1~2 节形成端刺。多数为植食性，是农作物、林业、园林园艺植物重要害虫。主要种类有西花蓟马（*Frankliniella occidentalis*）、棕榈蓟马（*Thri pspalmi*）等。西花蓟马能传播番茄斑萎病毒属（*Tospo-*

virus)病毒。

3.4.3.5　鞘翅目

鞘翅目通称甲虫，是昆虫纲中最大的目。分为 4 个亚目，即原鞘亚目(Archostemata)、肉食亚目(Adephaga)、多食亚目(Polyphaga)和菌食亚目(Myxophaga)。主要科有步甲科(Garabidae)、虎甲科(Gicindelidae)、叩头甲科(Elateridae)、吉丁虫科(Buprestidae)、鳃金龟科(Melolonthidae)、丽金龟科(Rutelidae)、天牛科(Cerambycidae)、叶甲科(Chrysomelidae)、豆象科(Bruchidae)、瓢虫科(Coccinellidae)等。鞘翅目跗节类型如图 3-20 所示。

(1)步甲科

体小到中型，体黑色或褐色而有光泽；头小于胸部，前口式；触角 11 节，细长丝状，着生于上颚基部与复眼之间。行动敏捷，常栖息于砖石、落叶下或土中，成虫和幼虫捕食软体昆虫。成虫有趋光性。常见的有中华步甲(*Calosma maderae chinensis*)。

(2)虎甲科

与步行虫相似，但体有金属光泽和斑纹；头下口式，头比胸部宽；触角 11 节，触角间距小于上唇宽度；复眼突出。成虫行动迅速。陆栖，白天活动，如中华虎甲(*Cicindela chinensis*)。

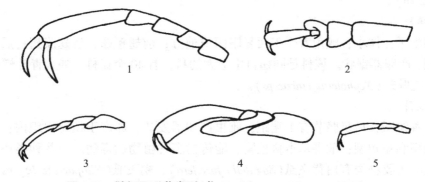

图 3-20　鞘翅目跗节类型(仿 Triplehorn et Johnson, 2005)
1. 5 节类　2. 隐 5 节(伪 4 节)类　3. 4 节类　4. 隐 4 节(伪 3 节)类　5. 3 节类

(3)叩头甲科

体小到中型，体色多为灰、褐、棕等暗色，有些大型种类体色鲜蓝而带有光泽；触角 11~12 节，锯齿状、栉齿状或丝状，形状常因雌雄而异；跗节 5-5-5 式；幼虫叩甲型，幼虫称为金针虫。为重要的地下害虫，如蔗梳爪叩甲(*Melanotus regalis*)。

(4)吉丁虫科

体型与叩头虫相似，但前胸与鞘翅相接处不下凹，前胸背板宽大于长，与中胸密接而无跃起构造；成虫，体常有鲜艳的金属色彩；触角 11 节，多为锯齿状；腹部第 1、2 节腹板愈合；跗节 5-5-5 式，可见腹板 5 节。幼虫俗称串皮虫，生活在树木的形成层中。常见的如柑橘爆皮虫(*Agrilus anriventis*)。

(5)鳃金龟科

体中到大型，椭圆形或略成圆筒形，体色不一；触角 8~10 节，鳃片部 3~7 节，腹末最后两节外露；中足基节相互靠近，后足胫节两端距相互接近；爪对称；幼虫蛴螬型，下口式；跗节 5-5-5 式。植食性，成虫取食植物的叶、花、果，趋光性强。幼虫取食根部，为典型的地下害虫，如华北大黑鳃金龟(*Holotrichia oblita*)、暗黑鳃金龟(*Holotrichia paralle-la*)。

(6)丽金龟科

体中型，触角 10 节，鳃片部 3 节；中足基节相互靠近，后足胫节有两枚端距，但爪不对称；鞘翅有膜质边缘；体色蓝、绿、褐、黄、赤等而带有金属光泽；幼虫蛴螬型，下口式；跗节 5-5-5 式；多食性，其中多为植食性，少数为腐食性。成虫取食植物的叶、花、果，趋光性强。幼虫取食根部，为典型的地下害虫，如铜绿丽金龟(*Anomala corpulenta*)、中华弧丽金龟(*Popillia quadriguttata*)。

(7)天牛科

体长圆筒形，背部略扁；触角特长，常超过体长；各足胫节常具 2 端刺，跗节为隐 5 节，第 4 节小；通常雌虫体较大，雄虫的触角较长；幼虫体粗肥，呈长圆筒形，略扁，除头部和前胸背面骨化较强，颜色较深外，体躯通常呈乳白色。成虫多在白天活动，产卵于树皮缝隙，或咬破植物组织产卵于植物组织内。幼虫钻蛀树木木质部危害。常见种类有桑天牛(*Apriona germari*)、桃红胫天牛(*Aromia bungii*)。

(8)叶甲科

与天牛相似，但触角一般短于体长的一半，触角 11 节，有些为 9 节；体小至中型，椭圆形或圆柱形，成虫常具金属光泽，有"金花虫"之称；跗节隐 5 节；幼虫伪蹠形；成虫和幼虫均为植食性，取食植物的根、茎、叶、花等部位。常见种类有黄曲条跳甲(*Phyllotreta vittata*)、黄守瓜(*Aulacophora femoralis*)。

(9)豆象科

体小，卵圆形；额延长呈短喙状，复眼极大，前缘凹入，包围触角基部；触角锯齿状、梳状或棒状；鞘翅短，腹末露出；后足基节左右靠近，腹部可见 6 节；跗节隐 5 节；成虫有访花习性，危害豆科植物。常见种类有绿豆象(*Callosobruchs chinensis*)、豌豆象(*Bruchus pisorum*)、蚕豆象(*Bruchus quadriaculatus*)。

(10)瓢虫科

体小到中型，体呈半球形或卵圆形，背面拱起，常具有鲜明的色斑；触角一般 11 节，锤状；各跗节为隐 4 节，第 3 节微小，保藏于第 2 节的槽内；第 1 腹板最大，中部向后胸腹板伸展，形成后基节间突起，沿着后基节有两条弧形的后基线，后基线是瓢虫的一个分类特征。幼虫蛞形，腹部末端尖削，有白色蜡粉。分为肉食性和植食性两类，肉食性种类捕食蚜虫、介壳虫、粉虱和螨类。常见的有异色瓢虫(*Leis axyridis*)、七星瓢虫(*Coccinella septempunctata*)。植食性的常见种类有茄二十八星瓢虫(*Henospilachna vigintioctmaculata*)。

3.4.3.6 鳞翅目

鳞翅目是昆虫纲中的第二大目，包括蝶类和蛾类。重要科有卷蛾科(Tortricidae)、螟蛾科(Pyralidae)、夜蛾科(Noctuidae)、灯蛾科(Arctidae)等。

(1)卷蛾科

触角丝状，前翅平放在背上时呈吊钟状。R 脉 5 条，M_2 脉与 M_3 脉靠近，后翅 Sc+R_1 与 Rs 脉不接近(图 3-21)。幼虫细长光滑，前胸气门前毛片上有 3 根毛，臀板下常有臀栉，趾钩单序、双序或三序环状。幼虫卷叶、蛀茎、花、果和种子。重要种类有苹果蠹

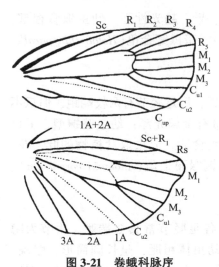

图3-21　卷蛾科脉序

（仿 Triplehorn et Johnson，2005）

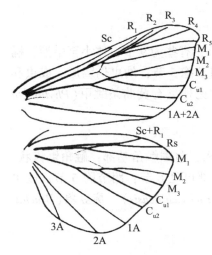

图3-22　螟蛾科脉序

（仿 Triplehorn et Johnson，2005）

蛾（*Cydia pomonella*）、苹果食心虫（*Grapholitha inopinata*）等。

（2）螟蛾科

体细长，下唇须呈喙状向头部前端伸出；R脉5条，R_3脉与R_4脉常共柄，后翅$Sc+R_1$脉有一段在中室外与Rs脉愈合接近（图3-22）。触角丝状。幼虫体细长少毛，前胸气门前毛片上有2根毛，趾钩单序、双序、三序，排列成环状、缺环或二横带。幼虫蛀茎、秆、果和种子。重要种类有水稻二化螟（*Chilo suppressalis*）、三化螟（*Tryporyza incertulas*）。

（3）夜蛾科

夜蛾科是鳞翅目中最大的一个科。体中到大型，粗壮多毛，体色灰暗。前翅R脉5条，R_3脉与R_4脉常于基部共柄，后翅$Sc+R_1$脉有一段在中室外与Rs脉在中室1/4处相接或靠近（图3-23）。触角丝状，少数种类的雄性触角羽状。前翅多具色斑。腹足通常5对，少数种类仅4对或3对。趾钩单序中带式。卵多为圆球形或略扁，散产或成堆产于寄主植物或土面上。成虫具趋光性，多数对糖、酒、醋混合液有趋性。绝大多数幼虫植食性，有的钻入地下咬断植株根茎、幼苗，如地老虎类；有的蛀茎或蛀果，如水稻大螟（*Sesamia inferens*）；有的啃食叶片，如黏虫（*Leucania separata*）等。

（4）灯蛾科

体色鲜艳，通常为红色或黄色，且多具条纹或斑点。前翅M_2与M_3脉靠近，后翅$Sc+R_1$脉在基部愈合几达中室的一半，M_2与M_3脉靠近（图3-23）。成虫触角丝状或羽状。成虫具趋光性，多在夜间活动。卵圆球形，表面有网状花纹。幼虫体具毛瘤，有浓密长毛丛，中胸气门具2~3个毛瘤。趾钩双序环式。以幼虫危害棉花、禾谷类作物、蔬菜和果树等，如红腹灯蛾（*Spilarctia subcarnea*）。

3.4.3.7　膜翅目

膜翅目通称蜂、蚁。重要科有叶蜂科（Tenthredinidae）、姬蜂科（Ichneumonidae）、茧蜂科（Braconidae）、蜜蜂科（Apidae）、蚁科（Formicidae）。

（1）叶蜂科

成虫身体粗短；触角丝状，7~10节；前胸背板后缘深深凹入，前翅有粗短的翅痣，前足胫节有2端距，雌虫有锯状产卵器，卵产于植物组织中。幼虫腹足6~8对。重要种类如小麦叶蜂（*Dolerus tritici*）。

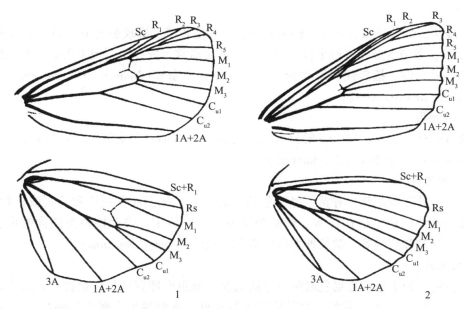

图 3-23　鳞翅目脉序（仿 Triplehorn et Johnson，2005）

1. 灯蛾科　2. 夜蛾科

（2）姫蜂科

体细长，触角丝状，常为 16 节或多于 16 节；转节 2 节；前翅有翅痣，翅端部第 2 列翅室中间一个四角形或五角形小翅室的下面连有 1 条横脉，称为第 2 回脉（图 3-24）。该科是主要的天敌昆虫，主要内寄生于鳞翅目、膜翅目、鞘翅目和双翅目幼虫及蛹。

（3）茧蜂科

小或微小的寄生蜂，体长 2～12 mm，特征与姫蜂相似，但无第 2 回脉与前科区别（图 3-24）。卵产于寄主体内，幼虫内寄生，有多胚生殖现象。幼虫老熟后钻出寄主，在寄主体外结黄色或白色小茧化蛹。

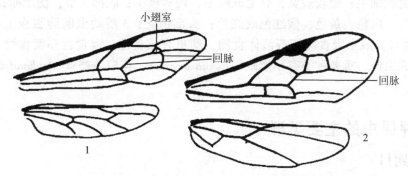

图 3-24　膜翅目翅面（仿 Triplehorn et Johnson，2005）

1. 姫蜂科　2. 茧蜂科

（4）蜜蜂科

多为黑色或褐色，无金属光泽，生有密毛。触角膝状，雄蜂 12 节，雌蜂 12 节；前、中足胫节各有 1 端距；后足携粉足，胫节无距。腹部近椭圆形，体毛较少。成虫和幼虫取食花粉和蜜露。重要种类有中华蜜蜂（*Apis cerana*）、意大利蜜蜂（*Apis mellifera*）。

(5)蚁科

触角膝状，部分雄蚁为丝状，柄节明显长于其他各节；雄蚁触角10～13节，工蚁和后蚁10～12节；跗节5节；有性个体有翅2对，工蚁通常无翅；多型现象明显。有蚁后、雄蚁和工蚁。肉食性、植食性和腐食性。主要种类有小家蚁(*Monomorium pharaonis*)、黄猄蚁(*Oecophylla smaragdina*)。

3.4.3.8　双翅目

双翅目通称蚊、虻、蝇。重要科有食蚜蝇科(Syrphidae)、实蝇科(Tephritidae)、潜蝇科(Agromyzidae)、瘿蚊科(Cecidomyiidae)。

(1)食蚜蝇科

体中型，外形似蜜蜂，有黄、黑两色相间的斑纹。成虫取食花粉和药蜜或植物汁液。腐食性和粪食性幼虫生活在朽木、粪便和腐败动植物体中；肉食性种类捕食蚜虫、介壳虫、粉虱、叶蝉和蓟马等。常见种类有黑带食蚜蝇(*Episyrphus balteatus*)。

(2)实蝇科

体色鲜艳，翅上通常有褐色或黄色雾状斑纹。雌虫产卵管细长。植食性，幼虫均为潜食性，危害植物叶、花、果实，危害果实尤为常见。重要种类有橘大实蝇(*Bactrocera minax*)、橘小实蝇(*Bactrocera dorsalis*)、地中海实蝇(*Ceratitis capitata*)、蜜柑大实蝇(*Bactrocera tsuneonis*)等。

(3)潜蝇科

微小到小型；黑色或黄色；头部有额囊缝，触角芒裸或具刚毛，具口鬃；翅宽，具臀室。大部分以幼虫危害植物的叶或根茎，潜食造成隧道。老熟幼虫在隧道中化蛹或钻出隧道在叶面上化蛹。以蛹在土中越冬。重要种类有美洲斑潜蝇(*Liriomyza sativae*)、南美斑潜蝇(*Liriomyzae huidobrensis*)，是蔬菜和花卉上的重要害虫。

(4)瘿蚊科

成虫体微小，体长1～5 mm；复眼发达，无单眼；触角念珠状或结节状，雄虫触角每节有环生放射状细毛；翅较短宽，有毛或鳞毛，翅脉极少；腹部8节，伪产卵器极长或短；幼虫体纺锤形，白色、黄色、橘红色或红色；头部退化；3龄幼虫前胸腹板上有一个"Y"或"T"形胸骨片。成虫吸食花蜜等液体食物，幼虫有植食性、肉食性和腐食性，植食性幼虫危害常形成虫瘿。重要种类有稻瘿蚊(*Orseoia oryzae*)、花椒波瘿蚊(*Asphondylia zanthoxyli*)。

3.5　草坪昆虫的主要类群

3.5.1　直翅目

直翅目昆虫可分为两大类：螽斯亚目(Ensifera，包括螽斯、蟋蟀及蝼蛄)和蝗亚目(Caelifera，包括蚱蜢、蝗虫及蚤蝼)。全世界已知近3万种，我国已知3 000余种。

体小到大型；口器咀嚼式；复眼发达，单眼0～3个；触角多为丝状；前胸背板发达常向侧下方延伸，呈马鞍形；翅常为2对，前翅狭长，加厚成皮革质，称为覆翅；后翅宽大，膜质，翅脉直，静息时常折叠在前翅之下；前足为步行足或开掘足；后足为跳跃足，善跳跃；腹末具1对尾须，雌虫产卵器多外露。渐变态；卵为圆柱形，略弯曲，单产或块产。

蝗虫产卵于土中，螽斯产卵于植物组织中。若虫与成虫外形和生活习性均相似，均为陆生，其中蝗虫多栖息于在地面，螽斯多栖息于植物上，蝼蛄多栖息于土壤中。食性多为植食性，许多种类是农牧业的重要害虫；少数种类肉食性。很多种类雄虫能发声，如蝈蝈；有的雄虫具好斗习性，如斗蟋。

已报道为害草坪的种类约 37 种，主要有蝗科的东亚飞蝗、意大利蝗、黑腿星翅蝗、亚洲小车蝗、黄(红)胫小车蝗、稻蝗、蚱蜢、负蝗等，蝼蛄科的东方蝼蛄、单刺蝼蛄等，蟋蟀科的油葫芦、蟋蟀、棺头蟀等，以及蚤蝼科、菱蝗科的部分种类。

3.5.2 革翅目

革翅目俗称蠼螋。全世界已知 2 000 多种，我国已知 300 余种。

体小到中型，狭长而扁平，褐至黑色；头前口式，扁宽，能活动；触角丝状；复眼圆形，单眼无；前胸背板发达，近方形或长方形；前翅短小，革质，无翅脉，后端平截；后翅大，膜质，扇形，翅脉辐射状，休息时折叠于前翅下；步行足，跗节 3 节；腹部长，可自由弯曲；尾须坚硬，不分节，钳状，称为尾铗(图 3-25)。渐变态；卵呈卵圆形，若虫与成虫相似，但触角节数少，尾铗简单。多为夜出性，而白天潜伏于土壤中、石块、树皮、垃圾及草丛间。一般为杂食性，取食

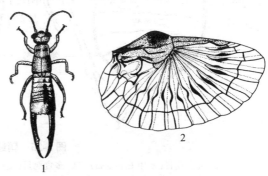

图 3-25 革翅目欧洲蠼螋(仿 周尧，1980)
1. 成虫 2. 展开的后翅

植物花被、嫩叶及动物尸体和腐败植物等。欧洲蠼螋(*Forficula auricularia*)既常见于室内，又可危害草坪。

3.5.3 鞘翅目

鞘翅目属有翅亚纲、全变态类。全世界已知约 33 万种，我国已知约 7 000 种。该目是昆虫纲中乃至动物界种类最多、分布最广的第一大目。

3.5.3.1 主要识别特征

体小到大型，体壁坚硬；头式一般为前口式或下口式，咀嚼式口器，上颚发达；触角多样，是分类的重要特征；复眼发达，圆形、椭圆形或肾形；前胸发达，中胸仅露出三角形小盾片；前翅鞘翅，坚硬，无翅脉，静止时在背中央相遇呈一直线，后翅膜质，通常纵横叠于鞘翅下；跗节 4 或 5 节；腹部一般 10 节，腹板多有愈合或退化现象，无尾须；全变态(图 3-26)。

3.5.3.2 生物学特性

完全变态；幼虫害寡足型或无足型；蛹为离蛹。多为陆生，少数水生。食性较杂。大多植食性，取食植物的不同部位，叶甲吃叶，天牛蛀食木质部，小蠹虫取食形成层，蛴螬(金龟甲幼虫)、金针虫(叩甲幼虫)取食根部，豆象取食豆科种子，许多种类是农作物、果树、森林及园林的重大害虫。部分种类肉食性，如瓢虫捕食蚜、蚧，可用于生物防治。还有部分种类为腐食性、尸食性或粪食性，在自然界物质循环方面起着重要作用。多数甲

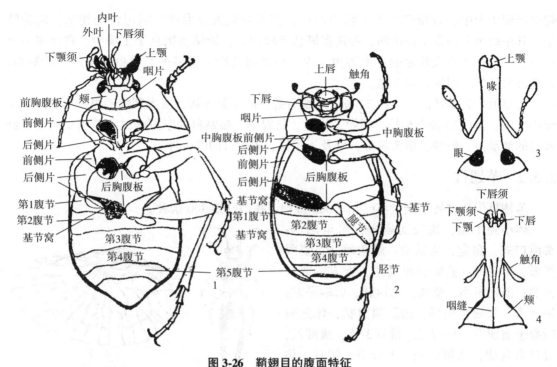

图 3-26　鞘翅目的腹面特征

1. 肉食亚目(步甲 Calosoma)　2. 多食亚目(金龟甲 Phyllophaga)　3、4. 管头亚目(象甲 Pissodes)

虫具假死性,一遇惊扰即足、翅收缩坠地装死,以躲避敌害。

3.5.3.3　鞘翅目的分类

一般根据食性及腹部第 1 节腹板是否为后足基节窝所分开,将鞘翅目分为从肉食亚目、多食亚目和管头亚目 3 个亚目。

草坪害虫主要种类有叩头甲科的沟叩头甲、细胸叩头甲、褐纹叩头甲、宽背叩头甲等;鳃金龟甲科的大黑鳃金龟、暗黑鳃金龟、棕色鳃金龟、黑绒鳃金龟等;丽金龟甲科的铜绿丽金龟、黄褐丽金龟、四斑丽金龟等;叶甲科的黄条跳甲、粟茎跳甲、四斑长附叶甲等;拟步甲科的沙潜、蒙古沙潜等,象甲科的白缘象甲等。

3.5.4　缨翅目

全世界已记录约 6 000 种,我国已知 340 余种。

体微小到小型,细长而略扁;头锥形,下口式;复眼发达,触角短,6~10 节;口器锉吸式,左右不对称,左上颚口针发达,右上颚口针退化;前胸大,可活动;翅 2 对,膜质,狭长,翅脉少或无,边缘有长缨毛,因而称为缨翅;足短小,跗节 1~2 节,末端有 1 能伸缩泡状中垫;腹部圆筒形或纺锤形,尾须无;过渐变态,其特点是 1、2 龄若虫无外生翅芽,翅在内部发育,3 龄突然出现大的翅芽,相对不太活动,为前蛹,4 龄不食不动,进入蛹期。成虫常见于花上。多数种类植食性,危害草坪草和农作物,少数捕食性,可捕食蚜虫、螨类等。草坪害虫主要种类有小麦皮蓟马(*Haplothrips tritici*)、稻蓟马(*Stenchaetothrips biformis*)、烟蓟马(*Thrips tabaci*)等。

思考题

1. 昆虫属于哪类生物？它有哪些特点？昆虫的主要形态特征是什么？

2. 昆虫的眼有几类？各有何特点？

3. 昆虫触角的基本构造是怎样的？它有哪些类型？了解这些类型有何实践意义？

4. 昆虫的口器有哪些主要类型？咀嚼式和刺吸式口器的基本构造是怎样的？口器类型与植物被害状及药剂防治的关系如何？

5. 昆虫的胸足有几对？它有哪些主要类型？

6. 昆虫翅的基本构造是怎样的？它有哪些类型？翅的连锁器有哪几类？

7. 昆虫有哪些主要的生殖方式？它们各有何特点？

8. 昆虫个体发育分为哪两个阶段？胚胎发育可分为哪几个连续的阶段？

9. 什么叫昆虫的变态？其主要类型有哪些？

10. 幼虫期有何特点？全变态类幼虫可分为哪些类型？

11. 何为昆虫的雌雄二型和多型现象？试举例说明。

12. 简述直翅目、缨翅目、半翅目、同翅目、鳞翅目、鞘翅目、膜翅目、双翅目昆虫成虫的主要特征。

草坪常见害虫中英名称对照表

第 4 章

草坪杂草

4.1 草坪杂草生物学和生态学

4.1.1 草坪杂草的定义及杂草的演化

4.1.1.1 杂草的定义

"杂草"不是科学名词，而是一个历史名词和"功利性"名词，它包含着人类对杂草许多人为的主观意识。杂草是伴随着人类而产生的，没有人类，没有人类生产和生活活动，就不能说哪种植物为杂草。因此，杂草的定义都是以植物种植与人类活动或愿望之间的相互关系为根据的，例如，长错地方的植物、不想要的植物、除种植目的植物以外的非目的植物、无应用与观赏价值的植物、干扰人类对土地利用的植物等。这些定义都强调了人类的主观意志和杂草对人类的有害性。

随着对杂草的深入观察和研究，对杂草生物学特性的认识和了解，人们对杂草的定义开始注重杂草本身的特性，强调杂草对人工环境的适应性或危害性两个方面，据此总结归纳出杂草具有"三性"，即杂草的适应性、持续性和危害性，基本上概括出了杂草不同于一般意义上的植物的基本特征。杂草是以种群侵入栽培的、人类频繁干扰或人类占据环境，可能抑制或取代栽培的或生态的或审美的目的原植物种群的植物。

综上所述，杂草是能够在人类试图维持某种植被状态的环境中不断自然延续其种群，并影响这种人工种植植被状态维持的一类植物。简而言之，杂草是能够在人工环境中自然繁衍其种群的植物。

4.1.1.2 杂草的演化

人类发展过程中，一些发生在人类生存和维持生存环境中的植物，对人类的生存质量有负面影响。所以，按其与人类发展关系的性质不同，分为田园杂草、林业杂草、生态杂草、草地杂草、草坪杂草、工业杂草、军事杂草、水域杂草、交通杂草等。这每一类杂草的具体产生历史无法具体定位，但可以想象，随着时间的推移，新类型的杂草还会产生，杂草的范围将会扩大，同时人们对杂草的认识也会进一步发展。

人类的各种活动破坏了原始植被，创造出了人工生境，给这些已存在的杂草提供了广阔的生存空间。人类的活动所产生的选择压力，又进一步影响这些杂草性植物，使其杂草性更趋稳定，其间可能发生的进化方式包括自然杂交、染色体加倍、基因突变、种群基因型和表现型的多样化选择等。杂草种群中，广泛存在着多倍性，如生长在欧洲自然生境中的繁缕为二倍体，而生长在农田中的种群则主要是四倍体。野生亚麻荠演变成为亚麻田中的杂草亚麻荠是人类农业生产活动的选择作用产生杂草的例证。野生亚麻荠的种子要轻于亚麻的种子，而杂草亚麻荠的种子质量与亚麻相仿，是收获亚麻时的风选过程选择了那些种子较重的个体，淘汰了种子较轻的个体，从而野生亚麻荠向种子较重的方向演化，形成了一种杂草——亚麻荠。种子质量的这种变化从植物的进化角度来看并没有增加亚麻荠的适应能力，而是增强了其在田中的延续能力。杂草亚麻荠不同于野生亚麻荠的本质特征是其能保存于亚麻种子中，得以在亚麻田中延续。这充分说明了在人工生境中的持续性是杂草最本质的特性。

4.1.2　草坪杂草的生物学特性与群落

草坪杂草与草坪的长期共生和适应，导致其自身生物学特性上的变异，加之漫长的自然选择，使草坪杂草形成了多种多样的生物学特性。

4.1.2.1　草坪杂草的生物学特性

草坪杂草的生物学特性是指草坪杂草通过对人类生产和生活活动所致的环境条件（人工环境）的长期适应，形成的具有不断延续能力的表现。了解草坪杂草的生物学特性及其规律，就可能了解草坪杂草延续过程中的薄弱环节，对制订科学的草坪杂草治理策略和探索防除技术有重要的理论与实践意义。

（1）草坪杂草形态结构的多型性

在人为的和自然的选择压力下，草坪杂草的形态结构形成了多种多样的适应性方式。

①草坪杂草个体大小变化大　不同种类草坪杂草个体大小差异明显，高的可达 2 m 以上，如假高粱、芦苇等；中等的高约 1 m，如小飞蓬等；矮的仅有几厘米，如鸡眼草、地锦等。同种杂草在不同的生境条件下，个体大小变化也较大。例如，荠菜生长在空旷、土壤肥力充足、水湿光照条件好的地带，株高可达 50 cm 以上；相反，生长在贫瘠、干旱的裸地上的荠菜，其高度仅在 10 cm 以内。又如，漆姑草生长在具稀疏阳光和湿度较好的半裸地带，其枝叶舒展、个体较高；而分布在草坪植物丛中或砖石缝隙中，则枝节较短、叶片小，甚至开花习性也明显不同。

②根茎叶形态特征多变化　草坪杂草的根大约有十几种类型，其中大多是须根系，其须根茂密，根系发达；草坪杂草须根系呈放射状分布，可从远处吸收养分，对土表的占有率大。也有直根系，其主根强壮，根毛密生，能深入很深的土层中汲取水分和营养，甚至能避开除草剂的药土层。

草坪杂草的茎主要有 3 种：根茎、生殖茎和匍匐茎。根茎主要根生组织区，进行营养生长，其上部分主要由叶片构成。当进入生殖生长期时，植株可产生生殖茎，在枝条顶部着生花序和种子。还有些草坪杂草有匍匐茎和根茎，这些茎由母株根茎发出并沿地表水平生长，在水平枝条的节间着生直立枝条和根系。如钝叶草、野牛草、粗茎早熟禾为匍匐茎型草种。狗牙根和结缕草能同时以根茎和匍匐茎扩展。

除此之外，生长环境对草坪杂草根、茎、叶的发生也有一定影响。生长在阳光充沛地带的草坪杂草，如马齿苋、反枝苋、土荆芥等多数草坪杂草茎秆粗壮、叶片厚实、根系发达，具较强的耐旱耐热能力。相反，生长在阴湿地带的草坪杂草，其茎秆细弱，叶片宽而薄、根系不发达。当生境互换时，后者的适应能力明显下降。

③组织结构随生态习性变化　生长在水湿环境中的杂草通气组织发达，而机械组织薄弱，如水生杂草萤蔺、野荸荠、水花生等。生长在陆地温度低的地段的草坪杂草则通气组

织不发达，而机械组织、薄壁组织都很发达，如狗尾草、牛筋草等。同一杂草如鳢肠等，生活在水湿环境中，其茎中通气组织发达，茎秆中空，而生长在干旱环境下的鳢肠则茎秆多数实心、薄壁组织发达、细胞含水量高。

(2)草坪杂草生活史的多型性

一般较早发生的草坪杂草生育期较长，晚发生的较短，但同类草坪杂草成熟期则差不多。根据草坪杂草当年一次开花结实成熟，隔一年开花结实成熟和多年多次开花结实成熟的习性，可将草坪杂草的生活史分为一年生类型、二年生类型和多年生类型。但是，不同类型之间在一定条件下可以相互转变。在南方多年生的蓖麻发生于北方，则变为一年生的杂草。当一年生或二年生的野塘蒿不断刈割后，即变为多年生杂草。草坪上的短叶马唐是一年生杂草，不断地修剪也可使其变为多年生。这也反映出草坪杂草本身不断繁衍持续的特性。

(3)草坪杂草营养方式的多样性

草坪杂草的营养方式是多样的。绝大多数草坪杂草是光合自养性的，但也有不少草坪杂草属于寄生性的。寄生性杂草分全寄生和半寄生两类。寄生性杂草在其种子发芽以后，经历一定时期的生长，必须依赖于寄主提供足够有效的养分才能完成生活史全过程。例如，全寄生性杂草菟丝子类是大豆等植物的茎寄生性杂草；列当是一类根寄生性杂草，主要寄生和危害瓜类、向日葵等作物。半寄生性杂草如桑寄生和寄生等，寄生于桑等木本植物的枝干上，依赖寄主提供水和无机盐，自身进行光合作用。

(4)草坪杂草适应环境能力强

①抗逆性强　草坪杂草具有较强的生态适应性和抗逆性，表现在对盐碱、人工干扰、旱涝、极端较高或低气温等有很强的耐受能力。有些草坪杂草个体小，生长快，生命周期短，群体不稳定，一年一更新，繁殖快，结实率高，如繁缕、反枝苋等一年生杂草。有些草坪杂草个体大，竞争力强，生命周期长，在一个生命周期内可多次重复生殖，群体饱和稳定，如狗牙根等多年生杂草。有些草坪杂草，如藜、芦苇、扁秆藨草和眼子菜等都有不同程度耐受盐碱的能力。马唐在湿润和干旱环境土壤中都能良好地生长。野胡萝卜作为二年生杂草，在营养体被啃食或被刈割的情况下，可以保持营养生长数年，直至开花结果为止，野塘蒿也具有类似的特性。天名精、黄花蒿等会散发特殊气味，避免禽畜和昆虫的啃食。

②可塑性大　由于长期对自然环境的适应和进化，植物在不同生长环境下对其个体大小、数量和生长量的自我调节能力称为可塑性。可塑性强的杂草在多变的人工环境条件下，如在密度较低的情况下能通过个体结实量的提高来产生足量的种子；或在极端不利的环境条件下，缩减个体并减少物质的消耗，保证种子的形成，以延续其后代。藜和反枝苋的株高可低至5 cm或高至300 cm，结实数可少至5粒或多至百万粒。当土壤中杂草结实量很大时，其发芽率会大大降低，以避免由于群体过大而导致个体死亡率的增加。

③生长势强　杂草中的C_4植物比例明显较高，全世界18种恶性杂草中，C_4植物有14种，占78%。C_4植物由于光能利用率高，蒸腾系数低，净光合速率高，因而能充分利用光能、CO_2和水进行有机物的生产。如草坪中的马唐、狗尾草、反枝苋、马齿苋等。还有许多杂草能以其地下根、茎的变态器官避开恶劣环境，繁衍扩张，当其地上部分受伤或地下部分被切断后，能迅速恢复生长并进行传播繁殖。刺儿菜是一种多年生耐旱耐盐碱的

杂草，其地下根状茎入土较深，地下分枝很多，贮藏有大量水分，枝芽发达，每个芽都能发育成新的植株。在一个生长季节内，刺儿菜的地下根状茎能向外蔓延达 3 m 以上。狗牙根等的地下根状茎则更加发达。

④杂合性　由于草坪杂草群落的混杂性、种内异花受粉、基因重组、基因突变和染色体数目的变异性，一般草坪杂草基因型都是杂合性，这是草坪杂草具有较强适应性的重要因素。杂合性增加了草坪杂草的变异性，从而大幅增强抗逆性，特别是遭遇恶劣环境条件如低温、旱涝，以及使用除草剂防治草坪杂草时，可以避免整个种群的覆灭，使种群得以延续。

(5)草坪杂草繁衍滋生的复杂性与强势性

①惊人的多实性　草坪杂草与栽培作物相比，具有更惊人的结实力，一株草坪杂草往往能结成千上万甚至数十万粒细小的种子。据报道，稗草平均每株能产生 7 160 粒种子，皱叶酸模每株产生的种子数为 5 000 粒。这种大量结实的能力，是草坪杂草在长期竞争中处于优势的重要原因。

②繁殖方式的多样性　草坪杂草营养繁殖是指草坪杂草以其营养器官根、茎、叶或其一部分进行传播和繁衍的方式。尤其是多年生杂草，具有很强的营养繁殖和再生能力。例如，狗牙根的地下茎，每一节都可发芽、生根并向四方伸展，据统计，在 666.67 m^2 土地中其根茎的总长可达 60 km，有近 30 万个芽。香附子的地下器官包括贮藏养分的块茎和向四面扩张的地下匍匐茎，新芽出土形成新的植株时，它的下端又渐渐形成新的块茎，从块茎上又发出匍匐茎，以致在地面上成片发生。草坪杂草的营养繁殖特性使其保持了亲代或母体的遗传特性，生长势、抗逆性、适应性都很强，具有这种特性的草坪杂草给防除造成了极大困难。迄今为止，人们还没有找到一种行之有效的控制或清除这类草坪杂草的方法。

很多多年生杂草的根茎和块茎的再生能力很强。白茅的根茎挖出风干后，再埋入土中仍能发芽生长。10 cm 长的蒲公英直根，埋在 5~20 cm 的土层中，成活率高达 80%。人工拔出的稗草，只要有一定的水分，节上不定根就能继续生长。

③传播途径的多样性　草坪杂草的种子或果实有容易脱落的特性。有些草坪杂草具有适应于散布的结构或附属物，借助外力可以向远处传播，分布很广。例如，酢浆草、野老鹳草的蒴果在开裂时，会将其中的种子弹射散布；野燕麦的膝曲芒能感应空气中的湿度而变化曲张，驱动种子运动，从而在麦堆中均匀散布；十字花科的荠菜、石竹科的麦瓶草和玄参科的婆婆纳等，其种子可借果皮分裂而脱落散布；菊科杂草的种子上有冠毛，可随风飘扬；牛毛草、水苋菜等种子小而轻，可随水漂流；苍耳等杂草果实有刺毛，可附着于其他物体上传播。草坪杂草种子的人为传播和扩散在上述传播扩散(尤其是远距离传播和扩散)途径中，影响最大、造成危害最重，应该引起高度重视。

④强大的生命力　许多草坪杂草种子埋藏于土壤中，多年后仍能保持生命力。例如，荠菜种子在土壤中可存活 6 年，马齿苋种子在土壤中可存活 40 年，藜等植物的种子最长可在土壤中存活 1 700 年之久，繁缕种子可存活 622 年，野燕麦、早熟禾和泽漆等的种子可存活数十年。在一般情况下，杂草籽实皮越厚越硬、透水性越差，其寿命越长，有些草坪杂草种子如稗、马齿苋等，通过牲畜的消化道被排出后，仍然有一部分可以发芽。例如，牛粪中的稗草种子有 62% 能发芽，猪粪中有 5% 能够发芽。稗草种子在 40℃ 高温的厩肥中，可保持生活力 1 个月。一般杂草种子在未经腐熟的肥堆里不会丧失其发芽力。

⑤参差不齐的成熟期　草坪杂草种子的成熟期通常比栽培作物早，成熟期也不一致。草坪杂草种子有即成熟即脱落散布田间的习性，从而增加了草坪杂草对土壤的感染，致使一年可繁殖几代。如荠菜、藜及打碗花等，即使其种子没有成熟，也可萌发长成幼苗。草坪杂草的种子多有后熟特性，正在开花的草坪杂草被拔除后，其植株上的种子仍能继续成熟。由于成熟期不一致，翌年草坪杂草的萌发时间也不整齐，这也为清除杂草带来了困难。此外，草坪杂草种子基因型的多样性，对逆境的适应性差异，种子休眠程度以及田间水分、湿度、温度、光照条件的差异和对萌发条件要求不同等，都是使田间杂草出草不齐的重要因素。

4.1.2.2　草坪杂草群落

草坪杂草群落是在一定环境因素的综合影响下，构成一定草坪杂草种群的有机组合。这种在特定环境条件下重复出现的草坪杂草基因组合，就是草坪杂草群落。

(1)草坪杂草群落与环境因子间的关系

草坪杂草群落的形成、结构、组成、分布直接受草坪生态环境因子的制约和影响。了解草坪杂草群落的内在关系，可为草坪杂草的生态防除提供理论依据。

①土壤类型　亚热带地区的土壤，常是看麦娘发生的主要土壤。与亚热带相对应的旱地土壤，如黄泥土、马肝土则以猪殃殃和野燕麦为优势种。灰潮土以苍耳和波斯婆婆纳为优势种。

②地形、地貌　在同一块田里，低洼处看麦娘多，少或无猪殃殃；高处则猪殃殃多，看麦娘数量少。例如，在安徽南部岩寺调查的农田中，杂草与山地和谷田地形的关系为：山顶和半山坡多为野燕麦，猪殃殃为优势种的杂草群落；山脚缓地为看麦娘、雀舌草、稻槎菜等组成的杂草群落；山谷洼地为看麦娘、蔺草、牛繁缕、海滨酸模组成的杂草群落；湖滩地地势低洼，积水处则为蔺草、牛繁缕和海滨酸模组成的杂草群落。

③土壤肥力　土壤氮含量高时，马齿苋、刺苋和藜等喜氮杂草生长茂盛。当土壤缺磷时，反枝苋则从群落中消失。

④季节　季节不同，气候条件如气温、降雨、光照等都不同，因而显著影响杂草群落的发生。同是水稻，双晚季稻田则稗草苗较少，而早稻、中稻、单季晚稻田则稗草为发生量最大的杂草。这是因为早稻、中稻等的生长季节与稗草的萌发生长正好相一致，而双季晚稻栽插时，在早稻田中成熟的稗草籽实正处于休眠中。

⑤土壤酸碱度　在 pH 值高的盐碱地中，多会有藜、小藜、眼子菜、扁秆藨草、硬草发生和危害。蓼等需要 pH 值较低的土壤。

⑥栽培植物　栽培植物与草坪杂草相互竞争，随着草坪杂草群落的发展，则草坪生长量减少。不同的栽培作物有不同的伴生杂草，这是因为某些草坪杂草与某类栽培作物的形态、生长习性和对环境需要都十分相似，因而，水稻种中常混杂有稗草籽实，小麦有野燕麦伴生。

(2)草坪杂草群落的演替

草坪杂草群落和植物群落一样，在草坪管理措施和环境条件变化的情况下进行演替，也就是一个杂草群落为另一个杂草群落所取代的过程。在自然界，植物群落演替是非常缓慢的过程，但在人工环境下，杂草群落演替由于频繁的管理活动而变得较为迅速。例如，农田杂草群落演替的动力即是农业耕作活动及农业生产措施的应用，通常其演替的趋势总是与农作物生长周期相一致的。多年生草坪中的杂草群落是朝着多年生杂草的方向发展。

4.2　草坪杂草的发生、分布与危害

4.2.1　草坪杂草的发生与危害

4.2.1.1　草坪杂草的发生

我国的草坪绝大多数分布于经济发达的大中型城市区和体育运动兴盛的地区。随着草坪面积的增加以及对杂草防除在养护中的地位和重要性的认识，各地相继开展了草坪杂草的普查工作。从调查结果来看，由于我国的草坪养护总体上较为粗放，因此杂草不仅数量多，而且危害也较为严重。同时，由于在防除草坪时大多采取人工拔草，往往是除"表"不治"根"，所以多年生杂草的危害正呈逐年上升趋势。

我国地域广阔，气候条件、土壤条件和植被类型多样，草坪中发杂草种类繁多。据调查，草坪杂草有近 450 种，分别属于 45 科 127 属。其中，菊科 47 种，唇形科 28 种，豆科27 种，蓼科 27 种，十字花科 25 种，藜科 18 种，玄参科 18 种，禾本科 17 种，莎草科16 种，毛茛科 15 种，石竹科 14 种，蔷薇科 13 种，伞形科 12 种，茄科 11 种，大戟科11 种，百合科 8 种，罂粟科 7 种，龙胆科 7 种，主要杂草有 60 种。

以草坪杂草的发生频率高低为参考依据，以长江为界，我国草坪杂草存在明显的南北之分(表 4-1)。

表 4-1　中国南、北方草坪杂草分布种类

地理区段	杂草
长江以北	本氏蓼、荞麦蔓、刺藜、离子草、藜藜、猫眼草、沙引草、大剌儿菜、头状穗莎草、褐穗莎草、稗、芦苇、野燕麦、金狗尾草、绿狗尾草、小画眉草、毒麦、白茅、虎尾草、节节菜、苍耳、蒲公英、大蓟、小蓟、飞廉、苦苣菜、苣荬菜、苦菜、黄花蒿、旋覆花、牛蒡、猪毛菜、碱茅、地肤、藜、灰绿藜、独行菜、荠菜、播娘蒿、遏蓝菜、天蓝苜蓿、香薷、益母草、田旋花、打碗花、菟丝子、藜藜、萹蓄、皱叶酸模、红蓼、马齿苋、反枝苋、车前、龙葵、向日葵、列当、问荆、泽漆、光叶眼子菜、轮藻
长江以南	鱼腥草、三白草、腋花蓼、羊蹄、土荆芥、莲子草、漆枯草、石龙芮、黄花菜、铜锤草、飞扬草、斑地锦、千根草、叶下珠、水马齿、地桃花、地耳草、沟繁缕、圆叶节节草、节节菜、小苋菜、细花丁番蓼、草龙、水龙、天胡荽、积雪草、野胡萝卜、虻眼、丹草、长果目草、泥花草、野甘草、波斯婆婆纳、狸藻、水蓑衣、香丝草、白花蛇舌草、半边莲、兰花参、一点红、软骨草、李氏禾、水筛、小车前、龙爪茅、乱草、牛虱草、鼠尾粟、铺地黍、两耳草、双穗雀稗、圆果雀稗、竹节草、毛鳞球柱草、多枝扁莎草、水蜈蚣、赛谷精草、鸭跖草、水蕨

我国南方草坪分布的主要杂草有：蒲公英、小蓬草(*Erigeron canadensis*)、鳢肠(*Eclipta prostrata*)、黄花蒿(*Artemisia annua*)、艾(*Artemisia argyi*)、一枝黄花(*Solidago decurrens*)、马唐、野古草(*Arundinella hirta*)、早熟禾、鹅观草(*Elymus kamoji*)、狗尾草、狗牙根、白茅、拂子茅(*Calamagrostis epigeios*)、雁茅(*Dimeria ornithopoda*)、芦苇(*Phragmites australis*)、看麦娘(*Alopecurus aequalis*)、双穗雀稗(*Paspalum distichum*)、千金子(*Leptochloa chinensis*)、牛筋草、毒麦(*Lolium temulentum*)、异型莎草(*Cyperus difformis*)、碎米莎草(*Cyperus iria*)、香附子、短叶水蜈蚣、酸模(*Rumex acetosa*)、水蓼(*Polygonum hydropiper*)、簇生卷耳(*Cerastium caespitosum*)、打碗花(*Calystegia hederacea*)、白头翁(*Pulsatilla chinensis*)、酢浆草、红花酢浆草(*Oxalis corymbosa*)、曼陀罗(*Datura stramonium*)、原拉拉藤(*Galium aparine*)、南苜蓿(*Medicago polymorpha*)、救荒野豌豆(*Vicia sativa*)、龙葵(*Solanum nigrum*)、天胡荽、喜旱莲子草(*Alternanthera philoxeroides*)、荠(*Capsella bursa-pastoris*)、繁缕(*Stellaria media*)、婆婆纳(*Veronica polita*)以及一些灌木类、苔藓类、竹类等。

我国北方草坪分布的主要杂草有：蒲公英、小蓬草、黄花蒿、刺儿菜(*Cirsium arvense* var. *integrifolium*)、鳢肠、泥胡菜(*Hemistpta lyrata*)、旋覆花(*Inula japonica*)、中华苦荬菜(*Ixeris chinensis*)、苦苣菜(*Sonchus oleraceus*)、马兰(*Aster indicus*)、止血马唐(*Digitaria ischaemum*)、稗、大臭草(*Melica turczaninowiana*)、画眉草(*Eragrostis pilosa*)、白茅、狗尾草、虎尾草(*Chloris virgata*)、早熟禾、牛筋草、莎草、草木樨(*Melilotus suaveolwna*)、铁苋菜(*Acalypha australis*)、地锦(*Euphorbia humifusa*)、附地菜(*Trigonotis peduncularis*)、水蓼、萹蓄(*Polygonum aviculare*)、酸模、藜(*Chenopodium album*)、猪毛菜(*Kali collinum*)、反枝苋(*Amaranthus retroflexus*)、独行菜(*Lepidium apetalum*)、播娘蒿(*Descurainia sophia*)、荠、风花菜(*Rorippa globosa*)、风轮菜(*Clinopodium chinense*)、朝天委陵菜(*Potentilla supina*)、田旋花(*Convolvulus arvensis*)、打碗花、圆叶牵牛(*Ipomoea purpurea*)、夏至草(*Lagopsis supina*)、龙葵(*Solanum nigrum*)、车前、地黄(*Rehmannia glutinosa*)、葎草(*Humulus scandens*)、萝藦(*Cynanchum rostellatum*)、茜草(*Rubia cordifolia*)、酢浆草、繁缕、有芒鸭嘴草(*Ischaemum aristatum*)等。

根据草坪杂草的出现频率、发生数量、覆盖度和危害性等指标，确定牛筋草(*Eleusine indica*)、马唐(*Digitaria sanguinalis*)、狗尾草(*Setaria viridis*)、香附子(*Cyperus rotundus*)4种杂草为我国草坪重要杂草；短叶水蜈蚣(*Kylliinga brevifolia*)、狗牙根(*Cynodon dactylon*)、早熟禾(*Poa annua*)、空心莲子草(*Alternanthera philoxeroides*)、天胡荽(*Hydrocotyle sibthorpioides*)、酢浆草(*Oxalis corniculata*)、车前(*Plantago asiatica*)、蒲公英(*Taraxacum mongolicum*)、稗(*Echinochloa crus-galli*)、白茅(*Imperata cylindrica*)10种杂草为我国草坪主要杂草。

有些草坪杂草在国内的发生存在明显的地域性(表4-2)，例如，葎草在青海看不到，扛板归在中南部普遍存在，黄花菜在湛江和海南分布多，地桃花在广东有分布。除了表4-2所列个别杂草外，大多数草坪杂草的分布比较广。

4.2.1.2　草坪杂草的危害

杂草与草坪比较，其生存优势强，如果人类不加干涉，草坪的生存将受到威胁。杂草

表4-2　部分草坪杂草的分布

杂草	发生区域	杂草	发生区域	杂草	发生区域
黄花菜	湛江和海南	萤蔺	除内蒙古、甘肃、西藏外	酸模叶蓼	北部
地锦	除广东、广西外	针蔺	除青海、新疆、甘肃外	水蓼	中南部
地桃花	广东	毛鳞球柱草	广东	两栖蓼	中北部、云南
车前	水乡	西伯利亚蓼	北方和西南	猪毛菜	华北、东北、西北、西南
黄花蒿	北方	葎草	除青海、新疆外	刺苋	华南
茵陈蒿	南部	萹蓄	东北和华北最普遍	粟米草	东部
棒头草	除东北、西北外	扛板归	中南部普遍	王不留行	除华南外
柳叶箬	除东北外	红蓼	中部、北部		

对草坪的影响，轻者造成草坪生长不良，严重的可使草坪被"吃光"。杂草对草坪的危害主要有以下几个方面。

(1)影响人的健康及安全

草坪是人们休闲和娱乐的地方，草坪中一旦有杂草侵入，尤其是有毒杂草，将威胁到人的安全，造成外伤和诱发病害。有些草坪杂草有毒，如打碗花、白头翁、酢浆草、曼陀罗、原拉拉藤、救荒野豌豆、龙葵、毒麦等杂草，其种子、液汁或者气味含有有毒成分，一旦人接触后，即会威胁到人的安全。有些草坪杂草虽然无毒，但其植物体表的芒、叶、茎、分枝等器官，对人具有物理伤害作用，也会威胁人安全。例如，黄茅(*Heteropogon contortus*)、狗尾草的芒能钻入人皮下组织，引起皮下组织损伤、发红、瘙痒；白茅和针茅(*Stipa capillata*)的基盘，犹如钢针，对在草坪中劳作者威胁更大。有些草坪杂草的花粉和针刺甚至能让人致病，例如，豚草(*Ambrosia artemisiifolia*)等风媒性草坪杂草会产生并散发大量致敏性花粉，悬浮于空中，过敏体质的人吸入就会诱发"枯草热"病，导致呼吸器官过敏，最后哮喘发作；狭叶荨麻(*Urtica angustifolia*)表面的蜇毛，一旦人体裸露部位碰到后，疼痛持续 10 h 以上，有些人还会引发皮肤荨麻疹。

(2)破坏草坪景观

漂亮的草坪给人以惬意，乱草丛生的草坪直接或间接影响游人在其中的活动。草坪中若杂草丛生，一方面破坏了草坪环境美观，影响游人情趣；另一方面引起草坪退化。如某些阔叶杂草，由于外形和禾草差距很大，在草坪中十分明显，宽大的叶片破坏了草坪的均一性和整齐美观的外表；某些禾草叶质粗糙，形成色泽不艳的浓密草丛，降低了草坪的质量，减弱了草坪的美感。再如，尖裂假还阳参(*Crepidiastrum sonchifolium*)，一旦侵入草坪，1~2 年就能遍布整个绿地，春季萌发最早的草中，苦菜类草的生长高度和空间占据力皆强，草坪返青后，它提早进入开花阶段，此时，草坪成为"野地"。

(3)影响草坪生长

杂草通过物理干扰或化学作用，影响草坪生长。

杂草对草坪的物理干扰主要体现在对环境中空间、水分、阳光、营养的绝对占有率。空间指地上和地下空间。杂草完成物理干扰的具体行为包括分布广泛、出土时间适当、植株形态霸道或利于隐蔽、生长速率自我调节和掌握机会能力强、吸收力强、地上地下空间占有优势、部分 C_4 结构等方面。如尖裂假还阳参、荠、独行菜、卷耳(*Cerastium arvense*)、皱叶酸模、粗毛碎米荠(*Cardamine hirsuta*)等杂草，早春出苗快于草坪草，等草坪返青后，杂草在高度上已经领先，草坪草对生长空间占据处于劣势。牛筋草、狗尾草等杂草的根系分布在浅层土壤中，截留水分和养分。独行菜、刺儿菜等杂草的根在土层中扎的比草坪深。喜旱莲子草、紫花地丁(*Viola philippica*)、蒲公英等杂草的地上部分几乎平铺生长，它们排挤和遮蔽草坪草，影响草坪生长。稗、牛筋草等杂草的分蘖能力和平铺生长习性，快速侵占草坪面积。阔叶和禾本科杂草的这种生长状况，对草坪的生长构成极大的威胁。杂草生长比草坪草快，其中部分原因是杂草中存在一定量的 C_4 结构的种类。据报道，25 万种植物中，C_4 结构的杂草不足 1 000 种。世界田园 2 000 种杂草中，有 140 多种杂草具有 C_4 结构；世界 18 种恶性杂草中，14 种为 C_4 结构，如香附子、升马唐(*Digitaria ciliaris*)、光头稗(*Echinochloa colona*)、牛筋草、地肤(*Bassia scoparia*)、马齿苋(*Portulaca oleracea*)、猪毛菜(*Kali collinum*)等。

杂草对草坪的化学作用主要是通过杂草产生的化学物质，抑制或杀死草坪生长，即化学他感作用。萹蓄、马唐、牛筋草、白茅、车前、紫花地丁等杂草都有化学干扰作用，这些杂草一旦发生，在 2~5 年内会逐渐替换草坪。萹蓄杂草的根系能分泌一些物质，影响草坪的生长，导致草坪极度退化。每年的春季，草坪就不是草坪，几乎成为野地。蒲公英、紫花地丁、车前等杂草，在草坪中形成小区域，远处看像一个小山，破坏草坪的统一性，2~3 年内，挤走草坪，成为杂草群落，破坏草坪的整齐度。公园杂草、居住区杂草以及曼陀罗、藜、反枝苋、禾本科杂草等最为常见，其发生与水分关系密切，它们在雨季的生长速度快，一旦侵入草坪，遇上雨季，生长的速度快至能覆盖地面上的草坪。

(4)病虫鼠的寄宿地

草坪杂草的地上部分是一些病虫的寄宿地，它们利用杂草越冬、繁殖，草坪生长季节的感染，导致草坪生长缓慢或死亡。夏至草、播娘蒿的花期，植物体挥发出一些气味，吸引飞虫，包括蚊子，给管理草坪和在草坪休闲的人们带来不便。草坪中常发生的病菌，几乎都能在禾本科杂草上寄存，尤其是越年生杂草，如看麦娘、棒头草(*Polypogon fugax*)等。杂草本身对菌物的抵抗力非常强，但它生长的形态，利于病菌在草坪中传播，所以说，如果一年生杂草发生严重，一旦对传染病虫管理不及时，草坪就有在短时间内毁灭的可能性。

杂草群落给草坪的病、虫害提供了栖息场所，使环境中的病和虫的种群数量保持在较高的水平。杂草给病、虫带来的生存便利，使得病、虫长期在草坪上潜伏。草坪病害对草坪是一大危害，病害一旦发生，会使成片的草坪死亡。刺儿菜、苦苣菜、车前、小藜是棉蚜和地老虎的越冬寄主，牛筋草、看麦娘、假稻(*Leersia japonica*)是飞虱的中间宿主，铺地黍(*Panicum repens*)是黏虫的寄主，狗尾草是禾本科草坪细菌性褐斑病的中间寄主。

草坪周边丛生的杂草(如白茅、独行菜)，也是老鼠、昆虫和病菌的寄宿地。小藜、绿穗苋(*Amaranthus hybridus*)等杂草自然形成的合理群落，高低、细密配置，利于鼠的生存和活动。依靠杂草存活的病、虫、鼠，直接或间接影响人在绿地中的活动。

4.2.2　草坪杂草的发生规律

通常情况下，草坪杂草的发生在一年内有两个高峰期，即 3~5 月为春夏季杂草发生高峰期，9~12 月为秋冬季杂草发生高峰期。7~8 月的盛夏和 12 月至翌年 2 月的严冬，基本不发生。春季发生的杂草其危害高峰一般出现在每年的 5~7 月，此时防除的重点是禾本科杂草。秋季发生的杂草其危害高峰一船出现在每年的 11 月至翌年的 2 月，此时防除的重点是阔叶杂草。据上海地区调查，春夏发生的杂草种类占全年草坪杂草总数的 48.4%，主要杂草有马唐、稗、牛筋草、喜旱莲子草、狗牙根、双穗雀稗(*Paspalum distichum*)、香附子等；秋冬发生的杂草种类主要有早熟禾、簇生泉卷耳、婆婆纳、阿拉伯婆婆纳(*Veronica persica*)、一年蓬(*Erigeron annuus*)、小蓬草、蔊菜(*Rorippa indica*)等，占全年草坪杂草总数的 51.6%。也有研究表明，北京市草坪杂草发生的高峰期有所不同，4 月上旬至 5 月上旬为第一个发生高峰期，以尖裂假还阳参、茅、蒲公英为主；5 月下旬至 6 月下旬为第二个发生高峰期，以狗尾草、马唐、萹蓄、旋覆花、紫花地丁、黄花蒿为主。

草坪杂草的发生类型具体可归纳为以下 4 种。

①早春发生型　每年 2 月下旬或 3 月上旬开始发生，3 月中下旬达高峰。例如，春蓼(*Persicaria maculosa*)、葎草(*Humulus scandens*)、萹蓄、藜等杂草均属于这一类型。

②春夏发生型　每年 3 月中下旬至 4 月底、5 月初开始发生，6 月中下旬达高峰。例如，稗、狗尾草、马唐、牛筋草、千金子、马齿苋、喜旱莲子草、香附子、水蜈蚣(*Kyllinga polyphylla*)等杂草均属于这一类型。

③秋冬发生型　每年 8 月底或 9 月初开始发生，11 月达高峰，12 月至翌年 2 月很少发生。例如，看麦娘、日本看麦娘、鹅肠菜(*Stellaria aquatica*)、繁缕、婆婆纳、原拉拉藤、救荒野豌豆、早熟禾、蔊菜、一年蓬、小蓬草等均属于这一类型。

④春秋发生型　这类杂草除了在 12 月至翌年 2 月的严寒期以及 7 月酷暑期很少发生外，其余各月一般都有发生，所以也可称为四季发生型。其中，以春秋两季发生量最大。例如，小藜、灰绿藜(*Oxybasis glauca*)、荠等均属于这一类型。

4.2.3　草坪杂草的发生及其危害特点

杂草作为草坪的伴生植物，其发生和危害程度取决于环境因素综合作用的结果，主要表现在以下 7 个方面。

(1)地理位置

我国草坪杂草从南到北由于气温、降水量的显著不同，呈现出十分明显的纬向分布特点。调查结果表明，海南省地处热带，气温高、降水量多，杂草种类多达 119 种，鲫鱼草(*Eragrostis tenella*)、三点金(*Grona triflora*)、叶下珠(*Phyllanthus urinaria*)、脉耳草(*Hedyotis vestita*)等热带杂草危害严重，但没有看麦娘、鹅肠菜等冬季杂草。上海地处亚热带北部，四季分明，年降水量达 1 000 mm 以上，加之劳动力缺乏，杂草种类有 123 种，喜暖湿杂草狗牙根、喜旱莲子草、香附子、双穗雀稗、马唐等危害严重。暖温带的北京地区，年平均气温 11.6℃，年降水量 780 mm 左右，狗牙根、喜旱莲子草、香附子虽有分布，但不构成危害；取而代之的是牛筋草、狗尾草、马唐、旋覆花、车前、紫花地丁等杂草危害严重。

(2)养护水平

就同一地区而言，草坪养护水平的优劣，是草坪杂草发生及危害程度轻重的主要原因。养护水平高的高尔夫球场或城市标志性绿地，草坪生长茂盛，杂草种类少，危害轻；相反，养护水平低的公路、新建居民小区草坪，由于疏于管理导致杂草丛生，甚至造成草坪的覆没。调查结果显示，不同功能的草坪其杂草的发生和危害程度，由轻到重有下列趋势：高尔夫球场(包括运动场)<大型公共绿地<公园绿地<草坪基地<新村绿地<公路绿地。

(3)种植方式

种植方式也是影响草坪杂草发生及其危害程度轻重的因素之一。目前，草坪的种植方式主要有直播法和营养繁殖法两种。直播法草坪除出苗期杂草发生和危害较重外，生长期与铺植草坪无明显差异，在铺植草坪时，往往在草皮块之间留有一定的间隙，这使草坪有了一个较为有利的生长空间，杂草的发生和危害就明显重于草皮块之间相互衔接的铺植草坪。另外，草坪赖以生存的土壤质地及含杂草种子数量的多寡，也直接影响成坪草坪杂草发生和危害的轻重。

(4)草坪品种

草坪品种具有不同的生长特性，这些特性直接或间接地影响到草坪杂草的发生和危害。调查发现，暖季型草坪(最适生长温度为 27~35℃的草坪禾草)杂草的危害明显重于冷季型草坪(最适生长温度为16~24℃的草坪禾草),这是因为暖季型草坪品种一方面多以铺植方式种植(丛植或块植),空隙大,有利于杂草的发生和生长;另一方面暖季型草坪生长速度慢,修剪次数少,使很多杂草能顺利地生殖生长并开花结实,种子落入土壤中,增加翌年的感染和危害。相反,冷季型草坪品种多以直播方式播种,密度高,增强了草坪与杂草的自然竞争力,加上冷季型草坪生长速度快,修剪次数频繁,阻断了杂草的生殖生长,减少了土壤杂草种子库的含量,也就减轻了杂草的下季危害。

(5)生长环境

草坪生长环境的不同,也会影响草坪杂草的发生和危害。以上海地区为例,新村绿地和公路绿地草坪,由于土壤长期干旱,一些耐旱杂草,特别是多年生杂草狗牙根、香附子等危害严重,而双穗雀稗、鳢肠、千金子等杂草很少发生;相反,很多租用农田的草坪生产基地,地势低洼,土壤潮湿,湿生杂草双穗雀稗、鲤肠、千金子等危害较重,却少见狗牙根和香附子等旱生杂草的危害。沿海地区由于土壤呈碱性,草坪中耐碱性杂草如芦苇(*Phragmites australis*)、扁秆荆三棱(*Bolboschoenus planiculmis*)等时有发生,而在土壤呈酸性地区的草坪中取而代之的是耐酸性杂草。

(6)除草剂的使用

除草剂是控制草坪杂草危害的有效手段。由于我国草坪的化学除草还处于起步阶段,技术不够成熟,因此草坪杂草的防除在很大程度上依赖于人工拔草。人工除草对一年生杂草较为有效,但对多年生杂草只能拔除地上部分,对地下部分却无能为力,这也是多年生杂草危害重的原因之一。另外,禾本科草坪中的阔叶杂草或阔叶草坪中的禾本科杂草,由于其形态的不同而较易控制,危害相对较轻。但禾本科草坪中的禾本科杂草以及阔叶草坪中的阔叶杂草,特别是多年生杂草的防治显得难度较大,危害正在进一步加重。

思考题

1. 何为杂草?杂草是如何演化的?
2. 草坪杂草的生物学特性有哪些?
3. 为什么杂草适应环境能力强?
4. 什么是杂草群落?什么是杂草群落的演替?
5. 草坪杂草的危害主要体现在哪几个方面?
6. 草坪杂草发生规律是什么?
7. 草坪杂草发生类型有哪几类?
8. 试述草坪杂草的分布危害特点。

我国草坪部分杂草分布简介

草坪有害生物综合治理原理与方法

5.1 草坪有害生物综合治理策略

有害生物综合治理(IPM)源于有害生物综合防治(integrated pest control,IPC)。综合防治的对象最初仅植物害虫,其后发展到植物病虫害,现代的含义不仅防治对象的范围扩大到一切危害植物的生物,还涉及防治策略的制定及有关防治方法的有机协调应用,因此,IPM 在我国也习惯被称为有害生物综合防治。

有害生物综合防治把有害生物的防治看作建立最优生态系统的一个组成部分。防治有害生物不强调彻底消灭有害生物,而只要求对有害生物的数量予以控制、调节,只要不造成经济危害,就允许一定数量的有害生物存在,有利于维持生态平衡。在防治技术上,不仅强调各种防治方法的配合与协调,还以自然控制为主;在防治效益方面,不能单看防治效果,同时要注重生态平衡、经济效益和环境安全。

草坪有害生物综合治理就是从草坪生态系统的整体和生态平衡的总体出发,根据有害生物和环境之间的相互关系,充分发挥自然控制因素的作用,创造不利于有害生物发生发展、而有利于草坪生长发育和有益生物生存和繁殖的条件,将有害生物控制在经济损害允许水平以下,以获得最佳的经济、生态和社会效益。即以抗病虫等品种为基础,因时,因地制宜,合理地协调应用植物检疫、农业防治、生物防治、物理防治、化学防治等必要的技术措施,取长补短,相辅相成,以达到经济、安全、有效地控制有害生物发生,同时不给人类健康和环境造成危害。

5.1.1 草坪有害生物综合治理的发展

自 20 世纪 60 年代提出综合防治以来,有害生物综合防治在理论和实践两方面均发展很快。化学防治被广泛应用并出现弊端后,人们开始思考综合防治。国外昆虫学工作者Bartlett(1956)提出了协调防治的概念。当时协调防治的含义仅指化学防治与生物防治的协调。1961 年,Geiser 等提出了有害生物综合治理的概念,即评价选用所有可用的办法,将其综合成一个完整的系统,以控制有害生物种群的数量。综合治理概念的提出,使有害生物的防治进入了一个崭新的阶段。

1967 年,联合国粮食及农业组织(FAO)在意大利罗马召开的害虫综合防治专家会议认为:"综合治理是一种有害生物科学管理的系统,它根据有害生物的种群生态和有关环境条件,尽可能以协调的方式利用所有的适当技术和方法,使有害生物种群数量经常控制在经济损害水平以下。"

我国在 1975 年全国植物保护大会上制定了"预防为主,综合防治"的植物保护工作方针。预防为主,就是根据病、虫、杂草等的植物有害生物的发生规律,抓住薄弱环节和防治的关键时期,采取经济有效、切实可行的方法,将有害病、虫、杂草等在大量发生或造成危害之前,予以有效控制,使其不能发生和蔓延,从而保护植物免受损失,又能节省人力、物力、财力。综合防治,就是从生态系统的整体和生态平衡的总体观念出发,根据有害生物和环境之间的相互关系,充分发挥自然控制因素的作用,创造不利于有害生物发生发展,但有利于草坪生长发育与有益生物生存和防治的条件,将有害生物控制在经济允许水平之下。可见,我国的植物保护防治工作方针的定义与 IPM 的含义基本一致。

近年来,一些学者提出了更为简约的解释:"综合治理是根据经济的、生态的和社会的预报结果,做出有害生物防治方案的最佳选择,以最大限度地利用各种自然控制因素。"国内外对综合治理的阐述虽然较多,但基本内容并无太大的分歧,共同点是治理的指导思想从过去单纯依靠化学防治、片面追求经济效益,逐渐转变为兼顾生态、社会和经济效益,前后有着根本的区别。草坪有害生物综合治理的基本观点主要有3个。

(1)生态学观点

有害生物综合治理以生态学原理为依据,从农业生态系统的整体考虑,研究有害生物与系统内其他生态因素间的相互关系及对有害生物种群动态的综合影响。加强或创造对有害生物不利的因素,避免或减少对有害生物有利的因素,维护生态平衡并使生态平衡向有利于人类的方向发展。

(2)经济学观点

有害生物综合治理的观点认为,有害生物综合治理本身是人类的一项经济管理活动,其目的不是要求消灭有害生物,而是要求控制有害生物种群数量在足以造成作物经济损害水平之下。即强调了防治成本与防治增益之间的关系,采取的综合防治措施也要从经济效益加以确定。

(3)社会学观点

生态系统本身就是一个开放系统,它与社会有广泛和密切的联系。系统的输入对其结构和功能会产生影响效应,系统的输出也同样会产生效应,而诸多的效应中无论是当前的或是长远的,均有着社会效应,最重要的是对环境质量优化和保护,涉及对人类健康和收益的保证。环境保护的观点不仅具有生态和经济特性,还具有鲜明的社会特性,综合防治措施的制定和实施,综合防治技术管理体系的建立和完善,既受社会因素的制约又同时对社会产生反馈效应。例如,栽培措施的变革、化学农药生产的规划、技术管理系统的决策等都对有害生物的防治产生直接的社会效应。在社会效应中,最直接的是环境效应。有害生物综合治理并不排斥化学防治,而是要求根据环境保护原则,科学地选择和使用农药,少用或不用农药,尽量减少对生态系统以至整个生物圈的有害副作用。

5.1.2　综合防治的策略原则

有害生物综合防治的策略,简要地说就是充分发挥非化学因素特别是自然因素的控制作用,结合必要的化学防治。联合国粮食及农业组织的一个有害生物综合防治专家小组(1983)在关于综合防治的报告中,以综合防治的策略原则结合具体技术做了简要的阐明。

综合防治的策略原则主要有以下3个:一是要提高植物本身对病、虫、草等有害生物的抵抗能力，免遭或减轻其危害；二是要创造有利于植物生长发育，而不利于有害生物繁殖、生存的环境，促进草坪草健壮生长，增强抗逆能力，达到减轻有害生物危害程度的目的；三是控制病、虫、杂草等有害生物，或减少甚至杜绝其传播途径。

概括起来，就是运用植物检疫、抗病虫等品种的利用、良好的栽培管理措施、物理机械防治、生物防治、化学防治等方法，组建技术体系，遏制病、虫、草等有害生物的数量和范围，并且能可持续地、稳定地控制有害生物。

5.2 草坪病、虫、草害综合治理的基本方法

5.2.1 抗性品种的选育与利用

选育和利用抗性品种是防治草坪有害生物最经济有效的方法。不同种和品种的草坪草对病、虫害的抗性往往不同，因此，在草坪有害生物的综合治理中，要通过选育和利用抗病虫品种，充分发挥草坪草自身对病虫害的调控作用，可以代替或减少农药的使用，从而减少农药对环境的污染，同时获得较高的经济效益。

5.2.1.1 选育抗病、虫、草坪草种或品种

抗病、虫品种选育的方法，主要从现有的品种中或者通过杂交的方法在其后代中选择。选育的方法一般包括引种、杂交育种、人工诱变、生物技术育种、分子标记辅助育种技术等。

（1）引种

直接引进国外或国内其他地区的草坪草优良新品种，经过驯化、人工选择和扩繁以后推广利用。由国外或国内不同省份引入抗病、虫性草种，是一项收效快而又简便易行的防病虫害的措施。草种的引进应有预见性，明确引种目的，事先需了解有关品种的谱系、性状、生态特点和原产地生产水平等基本情况，并与本地生态条件和生产水平比较分析，评价引种的可行性。另外，引种时应特别注意加强检疫，凡属于国内没有发生或尚未被传播的、具有潜在危险性的杂草禁止进入。

（2）杂交育种

杂交育种是培育抗病、虫等品种的有效方法，此法常可获得抗病、虫等程度高、兼抗多种有害生物的新品种。杂交育种，特别是品种间有性杂交是最基本、最重要的育种途径。迄今所选育和推广的抗病、虫性品种绝大部分是由品种间杂交育成的。做好常规杂交育种首先要大量搜集抗病种质资源和合理选配亲本。亲本间的主要性状要互补，通常亲本之一应为综合性状好的当地适应品种；另一亲本具有高度抗性，称为抗性亲本。双亲抗性越强，越易获得抗性强而稳定的后代。多个亲本复交有利于综合各亲本的优良性状，扩大杂交后代的遗传基础，可能育成抗几种病害或抗多个小种的品种。

（3）人工诱变

人工诱变容易获得由单基因或寡基因控制的抗病性或抗虫性品种。诱变育种以诱发基因突变为目的，利用物理、化学等因素诱导植物发生可遗传的变异，从中选择有用的个体直接或间接育成新品种或创造新种质的一项育种技术，可分为物理诱变育种、化学诱变育种和空间诱变育种。物理诱变育种应用较多的是辐射诱变，即用 γ 射线、X 射线、离子束、中子、紫外辐射以及微波辐射等物理因素诱发变异。化学诱变育种具有和辐射相类似的生物学效应，常用于处理迟发突变，并对某特定的基因或核酸有选择性作用。主要的化学诱

变剂有烷化剂、碱基类似物、叠氮化物等。空间诱变育种是指利用飞行器(卫星、飞船等返回式航天器或高空气球等)将植物种质搭载到宇宙空间,在空间条件(强辐射、微重力、高真空)等太空诱变因子的作用下,使其发生遗传性状变异,经地面选择利用有益变异选育出新品种(系)。

(4)生物技术育种

生物技术育种主要是应用转基因工程技术将抗病、抗虫、耐除草剂基因导入草坪草中,或人工接种优异内生真菌菌株,可获得抗性品种或新品种,从而减少农药的应用。

(5)分子标记辅助育种技术

分子标记辅助育种技术是在植物上通过利用与目标基因(性状)紧密连锁(或关联)的DNA分子标记的基因型判别目标基因是否存在和对其进行间接选择的育种方法。而借助分子标记对目标性状的基因型进行选择,称为分子标记辅助选择。它对选择个体进行目标区域和全基因组筛选,减少了连锁累赘,加速了育种进程,且常与常规育种方法结合,可以更有效地选育出目标品种。

5.2.1.2　草坪草抗性种或品种利用

草种的选择对所建植的草坪质量起着决定性作用。种植时选择那些适合当地生长、抗性较强的品种。在利用草坪抗性品种时,要防止抗性品种的单一化,选择抗性多样化的品种混播有利于草坪草抗性的稳定持久。

(1)抗病性的利用

合理利用草坪草的抗病性包括:抗病草种、品种的选择利用,不同草种或品种的合理混配种植,以及利用带有内生菌物的草种和品种。

①抗病草种、品种的选择利用　选用抗病草种、品种是综合防治技术体系的核心和基础,是防治草坪病害最经济有效的方法。草坪草的不同草种、品种对不同病害的抗性存在着很大的差异。因此,建植草坪要在兼顾坪用性状的前提下注意选择抗病草种和品种。

②不同草种或品种的合理混配种植　选择合适的草坪草品种进行混播,不仅可以提高草坪的观赏价值,还可以增强草坪的综合抗病能力。例如,草地早熟禾、紫羊茅、多年生黑麦草以8∶1∶1混合播种,形成的草坪抗病性明显提高。

(2)抗虫性的利用

对草坪草抗虫性的利用,可以充分利用现有品种资源,选用一些耐害性强的草坪草种或品种,再配合采用其他防治措施,减少损失。从长远考虑,可根据草坪草对害虫的不同抗性机制,选育可供大面积使用的抗虫草坪草种或品种。根据植物抵御虫害的不同途径,将草坪草的抗虫性分为三类,即不选择性、抗虫性和耐害性。其中,不选择性(又称排趋性)是植物能够分泌某些化学物质,影响害虫的趋向取食、产卵定位等一系列链锁式的行为反应,如趋避素、拒斥素、抑制素和刺激素等;抗虫性是指害虫虽然能够采食草坪草,但这类草坪草对害虫的生长发育速度、存活率、寿命、繁殖率等会产生不良影响(如黑麦草的内生菌物);耐害性植物具有很强的增殖或补偿能力,因此可以忍受害虫的危害但自身损失不大。

5.2.2　栽培管理措施

栽培防治法就是在草坪的建植和管理过程中,从有害生物、草坪植物、环境条件的复杂关系中，通过改进栽培管理措施，创造对有害生物发生发展不利而对草坪作物生长发育有利的条件，直接或间接地消灭或抑制有害生物发生危害的方法。许多栽培管理措施，如耕地、修剪、施肥等，对草坪病、虫、杂草的消长有重要影响。合理运用常规的栽培管理措施，可在很大程度上促进草坪草生长。

5.2.2.1　选用健康无病的种子和繁殖材料

草坪草病、虫、草等有害生物可以随着种子等繁殖材料的调运而扩大传播，因此草坪病、虫、草害的防治首先是使用无病、虫、杂草等有害生物的种子等繁殖材料，这是一项十分重要的措施，尤其在新建草坪时，所用种子及其他繁殖材料要经健康检验，必要时应使用杀菌剂或杀虫剂处理，以免后患。

5.2.2.2　创造良好的立地条件

一般而言，草坪草生长发育快、生长量大，对光、肥、水需求多，对土壤协调供应肥、水、气、热的要求比较高，要建植理想草坪，必须创造良好的立地环境。

（1）建坪前要清除杂质

草坪建坪前结合整地，要清理坪床上的砖块、石子和土壤中的其他杂物；设计之外的木本植物要移走，并清理干净残根；古树等应尽量保留。必要时还须改良土壤，使土壤疏松，通气良好，微生物活跃，为草坪根系生长创造良好的土壤环境。

（2）耕翻整地

土壤不仅是草坪生长的基地，同时，又是许多有害生物生活和栖息的场所。耕翻土地是抑制有害生物的生存和发展不可缺少的栽培技术措施，可改善土壤的理化性质，调节土壤气候，提高土壤保水保肥能力，促进草坪健壮生长，增强抗逆能力，减轻有害生物的危害。

（3）土壤消毒

土壤消毒是防止杂草、防治病虫害发生的有效措施，通常在旧草坪改建时采用。一般采用熏蒸方法进行，熏蒸是利用强蒸发型化学药剂来杀伤土壤中有害生物，常见的土壤熏蒸剂有棉隆、氯化苦等。熏蒸时要求土壤要略为湿润，土温在 15℃以上，否则效果会大大降低。有机肥使用前应充分腐熟，杀死其携带的有害生物。

5.2.2.3　合理修剪

修剪能影响草坪某些有害生物的发生情况。修剪不当则会加重病、虫、草害发生，削弱草坪的生长势和抗病力；修剪造成的伤口有利于病原菌侵入；剪草机械和草渣可以携带病原菌的传播蔓延。为了减少修剪造成的病原物侵染，应在叶片表面干燥时进行修剪，剪草机的刀片必须保持锋利，以减轻对叶片的撕拉。发病草坪应单独修剪，剪下的草渣必须及时收集带出草坪外处理，修剪后要对刀片表面进行消毒后，以防病原菌交叉感染。

草坪合理科学的修剪应该是：修剪高度遵循"三分之一"原则，即每次剪草量不多于叶片总长的三分之一。修剪过低，会伤害草坪草的生长点，使草坪形成秃斑，难以恢复；过高容易造成通透性受阻，引起病害的发生。另外，也可适当利用矮化剂抑制草坪草生长，减少修剪次数。

5.2.2.4　合理排灌

水分不足或过多都会影响草坪草的生长发育。草坪过分干旱，会严重影响草坪草的正常生长，降低抗病力，一些耐旱性特别强的杂草会乘机蔓延。同时，草坪地长期干旱会导致蚜虫、蓟马、叶蝉和螨类繁殖与猖獗发生。草坪长期积水，影响土壤通气性，导致草坪根系浅，生长弱，抗逆性差，同时叶面的水膜和地面的径流有利于病害的侵染和蔓延。

草坪的灌水量和灌水次数需根据土壤湿度、降雨和天气状况等确定。保持 10~15 cm 土层湿润，便可为草坪草提供充足的水分。草坪草苗期需及时灌水，少量多次，保持土表湿润。一天当中以清晨灌水最好，一般不在有太阳的中午或傍晚灌水，尤其是傍晚灌水有利病害发生。忌在夏季中午阳光暴晒下浇水，以防草坪草灼伤，还会因蒸发、蒸腾强烈而降低水的利用率。

5.2.2.5　科学施肥

肥料是草坪生长发育的营养基础。适时、适量且营养元素配比合理的施肥，不仅使草坪获得平衡的营养、健壮美观，而且抗病、虫能力及与杂草的竞争能力增强，受害后恢复较快。

(1)合理施肥可防治病害

土壤中施氮肥可有效减轻锈病、褐斑病、弯孢叶斑病、红丝病、粉红雪霉病等病害的发生程度，并促进草坪的恢复；但施氮肥过量，会造成草坪草徒长，抗病性降低，易导致褐斑病、腐霉枯萎病、夏季斑枯病、春季死斑病、坏死环斑病、全蚀病和币斑病的发生或加重病害的发展。

多施有机肥，可以改良土壤，促进根系发育，减少根部病害的发生。建坪时需施用腐熟的有机肥，春季返青肥可以适当多施，并以氮肥为主。夏季施肥要根据土壤肥力和苗情，做到少量多次。

(2)合理施肥可防治害虫

合理施肥可以改善草坪的营养条件，促进草坪的生长发育，提高草坪的抗虫能力；避开害虫的高峰期或通过加速生长弥补害虫造成的危害；改变土壤性状，破坏害虫的环境条件，从而杀死害虫。

5.2.2.6　及时清理枯草层，做好草坪卫生

枯草层超过一定厚度时，会影响草坪的通气性与透水性，降低草坪活力和对有害生物的抗性，也不利于草坪对水肥的吸收，使草坪草生长衰弱，降低其抗性和耐害性。另外，枯草层中往往潜藏许多病原菌和害虫，为其病虫提供了越冬场所。因此，及时清理枯草层，对防止多种病原菌侵染及害虫危害有重要意义。一般要求枯草层的厚度不超过 1.5~2 cm。通常采取打孔穿刺、侵染垂直切割、梳草和中耕松土等多种措施控制枯草层。

5.2.3　植物检疫

5.2.3.1　植物检疫的概念

植物检疫又称法规防治，是由国家颁布法令，对植物及其产品的运输、贸易进行管理和控制，目的是防止危险性病、虫、杂草在地区间或国家间传播蔓延。

草籽是我国近年进口较多的牧草和草坪草繁殖材料，种植草坪草在一些地区也已经成为一种新兴的产业，产生了较好的经济效益和社会效益。但随着国外草籽的大量引进、国内草籽及其他草坪繁殖材料的异地调运，其携带病、虫、杂草等有害生物的风险也日益增大。严格执行植物检疫法律法规，对于避免国外有害生物的传入和国内有害生物异地传播具有重大意义。

5.2.3.2　确定检疫对象的依据

确立植物检疫对象必须符合以下 3 个条件：①本国或本地区未发生的或分布不广，局部发生的病、虫及杂草（局部地区发生的）；②危害严重，防治困难的有害生物；③借助人为活动传播。即那些可以随同种子、无性繁殖材料、包装物等运往各地，适应性强的病、虫。草坪草有害生物的人为传播主要载体是被有害生物侵染或污染的草种或运输草种的工具等。种子本来就是病原物的自然传播载体，有完善的传播机制，人为传播又延长了传播距离，扩大了传播范围。携带有害生物的种子传入新区后，因无自然天敌控制，可迅速扩大蔓延，造成危害。

5.2.3.3　植物检疫的范围

植物检疫分为对外检疫和对内检疫两个方面。对外检疫是防止国与国之间危险性病、虫、杂草的传播蔓延；对内检疫是当地危险性病、虫、杂草已由国外传入或在国内局部地区发生，将其限制、封锁在一定范围内，防止传播到未发生地区，并采取积极的措施，立即彻底肃清。

5.2.3.4　草坪草检疫对象名单

随着国际交流活动频繁，国家对植物检疫工作越来越重视。2007 年 5 月 28 日正式发布实施《中华人民共和国进境植物检疫性有害生物名录》。2021 年又增补 5 种有害生物，使名录涵盖有害生物总数增加到 446 项。其中，包括多种涉及草坪的检疫对象，例如，检疫性病害剪股颖粒线虫（*Anguina agrostis*）；小麦矮腥黑穗病（*Tilletia controversa*）、小麦印度腥黑穗病（*Tilletia indica*）等；检疫性害虫斑皮蠹（非中国种）（*Trogoderma* spp.）、日本金龟子（*Popillia japonica*）、黑森瘿蚊（*Mayetiola destructor*）、三叶斑潜蝇（*Liriomyza trifolii*）等；主要检疫杂草豚草（*Centaurea repens*）、匍匐矢车菊（*Centaurea repens*）及具节山羊草（*Aegilops cylindrica*）等。

5.2.3.5　植物检疫对象的处理

对检查到的带有植物检疫对象的植物繁殖材料、包装材料等，一是要禁止出入境，就地销毁；二是要进行化学处理或热处理，彻底灭杀；三是退回初疫源地，不准调运；四是发现检疫对象入侵后，在其广泛传播之前，要划定疫区，严密封锁，尽可能加以消灭。

5.2.4　生物防治

生物防治就是利用有益生物或生物代谢产物来防治草坪有害生物的方法。其优点是对人、畜和植物安全，对环境污染少，部分有益生物如害虫的天敌和防治病害的有益菌有持久性防治效果等。但生物防治也有明显的局限性，如作用较缓慢，使用时受环境影响大，效果不稳定；多数天敌的选择性或专化性强，作用范围窄；人工开发技术要求高，周期长等。

5.2.4.1　害虫的生物防治

害虫的生物防治主要包括利用天敌昆虫、微生物和其他有益生物。利用昆虫激素、利用害虫不育性防治害虫也逐步归入生物防治内容中。

（1）利用天敌昆虫防治害虫

利用天敌昆虫防治害虫又称"以虫治虫"，是目前生物防治中应用最广、最多的方法。天敌昆虫可分为捕食性和寄生性两大类。捕食性天敌昆虫主要有瓢虫、草蛉、胡蜂、食蚜蝇、步行虫、虎甲等。寄生性天敌昆虫，大多数种类属于膜翅目、双翅目，被广泛利用的主要是寄生蜂(赤眼蜂)和寄生蝇。

(2)利用微生物防治害虫

微生物防治害虫又称"以菌治虫"。目前，已经开发应用的微生物杀虫剂主要是细菌、菌物、病毒三大类。

①细菌 目前，应用较普遍的是苏云金芽孢杆菌(Bt乳剂)。它不会对于草地环境、土壤环境和水体环境造成破坏，也不会损伤非靶标生物，防治效率较高，已被广泛应用于直翅目、半翅目、双翅目、鳞翅目、膜翅目等不同害虫的治理中。目前，从苏云金芽孢杆菌中分解出了防治效果更好的杀虫活性更高的蛋白基因、新型杀虫毒蛋白。

②菌物 用于生物杀虫领域的菌物主要包括菌物杀虫剂和内生菌物两种类型。常见的菌物杀虫剂主要包括白僵菌和绿僵菌两种。内生菌物来自草体，因其能够产生大量的毒素和生物碱，从而使草体的抗虫性能得到了显著的提升。

目前，在国内应用的昆虫病原菌物主要是白僵菌、绿僵菌，其产品形式是白僵菌粉，主要用于防治鳞翅目幼虫、蛴螬、叶蝉、飞虱等。

③病毒 昆虫病毒对寄主有专一性，通常一种病毒只寄生一种昆虫，或只有极少数亲缘很近的虫种可被寄生。因此，对非靶标生物及人、畜都很安全，并且在一定条件下昆虫病毒能反复感染。目前，应用研究比较多的是核多角体病毒(NPV)、细胞质多角体病毒(CPV)和颗粒体病毒(GV)，还要防治鳞翅目、膜翅目害虫等。

④线虫 近年来昆虫病原线虫的研究和应用也日益广泛。病原线虫是特指侵染期幼虫能携带共生细菌，引起寄生昆虫产生败血症的一类昆虫寄生性线虫。已报道的用于防治草坪害虫生物防治的线虫种类，基本上是斯氏线虫和异小杆线虫，防治对象主要是地下害虫如蝼蛄幼虫和蛴螬等。

(3)利用其他有益生物防治害虫

这些有益生物主要是动物，包括蜘蛛、食虫螨、两栖类、爬行类、鸟类、家禽等。其中，蜘蛛种类多、数量大，有较大的利用价值。保护各类有益生物也是防治害虫的有效措施。

5.2.4.2 病害的生物防治

利用微生物及其代谢产物防治作物病害，又称"以菌治菌(病)"。在农业生态系中存在着多种微生物，引起作物病害的称为致病微生物，能够抑制致病微生物或病害的称为有益微生物(益菌)。有益微生物主要通过发挥以下机制而起作用。

(1)拮抗作用的利用

利用拮抗菌防治病害是生物防治中最重要的途径之一。通过调节环境，如合理轮作和施用有机肥，创造一些对自然界拮抗菌有利的环境条件，促进自然界拮抗菌的增殖，使其形成优势种群，从而达到防治病害的目的。

另外，也可以把人工培养的拮抗菌直接施入土壤、喷洒在植物表面或制成种衣剂黏附在种子表面，以改变根际、叶面、种子周围或其他部位的微生物区系，建立拮抗菌优势，从而控制病原物，达到防治病害的目的。

(2)植物诱导抗病性的利用

寄主植物的抗病性除本身固有的以外，利用生物的、物理的或化学的因子处理植株，可以激发植物的反应，使之产生局部或系统的抗病性，这一现象称为诱导抗病性。微生物中菌物、细菌或病毒都能作为诱导因子；一些化学物质，如细胞壁多糖、糖蛋白、几丁质、酶、脂肪酸、乙烯等均可作为诱导剂；物理因子中紫外线辐射也可诱导抗性的产生。近年来，分子生物技术已应用于诱导抗性的研究中。

5.2.4.3　杂草的生物防治

杂草的生物防治就是利用天敌如动物、昆虫、病原微生物等将杂草种群密度控制在经济允许损失之下。利用动物、昆虫、菌物、细菌、病毒等防除杂草，既可减少或避免化学除草剂对环境的污染，又利于自然界的生态平衡。近年来，杂草的生物防治已引起植物保护工作者的重视，包括以菌灭草、以虫治草等内容。

（1）以菌灭草

在自然界，各种杂草在一定环境条件下都能感染一定的病害。利用病原微生物来防治杂草，前景广阔。利用菌物来防治杂草是整个以菌灭草中最有前途的一类。鲁保一号是从感病的菟丝子植株上分离出来的一种炭疽菌，其孢子在适宜的温、湿度条件下萌发，可进入菟丝子内部，吸收菟丝子的营养，分泌毒素使之感病致死。近年来，国内利用一些菌物防治列当、马唐等杂草也取得明显成效。国外在利用微生物的代谢产物防治杂草方面取得了很大进展，开发了一些生物除草剂，如双丙氨膦和草丁膦等。草坪杂草的生物防治手段显然比化学除草剂更具专一性，在控制杂草的同时不伤害草坪，具有广阔的应用前景。

（2）以虫治草

利用昆虫可有效防治杂草，如鳞翅目卷蛾科的尖翅小卷蛾能取食香附子、碎米莎草、茎三棱和水莎草等莎草科杂草。初孵幼虫可由香附子的新叶蛀入嫩心，使心叶失绿，萎蔫枯死；继而蛀入鳞茎，阻断疏导组织，导致全株枯死。

5.2.5　物理及机械防治

物理及机械防治就是利用各种物理因子、机械设备以及简单器械来防治有害生物。这类方法主要是利用温度、湿度、光、电、气、热、色、声、放射线和遥感技术等进行病虫害防治。物理防治具有经济、安全、无污染等优点，但也存在着费工、防治不够彻底等缺点，所以多作为辅助措施。常用的方法有人工捕杀法、诱杀法、高温或低温处理、阻隔分离。

5.2.5.1　人工捕杀法

人工捕杀法是利用人工辅以简单器械来捕杀病虫害。在害虫发生规模较小且较集中时，利用害虫的群集性和假死性进行人工捕杀。例如，围打有群集性的蝗蝻，振落捕杀有假死习性的叶甲、象甲和金龟甲等害虫，采集害虫的卵块，消灭越冬害虫等。该类方法的优点是不污染环境，不伤害天敌，不需要额外投资，便于开展群众性的防治，缺点是工作效率低，费工多。

5.2.5.2　诱杀法

（1）潜所诱杀

潜所诱杀是利用某些害虫对栖息、潜藏和越冬场所的要求习性，人为造成适于其栖息的环境，诱集起来加以消灭。例如，利用堆草诱杀地老虎，用谷草把诱集黏虫成虫产卵等。

（2）利用害虫的特殊趋避习性进行诱杀

利用害虫的特殊趋避习性，人为设置器械或诱物来诱杀害虫。利用此法还可以预测害虫的发生动态。常用的方法有以下几种。

①黑光灯诱杀　一些害虫的视觉神经对波长330~400 nm的紫外线特别敏感,具有较强的趋光性,因而可利用发射光波在害虫趋性范围的黑光灯进行诱杀。早春草坪区域可以用来诱杀黏虫、草地螟、斜纹夜蛾、小地老虎成虫以及金龟子等。黑光灯诱虫时间一般5~9月,灯要设置在空旷处,选择闷热、无风无雨、无月光的天气开灯,诱集效果较好。设灯时,易造成灯下或灯的附近虫口密度增加,因此,应注意杀灭灯周围的害虫,以防灯周围的植株受害加重。

②色板诱杀　利用部分害虫具有的趋黄习性,将黄色黏胶板设置于草坪区域,可诱杀到大量的蚜虫、白粉虱、斑潜蝇等害虫。

③糖醋液诱杀　许多鳞翅目害虫成虫羽化后需要补充营养,对花蜜、有酸甜味的发酵液有较强趋性。利用这一习性,可进行诱杀。例如,当小地老虎、黏虫、斜纹夜蛾等害虫成虫大量出现时,有糖醋液或其他发酵有酸甜味的食物配成诱虫剂,盛于直径20~30 cm的盆、碗等容器内,每公顷放2~3盆,高出草坪30 cm左右,诱剂保持3 cm深左右,白天将盆盖好,傍晚开盖。5~7 d换诱剂1次,连续16~20 d。每天早晨取出蛾子。糖醋酒液的配制方法可参考如下:糖2份、酒1份、醋4份、水2份,调匀后加1份晶体敌百虫。

④植物诱杀　利用某些害虫对某些植物有特殊的嗜好,人为种植或采集某些植物的方法。例如,在草坪周围种植蓖麻,可吸引金龟甲聚集,从而集中捕杀;在斜纹夜蛾成虫大发生时,采集新鲜的杨树枝条,3~5支扎成一把插入草坪中,可将成虫诱集而集中消灭。

此外,还可以利用马粪或炒香的麦麸诱杀蝼蛄,利用性诱剂诱杀菜蛾等。

5.2.5.3　高温或低温处理

不同种类病菌、害虫,对温度有一定的要求,有其适宜的温度范围,高于或低于适宜的温度,必然影响其正常的生理代谢,从而影响其生长、发育、繁殖与危害,甚至影响它的存活率。因此,可调节高低温度进行防治。

(1)高温处理

利用热蒸汽或干热处理法或温汤浸种法(指用热水处理种子)处理种子,可防治种子传带的病原物和害虫。对感染黑穗病的草坪草种,可进行温汤浸种。在夏季高温季节借助日光暴晒的办法也可杀死草坪草种子中的一些害虫、病菌和螨类。

(2)低温处理

草坪种子中携带的不同种类的害虫,在抗寒性上差别也很大,利用这一点,在不致草坪种子受冻的情况下,对草坪种子进行冷冻处理,可以杀灭一些害虫。另外,冷冻处理可以抑制种子表面携带的病原微生物的生长和侵染。

5.2.5.4　阻隔分离

掌握害虫的活动规律,设置适当的障碍物如遮阳网或设置障碍沟等,阻止害虫的扩散侵入、产卵和危害,或直接消灭。对于不能迁飞只能靠爬行扩散的害虫,为阻止其迁移危害,可在未受害区周围挖障碍沟,害虫坠落后消灭。例如,当黏虫幼虫、斜纹夜蛾幼虫大发生并出现群体迁移现象时,可采用此法进行控制。

5.2.6　化学防治原理与方法

化学防治就是利用化学物质杀死或抑制有害生物的正常生长发育,防止或减轻有害生物造成损失的方法。化学防治具有适用范围广、作用迅速、效果显著、使用方便、经济效益高等一些其他防治措施所无法替代的优点，是当前有害生物防治的重要手段之一，是有害生物综合治理中不可缺少的环节。尤其是当病虫害大发生后，化学防治往往是首选的有效办法。但化学防治存在的问题也很多，其中最突出的有：由于农药使用不当，导致有害生物产生抗药性；对天敌及其他有益生物的杀伤，破坏了生态平衡，使害虫再猖獗；农药的高残留污染环境，形成公害；浓度使用不当往往还对草坪草产生药害。

5.2.6.1　农药的类型及作用原理

用于防治农、林植物有害生物的商品制剂统称为农药。按其作用对象，农药包括杀菌剂、杀虫剂、除草剂、杀螨剂、杀线虫剂等。

(1)杀菌剂

杀菌剂是指对植物病原微生物(绝大多数是菌物，少数为细菌)具有杀灭或抑制作用的药剂。按作用原理，杀菌剂可分为以下几类。

①保护剂　这类药剂不能或极少渗入植物体内，只能杀死或抑制植株表面的病菌。保护剂只在病原物侵入前施用，以保护植物免受病原物的侵染。保护剂使用前要求喷洒均匀，覆盖性好，如石硫合剂、波尔多液、百菌清等。

②治疗剂　指在病原物表面侵入或植物发病后施用，通过杀死或抑制植物体内的病原物或改变病原物的致病过程来减轻或消除病害的药剂。治疗剂一般具有很强的渗透力或内吸传导性能，如多菌灵、萎锈灵、硫菌灵、烯唑醇等。

③免疫剂　指被引入健康植物体内诱导植物抗病性的形成，从而减轻病害或对病菌的侵染具有免疫作用的药剂，如噻瘟唑。

(2)杀虫剂

防治害虫的农药称为杀虫剂。杀虫剂的种类很多，按其作用方式可分为胃毒剂、触杀剂、内吸剂、熏蒸剂、特异性剂等，很多药剂兼有多种作用方式。

①胃毒剂　是经害虫吞噬进入消化道，引起害虫中毒死亡的药剂，如敌百虫等。胃毒剂用于防治咀嚼式口器害虫，施药时要求将药剂均匀喷洒在植物表面或拌在饵料中。

②触杀剂　是经与害虫体壁接触进入虫体，引起害虫中毒死亡的药剂，如拟除虫菊酯、矿油乳剂等。这类药剂须喷洒在虫体或在植物表面，使其害虫接触而致毒。

③内吸剂　能被植物吸收，并传导至植物体内各部位，害虫吞食或刺吸有毒汁液后而中毒死亡的药剂，如氧化乐果等。内吸剂适于防治刺吸式害虫。

④熏蒸剂　以气体状态经呼吸系统进入虫体引起中毒的农药，如磷化铝、溴甲烷等。

⑤特异性剂　这是一类通过干扰害虫某种生理机能或行为来达到防治目的的药剂，包括性引诱剂、不育剂、驱避剂、拒食剂和昆虫生长调节剂等。这类药剂大多适用于特定的防治对象。

(3)除草剂

①按其作用方式分类　可分为触杀型除草剂和内吸型除草剂。触杀型除草剂不能被植株吸收，只对接触除草剂的植物器官具有触杀作用。使用前必须喷洒均匀。内吸型除草剂是指能被植物茎叶或根部吸收，并输导至植株各个部位。目前，使用的除草剂大多属于这一类，如草甘膦等。

②按作用范围分类　可分为灭生性除草剂和选择性除草剂。

灭生性除草剂：这类除草剂对植物缺乏选择性或选择性小，对作物及杂草均有毒杀作用，如百草枯、草甘膦，只能在草坪播种前或休眠期使用。

选择性除草剂：这类除草剂在不同的植物间有选择性，即能够毒杀某些植物，而对另一些植物比较安全。例如，2甲4氯能用在草坪禾草田内防除阔叶杂草，而对草坪草安全。除草剂之所以能只杀除杂草而对非靶标植物无害，利用的就是自身具备的选择性或通过恰当的使用方式而获得的选择性。除草剂的选择性原理主要包括形态选择性、生理选择性、生化选择性、时差选择性、位差选择性等。

5.2.6.2　草坪有害生物的化学防治方法

（1）土壤处理

建植前结合整地用药剂处理土壤，可以杀死和抑制土壤中的有害生物。土壤处理主要针对苗期、根部的病虫害。其中，土壤熏蒸是有效的方法，既能防治病害，又能消灭线虫、害虫和杂草。另外，为防治杂草，可用土壤封闭处理，即凡是以地下茎铺栽的草坪，建植后杂草出苗前，可喷施除草剂封闭土壤表面，形成药膜层，杀死萌发的杂草。

（2）种子处理

种子处理用来消灭种子表面和内部的病原菌，保护种子不受土壤病原物的侵染，如果使用内吸性杀菌剂还可以防治苗期病害。种子处理对于种传病害尤其有效。其操作方便、省药、省工。常用的方法有浸种、拌种、闷种和包衣。

（3）喷雾

喷雾是将水与一定量的农药混合均匀后喷洒，常用在生长季节。施药时，可加入表面活性剂(如适量洗衣粉)增加化学药剂活性。对于杂草的化学防除应注意控制用量，以免产生药害，造成严重的经济和生态影响。

思考题

1. 有害生物综合治理的基本含义是什么？
2. 有害生物综合治理的主要措施有哪些？各有何优缺点？
3. 如何因地制宜地设计好草坪有害生物综合治理的方案？

第5章思政课堂

下篇　草坪病、虫、草害及其防治

草坪病害的诊断及主要病害

草坪侵染性病害的 80% 主要是由菌物所引起，如锈病、白粉病、根腐病、币斑病、叶枯病、霜霉病等。这类病害发生普遍，危害严重，对草坪植物的正常生长和发育造成了较大的威胁，是草坪植物经常发生的主要病害。

6.1 草坪草侵染性病害的诊断及防治

6.1.1 锈病

锈病是草坪禾草最常见、最重要的茎叶病害之一。因其在感病部位形成黄色或黄褐色粉状孢子堆，肉眼看过去好像一层铁锈似的，故而得名锈病。

（1）症状

病斑主要出现在叶片、叶鞘或茎秆上，在发病部位生成鲜黄色至黄褐色夏孢子堆（彩图 6-1），并在后期出现暗黑色至深褐色的冬孢子堆。根据各种锈病的症状特点及夏孢子堆和冬孢子堆的形状、大小、色泽和着生部位等，可将锈病分为叶锈病、条锈病、秆锈病和冠锈病等，其中叶锈病在草坪上发生最为普遍和严重，它们的症状描述见表 6-1。此外，还有其他多种锈病，因其为害相对较小，此处不再赘述。

第 6 章彩图

（2）病原菌

锈病病原菌均属担子菌门柄锈菌属。其中，叶锈病由隐匿柄锈菌（*Puccinia recondite*）引起。夏孢子单胞，球形、宽椭圆形，表面有细刺，橙黄色，$(20 \sim 34) \mu m \times (17 \sim 26) \mu m$，壁厚 $1.5 \sim 2.5 \mu m$，芽孔散生，$6 \sim 10$ 个；冬孢子双胞，隔膜处稍有溢缩，棍棒形，暗褐色，顶端平切，$(29 \sim 50) \mu m \times (12 \sim 27) \mu m$，壁栗褐色，柄短，无色。该锈菌的合格转主寄主为唐松草属（*Thalictrum*）、乌头属（*Aconitum*）、翠雀属（*Delphinium*）、银莲花属（*Anemone*）等多属植物。该菌对寄主的专化性也很强，目前已发现多种专化型，如剪股颖专化型、冰草专化型、雀麦专化型等。条锈病由条形柄锈菌（*Puccinia striiformis*）引起。秆锈病由禾柄锈菌（*Puccinia graminis*）引起。冠锈病由禾冠柄锈菌（*Puccinia coronata*）引起，4 种锈菌的夏孢子和冬孢子如图 6-1 所示。

（3）发生规律

锈菌是严格的专性寄生菌，夏孢子离开寄主仅能存活 1 个月左右，主要禾草锈菌都是以夏孢子世代不断侵染的方式在禾草寄主上存活，转主寄主在病害循环中不起作用或作用不大。在草坪禾草茎叶周年存活的地区，锈菌以菌丝体和夏孢子在病部越冬。反之，则不能在病部越冬，而只能在翌年春季由越冬地区传播而来的夏孢子引起新的侵染。夏季禾草正常生长的地区，除条锈菌外，一般均能越夏。锈菌夏孢子主要以气流进行远距离传播，

表 6-1　常见草坪锈病症状比较

病害名称		条锈病	叶锈病	秆锈病	冠锈病
发病时间		最早	较晚	最晚	较晚
为害部位		叶片为主,其次是叶鞘、茎秆	叶片为主,其次是叶鞘,茎秆很少	茎秆为主,其次是叶鞘和叶片	叶片为主,叶鞘较少
夏孢子堆	大小	最小	中等	中等	最大
	形状	卵圆形至长椭圆形	圆形或近圆形	长圆形疱斑,严重时病斑汇合,病叶枯死	长椭圆形至长方形
	颜色	鲜黄色	橘黄色	橘黄色	褐黄色
	排列情况	沿叶脉成行排列,互不愈合,呈虚线状(针脚状)	散生,不规则	散生,不规则	散生,常愈合成大块病斑
	开裂情况	表皮开裂不明显	表皮开裂一圈	中裂	大块表皮破裂,呈窗口状两侧翻卷
冬孢子堆	大小	小	中	小	较大
	形状	条状较扁	卵圆形至长圆形	稍隆起的丘斑	长椭圆形
	颜色	暗黑色	黑色	锈色至黑色	黑褐色
	排列情况	基本成行排列	散生不规则	散生不规则	常愈合成大块病斑,散生
	表皮开裂情况	不开裂	不开裂	后期表皮开裂	后期表皮开裂

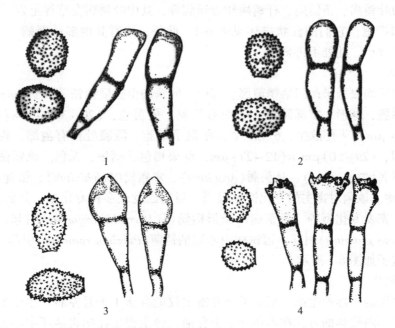

1　　　　　　　　　　　　　2

3　　　　　　　　　　　　　4

图 6-1　4 种锈菌的夏孢子和冬孢子(仿 Cummins,1971)

1. 条形柄锈菌　2. 隐匿柄锈菌　3. 禾柄锈菌　4. 禾冠柄锈菌

此外，可通过雨滴飞溅、人、畜及机具携带等途径在草坪内和草坪间传播。

影响锈病发生的因素很多，主要是温度和湿度。叶锈病的夏孢子萌发和侵入适温为 15~22℃，条件适宜时潜育期一般为 8~12 d。萌发时，相对湿度为 100% 且需有液态水膜及充足的光照。秆锈病流行需要较高的温度和湿度，发病适温为 20~25℃，条件适宜时潜育期一般为 5~8 d。夜间气温 15.6~21.1℃，植株表面有液态水膜时最适宜夏孢子萌发和侵染，故在气温较高的地区及降雨结露或灌溉频繁的草地易流行。条锈病的发生适温较低，一般为 9~16℃，条件适宜时潜育期一般为 6~8 d。多于生育中前期就开始流行，且在早春和晚秋寒冷潮湿天气下发生。冠锈病夏孢子萌发侵入适温范围相对较宽，但在 10~20℃时产孢最快。

(4) 防治方法

①选育或引入抗病、耐病的属、种和品种是防治锈病最经济有效的方法，草地早熟禾抗病品种：'Adelphi''Admiral''America''Apart''Bensun-34'等；细羊茅品种：'Ensylve''Flyer''Shadow''Adventure' 和 'Olympic' 等；结缕草品种：'Emerald' 和 'Meyer' 等；多年生黑麦草品种 'Manhattan' 等；普通狗牙根和杂种狗牙根是较为耐病的品种。②选用多草种或多品种建植混播草坪。③科学施肥，根据当地土壤分析结果，进行配方施肥，务求土壤中磷、钾元素有足够水平，不宜过施速效氮肥。④合理排灌适当减少灌水次数，避免草坪过分潮湿和积水，尽量不要在傍晚浇水；在高尔夫球场草坪中，用竹竿或软管"去除露水"是一种常见的预防措施。⑤做好草坪卫生，改善草坪通风透光条件及时修剪草坪，但避免在潮湿的情况下修剪草坪；经常清理枯草残叶和病残体，减少病原菌残留量；改善草坪通风透光条件，降低田间湿度，过密草坪要适当打孔疏草，以保持通风透光。⑥药剂防治可用萎锈灵、氧化萎锈灵、烯唑醇、三唑醇、戊唑醇、放线菌酮、福美双、氟硅唑、硫酸锌、代森锰锌、代森锌、叶锈特、麦锈灵、甲基硫菌灵等药剂进行拌种或喷雾。喷施间隔期依药剂种类而定，一般每 7~14 d 施药 1 次。

6.1.2　白粉病

白粉病是草坪禾草最常见的茎叶病害之一，广泛分布于世界各地。

(1) 症状

白粉病主要为害叶片和叶鞘，也为害穗部和茎秆。受害叶片上先出现 1~2 mm 近圆形或椭圆形的褪绿斑点，以叶面较多，后逐渐扩大成近圆形、椭圆形的绒絮状霉斑，初白色，后污白色、灰褐色。霉层表面有白色粉状物，即病原菌的分生孢子(彩图 6-2A)，后期霉层中出现黄色、橙色或褐色颗粒，即病原菌的闭囊壳。随病情发展，叶片变黄，早枯死亡。一般老叶较新叶发病严重(彩图 6-2B)。发病严重时，草坪呈灰白色，像撒了一层白粉(彩图 6-2C)。该病通常春秋季发生严重。草坪受到极度干旱胁迫时，白粉病为害加重。

(2) 病原菌

禾白粉菌(*Erysiphe graminis*)属子囊菌门白粉属。菌丝体叶表生，以叶正面为主，以吸器伸入寄主表皮细胞吸取养分，菌丝体无色，分生孢子梗直立，基部细胞膨大至球形，分生孢子串生于梗上，孢子圆柱形或长椭圆形，无色或淡黄色，(25~36) μm×(8~10) μm；闭囊壳聚生或散生，球形、扁球形、褐色或黑褐色，无孔口，埋生于菌丝层内，直径 135~180 μm；附属丝菌丝状，一般不分枝，个别 1 次分枝，11~37 根，长 11~192 μm，壁薄，平滑，无隔；子囊 8~30 个，长椭圆形、椭圆形，无色或浅黄色，有柄或无柄，（57.2~96.9）μm×（23.6~37.3）μm；子囊内含 4~8 个子囊孢子，子囊孢子卵形、椭圆形，无色或浅黄色，（20~33）μm×（10~12.9）μm（图 6-2）。

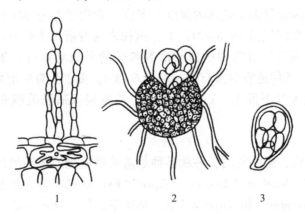

图 6-2　禾白粉菌（仿 刘若，1998）
1. 吸器和分生孢子　2. 闭囊壳　3. 子囊及子囊孢子

（3）发病规律

病原菌以菌丝体或闭囊壳中的子囊孢子在病株上越冬，也能以闭囊壳在病残体上越冬。翌年春季，闭囊壳成熟，散射出子囊孢子，越冬菌丝体也产生分生孢子，并随气流远距离传播，在草坪田间多次再侵染。夏季气温较高，冷季型禾草生长停滞，病原菌繁殖和侵染趋于减少，病情停止发展。病原菌以菌丝体在病株上越夏。秋季随气温下降，草坪白粉病病叶又增多，形成又一次发病高峰。

病原菌的分生孢子寿命短，只能存活 3~6 d，但很容易萌发。孢子萌发时对温度要求较严格，适温为 17~20℃（1~30℃均可萌发），对湿度要求不严格，在相对湿度 0~100% 都能萌发（湿度越高越好，但在水滴内不能萌发）。该病发病适温为 15~20℃，25℃以上病害发生发展受到抑制。北方地区因气温较低、降雨偏少，因而发病的程度和频率相对南方较重。另外，草坪管理不善，氮肥施用过多，遮阴，植株密度过大和灌水不当均为发病的重要诱因。

（4）防治方法

①利用抗病草种和品种，尤其在发病较重的地区应考虑更换草种和品种；若抗病草种和品种不易获得，可根据各地具体情况，选用相对耐病或耐阴草种或品种。粗茎早熟禾、多年生黑麦草、早熟禾、草地早熟禾品种：'America''Bensun－34''Bristol''Dormie''Eclipse''Enmundi''Glade''Mystic''Nugget''Sydsport'等及细羊茅品种'Houndog'、高羊茅品种'Rebel'等草种或品种对白粉病有一定的抗性或耐性。②选用多草种或多品种建植混播草坪。③加强草坪的科学养护管理，主要包括均衡施肥和科学灌水及修剪等。在出现有利于病害发生的天气来临之前或期间要减少施肥，但适量增施磷、钾肥，有利于控制病情；灌水时应尽量避免串灌和漫灌；及时修剪，夏季剪草不要过低。④清除枯草层和病残体，减少菌源量枯草和修剪后的残草要及时清除，保持草坪清洁卫生。冬季可在适当地区，条件许可时可轻度焚烧草坪，减少越冬菌量。⑤药剂防治，可用烯唑醇、三唑醇、戊唑醇等药剂拌种；在历年发病较重的地区应在春季发病初期喷施药剂，可选用 25% 烯唑醇

可湿性粉剂 2 000~3 000 倍液、12.5%戊唑醇可湿性粉剂 2 000 倍液、70%甲基硫菌灵可湿性粉剂 1 000~1 500 倍液、25%多菌灵 500 倍液及 50%退菌特可湿性粉剂 1 000 倍液、B010 生物制剂 100 倍液或 30%氟菌唑 2 000 倍液等喷雾防治。

6.1.3　褐斑病

褐斑病是所有草坪病害中分布最广、危害最重的病害之一。该病广泛分布于我国及世界各地，可侵染包括草地早熟禾、高羊茅、多年生黑麦草、细弱剪股颖、匍匐剪股颖、狗牙根、结缕草等多种主要草坪草在内的 250 余种禾草植物。

(1) 症状

褐斑病主要危害叶片、叶鞘和茎秆，引起苗枯、叶腐、根腐、茎基腐。危害严重时，根部和根茎部也可变褐腐烂。通常叶片及叶鞘上出现梭形、长条形、或不规则形病斑，长 1~4 cm，初期呈水渍状，后期病斑中心枯白，边缘红褐色(彩图 6-3)。严重时病原菌可侵入茎秆，病斑绕茎秆一周，造成茎秆及茎基部变褐腐烂，病株枯死。在潮湿条件下，叶片和叶鞘病部生有稀疏的褐色菌丝；干燥时，病部会有黑褐色菌核形成，易脱落。

大面积受害时，草坪上出现大小不等的不规则圆形枯草圈(彩图 6-4)，条件适宜时，病情发展迅速，枯草圈直径可从几厘米扩展到几米(彩图 6-5)。由于枯草斑中心的病株较边缘病株恢复快，导致草坪呈现出环状或"蛙眼"状，即中央绿色、边缘枯黄色的环带(彩图 6-6)。在清晨有露水或高湿时，枯草圈外缘有由萎蔫的新病株组成的暗绿色至黑褐色的浸润圈，即"烟环"，由菌丝形成。当叶片干枯时"烟环"消失。在修剪较高的多年生黑麦草、草地早熟禾、高羊茅草坪上，常常没有"烟环"形成。另外，若病株数量大，在病害出现前 12~24 h 草坪会散发出一股霉味。草坪草感染该病死亡后会被藻类所代替，使地面变成很难恢复的蓝色硬皮。

对于冷季型草坪草，该病主要发生于高温、高湿的夏季，而对于暖季型草坪草则通常发生在草坪草开始复苏生长的春天或开始休眠的秋天。枯草圈直径可达几米，一般没有"烟环"，但枯草斑边缘有叶片褪绿的新病株。病株叶片上几乎没有侵染点，侵染只发生在匍匐茎或叶鞘上，造成茎部腐烂而不是叶枯。

(2) 病原菌

主要病原菌为立枯丝核菌(*Rhizoctonia solani*)，属于无性型真菌丝核菌属。菌丝体粗大，初为无色，后呈淡黄褐色至褐色，直径 4~15 μm，分枝呈直角，分枝处缢缩，附近形成隔膜(图 6-3)，不产生分生孢子阶段。菌核深褐色，直径 1~10 mm，形状不规则，表面

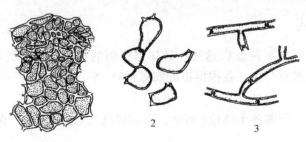

图 6-3　立枯丝核菌(1. 仿 魏景超，1979；2、3. 仿 商鸿生，1996)

1. 菌核切面　2. 菌核细胞　3. 菌丝

粗糙，内外颜色一致，表层细胞小，但与内部细胞无明显不同，菌核以菌丝与基质相连。在 PDA 培养基上形成白色至浅褐色的平铺菌落，生长迅速，3 d 可长满整个培养皿。菌丝绒毛状，放射状分布，较稀疏。

此外，禾谷丝核菌(*R. cerealis*)、玉米丝核菌(*R. zeae*)和水稻丝核菌(*R. oryzae*)也可引起此病。

(3)发生规律

病原菌以菌核或菌丝体在土壤或病残体上渡过不良环境，也可以在枯草层上腐生存活。菌核有较强的耐高低温能力，它萌发温度为 8~40℃，最适温度 28℃。但最适的侵染和发病温度 21~32℃。当土壤温度上升至 20℃时，菌核开始大量萌发，菌丝开始生长。在低温、草坪长势良好时，只引起局部侵染，不会严重损害草坪植株。但当白天气温升至 30℃，夜间气温不低于 20℃时，该病严重发生。

病原菌为土壤习居菌，主要依靠土壤传播，病株和病残体也可以传播。菌丝体可以从伤口和气孔侵入，也可以直接穿透叶片侵入。当气温较高时，首先侵染根，然后侵染匍匐茎，最后是叶片。枯草层厚的老草坪，菌源量大，发病重。低洼潮湿，排水不良，田间郁闭，湿度高小气候有利于病害发生和流行。

此外，该病是一种流行性很强的病害，早期只要有几张叶片或几株草受害，若不及时防治，一旦条件适合，病害会很快扩展蔓延，造成大片草坪草受害死亡，形成秃斑。因此，应对该病进行预测预报，及时做出预防方案。

(4)防治方法

①选育和利用耐病草种和品种　目前没有能抵抗此病的草种和品种，但草种、品种间存在明显的抗病差异性，如粗茎早熟禾＞紫羊茅＞早熟禾＞草地早熟禾＞高羊茅＞多年生黑麦草＞加拿大的早熟禾＞小糠草＞匍匐剪股颖和细剪股颖(抗病性顺序从大到小)；选用多草种或多品种建植混播草坪。

②加强草坪的科学养护管理　合理施肥、科学灌水、改善草坪通风透光条件、及时修剪、清除枯草层和病残体，减少菌源量。

③药剂防治　种子包衣或药剂拌种，利用草病灵 2 号、3 号、4 号和防病保健 1 号，或甲基立枯磷、五氯硝基苯、恶霉灵、烯唑醇等药剂拌种或用种子包衣剂；喷雾防治，发病初期可用草病灵 1 号、防病保健 1 号、草病灵 4 号、3%井冈霉素水剂、恶霉灵、万霉灵、三唑酮、异丙定、烯唑醇、丙环唑、代森锰锌、敌菌灵、放线菌酮、福美双、甲基硫菌灵等进行喷雾防治，一般 7~10 d 喷药 1 次，在病害多发季节，5~7 d 喷药 1 次。

6.1.4　腐霉枯萎病

草坪草腐霉枯萎病是一种发病迅速、破坏力极强的病害。全世界均有分布，在热带、温带、寒带甚至极地都有分布。我国报道的腐霉种有 55 个。

(1)症状

腐霉菌可侵染草坪草的各个部位(如芽、苗和成株)，造成烂芽、苗腐、猝倒、根腐和根颈部、茎、叶腐烂。

种子萌发和出土过程中被腐霉菌侵染，出现芽腐、苗腐和幼苗猝倒。幼根近尖端部分表现典型的褐色湿腐。发病轻的幼苗叶片变黄，稍矮，此后症状可能消失。

不同腐霉菌侵染草坪草病症是不同的。侵染叶部症状有腐霉叶枯症状，如出现"斑枯病""油斑病""绵枯病"等症状。"斑枯病"环斑直径 2~5 cm（有时高达 15 cm），修剪较低时，斑块最初很小，后以惊人的速度扩大；修剪较高的草坪上斑块更大，形状不规则。"油斑病"的病状为清晨感染病，叶片呈水渍状、暗黑色，触摸时有油腻感。当湿度很大时，特别是晚上菌丝体爬满叶片，侵染的草叶从浅黄褐色到褐色、枯萎、干枯后呈团状。这个阶段称为"绵枯"。气生菌丝体的大量产生的"绵枯"现象，也是幼苗枯萎或猝倒症状的主要特征。由于此症状是在雨后的清晨或傍晚最易出现，腐烂病株成簇趴在地上且可见一层绒毛状的白色菌丝层（彩图 6-7），在病枯草区的外缘也能看到白色或紫灰色的絮状菌丝体（彩图 6-8）。干燥时菌丝体消失，叶片萎缩并呈红棕色，整株枯萎而死，最后变成稻草色枯死圈。由于该病发展快，危害严重，有时一夜间就可把草坪毁掉，故又称疫病。

根冠腐主要在养护水平较高的高尔夫球场果岭和庭院绿地上发生。病状生长缓慢，茎叶纤弱。在早春和晚秋病斑最初很小，直径至 4~7 cm 时病斑迅速扩散。越冬后，感病植株生长势明显弱于健康植株，对肥料的利用率也不高。随着温度的升高，大面积的草坪萎蔫、变褐色甚至死亡。至仲夏，温暖潮湿，黄色、褐色或红铜色的草坪斑块与币斑病的病状相似。

在日本和北美低温积雪地区，剪股颖、羊茅、黑麦草、早熟禾以及麦类作物，受到腐霉菌侵染后发生一种褐色雪腐病，症状以融雪后最明显，称为雪枯症状。叶片上生大型暗绿色水渍状病斑，死亡后变褐色或枯黄色。根颈也可被侵染，致使植株迅速死亡。雪枯症状多发生在肥力高、排水不良和大雪覆盖下的潮湿土壤上。

（2）病原菌

有 20 余种腐霉菌可寄生禾草引致腐霉枯萎病，病原菌为卵菌门腐霉属。常见种有禾谷腐霉（*Pythium graminicola*）（图 6-4），菌丝直径 3~7 μm，不规则分枝，孢子囊膨大，丝状、指状、单生或形成不规则念珠状、裂瓣状复合体，顶生或间生，萌发后产生 15~49 个游动孢子。游动孢子肾形，双鞭毛，（14.8~17.2）μm×（9.8~14.8）μm，休止孢子直径 12.3~17.2 μm。藏卵器球形，光滑，顶生或间生，直径 19~38（平均 24.3）μm。雄器同丝，棍棒状，（8.6~12.10）μm×（6.0~6.9）μm，生于长短不一的柄上，每一藏卵器附有 1~6 个雄器。卵孢子球形，平滑，单生满器，直径 18~35（平均 24.37）μm，壁厚 1.7~3.1（平均 2.46）μm，无色或淡褐色。菌丝生长的最低温度为 8℃，最适温度为 28℃，最高温度为 40℃。

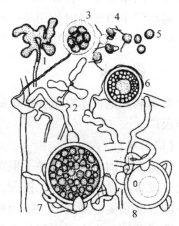

图 6-4　禾谷腐霉
1、2. 孢子囊　3. 泡囊　4. 游动孢子
5. 休止孢子　6~8. 藏卵器、雄器和卵孢子

（3）发病规律

腐霉菌为土壤习居菌，有很强的腐生性。以卵孢子和菌丝体的形式在土壤中和病残体中可存活多年。土壤和病残体中的卵孢子是最重要的初侵染来源。腐霉菌的菌丝体也可在存活的病株中和病残体中越冬。腐霉菌还是一种对水要求很高的病原菌，在淹水条件下和池塘、低凹积水地中的病残体上均能较好的生长。

环境条件适宜时，卵孢子萌发后产生游动孢子囊和游动孢子，游动孢子经一段时间的游动后静止，形成休止孢子。休止孢子萌发产生芽管和侵染菌丝，侵入幼苗或成株的根部，以及其他部位，主要在寄主细胞间隙扩展。卵孢子萌发也可直接生成芽管和侵染菌丝。各种来源的菌丝体在适宜条件下迅速生长并侵染植株不同器官，以后病株又产生大量菌丝体以及无性繁殖器官孢囊梗和孢子囊。孢子囊萌发产生游动孢子或芽管，也能侵染寄主。

灌溉和雨水也能短距离传播孢子囊和卵孢子，腐霉菌游动孢子可在植株和土壤表面自由水中游动传播。病原菌的菌丝体也可借叶片相互接触而传播。菌丝体、带菌植物残片、带菌土壤则可随工具、人和动物远距离传播。

高温高湿条件下有利于腐霉菌的侵染。但温度对有些腐霉菌的影响不大，此类腐霉菌在土壤温度低至15℃时仍能侵染禾草，导致根尖大量坏死。例如，引起"褐色雪腐病"的一些种类在积雪覆盖下的高湿土壤中侵染禾草，能耐受更低的温度。

（4）防治方法

①改善草坪立地条件，建立良好的立地条件是防治腐霉枯萎病的关键措施。建植之前应平整土地，黏重土壤或含沙量高的土壤均需改良，要设置地下或地面排水设施，避免雨后积水，降低地下水位。②建立合理的养护管理制度，合理灌水，改进灌水方法；合理修剪，施肥，清洁草坪卫生；合理搭配品种，混合建植草坪常用的草种匍匐剪股颖、细弱剪股颖、意大利黑麦草或多年生黑麦草等几乎没有抗腐霉枯萎病的品种。多年生黑麦草最易感腐霉枯萎病；药剂防治、药剂拌种和土壤处理，选用的药剂品种有代森锰锌、杀毒矾、灭霉灵、消菌灵等。移栽灵对腐霉菌也有非常好的防治效果；喷药防治，发病初期，尤其是高温高湿季节要及时使用杀菌剂控制病害。地茂散、多菌灵和代森锰锌，内吸性杀菌剂乙磷铝、甲霜灵、甲霜锰锌等都具有较好的防病效果。

6.1.5　根腐病

根腐病是危害禾草根和根颈部位的一类重要病害，该病发生较为普遍，在全球和国内分布很广。

（1）症状

幼苗出土前后发病，种子根腐烂变褐色，严重时造成烂芽和苗枯。发病较轻的，幼苗黄瘦，发育不良。成株根、根颈、根状茎、匍匐茎和茎基部干腐，变褐色或红褐色、叶片有不同程度枯萎。潮湿时，根颈和茎基部叶鞘与茎秆间出现白色、粉红色、赭石色等霉状物，即病菌的分生孢子座和分生孢子。

通常草坪草染病后，在草坪草地上出现圆形或不规则形草地斑，起初仅直径数厘米至十几厘米的病区，红褐色、淡黄褐色；之后汇合、扩大成直径数十厘米的病区，内部黄褐色，边缘3~6 cm，为红褐色，斑内植株几乎全部发生根腐和茎基腐（彩图6-9），最终使大片草地枯死。

病株下部老叶和叶鞘上出现形状不规则的叶斑。初期水浸状、墨绿色，以后变为枯黄色或褐色，有红褐色边缘。病株上叶斑形状不规则，红褐色，而后为淡黄褐色。

草地早熟禾三年以上的植株受多种镰孢菌侵染，枯草斑直径可达1 m，呈条形、新月形、近圆形。枯草斑边缘多为红褐色。通常枯草斑中央为正常草株，受病害影响较少，四周为已枯死草株构成的环带，整个枯草斑呈"蛙眼状"（彩图 6-10）。这一症状通称"镰孢菌枯萎综合症"，多发生在夏季湿度过高或过低时。在冷凉多湿季节，镰孢菌还常与雪腐捷氏霉并发，引起雪腐病或叶枯病。

此病的症状在草地上出现圆形、水浸状病区，直径 2.5~5.0 cm，呈黄色、橙褐色或红褐色，其上生有疏密不一的霉层。之后病区可扩至直径 30 cm 以上，呈环状；浅灰色至浅黄褐色或具褐边，照光时带粉红色，故称为"粉红雪霉病"，病区禾本科草死亡。

（2）病原菌

有很多种镰孢菌可引致禾草根腐病，主要种类为黄色镰孢菌（*Fusarium culmorum*），其次为禾谷镰孢菌（*F. graminearum*）、燕麦镰孢菌（*F. avenaceum*）、异孢镰孢菌（*F. heterosporium*）、梨孢镰孢菌（*F. poae*）和木贼镰孢菌（*F. equiseti*）等。

镰孢菌属无性型真菌丝孢纲瘤座菌目镰孢属。此属菌物菌丝体初为白色絮状，后多产生粉红色、胭脂红色、赭石色等色素。

分生孢子有大小两种，大分生孢子为镰刀状、梭状，多胞，无色，基部细胞常有一明显突起，称为脚胞；小分生孢子多为卵形、柠檬形、椭圆形，孢子单胞或双胞，有 0~1 个隔膜。有些种还可在菌丝或大分生孢子上形成厚垣孢子，该种孢子厚壁，球形或近球形，单生或串生，顶生或间生，单胞或双胞。

分生孢子梗无色，分隔或不分隔，常下端结合形成分生孢子座，有时直接从菌丝生出。分生孢子梗不分枝至多次分枝，最上端为瓶状产孢细胞（又称瓶状小梗、瓶体），内壁芽生瓶体式产孢，有时还产生分生孢子座和黏成分生孢子团（图 6-5）。

（3）发病规律

镰孢菌侵染来源较多，包括土壤带菌、病残体带菌和种子带菌等重要途径，但依种类不同而有所差异。黄色镰孢菌主要以厚垣

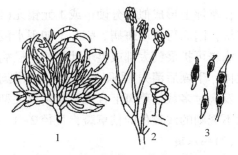

图 6-5　镰孢菌（仿 赵美琦，1999）
1. 分生孢子梗及大分生孢子　2. 小型分生
孢子及分生孢子梗　3. 厚垣孢子

孢子在土壤中和枯草层中，以菌丝体和厚垣孢子在植物病残体中越年存活。该菌是土壤习居菌，可随病残体在土壤中存活 2 年以上，风干土壤中的厚垣孢子在 9℃ 条件下存活 8 年。种子带菌率相当高，也是重要的初侵染来源。在种子萌发出苗过程中，土壤和种子中的病原菌侵染胚轴、种子根等幼嫩组织，造成烂芽和苗枯。对较大的植株，则主要由根颈上发根造成的伤口侵入，也有的先侵入 1~2 mm 长的细根，使之褐变死亡，变色部分进一步扩展到根颈。冬季低温，菌丝体潜藏在基部组织中越冬，春季随气温上升，病菌迅速扩展，导致植株基部和根系腐烂，引起植株死亡。在死亡病株的腐烂组织中形成大量厚垣孢子越夏，腐烂组织破碎后，厚垣孢子散入土壤，可随土壤扩散传播。病株地上部分或地面带菌残体产生的分生孢子随气流传播分散并侵入叶鞘和叶面产生叶斑。

高温和土壤干旱有利于镰孢菌根腐和基腐的发生。土壤含水量过低或过高都有利于镰孢菌枯萎综合症严重发生，干旱后长期高温或枯草层温度过高时发病尤重。草坪坡面南向，夏季日照时间长，光照强，镰孢菌根腐易于发生。春夏施用氮肥过量，氮磷比例失调，剪草高度过低，枯草层太厚，其 pH 值高于 7.0 或低于 5.0 等都有利于镰孢菌根腐病

和基腐病发生。镰孢菌叶斑病在长期高湿条件下发生，其发病条件与离蠕孢叶枯病相似。

雪腐镰孢菌引起"粉红雪霉病"的病害，常见于冷凉潮湿的地区和季节中，从深秋到夏初均可发生，而不限于冬季。只要具备冷湿条件，有无积雪都可流行，但在有雪被而土地不封冻的情况下最为猖獗。大多数禾本科作物和冷季型禾草均被侵染，尤以狗牙根、结缕草最为敏感。一年生早熟禾、剪股颖、小糠草、草地早熟禾和黑麦草也易受害。苇状羊茅和细叶型羊茅较抗病。

草地早熟禾4年生植株易患"枯萎综合症"，叶斑、根腐、根颈腐等症状表现不受株龄影响。

（4）防治方法

①合理施肥增施磷、钾肥；②合理灌溉及修剪，减少灌溉次数，控制灌水量以保证草坪既不致于干旱也不过湿；③选用抗病品种及混播种植抗病、耐病草种或品种，草地早熟禾易感枯萎综合症，提倡草地早熟禾与羊茅、黑麦草等混播；④药剂防治，在根颈腐症状尚未明显之前施用多菌灵、甲基硫菌灵等内吸杀菌剂。

6.1.6　币斑病

（1）症状

在草坪上形成似5分硬币或1元银元（约5 cm）大小的圆形、凹陷、漂白色或稻黄色的小斑块，因而得名币斑病。病叶上初现水浸状褪绿斑，后变枯黄色，有浓褐色、紫红色边缘，病斑可扩展到大部或整个叶片，清晨病叶上有露水时，可见绵毛状、蛛丝状白色气生菌丝体，干燥后消失（彩图6-11）。高尔夫球场草坪上呈现圆形凹陷的枯草斑（彩图6-12），严重发病时多数枯草斑汇合成不规则形大型枯草区（彩图6-13）。在住宅区绿化草坪上出现形状不规则的浅黄色的枯草斑，直径2~15 cm甚至更大，汇合后大片草坪枯黄。

（2）病原菌

币斑病又称钱斑或圆斑病，此病由子囊菌门核盘菌纲柔膜菌目 Lanzia 与 Moellerodiscus 属的若干个种的菌物复合侵染所致。

（3）发生规律

引发草坪草币斑病的因素很多。潮湿而高温的天气（尤其是白天温度高，夜间温度低）、较高的空气湿度和较低的土壤湿度，有利于币斑病的发生。土壤贫瘠、干旱胁迫、氮肥缺乏等也是币斑病流行的有利条件。频繁和过低的修剪也有利于币斑病的发生。

（4）防治方法

①选用抗耐病草种和品种，如匍匐剪股颖中的'T-1''T-93'，草地早熟禾中的'Midnight''Muglade'等。②加强草坪水肥管理，不要在午后和晚上浇水，避免在夜间形成露水。在高尔夫球场草坪也可用竹竿或软管"去露水"来减少结露时间。③定期剪草，不要频繁剪草或剪草过低。④适当增施氮肥或施用有机肥。⑤适时喷施百菌清、烯唑醇、敌菌灵、丙环唑等杀菌剂。

6.1.7　夏季斑枯病

夏季斑枯病又称夏季斑或夏季环斑病，是夏季高温高湿时发生在冷季型草坪草上的一种严重的根部病害，可以侵染细羊茅、剪股颖、早熟禾等冷季型禾草，其中以草地早熟禾受害最为严重，有人称之为草地早熟禾的"癌症"。

（1）症状

夏初开始表现，初期为枯黄色圆形小斑块（直径 3~8 cm），以后逐渐扩大成为圆形或马蹄形枯草圈，直径大多不超过 40 cm 左右（较大时也可达 80 cm）。多个病斑愈合连成片，形成大面积的不规则形枯草区。典型病株根部、根冠部和根状茎黑褐色，后期维管束也变成褐色，外皮层腐烂，整株死亡。病组织上还有网状稀疏、深褐色至黑色的外生菌丝。将病草根部冲洗干净，在显微镜下可见平行于根部生长的暗褐色匍匐状外生菌丝，有时还可见到黑褐色不规则聚集体结构。其与褐斑病的较大区别是斑圈为枯圈；病原菌一般沿根冠部和茎组织蔓延。

（2）病原菌

引起该病的病原菌为夏季斑枯病菌（*Magnaporthe poae*），属子囊菌门巨座壳科巨座壳属菌物。该菌在 PDA 培养基上菌丝稀疏呈白色，紧贴培养基向外发散生长，长满培养皿后在皿壁堆积，后期颜色变深至橄榄色。菌丝有隔、少分枝。

（3）发病规律

病菌以菌丝体在草株残体和草株组织中越冬。春末夏初，当土壤温度稳定在 18~20℃时病菌开始侵染。首先侵染草坪草根的外部皮层细胞并在根部定植，抑制其生长，以后病菌沿着根和匍匐茎的生长在组织间蔓延并在草株间移动，造成草坪出现大小不等的秃斑。由于秃斑内枯草不能恢复，因此在下一个生长季节秃斑依然明显。该病还可通过草坪机械的携带以及草皮的移植而传播。另外，高温潮湿、排水不良、土壤紧实、低修剪、频繁的浅层灌溉等都会加重病害，使用砷酸盐除草剂、速效氮肥和某些接触传导型杀菌剂也会加重病害。

（4）防治方法

该病的防治，必须遵循"预防为主，综合防治"的植保方针和有害生物综合治理的指导思想。即以选用抗病草种品种为基础，科学养护和生态防控为前提。

①在球场建造或球场改造时，选用抗病草种品种是防治夏季斑枯病最有效且经济的方法，也是预防病害的第一关。因为不同草种品种间对夏季斑枯病抗病性差异明显。草种间抗病性差异（由高到低）表现为：多年生黑麦草>高羊茅>匍匐剪股颖>硬羊茅>草地早熟禾。

②由于夏季斑是一种根部病害，凡是能促进根系生长的措施都可预防或减轻病害的发生。例如，避免过度低修剪，特别是在高温时期；最好使用缓释氮肥；要深灌，避免浅层灌溉，尽可能减少灌溉次数；打孔、梳草、覆沙、通风，改善排水条件，减轻土壤紧实等措施都有利于控制病害。对于发病严重的局部处也可更换草皮。

③及时进行化学防治。建植时要进行药剂拌种、种子包衣或土壤处理。成坪草坪的茎叶喷雾或灌根，关键在春末或夏初（土温稳定在 18~20℃时）的首次施药，选择国光嘧菌酯、丙环唑、代森锰锌、甲基托布津等药剂 500~1 000 倍喷雾或灌根，其中以嘧菌酯防病效果最佳。

6.1.8 叶枯病

叶枯病是草坪禾草上普遍发生的一类重要病害，该病害由德氏霉、离蠕孢、弯孢霉、喙孢霉、灰梨孢和壳二孢等多种真菌侵染引起。

6.1.8.1 德氏霉叶枯病

德氏霉叶枯病是草坪禾草上普遍发生的重要病害，在北方一些地方的草坪病害调查中，主要以早熟禾德氏霉导致的叶枯病为主。该病在适宜的环境条件下，病情发展迅速，造成草坪早衰、秃斑，严重影响草坪景观。

①症状　早熟禾叶枯病主要侵染草地早熟禾，引起早熟禾的叶斑、叶枯，也危害种子、芽、苗、根、根状茎和根颈，造成烂种、苗腐、根部、冠部和茎基的腐烂。叶片和叶鞘上出现水浸状椭圆形小病斑，继而病斑变褐色，周边叶组织变黄色。病斑进一步增大成为长椭圆形、长梭形，与叶脉平行，其中心枯死，变褐色以至枯白色，病斑周围(病健交界处)有黄色晕圈，边缘暗褐色，长度 0.4~1.0 cm，相互愈合后形成较大的坏死斑(彩图 6-14、彩图 6-15)，甚至整个叶片或整个分蘖死亡。潮湿条件下，病斑上有黑色霉状物。严重发病时，大量死叶、死蘖，使草坪稀薄。病原菌还侵染草地早熟禾根、根茎和茎基部，病部变褐腐烂，导致叶片褪绿、萎蔫，病株褐变死亡，与镰孢菌(*Fusarium*)引起的症状相似。

此外，在不同寄主上还有其他病害的发生，如羊茅和黑麦草网斑病主要危害黑麦草、细叶羊茅、高羊茅、草地羊茅等禾草。在细羊茅叶片上产生不规则形红褐色小斑，病斑迅速切断寄主细小的叶片，使之黄化并由尖端向基部枯死。

②病原菌　德氏霉叶枯病均由德氏霉属菌物所致，该病原菌属于无性型真菌丝孢目暗色菌科。

引起早熟禾叶枯病的病原菌为早熟禾德氏霉(*Drechslera poae*)，分生孢子梗长可达 250 μm，宽 8~12 μm，有时基部膨大，分生孢子圆筒形，正直，成熟后黄褐色，光滑，具 1~12 个(多数 5~8 个)假隔膜，(30~160) μm×(17~32) μm，脐宽 3.5 μm。除早熟禾属外还可寄生马唐属和画眉草属。人工接种可侵染草地早熟禾、无芒雀麦、鸭茅、羊茅和多年生黑麦草等(图 6-6)。

引起黑麦草大斑病的病原菌为干枯德氏霉(*D. siccans*)，分生孢子梗单生或数根束生，直立，有时上部屈膝状，褐色，基部膨大，长可达 400 μm，宽 7~11 μm，具较大明显疤痕。分生孢子圆筒形，往两端略尖削，浅褐色至褐色，3~11 个(多数 4~6 个)假隔膜，表面光滑，30~170 μm[多数(60~100) μm×(14~22) μm](图 6-7)。

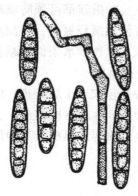 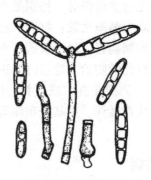

图 6-6　早熟禾叶枯病菌分生孢子梗
和分生孢子(仿 商鸿生，1996)　　　　图 6-7　黑麦草大斑病菌分生孢子梗
和分生孢子(仿 商鸿生，1996)

引起黑麦草和羊茅网斑病的病原菌为 *D. dictyoides* f. sp. *perennis*。分生孢子梗黄褐色至褐色，单生，稀或束生，有隔，直立，上部屈膝状，长可达 360 μm，宽 7~14 μm。分生孢子黄褐色至褐色，直，棒形，由基部向顶部渐细，单生，有时生成次生分生孢子，2~14 个假隔膜，（48~2 400）μm×（10~15）μm，最宽处往往在基部第 2 胞中部，少数为第 3 胞(图 6-8)。

引起剪股颖赤斑病的病原菌为 *D. erythrospila*，分生孢子梗单生或对生，圆筒形，上部屈膝状，褐色至暗褐色，简单，基部膨大，（100~340）μm×（6~8）μm。分生孢子直，有时略弯，圆筒形、近圆筒形，两端钝圆，黄色至榄褐色，具 2~10 个（多数 4~6 个）假隔膜，（40~70）μm×（11~13）μm，少数 100 μm×16 μm。脐黑色明显，内陷。基细胞有时为暗褐色横隔间隔。

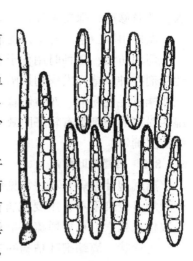

图 6-8　羊茅网斑病菌分生孢子梗和分生孢子

（仿 商鸿生，1996）

侵染剪股颖的还有另一种病原菌是 *D. catenaria*，造成类似症状。

引起狗牙根环斑病病原菌为 *D. gigantean*，分生孢子梗单生或少数集生，褐色，基部膨大，有时近顶部膨大，长可达 400 μm，宽 9~12 μm。分生孢子直、圆筒状，壁薄，透明，后呈淡褐色，具 3~6 个（一般 5 个）假隔膜，（200~390）μm×（15~30）μm。

③发生规律　病种子和病土是德氏霉叶枯病的主要初侵染源。病原菌主要以菌丝体潜伏在种皮内或以分生孢子附着在种子表面和颖壳上。德氏霉属病原菌是土壤寄居菌，只能在土壤中植物残体、残渣内存活。禾草种子播种后，在整个萌发、出苗过程中，胚芽鞘、胚根鞘和种子根等部位都可受到来自种子或土壤的病原菌侵染造成烂芽、烂根、苗腐等复杂症状，不仅大大减低出苗率，还显著削弱幼苗生长势。其分生孢子在 3~27℃均可萌发，适温 15~18℃，20℃上下最适于侵染发病。病苗产生大量分生孢子，经气流、雨滴飞溅、流水、工具、人、畜传播，接触并侵入地上部叶鞘和叶片，使发病部位上移，持续再侵染导致叶枯病流行。

叶面有自由水是孢子萌发和侵入所必需的条件，因而春秋季降水量、雨日数、露日数和结露时间长短是决定病害流行程度的重要限制因子。降雨多、露日多、每天结露时间长，发病则重；反之则轻。

影响德氏霉叶枯病的流行因素很多，其中最重要的是天气条件。阴雨或多雾的天气致使叶面长期保持水膜和湿润以及在午后或晚上的灌水；草坪立地条件不良，严重遮阴、郁蔽，地势低洼，排水不良等均造成湿度过高；光照不足，氮肥过多，磷、钾肥缺乏时，植株生长柔弱，抗病性降低；草坪管理粗放，修剪不及时，剪草过低，枯草层厚，积累枯、病叶和修剪的残叶没及时清理等，都有助于菌量积累和加重病害流行。

④防治方法　选用抗病品种种植抗病、轻病和耐病草种或品种，播种无病种子。提倡不同草种或品种混合种植。加强检疫，严格把好种子关，做好药剂拌种、种子包衣。

加强草坪水肥管理，配合使用氮、磷、钾肥，避免植株旺而不壮。灌深、灌透，减少灌水次数，避免草坪积水，浇水应当在早晨进行，避免频繁的浅灌，特别是不在傍晚灌水。及时修剪，保持植株适宜高度，如绿地草坪最低的高度应为5~6 cm。

做好田园卫生，春季以前清除病残体和清理枯草层。

药剂防治，播种时用种子重0.2%~0.3%的25%三唑酮可湿性粉剂或50%福美双可湿性粉剂拌种；草坪发病初期喷施杀菌剂，能较好地控制病情发展，25%敌力脱乳油、25%三唑酮可湿性粉剂、70%代森锰锌可湿性粉剂、50%福美双可湿性粉剂、12.5%戊唑醇可湿性粉剂等药剂都有较好防效。喷药量和喷药次数，可根据草种、草高、植株密度以及发病情况确定。

6.1.8.2　离蠕孢叶枯病

离蠕孢叶枯病是草坪常见病害，发生较普遍，在我国南北方均有发生。离蠕孢属的多个种均可侵染禾草，主要危害叶、叶鞘、根和根颈等部位，造成严重叶枯、根腐、颈腐，导致植株死亡、草坪稀疏、早衰，形成枯草斑或枯草区。

①症状　离蠕孢叶枯病的主要症状是病斑形成初期，在叶片上出现小的暗紫色到黑色的椭圆形、梭形或不规则形斑点。随着斑点扩大，其中心常变为浅棕褐色，外缘有黄色晕(彩图6-16至彩图6-17)。潮湿条件下，表面生黑色霉状物。当温度超过30℃时，明显的斑点常消失，整个叶片变干并呈稻草色。在凉爽天气时，病害一般局限于叶片。在高温、高湿天气时叶鞘、茎、颈部和根部也会受侵染，短时间内会出现草皮严重变薄和不规则形枯草斑和枯草区。由于引起离蠕孢叶枯病的病原菌种的不同，其所致叶枯病的症状也有所不同。

②病原菌　禾草离蠕孢(*Bipolaris sorokiniana*)病原菌分生孢子梗单生，少数集生，圆筒状或屈膝状，褐色，长可达220 μm，宽6~10 μm。分生孢子弯曲，纺锤形、宽椭圆形，暗褐色，具3~12个假隔膜，多数6~10个，(40~120)μm×(17~28)μm(图6-9)。

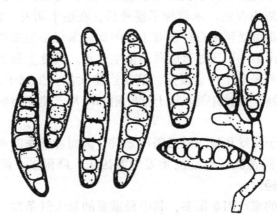

图6-9　禾草离蠕孢分生孢子梗和分生孢子(仿 商鸿生，1996)

另外，至少有5种离蠕孢属菌物可引起草坪离蠕孢叶枯病，离蠕孢属于无性型真菌丝孢目暗色菌科。其他常见禾草离蠕孢属病原菌物见表6-2所列。

③发生规律　离蠕孢叶枯病菌是以菌丝在病种子、土壤病残体和发病植株上越冬。初侵染源来自带菌种子和土壤中病残体，引起幼苗地下部分和茎叶发病，已建成的草坪，病原菌以持续侵染的方式多年流行。茎叶发病主要是由气流和雨水传播的分生孢子再侵染而引起。雨露多而气温适宜，主要侵染叶片，造成叶斑和叶枯；夏季高温、高湿时期，造成

表 6-2　其他常见禾草离蠕孢属病原菌物

属名	重要形态特征	主要寄主
Bipolaris australiensis	分生孢子梗长可达 150 μm，宽 3~7 μm，分生孢子圆筒形、近长方形、两端圆，3 隔，（10~14）μm×（6~11）μm	狗牙根属、狼尾草属
B. bicolor	分生孢子梗长可达 400 μm，宽 5~10 μm；分生孢子直、圆筒状，中部较宽，顶部圆，基部平截，3~14 隔，（20~135）μm×（12~20）μm，成熟孢子中部细胞暗褐色，两端细胞色淡，近透明，有深色隔膜隔开	多种禾草
B. buchloes	分生孢子梗（60~120）μm×（5.8~8.0）μm，分生孢子直或略弯，向顶端渐细，2~9 隔，（27~86）μm×（8~11）μm	野牛草
B. hawaiiensis	分生孢子梗长可达 120 μm，宽 2~7 μm，分生孢子椭圆形、圆筒形，直，两端圆，2~7 隔，（12~37）μm×（5~111）μm	狗牙根属、狼尾草属、马唐草属
B. micropus	分生孢子梗长可达 200 μm，宽 4~6 μm，分生孢子椭圆形、圆筒形，3~9 隔，（28~92）μm×（10~18）μm	雀稗属

注：引自商鸿生，1996。

叶枯和根、茎、茎基部腐烂。禾草离蠕孢多在夏季湿热条件下侵染冷季型草坪禾草，在 20~35℃，随气温升高发病加重，20℃左右时只发生叶斑，23~24℃以上有轻度叶枯，29~30℃以上发生严重的叶枯。其他离蠕孢病原菌侵染引起的茎叶部发病，适温为 15~18℃，27℃以上受抑制，因而在春季和秋季发病较重。狗牙根、结缕草、雀稗等暖季型草坪禾草茎叶部病害多在冷凉多湿的春秋季流行，根部和根颈部则以较干旱高温的夏季发病较重。

草坪肥水管理不良，高湿郁闭，病残体和杂草多，都易导致发病。播种建植草坪时，种子带菌率高、播期选择不当、气温低、萌发和出苗缓慢或者因覆土过厚、出苗期延迟以及播种密度过大等因素都可能导致烂种、烂芽和苗枯等症状发生。此外，在冬季和早春禾草根部遭受冻害以及地下害虫咬食造成的伤口较多等情况下根病也会严重发生。

④防治方法　同德氏霉叶枯病。

6.1.8.3　弯孢霉叶枯病

弯孢霉叶枯病（又称凋萎病）是草坪上普遍发生的病害，主要危害早熟禾、匍匐剪股颖、细叶羊茅和黑麦草等。

①症状　感病草坪衰弱、稀薄、有不规则形枯草斑。枯草斑内病株矮小，呈灰白色枯死（彩图 6-18）。在草地早熟禾和细叶羊茅上，叶片由叶尖向叶基褪绿变黄，逐渐变棕色然后变灰，直到最后整个叶片皱缩凋萎枯死。病健组织间形成红褐色边缘。在匍匐剪股颖上，叶片从黄色变到棕褐色最后凋落。在紫羊茅和草地早熟禾上有时能观察到中心棕褐色，边缘红色到棕色的叶斑。在潮湿条件下，病斑上生成黑色霉状物，有时出现灰白色气生菌丝。不同种的弯孢病菌所致症状不同，如新月弯孢（*Curvularia lunata*）侵染草地早熟禾，所致的病叶上生椭圆形、梭形病斑，长 0.3~0.7 cm，病斑中部灰白色，周边褐色，外缘有明显黄色晕圈，数个病斑汇合造成叶片枯死；不等弯孢（*C. inaequalis*）所致的病株根颈部叶片变褐、腐烂，病叶上生褐色病斑，中部青灰色，有黄色晕。三叶草弯孢（*C. trifolii*）在三叶草上形成的典型病斑多由叶片顶部或侧缘向内发展呈楔形，病健交界处有宽 1~2 mm 的鲜黄色带。

②病原菌　为无性型真菌丝孢纲弯孢霉属菌物。病原菌菌丝体、分生孢子梗和分生孢

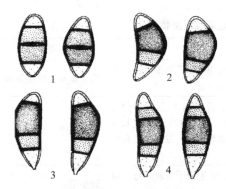

图 6-10 弯孢霉的分生孢子(仿 商鸿生, 1996)

1. 画眉草弯孢霉菌　2. 新月弯孢菌霉

3. 三叶草弯孢霉　4. 管突弯孢霉

子均为深褐色。菌丝体在叶组织内生长或沿着叶面生长。分生孢子顶侧生, 椭圆形、梭形、舟形或梨形, 常向一侧弯曲, 长 20~40 μm, 3~4 个隔膜, 中间细胞增大, 颜色加深。分生孢子的形状、大小、分隔数、最宽细胞位置、脐部是否突出等特征都是区分种的重要依据(图 6-10)。病菌的不同株系毒力差异明显。根据分生孢子的形态, 草坪草上的弯孢霉可划分为 3 种类型: 具 3 个隔膜, 从基部开始的第 3 个细胞增大; 具 3 个隔膜, 中间两个细胞增大; 具 4 个隔膜, 中间细胞增大。主要种类有: 新月弯孢(*Curvularia lunata*)(分生孢子为第 1 种类型), 有性型为新月旋孢腔菌(*Cochliobolus lunatus*); 棒状弯孢(*C. clavata*); 膝曲弯孢(*C. geniculata*)(第 3 种类型), 有性型 *C. geniculatus*; 间型弯孢(*C. intermedia*)(第 2 种类型), 有性型为间型旋孢腔菌(*C. intermedius*); *C. protuberata*(第 3 种类型); 三叶草弯孢(*C. trifolii*)(第 1 种类型); 苍白弯孢霉(*C. pallescens*)(第 2 种类型), 有性型为苍白旋孢腔菌(*C. pallescens*)等。在 PDA 平板上, 棒状弯孢霉、膝曲弯孢霉和新月弯孢霉的菌落表面均呈灰黑色, 致密呈毡状, 菌落扁平, 全缘, 菌落背面黑色, 边缘灰白色。

③发病规律　弯孢菌在病害发生规律上与离蠕孢叶枯病较为相似。高温逆境时寄主植物易受病菌侵染, 病害主要发生在 30℃ 左右的高温和高湿条件下, 这比离蠕孢所致病害的最适温度略高。一般而言, 弯孢霉对寄主植物的毒性较德氏霉小。弯孢霉以菌丝体或分生孢子在寄主上越冬, 春季随温度升高, 迅速侵染发病, 大量产孢, 分生孢子随风雨传播, 频繁再侵染, 夏秋季持续发生。病菌还能在土壤表面腐生。种子普遍带菌。生长不良, 管理不善的草坪发病重。潮湿和施氮肥过多有利于病害发生。

④防治方法　同德氏霉叶枯病。

6.1.8.4 喙孢霉叶枯病

喙孢霉叶枯病(又称云纹斑病), 广泛分布于温带地区, 是我国常见病害之一。主要危害羊茅、早熟禾、鸭茅、黑麦草和剪股颖等多种草坪草。

①症状　主要危害叶片、叶鞘。叶片病斑梭形或长椭圆形。病斑长 12 cm, 宽 2~3 mm, 边缘深褐色, 两端有与叶脉平行的深褐色坏死线, 中间枯黄色至灰白色(彩图 6-19)。病斑上有霉层产生。后期多个病斑汇合呈云纹状。病斑多发生于中、上层叶片。病叶常由叶尖向基部逐渐枯死。叶鞘上的病斑可绕鞘 1 周, 导致叶片枯黄死亡。

②病原菌　为无性型真菌丝孢纲喙孢霉属菌物。该菌菌丝体生于寄主角质层下, 无色至浅灰色, 在叶面形成无色的子座。没有明显的孢子梗, 分生孢子直接着生在子座的细胞上。有两个重要种。

直喙孢霉(*Rhynchosporium orthosporum*), 分生孢子无色, 圆筒状, 正直, 少数略弯, 大部分孢子中间生有 1 隔膜, 两胞大小相近, 少数孢子一端细胞略有缢缩, (10~19) μm×(2.5~3.5) μm。

黑麦喙孢霉(*R. secalis*), 分生孢子常一端钝圆, 一端具短而偏斜的喙状突起, 隔膜处稍缢缩，（11~22）μm×（2.5~5.5）μm。此菌在 17℃下，在利马豆琼脂上生长及产孢良好(图 6-11)。

③发生规律　病菌以菌丝体在寄主和病残体上越冬，春季产生分生孢子，借风雨传播，病菌直接穿透表皮细胞侵入寄主，使寄主的组织消解，在该处产生大量菌丝体，以后再在寄主表面形成子座并产生分生孢子。可重复侵染。在凉而潮湿的气候下，此病易发生。气候干燥而炎热时，病情减轻。故多发生于春末和秋季。在贵州发病期为

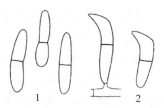

图 6-11　喙孢霉分生孢子
（仿 商鸿生，1996）
1. 直喙孢　2. 黑麦喙孢

5~10 月，高峰期 6 月中旬和 8 月底 9 月初。该菌寄生专化性强，禾草品种间抗病性有明显差异。草坪管理不当，修剪不及时，都会加重病情。

④防治方法　同德氏霉叶枯病。发病初期，还可使用 50%退菌特可湿性粉剂 1 000 倍液，或 50%甲基硫菌灵可湿性粉剂 1 000 倍液喷施防治。

6.1.8.5　禾草梨孢叶枯病

禾草梨孢叶枯病危害多种禾本科牧草和草坪草植物。在美国发病非常广泛，甚至导致美国一些州的高尔夫球场上 90%以上的草坪草死亡。近年来，我国南方也有发病报道。

①症状　初期感病叶片呈水浸状的微伤，夏季温暖潮湿时，这些微伤在几小时之内就会变成坏死斑点，且叶片上的斑点迅速扩大，发展成灰色、棕色或浅灰色、长圆形或长条形、纺锤形病斑。病斑中部灰褐色，边缘紫褐色，病斑周围有褪绿变黄晕区（彩图 6-20）。高湿条件下，病斑上生有灰色霉状物。严重发病时，整片草坪出现焦枯状。在流行季节，叶片上的坏死斑变成不规则形，并且顶端枯萎或整个叶片枯萎，呈弯曲状。当环境条件有利于病害发生时，整个植株会在 48 h 内迅速萎蔫，3~5 d 整块草坪就会被完全毁坏。在地势低洼或排水不畅处，草坪呈现出淡色的斑块状，接着会产生区域性或出现不规则形的大块草皮下沉。

②病原菌　为灰梨孢菌(*Pyricularia grisea*)，属无性型真菌。分生孢子梗单生或 2~5 根成束由寄主气孔伸出，多不分枝，顶部屈膝状弯曲，淡褐色，表面光滑，（3.5~5.5）μm×（60~200）μm；产孢细胞多芽生，圆柱状，合壁芽生产孢，合轴式延伸；分生孢子单生，长梨形，无色至灰绿色，3 胞，（7.0~10.5）μm×（21~31.5）μm。病原菌有生理专化现象。

③发生规律　病原菌以休眠菌丝体或分生孢子在病叶等残体上越冬，也可在种子上越冬。春季在适宜条件下产生分孢子，分生孢子借风、雨、农具及人为的活动等携带传播。发病和菌丝体的适宜发育温度分别为 25~30℃和 8~37℃。在 28℃和 90%~100%的相对湿度条件下，接种 48~72 h 就会产生分生孢子。过量施用氮肥、植株生长不良，可使病情加重。

④防治方法　早春认真做好田间病株残体和杂草的清除；选育和利用抗病品种；多菌灵、甲基硫菌灵、丙环唑等药剂可以有效地防治灰斑病。

6.1.8.6　壳二孢叶枯病

该病在我国普遍发生，严重时使草坪草生长不良，呈现黄褐色，影响景观效果。

①症状　病叶常从叶尖开始向基部枯死，使整个叶片受害。有时叶片中部出现细小的褪绿斑和深色斑，病斑逐渐扩大成为不规则形的灰白色大斑，边缘褐色，多个病斑汇合也会使叶片枯死。后期在病斑上产生黄褐色、红褐色至黑色的分生孢子器。

②病原菌　引起该病的病原菌常见种类有：发生在早熟禾亚科上的剪股颖壳二孢(*Ascochyta agrostis*，寄生剪股颖)、*A. anthoxanthi*；野燕麦壳二孢(*A. avenae*，寄生黑麦草)、*A. desmazieresii*、*A. festuca-erecta*；禾类壳二孢(*A. graminea*，寄生狗牙根)、大麦壳二孢(*A. hordei*，寄生雀麦、冰草、羊茅、早熟禾等)等。大多数壳二孢所形成的分生孢子器球形，直径在70~200 μm，颜色为黄褐色、锈褐色或砖红色。分生孢子无色或黄褐色，纺锤形，

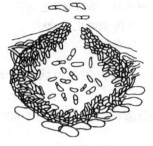

**图6-12　壳二孢叶枯病菌的
分生孢子器和分生孢子**

1~3个隔膜。大麦壳二孢分生孢子淡黄色、黄绿色或近于透明，柱状，末端圆形，1~2个隔，（16~22）μm×（4.8~6.2）μm。*A. rhodesii* 的分生孢子大小为（24~32）μm×（8~10）μm，深褐色至黑色。分生孢子器直径达240 μm。小孢壳二孢和大麦壳二孢中已经发现许多变种(图6-12)。

③发生规律　病菌以菌丝体和分生孢子器在寄主病残体或种子上越冬(越夏)。分生孢子主要从伤口侵入。侵染必须在叶表有水膜或修剪切口处有液滴时才能完成。分生孢子在降雨或高湿时产生并释放，通过风雨或由介体携带传播，不断进行再侵染。分生孢子器往往在叶片死亡之后形成。病害通常在秋末和早春发生，夏季高湿和频繁灌溉及经常修剪，极易致病。

④防治方法　合理修剪、浇水和施肥，保持草坪草健康生长。病害常发地或病情严重时，可用代森锰锌、甲基硫菌灵、甲霜锰锌等药剂防治。

6.1.9　黏菌病

黏菌病可在任何草坪草上出现，尽管危害不大，但在草坪上突然出现白色、灰白色、紫色或褐色的斑块，给人们心理造成很大惊慌。

(1)症状

典型症状是在草坪冠层上突然出现环形至不规则形状的斑块，呈白色、灰白色、紫褐色或黑褐色，犹如泡沫状(彩图6-21、彩图6-22)。大量繁殖的黏菌虽不寄生草坪草，但由于遮盖了草株叶片，使其因不能很好地进行光合作用而瘦弱，叶片发黄，易被其他病原菌侵染。这种症状一般1~2周即可消失。通常情况下，这种黏菌每年都在同一位置上重复发生。

(2)病原菌

发生在草坪上的黏菌病病原主要是黏质菌(*Mucilago* spp.)、煤绒菌(*Fuligo* spp.)、绒泡菌(*Physarum* spp.)等，属表面腐生性真菌。

(3)发生规律

可形成充满大量深色孢子的孢子囊。孢子借风、水、机械、人或动物传播扩散。沉积在土壤或植物残体上的孢子，以休眠状态存活，直到出现有利的条件才萌发。在春末到秋季的潮湿条件下，孢子裂开释放出游动孢子。游动孢子单核，没有细胞壁，最终形成无定形的、黏糊糊的变形体。凉爽潮湿的天气有利于游动孢子的释放，而温暖潮湿的天气有利于变形体向草的叶鞘和叶片移动。丰富的土壤有机质有利于黏菌病害的发生。

(4)防治方法

该病害一般不需要防治。可用水冲洗叶片或修剪的方法；发生严重时也可用药防

治(如代森锌)进行化学防治。

6.1.10　黑粉病

黑粉病是由许多种黑粉菌引起的草坪禾草常见病害之一,遍及世界各地,我国以北方地区受害最重。因在感病植株上常出现大量黑色粉末状的孢子而得此名。其中,以条形黑粉菌引起的条形黑粉病、冰草条黑粉菌引起的秆黑粉病及鸭茅叶黑粉菌引起的疱黑粉病等危害大,分布广。

(1)症状

条形黑粉病为系统侵染性病害,主要危害叶片和叶鞘,也危害穗轴和颖片。病株生长缓慢、矮小,叶片和叶鞘上产生长短不一的黄绿色条斑,随后变为暗灰色或银灰色,表皮破裂后释放出黑褐色粉末状冬孢子,而后病叶丝裂,呈褐色,卷曲并死亡,严重时甚至整个植株死亡。由于被侵染植株分蘖少且病株死亡,草坪常变稀,形成秃斑,引起杂草入侵。条形黑粉病症状在春末和秋季冷湿天气阶段较易发现,而秆黑粉病普遍见于初春。夏季干热条件下病株多半枯死而不易看到典型症状。草坪受到极度干旱胁迫时,条黑粉病危害加重。

(2)病原菌

黑粉病的病原菌属担子菌门冬孢菌纲黑粉菌目。条形黑粉菌(*Ustilago striiformis*)属黑粉菌属,引起条形黑粉病。冬孢子堆叶片两面生,条纹状,初期由表皮覆盖,成熟后表皮破裂释放出黑褐色粉末状冬孢子。冬孢子单胞,球形、椭球形,黄褐色至榄褐色,直径 9 ~ 17 μm,孢壁厚 0.5 μm,表面生细刺,刺长 0.5 μm,间距 0.5 ~ 1.0 μm(图 6-13)。该菌有明显的寄生专化性,目前已发现 6 种专化型。

此外,引起草坪草黑粉病的病原菌还有冰草条黑粉菌(*Urocystis agropyri*)(图 6-13)、鸭茅叶黑粉菌(*Entyloma dactylidis*)等。

(3)发生规律

条形黑粉病病原菌以休眠菌丝体在寄主分生组织内越冬,或以冬孢子在种间、残体上和土壤中越冬。病原菌主要通过种子外表的和散落于土壤中的冬孢子随种子、风雨、践踏和耕耙等传

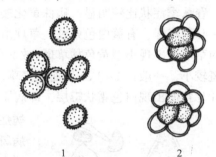

图 6-13　两种黑粉病的冬孢子
(仿 商鸿生,1996)
1. 条形黑粉菌冬孢子　2. 冰草条黑粉菌冬孢子团

播。病土和灌水也可以传播。春季或秋季条件适宜时,冬孢子萌发产生担孢子,担孢子萌发产生侵染菌丝,并侵入幼苗的胚芽鞘,或侵入成株的侧芽或腋芽的分生组织,生长到所有分蘖、根茎、新叶中,随器官和组织的生长而蔓延。发育到一定阶段后,菌丝体产生大量冬孢子,并随寄主组织碎裂而散出黑粉状的冬孢子。土温 10 ~ 20℃,易发病。土壤干旱、瘠薄、黏重以及播种过深时发病较重。此外,新建草坪发病率较低,3 年以上草坪发病率较高。降水或灌溉频繁的草地或地势低洼时,黑粉病发生较重。

黑粉病病原菌冬孢子萌发所产生的担孢子通过气流、雨滴飞溅、人、畜和机具等传播,由叶片侵入。病害主要发生在春秋季。较低的温度、适宜的湿度和营养条件有利于病原菌存活,高温干旱、施肥不足或过量施肥均会加速病株的死亡。

(4)防治方法

①选育和使用抗病草种和品种 草地早熟禾抗病品种有：'Able 1''Adelphi''America''Apquila''Bensun-34''Banff''Bristol''Challenger''Classic''Columbia''Eclipse''Enmundi''Georgetown''Mystic''Merit''Midnight''Parade''Princeton-104''Nugget''Victa'和'Wabas'等。②选用多草种或多品种建植混播草坪。③选用无病草种或草皮、植生带等建坪。④种子处理 温水浸种，种子浸于53~54℃温水中5 min，水量为种子量的20倍，浸种后，摊开晾干；药物拌种，种子播种前用萎锈灵(有效成分3 g/kg 种子)、福美双(12 g/kg)、25%三唑醇拌种剂、50%甲基硫菌灵或多菌灵可湿性粉剂、40%拌种双可湿性粉剂等拌种，拌种药量可按种子重的0.1%~0.2%，可有效地防治此病。⑤减少传染源 铲除草坪田间地边野生寄主，如毛雀麦(*Bromus mollis*)，可以减少田间发病。⑥加强建植管理 做好平床整地工作，适期播种，避免深播，以利迅速出苗，减少病原菌侵染。⑦ 药剂喷雾防治 发病初期可喷施25%烯唑醇可湿性粉剂、25%多菌灵、甲基硫菌灵、乙基硫菌灵等杀菌剂。

6.1.11 霜霉病

禾草霜霉病(又称黄色草坪病)是一种系统侵染性病害，可危害许多种草坪禾草，以黑麦草、早熟禾、剪股颖和羊茅等受害严重，造成较大损失。受害草坪草黄化矮缩，抗逆性显著降低，草坪景观被破坏，利用年限缩短。但在我国发生较少。

(1)症状

春秋季症状比较明显。病株黄化矮缩，剑叶和穗部扭曲畸形，颖片叶化，病叶增厚变宽，叶色淡绿，有黄白色条纹。草坪由于经常修剪，很少或不出现上述典型症状。发病严重的草坪常出现小型黄色枯草斑(故又称黄色草坪病)，直径1~10 cm。剪股颖和羊茅上枯草斑较小，一般在1~3 cm，而黑麦草、早熟禾上的枯草斑较大。在凉爽、潮湿条件下，病株叶片背面出现白色霜状霉层，即病原菌的孢子囊梗和孢子囊。钝叶草染病后症状与病毒病症状相似，在病叶上出现与叶脉平行的点线状条斑，病斑部分叶表皮略隆起。病草在炎热、干旱的夏季大量死亡，使草坪提前丧失使用价值。

(2)病原菌

病原菌为大孢指疫霉(*Sclerophthora macrospore*)，属卵菌门指疫霉属(图6-14)。菌丝体系统地寄生于寄主全株，无色，无隔，多核，多存在于维管束内；孢子囊梗自寄主气孔中伸出，很短，9.8~11.2 μm，无色，有少数分枝，其上着生孢子囊；孢子囊单胞，柠檬形，淡黄色，顶端有乳头状突起，(32~84) μm ×(19.2~56) μm，成熟脱落的孢子基部多带有短梗。孢子囊萌发产生30~90个椭圆形双鞭毛的游动孢子；藏卵器球形，褐色，卵孢子生于叶、叶鞘、颖片组织内，卵孢子外有永久性藏卵器外壁，卵孢子近球形，直径6.4~27.2 μm，壁厚2~4.8 μm，光滑，与藏卵器壁厚度相近，二者间有

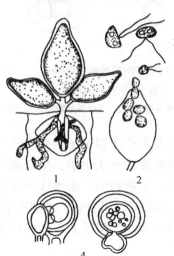

图6-14 大孢指疫霉(仿 刘若, 1998)

1. 孢子囊 2. 孢子囊萌发

3. 游动孢子 4. 卵孢子

1.6 μm 左右的空腔。镜检卵孢子时，须以加热的乳酚油或 15% 氢氧化钾溶液透明寄主组织。

（3）发生规律

病原菌以土壤和病残组织内的卵孢子，或以系统性寄生的菌丝体在多年生禾草体内越冬或越夏。卵孢子于 10~26℃（最适 19~20℃）在水中萌发后产生孢子囊，孢子囊萌发产生数十个游动孢子随流水传播，接触寄主后静止，产生菌丝并侵入寄主。在寄主体内休眠的菌丝体一旦条件适宜，便产生大量孢子囊梗和孢子囊。孢子囊借风、雨传至新的侵染点，萌发后侵入。远距离传播是借助于草皮移植、引入带病残体的种子。此病在 10~25℃ 均可发生，发病适温为 15~20℃。近地表空气相对湿度高，降水结露频繁，或大量灌溉有利于此病发生和流行。

（4）防治

①选用健康无病的种子或其他繁殖材料建　坪建坪所用的种子应进行检验以确定不携带卵孢子，对草皮或植生带的植株也应抽检，以确保无系统性菌丝体存在。

②选用多草种或多品种建植混播草坪。

③科学灌水　合理排灌适量灌水，免串灌和漫灌，特别强调避免傍晚灌水；及时排涝，避免积水或过湿。

④减少菌源　及时铲除田间病株及田边野生禾本科寄主以减少菌源。

⑤药剂防治　种子处理，播种前用 95% 敌克松可溶性粉剂或 20% 萎锈灵乳油，按种子重 0.7% 拌种；或用 35% 甲霜灵拌种剂，按种子重 0.2%~0.3% 拌种；或 50% 多菌灵可湿性粉剂，按种子重 0.4%~0.5% 拌种；茎叶处理，对于感病的成坪草坪，可用甲霜灵、乙磷铝和甲霜锰锌等药剂喷雾防治。

6.1.12　褐条斑病

禾草褐条斑病可以发生在几乎所有的草坪草上，广泛分布于世界各地，我国北京、吉林、陕西、贵州、广东、深圳等地区有报道，常见于高尔夫球场果岭上，对黑麦草危害较大。

（1）症状

禾草褐条斑病主要危害叶片、叶鞘。初发病斑细小，随着病斑不断增大，沿着叶脉和叶鞘上下伸长形成长条斑。

（2）病原菌

病原菌为无性态真菌丝孢纲禾单隔孢属（*Scolecotrichum graminis*），异名：禾钉孢霉（*Passalora graminis*）。分生孢子丛生成平行排列的黑点，橄榄褐色，不分枝，上端稍呈膝状，（30~40）μm×（4~5）μm。分生孢子色浅，1~2 个隔膜，基部圆形，具有明显的脐，顶端稍微细小（瓶形），（16~56）μm×（4~12）μm。此菌的生长适温是 25~28℃，在 PDA 培养基或燕麦琼脂上生长良好，但产孢量少。在灭菌后病组织上或 V-8 液琼脂上和紫外光照射下，大量产孢（图 6-15）。

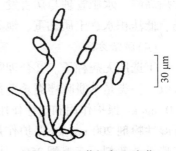

图 6-15　禾草褐条斑病菌
分生孢子和分生孢子梗
（仿 刘若，1998）

（3）发生规律

病原以休眠菌丝体在发病叶片和病残体上越冬。翌年春降雨和升温后，由破裂的表皮中伸出分生孢子梗并产生分生孢子。分生孢子可以通过雨水飞溅、风和种子等途径传播。常在春秋两季低温潮湿时发病。

（4）防治方法

以预防为主，可采取药剂拌种。病害一旦发生，则可喷施25%多菌灵800倍或50%代森锰锌800倍液，每周2~3次。

6.1.13 雪霉叶枯病

（1）症状

雪霉叶枯病又称"红色雪腐病"。融雪后病株近土面叶片产生水渍状病斑，中部枯黄色，边缘暗绿色，病情严重的叶片、叶鞘和茎全部溃烂干枯，但仍保持原形，长出白色至污红色菌丝体，病叶见光后变成红色（彩图6-23）。草坪上出现黄褐色水渍状病草斑，直径小于5 cm，扩大后直径可达20 cm，边缘暗绿色至污红色（彩图6-24）。雪霉叶枯病在剪草甚低的草坪上迅速扩展时，枯草斑中心可恢复生长，外圈具有暗绿色边缘。在潮湿条件下或积雪覆盖下枯草斑上覆盖白色菌丝体，经阳光照射后产生大量粉红色至砖红色霉状物（分生孢子）。

病叶在潮湿时病斑边缘具白色菌丝层，有时病斑上还生出微细的黑色小粒点，即病原菌的子囊壳。子囊壳埋生在叶表皮下，孔口由气孔外露，排列成行。病叶多枯死，病株叶鞘变枯黄色至黄褐色腐烂，与叶鞘相连的叶片也迅速变褐枯死。病叶鞘上也生出砖红色霉状物和黑色小粒点。

（2）病原菌

该病原菌的无性世代为无性型真菌雪腐捷氏霉（*Gerlachia nivalis*）；有性世代为*Monographella nivalis*。

（3）发生规律

由种子、土壤和病残体带菌引起初侵染，发病植株随气流和雨水传播分生孢子和子囊孢子，由伤口和气孔侵入，向其他部位扩展，进行多次重复侵染，使病害扩展蔓延。潮湿多雨和比较冷凉的生态环境有利于发病，病原菌在低温下即能侵染植株叶鞘和叶片，18~22℃为最适温。当日均温15℃以上，若连续阴雨，则病叶剧增。一年中有春季和秋季两个发病高峰。水肥管理与病害发生有密切关系，施氮肥过多，病害加重；大水漫灌、排水不畅、低洼积水、土质黏重、地下水位高及枯草层厚等都有利于发病。

（4）防治方法

①选用无病种子。②合理管理，平衡施肥。③喷药防治有两大类杀菌剂对雪霉叶枯病有效。一类是苯骈咪唑类杀菌剂，如多菌灵、苯莱特、甲基托布津等。80%多菌灵微粉剂100 mg/kg保护作用和治疗作用防效都达70%以上，200 mg/kg时达80%。70%甲基托布津可湿性粉剂200 mg/kg保护作用防效达75%以上，治疗作用防效达78%以上。另一类是三唑类杀菌剂。三唑酮25%可湿性粉剂100 mg/kg的保护作用和治疗作用效果皆达90%以上，残效期8 d以上，速保利（特普唑）和多效唑的防治效果更好。通常在发病始期喷药，第1次喷药后10 d左右再喷第2次药。

6.1.14　壳针孢叶斑病

该病由壳针孢属多种菌物引起，寄生于早熟禾、黑麦草、羊茅、剪股颖、冰草、狗牙根等多种禾草，分布较广，但危害不严重。

（1）症状

叶片由尖端开始干枯，逐渐向下扩展。病斑灰色、灰绿色或褐色，然后褪色呈浅黄褐色（彩图 6-25）。多年生黑麦草的叶斑初为黄绿色，后变为巧克力色。有时，在老病斑上产生黄褐色至黑色的小粒点，即病菌的分生孢子器。受害草坪稀薄，呈枯焦状。

（2）病原菌

病原菌属无性型真菌球壳孢目壳针孢属。病菌的分生孢子器埋生，金黄色、浅褐色至黑色，球形，直径大多为 50～200 μm。产孢细胞瓶形、梨形、圆柱形，全壁芽生式产孢，合轴式延伸。分生孢子无色、丝状、棍棒状，有多数分隔（图 6-16）。

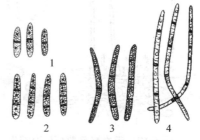

图 6-16　壳针孢叶斑病病原菌的分生孢子
1. *Septoria oudemansii*　2. 颖枯壳针孢
3. 粗柄壳针孢　4. *S. tritici* var. *lolicola*

（3）发生规律

病原菌以分生孢子器和菌丝体在病残体或种子表面越冬和越夏。在凉爽多雨时，产生分生孢子，随雨滴或农机具传到健叶，需在水膜中萌发。常由修剪后伤口侵入叶片。1～2 周内可完成一次侵染循环。当气温低于 10℃时，它可在叶上以休眠状态长期存活。凉爽而潮湿的天气有利于病害的猖獗危害。土壤缺氮或用植物生长调节剂处理过的草坪似乎更易感病。

（4）防治方法

在科学养护管理的基础上，适时地采取化学防治。

6.1.15　禾草炭疽病

炭疽病是在世界各地几乎所有的草坪草上都发生的一类叶部病害，主要危害细叶结缕草、草地早熟禾等草种，高尔夫球场上的草地早熟禾受害相当严重。

（1）症状

不同环境条件下炭疽病症状表现不同。冷凉潮湿时，病菌主要造成根、根颈、茎基部腐烂，以茎基部症状最明显。病斑初期水渍状，黄色，后变成浅棕色，最后变成棕色，形成长条形的病斑，后期病斑长有小黑点。当冠部组织也受侵染严重发病时，草株生长瘦弱，变黄枯死。天气暖和时，特别是当土壤干燥而大气湿度很高时，病菌很快侵染老叶，明显地加速叶和分蘖的衰老死亡。当茎基部被侵染时，整个分蘖也会出现以上病变过程。草坪上出现直径从几厘米至几米的、不规则的枯草区，枯草区呈红褐色—黄色—黄褐色—褐色的变化，病株下部叶鞘组织和茎上经常可看到由灰黑色菌丝体的侵染垫，在枯死茎、叶上还可看到小黑点。

（2）病原菌

禾生炭疽菌（*Colletotrichum graminicola*）属无性型真菌黑盘孢目炭疽菌属，有性态为禾生小丛壳（*Glomerella graminicola*）。分生孢子盘黑色，长形，盘中生刚毛。刚毛黑色，长约

100 μm，有隔膜。分生孢子梗无色至褐色，具分隔。分生孢子单细胞，无色，新月形、纺锤形，(23~29)μm×(3~5)μm。自然条件下，有性态的小丛壳很少出现。菌落有绒毛状气生菌丝，灰色，边缘分散，不规则，基生菌丝节状，树枝状，暗褐色，培养基背面呈酒红淡紫色。树枝状菌丝中形成菌核，半埋生，黑色。附着孢大量产生，褐色，边缘不规则，(17~30)μm×(12~14)μm。据国外报道，在田间诊断过程中还发现两种病菌也能引起近似炭疽病的症状。一种是雪球微座孢(*Microdochium bolleyi*)，引起类似炭疽病的症状，其形态也与禾生刺盘孢相似。它的产孢机构是分生孢子座，不形成刚毛。雪球微座孢的分生孢子也是单细胞的，新月形，但只有5~9 μm长。这些分生孢子的特征与禾生刺盘孢的较短的分生孢子相似。另一种是 *Volutella colletotrichoides*，可从紫羊茅上分离到。*Volutella* 形成的分生孢子座细小，半球形，刚毛深色，长约100 μm。在分生孢子盘上环形分布。分生孢子单细胞，菜豆形，只有约5 μm长(图6-17)。

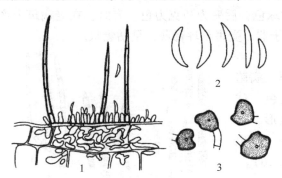

图6-17 禾生炭疽菌(仿 商鸿生，1996)
1. 分生孢子盘 2. 分生孢子 3. 附着孢

(3)发生规律

病原菌以菌丝体和分生孢子在病株和病残体中度过不适时期。禾生刺盘孢是弱寄生菌，当草坪草生长在逆境条件下，湿度高、叶面湿润时，病菌的分生孢子萌发，产生附着孢和侵染丝，由表皮直接侵入，植株根茎部和茎基部最易被侵入。在叶片上，病菌由叶尖向下侵染，特别是在新修剪的草上。发病后，分生孢子随风、雨水溅滴传播到健康禾草上，造成再侵染。种子也能带菌传播。凡不利于草坪草生长的环境因素，均有利于病害的发生。草坪建植多年，病残体残留较多是发病因素之一。该病几乎任何时候都能发生，但通常在夏季数月的凉爽天气中最具破坏性，在杭州发病高峰在4~9月。

(4)防治方法

①栽培技术措施 科学养护管理是病害防治的基础。适当、均衡施肥，避免在高温或干旱期间使用含量高的氮肥，增施磷、钾肥；避免在午后或晚上浇水，应深浇水，尽量减少浇水次数，避免造成逆境条件。保持土壤疏松；适当修剪；及时清除枯草层，减少侵染源。

②选育和栽培抗病品种 在北方冷季型草带地区，如华北地区，匍匐剪股颖对炭疽病表现出一定的抗性。草地早熟禾、黑麦草和细叶羊茅草虽对炭疽病感病，但它们中也有一些品种表现出一定的抗病性，可以选择种植。

③化学防治 播种前用种子重0.5%多菌灵、福美双或甲基硫菌灵(均为50%可湿性粉剂)拌种。发病初期，要及时喷洒杀菌剂控制。

6.1.16 红丝病

红丝病病原菌可侵染剪股颖属(*Agrostis* spp.)、黑麦草属(*Lolium* spp.)、小糠草属(*Phleum* spp.)、羊茅属(*Festuca* spp.)、早熟禾属(*Poa* spp.)、海滨雀稗(*Paspalum vagina-*

tum)、结缕草(*Zoysia* spp.)和杂交狗牙根(*Cynodon dactylon* × *C. transvaalensis*)等多个品种的禾本科草坪草及牧草，其中对多年生黑麦草(*Lolium perenne*)及紫羊茅(*Festuca rubra*)危害最为严重。

(1)症状

红丝病的典型症状是染病叶片上可见红丝状菌丝束或棉絮状节孢子团，形似红丝，因而得名红丝病。当病原菌侵染叶片时，病草的叶和叶鞘上出现水浸状病斑，使叶片迅速枯干卷曲，多由叶尖向下发展，病草为稻草色至浅黄褐色(彩图 6-26A)。当天气潮湿时，病株叶片和叶鞘上有粉红色、红色或橘色丝状菌丝束(可在叶尖的末端向外伸长约 10 mm)。清晨有露水或雨天时，菌丝束呈胶质肉状；干燥后，菌丝束变细呈线状。当天气干燥时，胶状菌丝束呈鲜红色的分枝索状，常由叶尖和叶鞘上突出，有时呈分枝的鹿角状，干后变坚硬，其功能如同菌核，容易脱落在草丛中，这有利于该病害的传播。菌丝体可覆盖全叶和叶鞘，并可使叶及叶鞘互相黏结在一起，也可集结形成棉絮状的节孢子团(彩图 6-26B、C)。红丝病在一年的不同时间、不同地点均可发生，症状多变，特别是当不产生红丝和红色棉絮状物时，诊断难度较大。

当环境适宜时，草坪染病后，叶片迅速死亡，形成环形或不规则形状，直径为 5 ~ 60 cm 红褐色的病草斑块，枯死叶片散乱分布于健草之间，使草地呈现衰败景象。病情严重时，病斑可连片形成更大的不规则枯草区。如果无红丝状菌丝束或棉絮状节孢子团形成，红丝病易与币斑病和粉斑病相混淆。

(2)病原菌

病原菌为地衣状伏革菌(*Laetisaria fuciformis*)。膜质的子实层贴于叶片表面，厚约 0.1 mm，新鲜时呈粉红色，干后在叶片上几乎呈透明状。染病叶片边缘可形成(2~10)mm × 0.5 mm 的棒状菌丝束，新鲜时为粉红色，干燥后呈鹿角状凝胶物(彩图 6-26D、E)，易碎。显微镜下，菌丝淡粉色，直径 3~10 μm，无锁状联合，菌丝隔膜厚度从 0.4~2.3 μm，菌丝多核(有时可多达 11 个)。担子形态一致，起源于原担子，(30~56)μm ×(6~8.5)μm，顶端着生 4 个小梗，小柄长约 6 μm。幼担子不规则或椭圆形，(12.5~20)μm ×(5.5~9)μm。担孢子椭圆形或圆柱形，透明，薄壁，光滑，顶端呈尖形，(9~12)μm ×(5~6.5)μm(彩图 6-26F、G、H)。节孢子透明，薄壁，椭圆形至圆柱形或不规则形，(10~90)μm ×(5~17)μm，最多可由 32 个细胞构成。

(3)发生规律

病原菌可通过菌丝形成的菌丝束状的"红丝"和节孢子团快速传播。"红丝"由大量平行菌丝集结而成，它们的功能和菌核相似。菌丝束最高存活温度为 32℃，最低温度为-20℃，在干燥的条件下可存活达 2 年之久。节孢子团和菌丝束干燥时可随流水、人、畜和工具等进行短距离的传播，节孢子和病株残片还可随气流远距离的传播。担孢子在病害循环中的作用尚不明确。

长时间的高湿气候有利于 *L. fuciformis* 的侵入和生长。该病原菌在 0~40℃均可生长，最适生长温度为 20~28℃。高湿有利于红丝病发生，叶片和叶鞘表面有一层湿润的水膜是病原菌侵染的必要条件，病原菌菌丝通过表皮气孔或者伤口直接侵入叶片，并在 2 d 内杀死叶片。此外，低温、干旱、缺肥(特别是氮肥缺乏时)、生长调节剂施用不当等都可能引起草坪生长缓慢，使红丝病严重发生。红丝病可整年发生，重雾、小雨和浓雾等环境因素有利于病原菌的侵染，因此红丝病在春秋两季发病较为严重。

(4)防治方法

①选用抗病品种和草种 尽管 *L. fuciformis* 可侵染多种禾本科草坪草，但不同草坪草种和品种对红丝病的抗性各不相同。各种不同草种对红丝病抗性的研究已在世界各地的许多地区都有报道。多年黑麦草(*Lolium perenne*)及紫羊茅(*Festuca rubra*)是最为感病的草种，但研究表明各品种之间对红丝病的抗性差异很大，多年生黑麦草常见具有较强抗性的品种：'Affinity''Assure''Dandy''Legacy''Manhattan II''Prelude II''Prism''Seville'和'SR-4200'；紫羊茅常见的抗性较好的品种：'Discovery''SR3100''Warwick''Nordic''Spartan''Reliant''SR 3000'和'Ecostar'。有研究表明，紫羊茅在接种内生真菌 *Epichloë festucae* 后可显著提高对红丝病的抗病能力。

②生态防治 包括合理施肥、湿度控制、修剪及枯草层的清理。

a. 合理施肥：草坪草受到干旱胁迫、氮肥不足，或者其他类型的胁迫常会导致其生长缓慢和比正常健康生长的草坪草更容易受到红丝病的侵染。因此，合理施用肥料是防治红丝病和粉斑病的关键。一些学者的研究表明合理增施氮肥可以显著抑制多年生黑麦草和紫羊茅红丝病的发生。

b. 湿度控制：较高的叶面湿度，如叶面有水珠或有一层水膜是 *L. fuciformis* 入侵的关键因素之一，因此重雾、小雨和浓雾有利于病原菌的侵染。合理灌溉有利于病害的防治，应采用少灌深灌，且清晨浇灌比傍晚浇灌能更好地预防红丝病。

c. 修剪及枯草层的清理：通过打孔、铺沙和梳草等方式及时清理过厚的枯草层，移去草坪周围的落叶植物，改善空气对流状况，可减轻红丝病的发生。锋利刀片割草可减小可受病害侵染的伤口而减轻病情。及时清除修剪草屑可减少带病叶片和菌核再次在草坪中传播，从而可减轻病情。

③化学防治 三唑酮、烯唑醇等药剂对红丝病防治效果较好。

6.1.17 全蚀病

全蚀病在世界各地各种禾草上都有发生，以剪股颖受害最重。全蚀病的典型症状是根系腐烂，植株矮小瘦弱，干枯死亡，病情逐年发展，大片草坪被破坏殆尽。该病害以生长在排水不良或碱性土壤上的剪股颖属草受害最重，偶尔也可侵染羊茅和早熟禾属草。

(1)症状

染病草坪产生多个直径为 30~50 cm 的黄褐色、近圆形的病斑，有明显发病中心，发病中央部分，分蘖减少明显，长势衰弱，病斑边缘较中屯区域稍清，多褪绿变黄。病株根系变少，变短并且皮层变褐变黑，严重时整株死亡(彩图 6-27、彩图 6-28)。

(2)病原

禾顶囊壳禾谷变种(*Gaeumannomyces graminis* var. *graminis*)在 PDA 培养基上，菌丝初为褐色逐渐转为黑色，气生菌丝较少，宽为 2~4 μm，瓶梗分生孢子，无色，镰刀形，单胞，在产孢细胞顶端成团状，子囊壳单生，埋生或半埋生，子囊生于测丝种间，棒状。子囊孢子，无色，稍弯曲线形，具不清晰分隔(图 6-18)。

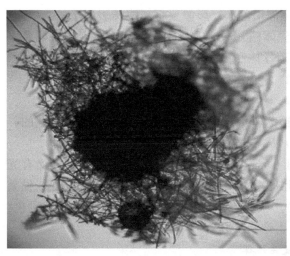

图 6-18　禾顶囊壳的子囊壳、子囊和子囊孢子（商鸿生/摄）

（3）发病规律

全蚀病全年都可以发生，但以夏末至秋冬时节病情较重。全蚀病菌以菌丝体随寄主病残体在土壤中腐生存活一年以上，甚至可达 5 年。在禾草整个生育期都可侵染。土壤中接近或接触寄主根部的病残体长出菌丝并抵达侵染部位而侵入。全蚀病菌可由植株地下部分，包括种子根、次生根、根颈及根颈下节间、根状茎等部位侵入，也可由接触土壤的胚芽鞘、茎基部叶鞘侵入。全蚀病菌菌丝沿病株根和根状茎扩展，接触健株，实现植株间的传播，使枯草斑不断扩大。另外，带菌病残体混杂在种子间还可远距离传病。

影响全蚀病发生的因素很多，如营养元素缺乏时、土壤 pH 值升高、保肥保水能力差的沙土等有利于发病，气象因素对全蚀病发生的影响也很大，温度、湿度、降雨与病害的发生密切相关。

（4）防治方法

由于全蚀病是一种土传病害，要以预防为主，应以抗病草种和科学养护管理为基础。①合理施肥，增施有机肥和磷肥，保持氮磷平衡，合理排灌，减低土壤湿度；②发病初期，铲除病株和枯草斑，换上新土后再补种新草皮；③草种间对全蚀病的抗病性有明显差异，应选用下列不同草种的抗病性顺序（由高到低）为紫羊茅>草地早熟禾>粗茎早熟禾>绒毛草>多花黑麦草>多年生黑麦草>早熟禾>剪股颖；④播种前用三唑酮、戊唑醇等三唑类杀菌剂拌种，或试用包衣剂，或进行土壤处理。发病早期往禾草基部和土面喷施三唑酮或其他三唑类内吸杀菌剂也有一定效果。

6.1.18　白绢病

禾草白绢病（又称南方枯萎病或南方菌核腐烂病）是我国中部、南部及世界其他国家高温、高湿地区的一种主要草坪病害，可危害包括剪股颖、狗牙根、羊茅、黑麦草、早熟禾和马蹄金等多种主要草坪草在内的 500 多种植物。

（1）症状

发病草坪上出现黄色至白色枯草斑，形状可自圆形至半月形不等，枯草斑边缘草死亡或变成浅红褐色。其上生有茂密的白色、灰色絮状菌丝体，其中产生许多小而圆的菌核，直径1~3 mm，白色至黄色，最后呈黄褐色至深褐色，外形像菜籽。病株表现苗枯、根腐、茎基腐等症状，茎基部缠绕着白色棉絮状菌丝体(彩图6-29)。有时叶鞘和茎上出现褐色不规则形或梭形病斑。叶鞘和茎秆间也有白色菌丝体和菌核。病株通常黄枯矮化、瘦弱，严重时皮层撕裂，露出内部机械组织，褐变死亡。

(2)病原菌

齐整小核菌(*Sclerotium rolfsii*)为无性型真菌丝孢纲无孢目小核菌属，齐整小核菌的异名 *Athelia rolfsii*，有性阶段：白绢薄膜革菌(*Pelliculariarolfsii*=*Corticium centrifugum*)。

菌核表生，球形或椭球形，直径0.5~3.0 mm，大多数为1.5 mm左右，平滑而有光

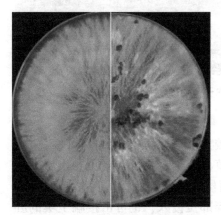

图6-19 齐整小核菌培养皿内形态特征(周佳/摄)

泽，初期白色，后变褐色，内部灰白色，坚硬易脱落(图6-19)。菌丝白色，粗糙，直径较宽，无色至浅色，不产生分生孢子阶段。

(3)发生规律

该病原菌是土壤习居菌，腐生竞争能力很强，以菌核越冬和越夏，菌核可在病残体和土表存活多年。此外，菌丝也可在土壤和枯草层中生长蔓延。气温低于15℃不发病。当土壤潮湿、气温升至20℃以上时，菌核萌发产生菌丝体并侵染寄主。低于26℃时，虽可发病但寄主不会很快死亡，当气温上升至30℃以上时，病株死亡迅速。土壤酸性(pH 4.0)并含有大量有机物质，通气良好时发病重。干旱之后阴雨连绵促使此病流行。

(4)防治方法

①选用多草种或多品种建植混播草坪；②清除枯草，秋末和冬季应耙除或焚烧枯草，以减少菌源；③降低田间湿度，改善通风透光条件合理灌溉，降低田间湿度，过密草坪要适当打孔疏草，以保持通风透光；④调整土壤酸碱度，酸性土壤应适量施加石灰，使 pH 值保持7.0~7.5，可以减轻发病；⑤药剂防治，可施用70%五氯硝基苯可湿性粉剂拌种或50%多菌灵可湿性粉剂600倍液喷雾，或70%甲基硫菌灵可湿性粉剂600倍液，或45%代森铵水剂1000倍液喷雾。

6.1.19 禾草细菌性枯萎病

禾草细菌性枯萎病又称黑腐病，主要危害多年生及一年生禾本科植物，禾草中黑麦草、早熟禾属、剪股颖属、苇状羊茅及其他羊茅、鸭茅、梯牧草等易受害。细菌性枯萎病在20世纪50年代初期，曾在美国中西部严重发生。通常在高尔夫球场果岭上严重暴发，在国外分布很广，但在我国尚无报道。

(1)症状

该病原菌可引起叶片和籽粒罹病。病菌侵染叶片后，先出现小的黄色或水浸状病斑，病斑扩展为愈合成不规则的长条斑或斑块，病株叶片迅速枯萎，可在48 h内干枯，初为蓝绿色，皱缩，卷曲，后呈红褐色或黑褐色。在草地上形成形状不规则的死草区。病株的根很快死亡分解。病菌侵染籽粒后，颖壳上病斑黑褐色病种子干缩；潮湿时病部

有菌脓溢出。

（2）病原菌

病原菌为黑腐黄单胞杆菌的禾本科变种 *Xanthomonas campestris*。此变种对寄主品种具有特异性，只能侵染某些特定的品种。

（3）发生规律

病原菌在种子、病草和病残体上越冬和越夏。借种子、修剪机具、人的活动及畜蹄、种植带病草皮等而传播。病菌在病株体内主要存在于叶、根、茎、根颈等器官的维管束组织内，使寄主水分吸收和运转受阻，产生萎蔫和枯干的症状，最终导致死亡。通过修剪伤口或线虫等造成的伤口侵入。潮湿条件下，还可通过自然孔口（如叶面的气孔和水孔）侵入。特别是在叶片上有吐水液滴时，病菌更易由水孔侵入。生长期降雨，尤其是大雨、灌溉水有利于发病。在持续降雨并在之后紧接着出现高温暴晒的天气条件下，病害很快扩展蔓延并可能暴发流行，造成毁灭性损失。留茬低的草地比留茬高的草地发病重。

（4）防治方法

①农业防治　种植抗病品种如'潘克拉斯'（'Penncross'）和'潘尼格'（'Penneagle'）品种的葡匐剪股颖较抗此病。播种前种子处理，如 52℃温汤浸种，或用农用链霉素浸种。合理施肥、注意排水、适度刈割等措施都可减轻病害。

②药剂防治　可用 25%抑枯灵可湿性粉剂的 250～400 倍液；45%代森铵水剂的 1 000 倍液；10%叶枯净可湿性粉剂 250～400 g 对水 60～75 L；以上药物可以喷雾或浇灌（每 100 m² 浇 11 L 药液）。抗生素如土霉素、链霉素等对此病害均有一定的防治效果。

6.1.20　苜蓿细菌性凋萎病

苜蓿细菌性凋萎病是由密执安棒形杆菌诡异亚种（*Clavibacter michiganensis* subsp. *insidiosus*）引起的苜蓿上的种传细菌性病害。在包括美国、加拿大、墨西哥、捷克、希腊、爱尔兰、意大利、波兰、罗马尼亚、俄罗斯、英国、突尼斯、南非、巴西、智利、沙特阿拉伯、土库曼斯坦、澳大利亚、新西兰、印度等国家和地区均有报道。在我国还未见报道，是检疫性病害。2007 年，中国将密执安棒形杆菌诡异亚种列入《中华人民共和国进境检疫性有害生物名录》。

（1）症状

此病明显的症状是植株矮化，丛枝，颇似由病毒引致的"鬼帚病"（图 6-20）。但在水肥等条件不良、牧草普遍长势欠佳时，该症状就不明显。发病植株叶绿素含量下降，故色泽浅淡，多呈浅绿色、黄色，天气炎热时或呈淡褐色。病株叶片细小，卷缩（图 6-21）。天气干热时，株顶萎垂、干枯，甚至全株枯萎。刈割后再生草的矮化尤其显著。每刈之后，植株愈益纤弱。病株常在越冬时死亡。以致草地逐年稀疏，牧草甚至绝迹。

病株的根部和茎部的维管束发生病变。主根和侧根的木质部变为黄色、橙色、褐色，有时还杂以深色斑点。病变在横切面上极为明显。此病所引致的木质部变色，不限于根颈和主根上部，可一直延伸到根梢。与冻害引致的木质部变色有所区别。病根表面有时出现棕红色或褐色溃疡状病斑。由于根、茎维管束系统破坏，病株地上部分常部分或全部凋萎（图 6-22）。

图 6-20　苜蓿细菌性凋萎病发病症状
（OEPP/EPPO，1992）
A. 健康苜蓿植株　B. 感病苜蓿植株矮化，
丛枝(似鬼帚病)

图 6-21　苜蓿细菌性凋萎病病株叶片症状
（OEPP/EPPO，1992）

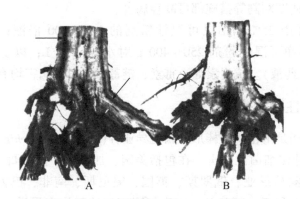

图 6-22　苜蓿细菌性凋萎病病株茎基部症状（OEPP/EPPO，1992）
A. 感病的苜蓿茎基部纵切面，在皮层和维管柱的交界
处，幼嫩的木质组织变色(箭头所指处)　B. 健康植物

（2）病原菌

病原菌为密执安棒形杆菌诡异亚种（*C. michiganense* subsp. *insidiosus*）。菌体杆状，末端圆形，单生或成对，但不呈链状，（0.4~0.5）μm×（0.7~1.0）μm。无鞭毛，不运动，不产芽孢，革兰氏阳性。琼脂培养基上的菌落圆形、扁平或稍隆起，光滑，具光泽，黏稠。在马铃薯上或马铃薯蔗糖琼脂培养基上渐变为蓝色或淡紫色。可发酵葡萄糖、蔗糖、乳糖和半乳糖，但不产气。不产生硫化氢和氨。不能还原硝酸盐，缓慢水解淀粉。最适生长温度23℃，致死温度51~52℃。此菌有很多菌系，毒力差异很大，可在种子和植物残体中长期存活并传播。密执安棒状杆菌存在多个亚种，可致使多种农作物的萎蔫病。主要危害紫花苜蓿，也可侵染野苜蓿、白香草木樨和白三叶草等其他豆科牧草。

（3）发生规律

密执安棒形杆菌诡异亚种在病株的根和根冠处越冬，并通过收获时造成的伤口入侵健康植株。严重发病的植株种子传病，但中等的则不传。在种子薄壁组织的细胞间隙以及花梗和荚的维管束组织发现细菌，3 年后细菌仍有高度的侵染力。本病主要以带菌种子进行远距离传播，田间病残体、鳞球茎线虫和根结线虫也是重要的初侵染来源。干的苜蓿茎在 20~25℃下贮藏 10 年，病原菌仍能保持高度的生活力。叶子和荚内的则侵染能力较低。病原菌在不灭菌的土壤中很少存活。

（4）防治方法

苜蓿细菌性萎蔫病在我国还未见报道，是检疫性病害，严格执行植物检疫进行防治。

国外多应用抗病品种进行防治，美国的'Iroguois''Kanza''Ladak 65''Sarac''Titan''WL215''520'和'525'等抗病品种，加拿大的'Angus''Algonguin'等抗病品种。在温室和大田，通过根和根冠接种的方法来测定苜蓿的抗病性，抗性与根内存在的抗生素——一种复合的多肽数量有关。抗病试验用的接种物最好是把发病的主根在-20℃下保存。

寄主的营养影响病害的发展。对细菌的感病性与钾的含量有关，在高氮和磷、低钾时生长最差，萎蔫最严重。相反情况下，中等和高钾肥时，细菌的侵染率最低。

6.1.21　其他病害

其他病害的症状比较见表 6-3 所列。

表 6-3　其他病害的症状比较

序号	病害	症状	病原菌	发生规律	防治方法
1	**细菌性条斑病**　又称黑颖病，是一种常见的禾本科作物和禾草的细菌性病害，造成小麦和大麦的黑颖，损失较大。在草坪草上尚无严重为害的报道	病原菌侵染叶片后，初期在叶片和叶鞘上出现黄褐色至深褐色条斑，水渍状；后沿叶脉纵向扩展，有时为形状不规则的条斑。病斑有透明斑，有时表面有菌脓或菌膜。病叶由尖端开始枯萎。病叶常不能正常展开，使茎秆呈扭曲状，有时不能抽穗。病种子黑色，干瘪	病原菌为黄单胞杆菌属小麦黑颖细菌（*Xanthomonas translucens*），菌体为短杆状，有极生鞭毛 1 根，可游动，两端圆形，（0.5～0.8）μm×（1.0～2.5）μm，革兰阴性。在琼脂培养基上产生蜡黄色、有光泽的菌落。病原菌有多个生理专化型。不同的专化型分别侵染不同范围的作物和禾草。病原菌寄主范围较广，能寄生的植物有小麦、大麦、黑麦、燕麦、冰草、偃麦草、无芒雀麦等	病原菌可在种子上可存活 3 年，种子发芽后，此菌侵入导管，最终到达穗部、叶片、叶鞘等器官，并产生病斑。在田间借风、雨、昆虫、修剪机具等传播，还可通过种子远距离传播。高温、高湿有利于此病流行。低温能延缓寄主生长发育，降低其抗病力，也会加重危害	参见禾草细菌性枯萎病

（续）

序号	病害	症状	病原菌	发生规律	防治方法
2	**禾草蜜穗病** 又称流胶病、黄胶病，有些种属禾本科植物的小花，受到棒状杆菌属细菌的侵染，分泌有蜜黄色胶状物质，故称蜜穗病或黄胶病。此类病害不但使种子减产，有些种类还产生毒素，使家畜中毒甚至死亡	病株生长缓慢，矮化，常不能拔节和抽穗。病株新叶卷曲，穗形弯曲变小，部分或全部小穗被破坏，小穗上有黄白色菌脓，并由颖片间溢出，呈黄色胶状物。茎节有明显曲折状。种子成熟后，病粒干硬呈黄色菌瘿状物，外溢的菌脓干后为胶状小粒	病原菌为一种革兰阳性的、无鞭毛不游动的短杆状细菌，属于棒形杆菌属(*Clavibacter*)	病原菌可在种子上长距离传播。田间还可借种子粒线虫属(*Anguina*)的线虫传播。该属线虫寄生于小花内，其体表携带蜜穗病细菌，在线虫侵入新的健康小花时，将蜜穗病病原细菌带入健康小花而发生侵染。这种病粒中同时含有粒线虫和棒状杆菌。若粒线虫数目大，在小花中占主要地位时，此小花就发展成线虫虫瘿。若细菌占主要地位，则成为菌胶粒，往往在同一个穗上存在虫瘿和菌胶粒	加强产地检疫和种子检疫是防治此病的主要措施。还可用0.25%甲醛溶液处理种子，并覆盖闷种6 h，可以防治此病；美国报道在牧草休眠期，焚烧残茬可以降低此病发病率
3	**苜蓿细菌性凋萎病** 此病最早来源土耳其，先后在美国、加拿大、欧洲、南美洲、南非、澳大利亚、新西兰和日本等地发生；该病是毁灭性的病害，在我国尚未报道	病株矮化，生长不良，长有大量细弱的枝条；叶细小，向上卷曲，色淡。病枝枝条顶部干枯，刈割后再生性差，严重时导致整株死亡；病株根茎部维管束组织变为黄色或黄褐色，有时出现深色斑点。主根维管束组织的变色是判断此病的主要依据	病原菌为诡谲棒状杆菌(*Corynebacterium insidiosum*)。短杆菌，单生或成对，无鞭毛，革兰阳性；好气，在培养基上生长缓慢，菌落呈圆形、扁平或稍隆起，边缘光滑，有光泽，初为白色，后呈淡黄色；生长最适 pH 值为6.8~7.0，生长最适温度23℃，致死温52~59℃	病原菌多在多年生地下根茎中越冬。翌年随新枝萌发生长而蔓延。病菌在18~26℃条件下，可在干的病茎中存活10年以上；病菌在种子中存活10年以上；病菌通过雨水、灌溉水、农机具、昆虫等进行传播。远距离传播主要靠带菌种子	选用抗病品种是防治该病害最经济有效的方法；目前，已培育出一些抗病品种，如'Hardistan''Ladak''Buffalo''Washoe''Ranger''Iroquois''Kanza'及'Sarance'等。灌溉时先灌无病草地，再灌有病草地；增施钾肥、钙肥有利于提高苜蓿的抗病性。消灭地下害虫和线虫，减少病菌侵染根系机会；实行轮作倒茬，与禾本科牧草混播等多项综合措施可显著减轻发病

（续）

序号	病害	症状	病原菌	发生规律	防治方法
4	**三叶草变叶病** 在美国、加拿大、英国、比利时等分布很广，在我国未见报道；此病主要影响种子生产，对白三叶为害较大，发病率可达 40%。红三叶受害较轻	三叶草受害后表现为植株矮化，叶脉褪绿，小叶变红色，老叶偶尔呈青铜色。此病的典型症状表现在花期，即花的心皮等部分异常增大，变为叶状，不结种子。病株长势渐弱，根部的根瘤数量减少，而且较小，形状不规则，往往分叉，变为黄白色或浅红色(正常的应为深色)，并失去固氮能力。病害最终可导致病株死亡	由植原体属（Phytoplasma）引起；病原菌分布于病株韧皮部的筛管部分，形态不定，(50～90) nm×(24～30) nm。此病原菌的寄主范围较广，白三叶和红三叶上发生很普遍	传播介体有叶蝉（Aphrodes albifrons 和 A. bicincta）、狭叶蝉（Euscelis lineolata，E. plebeja，E. variegatus）、二点叶蝉（Macrosteles fascifrons）；带毒介体的唾液腺细胞、小肠、中肠上皮细胞的细胞质中均含有植原体；病原可在传毒介体的体内繁殖，且通常在传毒到寄主植物之前需要经过 1 个月的循回期	此病较难防治，也不易获得抗病品种。用土霉素溶液浸泡病株根部可使症状减轻。抗生素处理，可使病株和介体内的植原体破碎或消失
5	**苜蓿丛枝病** 此病发生于美国西部、澳大利亚、加拿大、意大利、阿拉伯国家、独联体及我国新疆、云南等地，在其他地区也有发生。在澳大利亚分布广泛，发病严重的地区发病率高达 60%～70%，鲜草产量下降 37.4%	病株明显矮小，丛枝，数目多达 100～300 个分枝。枝条紧密地交织在一起，向上束生，外观呈纺锤形。叶片变小变圆，仅为正常叶片的 1/4～1/3，皱缩，边缘褪绿，全株发黄。病株多不能开花、结籽。偶尔有花变叶的现象。春秋气温低时，症状逐渐消失，夏季高温伴随干旱气候，症状又重新出现。病株在 1～3 年死亡	由植原体属（Phytoplasma）引起。根据植原体的分子分类体系研究，苜蓿丛枝病和不同组的植原体有关。例如，意大利和阿拉伯国家阿曼地区发生的苜蓿丛枝病植原体为蚕豆变叶病植原体组（Faba bean phyllody group，FBP，16SrII）；加拿大报道的为三叶草簇叶植原体组（Clover proliferation，CP，16Sr VI）；而美国威斯康星州、立陶宛及我国昆明报道的苜蓿丛枝病则为翠菊黄化植原体组（Aster yellows，16S rI）	此病原菌除侵染紫花苜蓿外，还可以侵染天蓝苜蓿、南苜蓿、镰荚苜蓿、红三叶、白三叶、地三叶、百脉根、紫云英、白花草木樨等多种豆科植物及非豆科植物。病原菌以叶蝉（Scaphytopius dudius）和烟草叶蝉（Orosius argentatus）在苜蓿和其他豆科植物间传播。非豆科植物可由菟丝子传播	病田翻耕重新播种会减轻病害。消灭叶蝉和菟丝子可以减少传播

(续)

序号	病害	症状	病原菌	发生规律	防治方法
6	**大麦黄矮病毒病** 黄矮病毒病在全世界分布广泛,该病毒寄主范围较广,侵染冰草、狗牙根、羊茅、黑麦草、梯牧草、早熟禾以及大麦、小麦、燕麦等100余种禾本科植物。引起寄主种子和草坪品质下降	病株叶片由叶尖和叶缘开始变黄,并逐渐向基部扩展,但很少全叶黄化。病叶呈亮黄色,略增厚,变硬,后期全叶干枯。病株严重矮化,分蘖减少,根系发育不良。也有些寄主带毒而不表现症状,如鸭茅、狗牙根、苇状羊茅等。但在不出现症状的情况下,也可以使草坪受害	由大麦黄矮病毒(*Barley yellow dwarf virus*,BYDV)引起。病毒粒体球形(等轴对称的正二十面体),直径30 nm。病毒致死温度为70℃,稀释限点为1:1 000。根据传毒介体的专化性和鉴别寄主反应,已明确我国BYDV有GPV、GAV、PAGV、RMV等株系,虽然它们的粒体形态基本一致,但血清学反应有相当差异,其中GPV株系为我国特有的株系类型,也是造成我国小麦黄矮病流行危害的主要株系	BYDV不能由土壤、病株种子、汁液等传播,只能由蚜虫传播;主要传毒蚜虫:麦二叉蚜、麦长管蚜、禾谷缢管蚜、麦无网长管蚜及玉米蚜等。一头麦二叉蚜在病叶上吸食30 min即能获得病毒。一头带毒的麦二叉蚜在健苗上吸食5~10 min即能使健苗感病。一般获毒后的3~8 d传毒率较高,以后逐渐减弱,约传毒20 d。不同种类的蚜虫传播BYDV的能力不同。病毒在寄主体内系统分布。冬季,病毒多聚集在分蘖节部位越冬,翌年拔节时沿筛管细胞移动,多集中在茎、叶部位。在叶和根的筛管细胞质内可见到病毒粒体	①培育和种植抗病品种和草种或混合种植。 ②药剂治虫治虫防病是防治虫传病毒病的有效措施,如靠蚜虫传毒的大麦黄矮病毒,可用40%氧化乐果乳油800倍液、或用2.5%敌杀死乳油、20%的速灭杀丁乳油400倍液、3%啶虫脒1 000~2 000倍液、10%赛波凯2 000倍液喷雾或10%吡虫啉。 ③加强草坪管理。 ④化学防治在发病初期采用病毒抑制剂和生长促进剂配合施用的方法,促进植株健壮生长,减少发病损失。生长促进剂可用叶面肥(绿芬威三号);病毒抑制剂可用2%宁南霉素水剂500倍液,或病毒A 500倍液等。也可在感染病毒病后,喷施植病灵1 000倍液或病毒清以减轻毒害的危害程度
7	**禾草雀麦花叶病毒病** 主要侵染冰草属、鹅观草属、剪股颖属、燕麦、雀麦属、稗属、黑麦草属、大麦属、梯牧草属、早熟禾属、黑麦属、小奉、玉米等禾本科植物	病株矮化,叶上生淡绿色或淡黄色条纹	由雀麦花叶病毒(*Brome mosaic virus*)引起。病毒粒体球形,直径25~28 nm,失活温度78~79℃,稀释限点1:10 000~1:300 000,借病株汁液和线虫(*Xiphinema* sp.)传播	在田间主要以剑线虫(*X. paraelongatum*)传播。汁液也可传播	参考大麦黄矮病毒病

（续）

序号	病害	症状	病原菌	发生规律	防治方法
8	**禾草黑麦草花叶病毒病** 侵染多年生黑麦草、意大利黑麦草、黑麦、燕麦、水稻、剪股颖属、看麦娘属、鸭茅属、雀麦属、羊茅属、早熟禾属等多种禾草和水稻、燕麦、黑麦等禾谷类作物。此病广泛发生生于美洲、欧洲各国。可使多年生黑麦草减产 24%，越冬率减少 85%	发病初期，病株叶部呈现浅绿色斑驳，后发展为明显的黄色褪绿和坏死条纹。可造成黑麦草草地衰退	由黑麦草花叶病毒（*Ryegrass mosaic virus*）病毒粒体线条状，703 nm×19 nm，无包膜。致死温度 60℃，稀释限点 1∶1 000，体外存活 24 h	可以汁液接种传毒，也可由谷锈螨（*Abacaru shystrix*）传病。除卵以外，各个生育期的螨均可传毒	参考大麦黄矮病毒病
9	**禾草鸭茅条斑病毒病** 欧洲发生较重。系统侵染鸭茅、多花黑麦草、多年生黑麦草、剪股颖、狗尾草麦、燕麦等多种禾本科植物	鸭茅病株的嫩叶上出现褪绿条斑，后逐渐在老叶上也出现症状。严重时叶片枯死	由鸭茅条斑病毒（*Cocksfoot streak virus*）引起。病毒粒体线状，752 nm×15 nm；致死温度 55℃；体外存活期 16 d，稀释限点 1∶1 000	传播介体为桃蚜、马铃薯长管蚜和鸭茅蚜等	参考大麦黄矮病毒病
10	**钝叶草衰退病** 是美国南方钝叶草草坪的主要病害	初期引钝叶草叶片出现褪绿的斑驳或花叶症状，第 2 年斑驳变得更严重，第 3 年害草株死亡，造成草坪出现枯死斑块，枯草斑块中被杂草侵占。时间越长，上述症状就越严重，草坪衰退的可能性就越大	由黍花叶病毒（*Panicum mosaic virus*）引起	昆虫、线虫、荫蔽、寒冷等胁迫会加重病情。在北美，黍花叶病毒还可引起假俭草病毒病	参考大麦黄矮病毒病
11	**小麦梭条斑花叶病毒** 主要侵染冰草、黑麦草、梯牧草、早熟禾和麦类作物等	首先由幼叶表现出淡绿色至橙黄色斑或梭形点，后变为黄绿相间的不规则条纹，渐发展为梭形枯死斑直至全叶枯黄	由小麦梭条斑花叶病毒（*Wheat spindle streak mosaic virus*）引起；病毒丝状，3 000 nm×（18~20）nm	由禾谷多黏菌传毒	参考大麦黄矮病毒病

6.2 草坪非侵染性病害的诊断与防治

6.2.1 农药药害

农药药害的症状特点一般和施用农药的方式与特点相关：窄条状、宽带状或不规则状，变化较多。农药药害可在施药后不久出现，也可在几天后发生。在叶片上可形成斑点、失绿或坏死。施用农药应按照说明书要求来进行，避免两施药带的互相重叠造成药害。施药前应对机具进行检查避免泄漏。水溶性或乳剂农药应搅匀，避免浓度不匀造成药害。

6.2.2　化肥灼伤

化肥灼伤症状的形状和分布同施肥路线和器械有关，施肥不匀、化肥浓度过高或施肥带重叠均会造成危害。化肥烧伤草坪常发生在手推施肥器和机动施肥机的拐弯处，因为此处施肥器械行进速度减慢，在无根据行速自动调节施肥量装置的情况下，因施肥过度造成肥害。叶片湿时施肥易造成肥害，在此情况下施肥有必要适当浇水。施用氨水时应特别注意避免肥害。施肥时应兼顾氮、磷、钾和微量元素平衡。氮肥过多会使草坪徒长茎叶过嫩，易使草坪割秃。

6.2.3　土壤营养元素不足

草坪缺氮时，叶片发黄，生长缓慢；缺磷首先表现在植株低矮，类似叶绿素缺乏症，绿色渐深或变成红色。磷可由土壤中的矿物质分解而来，但数量有限，因此，在草坪生长过程中需补充一定的磷肥；缺钾草坪的叶子容易发红，老叶容易衰退，整株草生长比较缓慢，严重时可导致草坪死亡。土壤酸碱度过高或过低会影响某些营养元素的可利用率，应定期进行土壤测定，根据其结果适当施肥。

6.2.4　空气污染

空气污染症状表现在叶尖、叶缘部分变白、失绿或死亡，有时在叶片上形成横向黄带、棕色点刻，或者整个叶片在坏死之前变为棕色。有时其危害仅表现在生长减慢，但无其他明显症状。燃油管罐、天然气等的泄漏也会危害其附近的草坪。草坪对空气污染的反映和症状表现因草坪品种而异，差异很大，在工业区或市区建植草坪时应选择对空气污染有抗性的品种，注意当地环境保护部门的大气污染预报及污染源然后采取措施补救。

6.2.5　动物排泄物

草坪有似立枯病、菌核病症状，但边缘有一圈茂盛墨绿色草株镶边，因低浓度排泄物对植物生长的刺激作用，枯斑周围会有深绿色草坪草带出现，当土壤含水量和肥力低时危害尤重。野生动物或大型候鸟成群活动或迁徙，迁飞时对途径的草坪危害严重，危害面积也大。采用保护场地、清除狗粪等卫生措施，避免动物排泄物对草坪的危害。对尿则应浇水稀释避免尿害杀死草坪。

6.2.6　化学物品溅洒

化学物品如农药、洗涤剂、燃油、润滑油、酸等的溅洒会严重危害草坪，还会对草坪及土壤有长期影响。其症状为枯死圆斑或枯死条斑。在草坪上装燃油、农药、化肥时的溅洒，或修理机具时(换油管、过滤器)形成圆斑或不规则斑。操作机械时因油罐、农药罐、化肥罐、液压装置泄漏多形成枯死条斑。有时化学物品溅洒造成的危害难以区分，如冬季路上撒盐化雪的过程中有时盐会随风或过往车辆飞溅到路边草坪上形成盐害。这种危害的症状常无典型形状，会因地而异。如有溅洒发生，及时治理会减轻危害，可用吸附剂、活性碳处理，也可用洗涤剂稀释液彻底冲洗。应避免在草坪上维修机械和装卸有关化学物品。

6.2.7　缺水

土壤缺水会限制草坪正常生长。草坪生长减慢，变为稀疏、失绿转为灰绿色，部分植株会变为枯草色使草坪呈枯黄色；同时，使草坪衰弱易受极端温度和机械损伤。干旱情况下的草坪有可能进入夏季休眠状态。严重缺水会导致草坪死亡。有时草坪的局部范围因微生物活动使土壤变为疏水，从而使水、肥和液态农药难以渗透土壤和在土壤中移动形成局部干旱点。局部干旱点上草坪草失绿变为无光泽的灰绿，进而萎蔫。路边、反光玻璃墙、靠近钢筋混凝土建筑和坡顶的草坪易干旱。

6.2.8　绝对最高或绝对最低温度伤害

不同草坪草种都有一个适宜温度范围，超过了它们能忍耐温度界限就会出现生理性病害(斑点、枯萎甚至死亡)，如日灼、干旱、大面积萎蔫，以树下较多。应正确选择草种，不能超过其耐温极限。日灼和干旱则应及时浇透水。

6.2.9　土层薄

浅土层的持水量低，无法持有足够水分供草坪正常生长。草坪的根系也浅稍有旱情浅土层上的草坪便会呈干旱症状。有个别草坪地下埋藏有瓦砾(砖头、石块、玻璃等)枯死树桩等，夏季干燥时草坪草易干旱萎蔫或土层过浅等。检查不正常生长部位土层针对问题解决。对于有黏土残核、瓦砾、枯死树桩等，应挖除并添加好的表土层土壤。

6.2.10　土壤板结

土壤板结常出现在的人为抄近路横穿草坪、野生动物的途径处或草坪维护的重机械工作时总是走同一路线的地方。黏土比例过大，遭严重踏压，浸水后干燥，阻碍草坪草正常生长。应正确配制草坪土壤，要有计划地使用草坪。对出现板结部位应及时使用草坪土壤通气器穿孔松土，改良土壤或配制土壤疏松剂使用。防止土壤板结的关键是防患于未然，减少人横穿草坪或定期让人走不同的路线以减轻土壤板结；机械操作应循不同路线；土壤加沙抗板结性会提高。土壤加沙之前，应进行土壤颗粒组成分析以决定加沙量和合适的沙子颗粒大小。

6.2.11　枯草层

枯草层过厚会阻碍水、肥、气和农药渗透到根区土壤，还会阻碍根系发育，特别是新植株的根系趋于生根于枯草层，难以穿过枯草层以生根于其下的土壤，造成浅根系的草坪。枯草层过厚的草坪极易干旱，且不耐高温和低温。修剪草坪时，收集草坪修剪与否对枯草层的形成影响不大。草坪修剪物分解较快，可重新循环营养元素为草坪草和土壤微生物利用。枯草层过厚时，应在春秋季进行清除枯草层的作业，如纵向修剪、打孔通气等，还可通过铺顶沙或顶腐熟的有机肥来加快植物残体的分解，以逐步减少枯草层的厚度，解决枯草层的问题。

6.2.12　乔木和灌木荫蔽

乔灌木过密过高，应修剪或间伐，以改善光照、通风、和通气条件，也可缓解胁地作用。胁地情况也可通过局部施肥来缓解。对于遮阴条件的草坪和地被植物的种植应事先有所安排，不能超过要求。若以草坪绿化为主要目的的地面，则应坚决剔除超过允许程度的乔木、灌木枝丫或移走树木。

6.2.13　机械损伤

当频繁修剪调整高度时草坪草常遭伤害，或因机械性能较差，刀片过钝，或因地面不平坦及在斜坡上，或草坪地过于潮湿、低洼、超过负重力，或干燥地面等都会因机械造成伤害。其危害表现在：刀口不齐有撕裂伤从而胁迫草坪，使之生长缓慢，情况严重时会使草坪死亡。应定期检修草坪修剪机械，定期磨刀片或调整刀具以避免损伤草坪。每次草坪修剪前后都应检查割草机，保证机具运转正常、刀片锋利。要注意草坪地是否适合剪草机的操作，草坪修剪机械操作人员在草坪修剪之前和之中应留意草坪上的异物，石子、瓶子、铁器等异物会损坏刀具，进而损伤草坪。异物经割草机刀片撞击飞出，对附近人员也有危险性。当刀片因割到异物而有缺口时，应及时打磨修理。

6.2.14　草坪磨损

当草坪使用过度时，会磨损草叶。受损的草叶易变焦干，呈暗灰绿色，状如因土壤缺水形成的萎蔫，几天内草坪转为褐色或漂白色，同时草坪草变得逐渐稀疏。因根冠一般还活，如减少或停止使用草坪会恢复，但如磨损过度草坪会死亡。草坪磨损多发生在足球场球门区、橄榄球场中场、人员活动多的公用草坪、草地排球场的前排区。对使用过度和容易磨损的草坪应尽量轮流使用，包括不同草坪区域、不同草坪，避免使用过度造成草坪磨损。

草坪地上常有部分被金属、塑胶、橡胶、牛毛毡、硬纸板等异物覆盖，遮光时间稍久会出现草坪草伤害。诊断时需仔细了解情况后判定原因，对于泥浆黏附草坪草造成的伤害及时浇水冲洗就可解决。

思考题

1. 草坪病害诊断的依据有哪些？
2. 试述草坪病害诊断的一般程序。
3. 田间诊断时应注意哪些问题？
4. 如何根据菌物症状识别和诊断病害？
5. 如何根据细菌和的症状特点诊断病害？如何观察细菌的"喷菌现象"？
6. 在何种情况下要用"柯赫法则"的步骤诊断病害？其步骤是什么？
7. 草坪锈病常见的症状有哪几种？如何区别这些症状？4 种病原菌冬孢子形态上有哪些区别？
8. 简述白粉和黑粉病的症状及防治方法。
9. 德氏霉叶枯病的症状及病原菌有哪些？
10. 离蠕孢属病原菌物有哪几种？
11. 弯孢霉叶枯病与离蠕孢叶枯病有哪些区别？如何防治？
12. 试述禾草镰刀菌病害的发病规律及防治措施。

13. 简述立枯丝核菌褐斑病的症状表现及防治方法。

14. 简述禾草腐霉枯萎病的症状特点及防治方法。

15. 试述高尔夫球场常见病害及防治方法。

16. 草坪草细菌性病害有哪些？如何防治？

17. 简述牧草和草坪植物上的植原体病害及其防治方法。

18. 禾草主要病毒病害有哪些？分别简述各种病毒病害的症状、病原及发病规律。

19. 病毒病害的防治主要采取哪些措施？

20. 简述线虫的种类、为害特点及防治措施。

草坪常见病害中英名称对照表

草坪主要害虫及其防治

7.1　地下害虫类

7.1.1　金龟甲类

金龟甲类隶属鞘翅目金龟甲总科，是各类草坪最重要的地下害虫之一。危害草坪的金龟甲众多，其中鳃金龟科主要有东北大黑鳃金龟（*Holotrichia diomphalia*）、棕色鳃金龟（*H. titanus*）、暗黑鳃金龟（*H. parallela*）、黑绒鳃金龟（*Serica orientalis*）、鲜黄鳃金龟（*Metabolus tumidifrons*）、小黄鳃金龟（*M. flavescens*）等。丽金龟科主要有黄褐丽金龟（*Anomala exoleta*）、铜绿丽金龟（*A. corpulenta*）、四斑丽金龟（中华弧丽金龟）（*Popillia quadriguttata*）、墨绿丽金龟（亮绿彩丽金龟）（*Mimela splendens*）、茸喙丽金龟（*Adoretus puberulus*）等。其中东北大黑鳃金龟、暗黑鳃金龟、黑绒金龟、黄褐丽金龟等在北方发生较普遍，其余的种类在南、北方均有程度不同的发生。不同地区的主要危害的种类因各地气候、土壤、环境条件的不同有所差异，而同一地区，甚至同一地块常多种混合发生。

金龟甲成、幼虫均可危害植物。幼虫称为蛴螬。在草坪上多以蛴螬为害。蛴螬栖息在土壤中，取食萌发的种子和幼苗的根茎，会造成幼苗枯萎，重者可致幼苗成片死亡。

受为害草坪的地上部分无明显的被害症状，但地下1~2 cm处根系常因蛴螬的取食而大面积损害或死亡。在草坪上表现的蛴螬被害状为：草坪上萎蔫成斑块，不能恢复生长，颜色发褐，死亡的草皮呈地毯状，易与根系分离。

在周围多灌木地块和经常潮湿且光照充足的草坪，金龟甲危害严重。由于草坪不能翻耕，有利于金龟甲的繁殖，加之多年形成的致密草皮不利于杀虫剂直接作用于虫体或杀虫剂难以下渗入土壤中，从而难以防治金龟甲。

7.1.1.1　形态特征

（1）东北大黑鳃金龟（*彩图 7-1*）

成虫　体长椭圆形，长16~21 mm，宽8~11 mm，初羽化为红褐色，逐渐变为黑褐色至黑色，有光泽。唇基近似半月形，前、侧缘上卷，前缘中间凹入。触角10节，3节鳃片部黄色或赤褐色。胸部腹面被有黄色长毛，背板密布粗大的刻点，侧缘外弯，被褐色细毛。前翅表面微皱，肩突明显，密布刻点，缝肋宽而隆凸，可见3条纵肋。雄性臀板隆起，末端圆钝，两侧上方各有1小圆坑，腹末板次节的中部具明显的三角形凹坑。雌性臀板较长，末端圆钝，腹末板次节中间无三角形凹坑（图7-1）。

第 7 章彩图

卵　初产时长2.5 mm，宽1.5 mm，长椭圆形，白色稍带黄绿色，有光泽。以后逐渐变圆。孵化前长2.7 mm，宽2.2~2.5 mm，呈圆球形，洁白有光泽，可见一端1对三角形的棕色上颚。

幼虫 3 龄幼虫体长 35~45 mm，头部红褐色，坚硬，前顶两侧各具呈纵列的 3 根刚毛。肛门孔呈三射裂缝状，肛腹板刚毛散生，无刺毛列(图 7-1)。

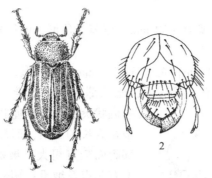
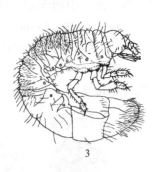
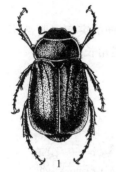

蛹 裸蛹，长 21~23 mm，宽 11~12 mm。化蛹初期为白色，以后逐渐变深，呈黄色到红褐色，复眼由白色变深色，最后呈黑色。腹末具 1 对叉状突起。

图 7-1 东北大黑鳃金龟(仿 魏鸿钧等，1989)
1. 成虫 2. 幼虫头部 3. 幼虫

(2)棕色鳃金龟

成虫 体长 17.5~24.5 mm，宽 9.5~12.4 mm，长卵形，全体棕色，有微弱的丝绒状闪光。触角 10 节，鳃状部 3 节，赤褐色。前胸背板与前翅基部等宽，前角钝，后角近似直角。前胸背板侧缘中段呈明显的弧状外扩，侧缘边不完整，前半部被褐色细毛。鞘翅背面具 4 条纵肋，前两条明显，后两条微弱，肩突显著。腹部圆而大，有光泽，臀板呈扇面状，雄性顶端较钝，末端中间隆起，刻点稀疏；雌性呈扁平三角形，1 顶端稍长，密布刻点(图 7-2)。

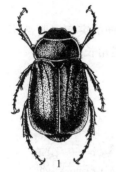
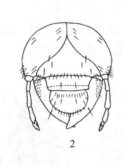

图 7-2 棕色鳃金龟(仿 魏鸿钧等，1989)
1. 成虫 2. 幼虫头部

卵 与华北大黑鳃金龟相似。

幼虫 3 龄幼虫体长 45~55 mm，头部前顶每侧具一纵列 3~5 根刚毛。肛腹板中间具 2 列刺毛，每列有 16~24 短锥状毛，其前端超出刚毛区前缘(图 7-2)。

蛹 长 28~30 mm，宽 9~13 mm，棕红色，腹部第 2~4 节气门圆形，深褐色，隆起。腹部第 1~6 节背中央具横脊，尾节近方形，两尾角呈锐角。

(3)暗黑鳃金龟(彩图 7-2)

成虫 长 17~22 mm，宽 9~11.5 mm，长椭圆形。初羽化为红棕色，逐渐变为红褐色，黑褐色或黑色。体无光泽，被黑色或黑褐色绒毛。前胸背板侧缘中间最宽，前缘具沿并有成列的褐色缘毛，前角钝弧形，后角直且尖。鞘翅侧缘近平行，尾端稍膨大，具不明显 4 条纵肋。腹部腹面具青蓝色丝绒光泽(图 7-3)。

卵 同东北大黑鳃金龟卵。

幼虫 3 龄幼虫体长 35~45 mm。头部前顶刚毛每侧 1 根，肛腹板钩状刚毛分布不匀，上端

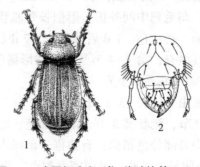

图 7-3 暗黑鳃金龟(仿 魏鸿钧等，1989)
1. 成虫 2. 幼虫头部

中间光裸,中间无刺毛列。

蛹 长20~25 mm,宽10~12 mm,尾节三角形,两尾角呈锐角。

(4)黑绒鳃金龟(彩图7-3)

成虫 体长6.2~9.0 mm,宽3.5~5.2 mm。卵圆形,全体黑色或黑褐色,有天鹅绒闪光。触角9节,少数10节,黄褐色,鳃状部3节。雌雄二型,雄虫鳃状部细长,柄节具一痂状突起;雌虫鳃状部粗短,柄部无突起。前胸背板宽为长的2倍,两侧中段外扩,侧缘列生刺毛。胸部腹面刻点粗大,被棕褐色长毛。鞘翅略短于前胸,上有刻点及绒毛;鞘翅有9条纵沟纹,外缘有稀疏刺毛。腹部光滑,臀板三角形(图7-4)。

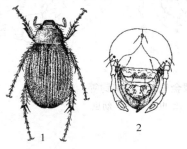

图7-4 黑绒鳃金龟(仿 魏鸿钧等,1989)
1. 成虫 2. 幼虫头部

卵 长约1 mm,椭圆形,乳白色且有光泽,孵化前变暗。

幼虫 长14~16 mm。头部前顶每侧1根刚毛,额中每侧1根侧毛。肛腹板刚毛区布满钩状刚毛,其前缘呈双峰状,刚毛区中间具楔状的裸区将该区分隔(图7-4)。

蛹 长8~9 mm,宽3.5~4 mm。触角鞭状,雌雄同型,近基部有前伸的突起。腹部第1~6节每节背板中央具横向峰状横脊。尾节近方形,后缘中间凹入,两尾角长。

(5)鲜黄鳃金龟

成虫 体长11~14 mm,宽6~8 mm,长椭圆形,体表光滑无毛,黄褐色。头部黑褐色有光泽,复眼大,球形,黑褐色,复眼间隆起。触角9节,鳃状部3节,雄虫鳃状部长而略弯曲,明显长于柄部;雌虫鳃状部略小,短于柄部。前胸背板呈横长方形,宽约为长的2倍,具边缘,前、后角均为钝角,侧缘锯齿状,被稀疏的细长毛。鞘翅长度约为前胸背板的2倍,黄色有光泽,除缝肋外,可见2条纵肋。臀板略呈三角形(图7-5)。

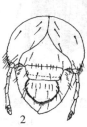

图7-5 鲜黄鳃金龟(仿 魏鸿钧等,1989)
1. 成虫 2. 幼虫头部

卵 长1.5~2.0 mm,宽0.9~1.6 mm。初产为乳白稍绿,椭圆形,后期呈淡黄色,圆球形。

幼虫 3龄幼虫体长18~20 mm。头部前顶各4根刚毛,排成一纵列。肛门孔为三射裂缝状,刺毛列中间外扩,形似长颈瓶状,瓶肚处刺毛最长(图7-5)。

蛹 初白色,1 d后淡黄色,7 d后变为黄褐色。触角雄、雄异型,腹部第1~6节背板中央具横脊,第1~4节气门椭圆形褐色,明显隆起。尾节近方形,1对尾角呈锐角。

(6)黄褐异丽金龟

成虫 体长13.2~16.7 mm,宽7.4~9.4 mm,红黄褐色,有光泽。头小,复眼黑色,触角9节,鳃状部3节,淡黄褐色,鳃状部雄虫大而雌虫小。前胸背板深黄褐色,具中纵沟,中央部分色稍深;有边框,前缘内弯,后缘中央后弯,两侧缘弧形。鞘翅长卵形,具3条不明显的纵肋,表面密生刻点。胸部腹面及足均淡黄褐色,并密生细毛(图7-6)。

卵 长约2 mm,椭圆形。初产为乳白色,表面光滑,后期为淡黄色。

幼虫　3 龄幼虫体长 25~35 mm，头部前顶每侧 5~6 根刚毛，呈一纵列。肛腹板列 2 列刺毛，后部渐宽呈"八"字形，约占全毛列的 1/4 长。肛门孔呈横裂状（图 7-6）。

蛹　裸蛹，长 18~20 mm，黄褐色。

（7）铜绿异丽金龟（彩图 7-4、彩图 7-5）

成虫　体长 19~21 mm，宽 10~11.3 mm，背面铜绿色，有金属光泽。头、前胸背板、小盾片色稍浓，呈红褐色，鞘翅色稍浅，黄褐色，前胸背板两侧呈淡黄褐色条斑。触角 9 节，黄褐色。前胸背板发达，前缘呈弧形内弯，侧缘是弧形外弯，前角锐，后角钝。鞘翅具 4 条纵肋，肩部具疣突。体腹面黄褐色，密生细毛。足黄褐色，胫、跗节深褐色。臀板三角形，黄褐色，常具 1~3 个铜绿色或古铜色形状多变的斑。雌虫腹面乳白色，末节有一个棕黄色横带（图 7-7）。

卵　初产乳白色，椭圆形，孵化前近圆球形，长 2.45 mm，宽 2.17 mm。表面光滑。

幼虫　3 龄幼虫体长 30~33 mm，头部前顶刺毛每侧 6~8 根，成一纵列。肛腹板后部刚毛区正中有两排由 15~18 根长针状刚毛组成的刺毛列，两侧的刺毛尖端多彼此相遇或交叉，后端的毛列稍分开。刺毛列前端未伸出刚毛区（图 7-7）。

蛹　长椭圆形，土黄色，稍弯曲，长 18~22 mm，宽 9.5~10 mm，雄蛹臀节腹面有四裂的疣状突起，雌蛹无此突起。

（8）四斑丽金龟

成虫　体长 7.5~12 mm，宽 4.5~6.5 mm。头、前胸背板、小盾片、胸、腹部腹面、足除腿节均为青铜色，有闪光，鞘翅黄褐色，两翅合缝呈绿或墨绿色。头部具细密刻点，唇基梯形，前缘上卷。触角 9 节，棕褐色，雌虫鳃状部 3 节短而粗，雄虫节长而大。前胸背板隆突，密布小刻点，两侧缘在中部弧状外扩，后段稍平直，前缘角突出，后缘两侧具边框。鞘翅宽短，肩疣发达，每翅表面有 6 条纵行的刻点沟线，两侧缘自 1/2 处到合缝处具膜质边缘。臀板外露，基部具 2 个白色毛斑，腹部第 1~5 节侧面有白色毛斑（图 7-8）。

卵　初产时椭圆形，后变为圆球形，长 1.46 mm，宽 0.95 mm。

幼虫　3 龄幼虫体长 8~10 mm。头部前顶刚毛每侧 5~6 根，成一纵列。肛腹板有呈"V"字形岔开的两行刺毛列，每列 5~8 根刺毛。肛门孔横裂状（图 7-8）。

蛹　体长 9~13 mm，宽 5~6 mm。中胸腹突指状。腹部侧缘均具锥状突起。尾节近三角形，端部双峰状，其上被褐色细毛。

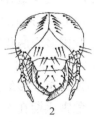

图 7-6　黄褐异丽金龟
（仿 魏鸿钧等，1989）
1. 成虫　2. 幼虫头部

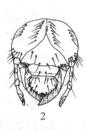

图 7-7　铜绿异丽金龟
（仿 魏鸿钧等，1989）
1. 成虫　2. 幼虫头部

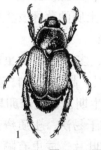

图 7-8　四斑丽金龟
（仿 魏鸿钧等，1989）
1. 成虫　2. 幼虫头部

7.1.1.2　发生规律和生活习性

(1)东北大黑鳃金龟

我国多为两年发生1代,以成虫和2~3龄幼虫越冬。在辽宁,成虫始见于4月下旬至5月初始,5月中下旬为盛发期,雌成虫自5月下旬开始产卵,6月中旬幼虫初孵,10月中下旬发育至3龄幼虫越冬。越冬幼虫于翌年5月中旬,上爬到土表危害植物幼苗的根、茎等,危害盛期在5月下旬至6月上旬。7月中旬,老熟幼虫作土室化蛹,蛹期约20 d,羽化的成虫当年不出土,在土室里越冬。成虫历期约300 d,卵多产在6~12 m深的表土层,卵期15~22 d。幼虫期340~400 d,冬季在55~145 cm深土层里越冬。

成虫昼伏夜出,21:00为取食和交尾的峰期,至午夜陆续入土潜伏。成虫有假死性,趋光性不强,性诱现象明显(雌诱雄)。交配后10~15 d开始产卵,每雌平均产卵百粒。成虫出土的适宜温度为12.4~18.0℃。卵和幼虫生长发育的适宜土壤含水量为10%~20%,其中15%~18%最为适宜。土壤过干或过湿均会造成大量死亡。

(2)棕色鳃金龟

主要分布于辽宁、山东、陕西、吉林、河南、河北等地,多为2年1代,以成、幼虫交替越冬。越冬成虫自4月上中旬开始出土,4月下旬至5月上旬达到盛期,成虫历期约为40 d。5月初开始产卵,中旬达盛期。卵6月孵化,卵期17 d左右。10月底以3龄幼虫越冬。越冬幼虫次年7月上旬至8月上旬化蛹,蛹期12~30 d。羽化后的成虫当年不出土,在土中越冬。

成虫昼伏夜出,出土时间短,趋光性弱。雌虫活动能力弱,仅可跳跃式飞行或短距离爬行,活动范围小,因此该虫危害多为局部发生。成虫一般不取食,主要以幼虫取食植物根茎。一般粗砂土土质的草坪发生较多。

(3)暗黑鳃金龟

1年发生1代,多以3龄幼虫越冬,少数以成虫越冬,越冬深度为15~40 cm,多在20~40 cm深处土层。越冬成虫自翌年5月出土活动,至4月下旬至5月初化蛹,6月初至8月中旬为成虫发生期,也是产卵期,秋季危害草坪。一般有机质丰富土层深厚土质的草坪发生严重,而易干易涝、土质瘠薄的草坪发生较轻。成虫趋光性较强,飞翔力也强,喜食柳、榆及果树的叶片。成虫有隔日出土交尾的习性。降雨对成虫产卵期和幼虫孵化期的发生数量有很大影响,7月如遇大雨、土壤含水量达到饱和状态,初龄幼虫会大面积死亡,虫口密度迅速下降。

(4)黑绒鳃金龟

在河北、山东、陕西、甘肃、宁夏、辽宁等地1年完成1代,以成虫在浅土层中越冬。翌年4月上旬越冬成虫出土活动,4月中旬达到盛期。成虫昼伏夜出,傍晚喜群集于果树上取食嫩芽和嫩叶,具趋光性和假死性。一般较高湿度、气候多降雨天气有利于成虫发生。5月下旬至6月上旬,雌成虫在植株根部5~10 cm深土层中产卵,卵聚集成堆,卵期9 d左右。幼虫取食寄主的根或土中的腐殖质,6月中下旬至9月上旬为幼虫危害期,幼虫期约76 d。幼虫老熟后潜入20~30 cm深的土中筑土室化蛹,蛹期19 d左右。成虫于9月下旬羽化后即在原地越冬。黑绒鳃金龟喜在干旱砂质土壤中栖息,适宜土壤含水量在15%以下。

（5）鲜黄鳃金龟

北方 1 年 1 代，以 3 龄幼虫越冬。翌年 5 月上中旬上升至生长层危害，5 月下旬化蛹，6 月中下旬羽化，羽化后 2~3 d 即可出土交配，产卵于 5~10 cm 深的土层中。8 月上中旬为幼虫危害期，10 月中下旬 3 龄幼虫入土越冬。成虫昼伏于杂草根际中，喜夜间活动。雄虫趋光性强。喜食蔬菜和甘薯叶片和三叶草叶片。幼虫喜在平坦、土质肥沃的草坪中栖息。

（6）黄褐异丽金龟

黄褐异丽金龟是我国长江以北常见虫种，1 年发生 1 代，以 3 龄幼虫在土中越冬。越冬幼虫于翌年 3 月上旬活动，4~5 月开始化蛹，5 月下旬成虫出现，6 月下旬至 7 月底为产卵盛期，产卵后成虫很快死亡。7~8 月初为卵孵化盛期。幼虫期约 320 d。成虫昼伏夜出，有趋光性，喜取食花生等植物叶片。幼虫危害期在 4~5 月和 8~10 月。喜栖息于砂土和排水良好的砂壤土中。该虫常与其他种混合危害，单独危害严重的草坪较少。

（7）铜绿异丽金龟

在我国北方各地均为 1 年 1 代，以幼虫在土中越冬。翌年春天越冬幼虫上升到地表活动危害，5 月下旬至 6 月中上旬为化蛹期，7 月上中旬至 8 月是成虫期，7 月上中旬是产卵期，8 月中旬至 9 月是幼虫危害期，10 月下旬以 3 龄幼虫越冬。成虫羽化后 3 天出土，昼伏夜出。出土后先交配，再取食，黎明前入土；雌雄成虫可多次交配。成虫喜食树木和果树的叶片，有假死性，趋光性很强，而趋化性不强。雌虫分批产卵，散产于湿润、疏松的土壤或草坪枯草层中。幼虫危害草坪草及其他作物苗以及果树苗的根茎，以春秋两季危害最重。

（8）四斑丽金龟

北方 1 年发生 1 代，以 3 龄幼虫越冬。翌年 4 月活动上移，4~6 月幼虫危害苗木、作物、草坪草的根茎，6 月中旬开始化蛹，下旬为化蛹盛期，6 月下旬至 7 月中旬成虫羽化，自 7 月中下旬开始产卵，一直延续到 8 月，8~10 月幼虫在土中危害，3 龄后越冬。当 10 cm 土温达 9.7℃ 以上，气温达到 18.2℃ 以上时，成虫才出土。成虫白天活动，夜间潜伏。成虫出土后 2 d 方可取食，初、后期多分散，盛期则群集于果树或灌木上取食、交配，还有聚集迁移危害的特点。雌虫可多次交配，卵多产于表土层的卵室中。初孵幼虫以寄主根系和腐殖质为食，3 龄幼虫危害严重。成虫寿命约 22 d，卵期约 11 d，幼虫期 322 d，蛹期 17 d 左右。

7.1.1.3 防治方法

（1）农业防治

①草坪建植地尽量远离果园、菜地以及灌木区。②翻耕整地，草坪播种或植草前，对地块要进行深翻耕压，机械损伤和鸟兽啄食可大大降低虫口基数。③合理施肥，整地时增施腐熟的有机肥，可改善土壤结构，促进根系发育，使草坪草生长健壮，增强抗虫能力；施适量碳酸氢铁、腐殖酸铁等化肥做底肥，对蛴螬有一定抑制作用。④在播前或草皮移植前，每公顷用 50% 辛硫磷乳油 1.5~2.25 kg，对细土 30~40 kg，撒在土壤表面，然后犁入土中。也可施用颗粒剂，将药剂与肥料混合施入。⑤成虫产卵盛期，适当限制草坪灌水，可抑制金龟甲卵的孵化，从而减少幼虫的危害及以后防治的困难。

（2）诱杀防治

利用金龟甲类的趋光性，设置黑光灯诱杀，效果显著。用黑绿单管黑光灯（发出一半绿光—半黑光)的诱杀效果显较普通黑光灯为好。

(3)药剂防治

①播前种子处理,可选用50%辛硫磷乳油和20%甲基异柳磷乳油等,药量为种子重的0.1%~0.2%。②在幼虫发生初期,可选择奥力克(以苏云金杆菌和甲氨基菌素为主要成分的环保型产品)500倍液或绿僵菌喷洒和浇灌;也可选用50%辛硫磷乳剂1 000~1 500倍液,喷施前在草坪上打孔,喷药后喷水,药液可渗入草皮下,杀灭幼虫。

7.1.2 金针虫类

金针虫是鞘翅目叩头甲科幼虫的总称。危害草坪的金针虫类有沟金针虫(*Pleonomus canaliculatus*)、细胸金针虫(*Agriotes subvittatus*)、褐纹金针虫(*Melanotus fortnumi*)和宽背金针虫(*Selatosomus latus*)等。

沟金针虫分布于长江流域以北,以有机质缺乏、土质较疏松的砂壤旱地发生较多。而细胸金针虫主要分布于我国北部各省潮湿、土质黏重、水分充足地带,黄淮海流域、渭河流域、黄河河套、冀中平原区是常发生地区。褐纹金针虫在河北、河南、山西、陕西、甘肃、青海以及湖北局部地区分布,适宜生活于湿润疏松肥沃的土壤,常与细胸金针虫混合发生。宽背金针虫以西北和东北的黑钙土、栗钙土地发生较重。该类害虫主要以幼虫(金针虫)咬食种子、幼苗和根,危害草坪草须根、根茎和分蘖节,也可将身体钻入根或根茎内,使幼苗枯萎甚至死亡。

7.1.2.1 形态特征

(1)沟金针虫(图7-9)

成虫 雌雄二型。雌虫体长16~17 mm,宽4~5 mm,雄虫体长14~18 mm,宽3.5 mm。雌虫身体扁平,深褐色,密被金黄色细毛,头顶有三角形凹陷,密布刻点。触角11节,锯齿状,长约为前胸的2倍。前胸背板发达,背面拱圆,密布点刻,中部有细小纵沟。鞘翅纵沟不明显。雄虫触角12节,丝状,长达鞘翅末端。鞘翅长为前胸长的5倍,其上纵沟较明显(彩图7-6)。

卵 长约0.7 mm,宽约0.6 mm,近椭圆形,乳白色。

幼虫 老熟幼虫体长20~30 mm,金黄色,宽而扁平,坚硬,有光泽。头前端及口器暗褐色。体背中央有1条细纵沟。尾节黄褐色,背面有近圆形的凹陷,密生细点刻,每侧外线各有3个角状突起,末端分两叉,叉内侧各有1小齿(彩图7-7)。

蛹 雌蛹长16~22 mm,宽约4.5 mm,雄蛹长15~19 mm,宽3.5 mm,腹部细长,尾端自中间裂开,有刺状突起。

(2)细胸金针虫(图7-10)

成虫 体细长,长8~9 mm,宽约2.5 mm,暗褐色,密被灰色短毛,有光泽。头、胸部黑褐色,触角红褐色,第2节球形。前胸背板略呈圆形,长大于宽,后缘角

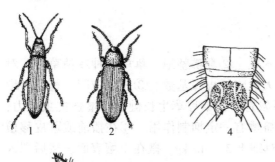

图7-9 沟金针虫(仿 魏鸿钧等,1989)

1. 雄成虫 2. 雌成虫 3. 幼虫 4. 幼虫腹部

伸向后方。鞘翅长约为头胸长的 2 倍，暗褐色，密生灰黄色细毛，其上有 9 条纵列刻点。足赤褐色(彩图 7-8)。

卵 圆球形，0.5~1.0 mm 长，乳白色。

幼虫 老熟幼虫体细长，圆筒形，长约 23 mm，宽约 1.3 mm，淡黄色，有光泽。头部扁平，口器深褐色。尾节圆锥形，背面前缘有 1 对褐色圆斑，后面有 4 条褐色细纵纹，末端呈红褐色小突起(彩图 7-9)。

蛹 纺锤形，长 8~9 mm。初期乳白色，后渐变深，复眼黑色，口器淡褐色，翅芽灰黑色。

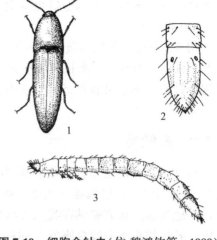

图 7-10 细胸金针虫(仿 魏鸿钧等，1989)
1. 成虫 2. 幼虫腹部末端 3. 幼虫

7.1.2.2 发生规律和生活习性

(1)沟金针虫

3 年发生 1 代，以成、幼虫在地下 20~80 cm 深处越冬。由于食料和土壤水分及其他环境条件的变化，世代重叠现象严重。在生长季节，几乎任何时间均可发现各龄幼虫。翌年春天，当 10 cm 土温达 6.7℃时，越冬幼虫在土表层活动，当土温达 9.2℃时，幼虫开始危害，4 月为危害盛期;5~6 月当 10 cm 土温达 19℃时，幼虫又潜入地下 13~17 cm 深处隐蔽，盛夏潜入更深处直至 9 月下旬至 10 月上旬土温降至 18℃时，幼虫又返回地表层危害;11 月土温降至 1.8℃时潜入深处越冬。老熟幼虫一般在第 3 年的 8~9 月上旬，在土表下 13~20 cm 处化蛹，蛹期 16~20 d。成虫羽化后当年不出土，直至翌年 3 月底至 6 月产卵，卵产于土中 3~7 cm 土层。雄虫交配后 3~5 d 即死亡，雌虫产卵后即死亡。卵期约 35 d，幼虫 10~11 龄，幼虫期逾 1 100 d，成虫寿命逾 220 d。雌虫无飞行能力，有假死性，无趋光性;雄虫的飞行能力强，有趋光性。

(2)细胸金针虫

2~3 年发生 1 代，极个别 1 年发生 1 代，以成、幼虫在 20~40 cm 土层越冬。在陕西关中，当 10 cm 土温达 7.6~11.6℃，气温 5.3℃时，成虫开始出土活动，4 月中下旬，气温达 13℃左右时达到盛期，出土活动时间大约为 75 d。4 月下旬开始产卵，卵散产于土中，6 月为产卵盛期，卵期 15 d。幼虫在秋季危害，冬初潜入土内越冬。成虫昼伏夜出，具趋光性、假死性，对腐烂植物也有趋性。初孵幼虫活泼，有自残性，大龄幼虫行动迟钝。老熟幼虫在 20~30 cm 土层中化蛹，9 月下旬成虫羽化后不出土即在土中越冬。

以上两种金针虫在春季 4 月和秋季 9~10 月危害重，土温升高时即下潜深层土壤栖息。沟金针虫适于旱地栖息，但土壤湿度也需在 15%~18%，而细胸金针虫则适于较湿润的土质栖息，适宜的土壤湿度为 20%~25%。

7.1.2.3 防治方法

(1)农业防治

沟金针虫多发的草坪应适时灌水，保持草坪湿润状态可减轻其危害，而细胸金针虫则相反，要保持草坪适当的干燥以减轻其危害。

(2)诱杀

细胸金针虫成虫对杂草有趋性，可在草坪周围堆草(酸模、夏志等)诱杀，堆成 40~

50 cm²、高 10~16 cm 的草堆,在草堆内混入触杀型农药,可毒杀成虫。在成虫期,可利用灯光诱杀细胸金针虫和沟金针虫雄虫。

(3)药剂防治

用 5%辛硫磷颗粒剂撒施,每公顷 30~45 kg。若个别地段发生较重,可用 50%辛硫磷乳剂 1 000~1 500 倍液灌根。灌根前需对草坪打孔通气,以便药剂渗入草皮下;复配农药对沟金针虫 3 龄幼虫有增效毒力的作用,如联苯菊酯与硫双威 1:2、联苯菊酯与噻虫胺 1:5。

7.1.3　蝼蛄类

蝼蛄属直翅目蝼蛄科。危害草坪的蝼蛄主要为单刺蝼蛄(*Gryllotalap unispina*)和东方蝼蛄(*G. orientalis*)。单刺蝼蛄主要分布于北纬32°以北的广大地区,以黄河流域、华北、内蒙古等地为多。东方蝼蛄在我国大部分地区均有分布,但以黄河以南危害较重。两种蝼蛄的成、若虫均在土中咬食刚发芽的种子、根以及嫩茎,植株受害根茎呈"乱麻状"而死亡。蝼蛄还可在土壤表层挖掘隧道,使植物根系吊空,造成植株干枯而死。严重时可形成大面积的秃斑(彩图 7-10)。

7.1.3.1　形态特征

(1)单刺蝼蛄(图 7-11)

成虫　虫体长 45~66 mm,雄虫体长 39~45 mm,头宽 5.5 mm,体黄褐色,全体密生黄褐色细毛。头小,近圆锥形,暗褐色,触角丝状。前胸暗褐色,背板卵圆形,中央具一心脏形红色暗斑。前翅短小,平叠于背部,仅达腹部中部,后翅折叠成筒形,突出于腹端。腹部末端近圆筒形,背面黑褐色,腹面黄褐色。前足腿节下缘弯曲,后足胫节背面内缘有棘刺 1 个或消失,故称单刺蝼蛄。

卵　椭圆形,初产时长 1.6~1.8 mm,宽 1.3~1.4 mm,乳白色有光泽,后渐变黄褐。孵化前长 2.4~2.7 mm,暗灰色。

若虫　形态与成虫相仿,翅不发达,仅有翅芽,共13龄。初孵若虫乳白色,体长 3.6~4.0 mm,头胸部细长,腹部肥大,复眼淡红。随龄期增长体色逐渐加深,5~6 龄时体色接近成虫。

(2)东方蝼蛄(图 7-12)

成虫　体躯短小。雌虫体长 31~35 mm,雄虫体长 30~32 mm,全体灰褐色,密被细毛。头圆锥形,暗黑色,触角丝状,黄褐色。前胸背板中央的心脏形斑小且凹陷明显。腹部末端近纺锤形,背面黑褐色,腹面黄褐色。前足腿节内侧外缘较平直,缺刻不明显。后足胫节背面内侧有棘刺 3~4 根(彩图 7-11)。

卵　椭圆形,初产时长约 2.8 mm,宽 1.5 mm,乳白色有光泽,后渐变为黄褐色。孵化前长约 4 mm,宽约 2.3 mm,暗褐色或暗紫色(彩图 7-12)。

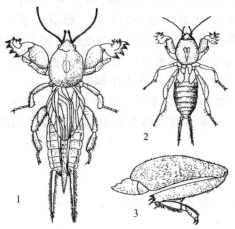

图 7-11　单刺蝼蛄(仿 魏鸿钧等,1989)
1. 成虫　2. 若虫　3. 后足

若虫 共8龄。初孵若虫乳白色，复眼淡红色，长约4 mm，2~3龄后体色接近成虫，末龄若虫体长约25 mm(彩图7-13)。

7.1.3.2 发生规律和生活习性

(1)单刺蝼蛄

3年发生1代，以成、若虫在土内1.0~1.3 m深处越冬。第1年越冬若虫8~9龄，翌年越冬若虫12~13龄，第3年以刚羽化未交配的成虫越冬。越冬若虫翌年4月上中旬土温回升后出土危害，其危害、活动后在草坪上常留有长约10 cm的"S"形隧道。一般4月底至6月是其危害盛期，6~7月为成虫的产卵盛期。卵产于土表下20 cm深处，每

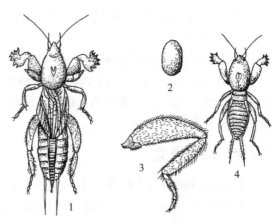

图7-12 东方蝼蛄(仿 魏鸿钧等，1989)
1. 成虫 2. 卵 3. 后足 4. 若虫

雌平均产卵300~400粒。一般在盐碱性地产卵较多，而黏土、壤土地较少。雄虫交配后立即逃窜，否则很易被雌虫捕食，而雌虫则一直守护产卵场所，直至孵化后的若虫发育到2~3龄后，能够分散营独立生活为止。卵期15~25 d，7月初开始孵化。若虫3龄前群集，3龄后分散，小龄若虫多以嫩茎为食。成虫期危害最重，且可达9个月以上。该虫昼伏夜出，21:00~23:00活动取食最为活跃。趋光性强，但因身体粗笨，飞行能力弱，只在闷热且风速小的夜晚才能被大量诱捕。对马粪和香甜物质也有趋性，喜食半熟的谷子和炒香的豆饼、麦麸。一年有春秋季两个危害高峰期。

(2)东方蝼蛄

黄河以南每年发生1代，黄河以北2年发生1代，以成、若虫在土中越冬，越冬深度为60~100 cm。越冬成虫当气温上升至5℃左右时开始上移，4月上旬开始活动并迁向地表层，5~6月为第1次危害高峰期，7~8月转入地下活动并产卵，产卵期可拖3~4个月，卵期15~28 d。当年的若虫可发育至4~7龄，翌年春夏再发育至9龄。成虫羽化后大部分不产卵即越冬，寿命8~12个月。该虫也喜潮湿和香甜物质等，趋光性强，黑光灯可诱捕成虫。

7.1.3.3 防治方法

(1)农业防治

结合灌水、施肥，在春季滚压草坪可防止遭危害的草坪草的根系悬空干枯，减少草坪草的死亡。

(2)人工防治

可根据两种蝼蛄卵窝在土表面的特征向下挖卵窝灭卵。单刺蝼蛄卵窝在土面有约10 cm长的新鲜虚土堆，东方蝼蛄顶起1个小圆形虚土堆。向下挖15~20 cm深即可发现卵窝，再向下挖8~10 cm即可发现雄虫，一并消灭。在草坪草较密较厚，看不见虚土堆的情况下，可在6~8月产卵盛期根据草坪有成行或成条枯萎或枯死的症状，向根下挖掘可找到隧道，然后跟踪挖窝灭卵。

(3)诱杀防治

利用蝼蛄趋光性强的习性，设置黑光灯诱杀。蝼蛄对马粪有强烈趋性，如条件允许，

可以在草坪周围挖浅坑，内置一层马粪诱其集中进行捕杀。

（4）药剂防治

①用 90%晶体敌百虫 30 倍液，浸泡煮成半熟且晾干后的谷子，再风干到不黏结时，每亩草坪撒 1.5~2.5 kg，在无风或闷热的傍晚施效果更好。但拌药量不可过大，以免异味引起拒食。②用 50%辛硫磷乳油 1 000 倍液灌根，效果良好。灌根前需在草坪上打孔，使药剂更容易下渗。

7.1.4　地老虎类

地老虎属鳞翅目夜蛾科，俗名地蚕、切根虫、土蚕等，其种类多，分布广，危害重。危害草坪的地老虎主要有小地老虎（*Agrotis ypsilon*）、黄地老虎（*A. segetum*）、大地老虎（*A. tokionis*）、八字地老虎（*Xestia c-nigrum*）、白边地老虎（*Euxoa oberthuri*）等。小地老虎属世界性大害虫，分布最广，危害最重。在我国南部主要分布在雨量丰富、气候湿润的长江流域及沿海各省，在北部主要分布在地势低洼，常年积水或过水地区。黄地老虎和大地老虎多与小地老虎混合发生，其余几种一般发生较少，只在局部地区或个别年份发生较多。

地老虎为多食性害虫，除危害草坪外，还可危害棉花、玉米、甘薯、烟草、豆类、麻类、麦类、瓜类、番茄、白菜等作物和蔬菜；野生寄主有小蓟、苍耳、小旋花等杂草。地老虎主要以幼虫危害植物的幼苗。危害草坪时，低龄幼虫将叶片咬食成孔洞、缺刻，大龄幼虫白天潜伏于根部土中，夜间咬断近地面的茎部，致使整株死亡。发生数量多时，可使草坪大片光秃。

7.1.4.1　形态特征

（1）小地老虎（图 7-13）

成虫　体长 16~23 mm，翅展 42~54 mm，黄褐色至褐色。雌蛾触角丝状，雄蛾触角双栉齿状。前翅长三角形，前缘至外缘之间色深，从翅基部至端部有基线、内横线、中横线、外横线、亚外缘线和外缘线，内横线与中横线间和中横线与外缘线间分别有一个环状纹和肾状纹，内横线中部外侧有一楔状纹，在肾状纹与亚外缘线间有 2 个指向内方、1 个指向外方共计 3 个相对的箭状纹。后翅灰白色，脉纹及边缘色深。腹部灰黄色（彩图 7-14）。

卵　半球形，直径约 0.5 mm，表面有纵横隆起线。初产白色，后渐变黄色，近孵化时淡灰褐色。

幼虫　老熟幼虫体长 37~47 mm，长圆柱形，略扁。头黄褐色，宽 3.0~3.5 mm，胸部灰褐色，体表粗糙，布满圆形深褐色小颗粒，背部有不明显的淡色纵带，腹部 1~8 节背面各节各有前、后 2 对毛片，后一对显著大于前一对。臀板黄褐色，其上有两条黑褐色纵带。腹足趾钩单序中带式（彩图 7-15）。

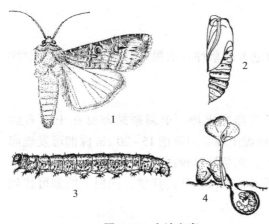

图 7-13　小地老虎

1. 成虫　2. 蛹　3. 幼虫　4. 植株被害状

蛹　长 18~24 mm，赤褐色有光泽。腹部第 4~7 节背面前缘深褐色，末端色深，具 1 对分叉的臀刺。

（2）黄地老虎（图 7-14）

成虫　体长 14~19 mm，翅展 32~43 mm，黄褐色。雌蛾触角丝状，雄蛾双栉齿状。前翅基线、内横线、外横线等各线均不明显。肾形纹、环状纹和楔状纹明显，均围以褐色边缘。后翅灰白色，前缘略带黄褐色（彩图 7-16）。

图 7-14　黄地老虎成虫

卵　半圆形，底平，直径为 0.5 mm。初产时乳白色，以后渐显淡红色斑纹，孵化前变为褐色。

幼虫　老熟幼虫体长 33~45 mm，圆筒形，黄褐色，体表光滑，无小颗粒。腹部 1~8 节背面的毛片，后对略大于前对。腹足趾钩单序中带式（彩图 7-17）。

蛹　长 16~19 mm，红褐色，腹部 5~7 节背面前缘有 1 条黑纹，纹内具小而密的刻点，腹末有 1 对臀刺。

7.1.4.2　发生规律和生活习性

（1）小地老虎

年发生世代数因地而异。东北、内蒙古、西北中北部每年 2~3 代，华北 3~4 代，西北东部（陕西）4 代，华东 4 代，西南 4~5 代，华南、台湾等 6~7 代。越冬虫态各地也有差异，北方不能越冬；湖南、湖北、江西、四川、浙江等地老熟幼虫、蛹和成虫均可越冬；昆明、南宁、广东、广西等地可终年繁殖，无越冬现象。各地不论发生几代，均以第 1 代发生数量多、时间长、危害重。北京每年发生 3~4 代，3 月下旬成虫出现，第 1 次高峰期在 4 月初，第 2 次高峰期 4 月 20 日左右，第 1 代幼虫危害盛期在 5 月上中旬。

成虫昼伏夜出，尤以黄昏后活动最盛。受气温影响明显，16~20℃ 时活动性最强，低于 8℃、大风或有雨的夜晚一般不活动。成虫飞行能力很强，具迁飞习性，对黑光灯、糖蜜和发酵物有明显趋性。羽化后需补充营养 3~5 d。卵常产在草坪的茎叶上，以 3 cm 以下的幼苗叶背和嫩茎上为多，少数也可产在土面。卵多散产，每雌 800~1 000 粒。卵期 7~13 d。

幼虫共 6 龄。3 龄前昼夜危害，主要啃食叶片。因食量较小，只造成小孔洞和缺刻，一般危害不重。3 龄后昼伏夜出，白天潜伏在根部周围土壤里，夜间出土食害，从茎基部将植株咬断，造成缺苗断垄。幼虫耐饥力较强，但在食物缺乏情况下个体之间常出现自相残杀现象。

（2）黄地老虎

东北、内蒙古 1 年发生 2~3 代，华北地区 3~4 代，长江流域 4 代，各地均以幼虫在土壤 10 cm 左右深处越冬。在华北地区，4 月中下旬是化蛹盛期，4 月中旬至 5 月上旬是发蛾盛期，5 月中旬是产卵盛期，5 月中下旬是幼虫危害盛期。长江流域 5 月中旬至 6 月上旬是危害盛期。成虫昼伏夜出，对黑光灯有弱趋性。卵产于草坪草的根茬上、茎上或叶上，几十粒成串排列；产在其他杂草上时，2~3 粒或 6~7 粒聚产，每雌产卵 1 000~2 000 粒。幼虫 3 龄前在心叶取食，3 龄后昼伏夜出可咬断幼苗，造成严重危害。

7.1.4.3　防治方法

防治地老虎，一般应以第 1 代为重点，采取栽培防治和药剂防治相结合的综合措施。

(1)农业防治

①保持草坪草的健康生长，生长旺盛的草坪草对地老虎的侵害具有良好的抗性和耐性。同时，防止草坪草的徒长，过高草坪或草坪周围有高草也将为地老虎的侵入危害创造理想的条件。②改善草坪地的排水状况，减少积水面积。③利用秋冬灌水可以有效地降低越冬虫口密度；及时灌返青水也可以降低越冬虫口密度。④草坪周围蜜源植物较多时，应注意在蛾量高峰期进行诱杀，降低其产卵率，减少幼虫对草坪的危害。⑤清除草坪周围的杂草，也是降低地老虎数量的有效方法。

(2)诱杀成虫和幼虫

利用黑光灯、糖醋酒液或雌虫性诱剂诱杀均可。诱杀时间可从 3 月初至 5 月底，灯下放置毒瓶，或盛水的大盆或大缸，水面洒上机油或农药。糖醋液的配方为红糖 6 份、米醋 3 份、白酒 1 份、水 2 份，再加少量敌百虫，放在小盆或大碗里，天黑前放置在草坪上，天明后收回，收集蛾子并深埋。为了保持诱液的原味和量，每晚加半份白酒，每 10~15 d 更换一次。

(3)人工捕杀幼虫

在发生数量不大，枯草层薄的情况下，在被害苗的周围，用手轻拂苗周围的表土，即可找到潜伏的幼虫。自发现中心受害株后，每天清晨捕捉，坚持 10~15 d，即可见效。

(4)药剂防治

应掌握在幼虫 3 龄前防治，效果最好。①施毒土，用 2.5% 敌百虫粉 1.5 kg 与 22.5 kg 细土混匀，均匀地撒在草坪上。②喷粉，用 5% 敌百虫粉，每亩 2~2.5 kg 喷粉，可视田间虫情 1 周后再喷 1 次。③喷雾，喷洒 90% 敌百虫 800~1 000 倍液、50% 二嗪磷 1 000 倍液或 50% 辛硫磷 1 000 倍液。

7.1.5 拟步甲类

拟步甲类属鞘翅目拟步甲科。草坪上发生较多的拟步甲有沙潜(网目拟地甲)(*Opatrum subaratum*)和蒙古沙潜(蒙古拟地甲)(*Gonocephalum reticulatum*)，南方地区有二纹土潜(*Gonoeephalum bilincatum*)。

沙潜和蒙古沙潜常在地势较高、干燥的草坪地混合发生。成虫食性杂，以取食草坪幼苗的幼嫩叶片为主，幼虫多在 4 cm 以上的土层中栖息活动，可取食幼苗嫩茎、嫩根且能钻入根茎内取食，造成幼苗枯萎以至死亡。以禾草受害最重，发生数量多时可将草坪叶食光，或因幼虫蛀食根茎造成整个植株死亡。

7.1.5.1 形态特征

(1)沙潜(图 7-15)

成虫 雌虫体长 7.2~8.6 mm，宽 3.8~4.6 mm；雄虫体长 6.4~8.7 mm，宽 3.3~4.8 mm。羽化初体色乳白，后逐渐加深，最后呈黑褐色，因鞘翅上常附有土，故略带灰褐色。虫体椭圆形，头部较扁，背面似铲状。复眼黑色，在头部下方。触角棒状，11 节，除第 1、3 节较长外其余各节均为球形。前胸发达，前缘半月形，其上生有细沙状小刻点。鞘翅近长方形，前缘向下弯曲将腹部包围，因而有翅不能飞，每鞘翅有 7 条纵隆线，各隆线两侧还有突起 5~8 个，形成网格状。前、中、后足均有 2 距，各足均生有黄色细毛，雌虫前跗节的第 1~4 节长于或等于第 5 节，雄虫前足第 1~4 跗节短于第 5 节。腹部背板黄褐色, 肛上板黑褐色, 密生刻点。

卵 长 1.2~1.5 mm, 宽 0.7~0.9 mm, 椭圆形, 乳白色, 表面光滑。

幼虫 初孵幼虫体长 2.8~3.6 mm, 乳白色。老熟时体长 15~18 mm, 深灰黄色, 体细长似金针虫。足 3 对发达, 前足长, 为中、后足的 1.3 倍, 中、后足大小相等。腹部末节较小, 纺锤形, 背面前部稍突起呈 1 横沟, 沟前有褐色钩形纹 1 对, 末端中央有褐色隆起, 边缘共有刚毛 12 根, 其中央 4 根。

蛹 裸蛹, 体长 6.8~8.7 mm, 宽 3.1~4.0 mm, 腹部末端有 2 个刺状突起。乳白略带灰色, 羽化前呈黄褐色。

(2) 蒙古沙潜(图 7-16)

成虫 体长 6~8 mm, 暗黑褐色。头部黑褐色, 向前突出; 复眼较小, 中间有凹陷, 白色。触角棍棒状 11 节, 第 1、3 节最长, 第 2、4 节等长, 端部 4 节逐渐膨大。前胸背板外缘近圆形, 前缘凹进, 前缘角较锐, 背板表面有小刻点, 并生有黄细毛。鞘翅长方形, 后部较圆, 其上布满小点刻、纵纹和黄色细毛。腹部 5 节, 密布点刻, 末节腹板有黄色短毛。前足腿节、胫节发达, 跗节共 5 节, 雌虫第 1~4 节大于第 5 节, 雄虫第 1~4 节小于第 5 节, 末端爪发达, 后足胫节长。

图 7-15 沙潜
(仿 魏鸿钧等, 1989)
1. 成虫 2. 幼虫

图 7-16 蒙古沙潜成虫
(仿 魏鸿钧等, 1989)

卵 长 0.5~1.25 mm, 宽 0.5~0.8 mm。椭圆形, 乳白色, 表面光滑。

幼虫 幼虫共 6 龄。初孵幼虫乳白色, 后渐变灰黄色。老熟幼虫体长 12~15 mm, 圆筒形, 12 节。前胸发达, 前足长而粗大。腹部末节很小, 纺锤形, 背面中央有纵沟 1 条, 边缘刚毛 8 根, 中央 4 根, 每侧 2 根。

蛹 体长 5.5~7.4 mm, 乳白色, 略带灰黄色, 复眼红褐色至褐色。羽化前, 足、前胸和尾部浅褐色。

7.1.5.2 发生规律和生活习性

(1) 沙潜

东北、华北、山东每年发生 1 代, 以成虫在表土层或 15~30 cm 疏松土中土层内或枯草落叶下、花卉、多年生草坪草根际下越冬。翌年 2 月中下旬, 在天气晴朗的中午, 少量成虫开始活动, 3 月下旬, 草坪返青时, 成虫大量出土取食嫩叶, 3~4 月活动最盛, 取食也最多。一般土温达 15℃时开始活动, 若温度降低或有风即卷缩不动或潜入土中。成虫喜食幼苗, 也喜萌发的种子, 食性较杂。约 3 月中旬交配产卵, 卵产于 1~4 cm 深的土层中, 卵期 5~28 d。

幼虫孵化后在土中活动、危害, 多在 4 cm 以上的土层栖息, 历期 25~40 d, 共 6~7 龄, 具假死性。幼虫食性较杂, 可取食多种植物的幼苗嫩茎、嫩根, 且可钻入根、茎中危害, 造成幼苗枯萎甚至死亡。老熟后即在土中 5~8 cm 处做土室化蛹, 蛹期 7~11 d。成虫羽化后, 多在草坪根部越夏, 秋季再活动危害至 11 月继续潜入土中越冬。成虫只能在地面爬行, 假死性很强, 寿命很长, 最长可达 730~790 d, 最短为 83 d, 有孤雌生殖现象。

喜干旱的砂黏壤性的土壤。幼虫和蛹的天敌有黄脚黑步甲(*Harpalus sinicns*)。

(2)蒙古沙潜

和沙潜的生活习性大致相似。在河北、黑龙江等地1年发生1代，以成虫在2~10 cm土层中、寄主根际和枯枝落叶下，以及小灌木根茎部越冬。翌年2月当地面温度达5℃时开始活动，地面温度达到8℃以上时，越冬成虫开始出土寻找食物，取食草坪幼苗、嫩根，3、4月大量出土。7、8月高温季节白天隐蔽，夜间取食，也喜食饼肥及有香味的物质。成虫活跃善飞，趋光性强。卵散产于1~2 cm深的表土层中，卵期18~20 d。幼虫活泼，惊动后可快速前进或后退，孵化后即在表土层取食嫩草根和茎，幼虫期一般50~56 d，老熟后在土壤1~10 cm深处做土室化蛹，蛹期4~10 d，继而羽化为成虫。成虫在秋季尚可危害，但当年不交配，直接越冬。

7.1.5.3 防治方法

①新建草坪须耕翻土地，精耕细耙，以机械杀伤土中越冬虫体或卵；用有机磷农药处理土壤；播种前用有机磷农药拌种可有效杀死土壤中的越冬成虫和幼虫。

②杨树枝诱捕成虫效果明显　方法是在成虫盛发期，将长约67 cm的杨树枝4~5枝扎成一捆，浇上清水后插到草坪上，每亩插十几把，尤以雨后和气温突降后诱虫效果极佳。

③药剂防治　用90%敌百虫结晶700~1 000倍液，防治成虫效果很好，喷后3 d成虫死亡率可达97%~100%；80%敌敌畏乳油1 000倍液，防效可达73%。

7.1.6 土蝽

土蝽属半翅目土蝽科。危害草坪的土蝽主要有麦根土蝽(*Stibaropus flavidus*)、青革土蝽(*Macroscyeus subaeneus*)、白边光土蝽(*Sehirus niviemarginatus*)等。其中以麦根土蝽分布较广，多分布于沿河两岸。危害小麦、玉米、高粱、谷子、糜子、禾本科草坪草等。以成、若虫刺吸寄主根部，吸取汁液，破坏幼根，使植株早枯或苗黄、瘦小，生长缓慢或停滞。麦根土蝽可分泌臭液，栖息过的土壤或活动过的草坪均可散发出令人作呕的臭味，对草坪或绿地，特别是游乐草坪和运动场草坪均造成极大的污染。

7.1.6.1 形态特征(以麦根土蝽为例)

成虫　雌虫体长4.5~55 mm，雄虫4~5 mm，略呈椭圆形，后部稍宽，体棕褐色，有光泽。头部向前突出，略下倾，黄褐色，额中央有纵凹陷，头顶边缘具批褐色小刺18~

图 7-17　麦根土蝽成虫
(仿 魏鸿钧等, 1989)

20个，该刺具顶土和铲土作用，头上有刻点和疣状突起。复眼小，橘红色，复眼后侧具单眼1对。触角5节，念珠状，因第1节最小，只见4节。前胸背板宽大于长，中部拱起，侧缘弧形，后缘两侧各具1黑褐色斑。前足腿节粗，胫节细，末端尖锐似爪，旁生一镰刀状刺，跗节退化；中足胫节呈长半月形，末端外侧生有许多长刺；后足腿节膨大，胫节呈马蹄形，其上环生整齐的刺状刚毛，侧面突出褐色的刺。前翅黄褐色，有刻点、腹部7节，上生细毛，末端有乳状突起(图7-17)。

卵　长1~1.2 mm，宽约1 mm，椭圆形，初产乳白色，后逐渐变深，略带灰色。

若虫　共5龄。初孵若虫乳白色。老熟若虫体长约5.1 mm，体宽约3.5 mm，棕黄色，背线明显。腹部白色，腹背中部具3条黄线即臭腺。

7.1.6.2　发生规律和生活习性

该虫在陕西、山西北部、辽宁西部和山东西部均 2 年发生 1 代，少数因环境条件不适时可延长至 3 年 1 代。以成、若虫在土中越冬，越冬深度在 33~67 cm 处，4~9 月是主要危害期。在土中活动受土壤湿度影响极大，喜栖息于含水量为 15%左右的土壤中，低于 10%时，迅速下移，而表土湿润时，则喜在 10 cm 土层中栖息。全年主要虫量以土表下 20~33 cm 处最多，且以垂直活动为主，但也发现 8~9 月间有横向迁移的现象。卵散产于 20~30 cm 深土层中，每雌产卵量为 2~100 多粒。成虫喜在高湿闷热后再降雨后出土活动。河流两岸沙壤土发生多。

7.1.6.3　防治方法

①深翻和整修土地。麦根土蝽冬季以半休眠状态在土壤 40~50 cm 深处越冬，利用其休眠越冬，进行深翻可大量减少越冬虫数。整修土地，可破坏麦根土蝽的生活环境，减少虫口密度。

②增施水肥，可促进草坪迅速生长，增强草坪的抗逆能力以减轻受害。

③麦根土蝽主要危害禾本科植物，在发生持续严重的禾草草坪，可有计划地改植白三叶草坪，减轻危害，降低虫口密度。

④用 2.5%敌百虫粉等，每公顷 15~30 kg 喷粉可防治出土成虫。

⑤利用根土蝽在降雨后和灌溉后出土习性，在雨后或灌水后喷撒有机磷农药杀灭。

⑥在播种前用 50%辛硫磷乳油，用量为 1.5~2.25 kg/hm² 兑细土 30~37.5 kg/hm²，撒施后耙，再播种或建植草坪。

7.2　茎叶部害虫类

7.2.1　蝗虫类

蝗虫类属直翅目蝗总科，分布广，种类多。危害草坪的蝗虫主要有中华蚱蜢（*Acrida cinerea*）、短额负蝗（*Atractomorpha sinensis*）、笨蝗（*Haplotropis brunneriana*）、黄胫小车蝗（*Oedaleus infernalis*）、中华稻蝗（*Oxyza chinensis*）和东亚飞蝗（*Locusta migratoria manilensis*）等。蝗虫食性广，但主要以禾本科和莎草科植物为食，喜食玉米、大麦、小麦等作物。以成虫和若虫（蝗蝻）蚕食叶片和嫩茎，大发生时可将寄主全部吃光。

7.2.1.1　形态特征

（1）中华蚱蜢（图 7-18）

成虫　雄虫体长 30~47 mm。头圆锥形。头顶突出，颜面极向后倾斜。复眼长卵形。触角剑状。前翅长 25~36 mm，后翅略短于前翅。后足腿节细长。雌虫较大。产卵瓣短粗，下生殖板后缘具 3 个突起。其他似雄虫（彩图 7-18）。

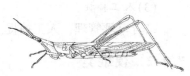

图 7-18　中华蚱蜢

卵和卵囊　卵壳表面小室中央有一瘤状突起。卵囊长 43.6~67 mm，粗 8~9.4 mm。形状多样，由下向上渐细。卵粒与卵囊纵轴呈倾斜状或近垂直状排列。

若虫　共 6 个龄期。

（2）笨蝗（图7-19）

成虫 雄虫体长28~37 mm，体表多颗粒和隆线。触角丝状。前翅长6~7.5 mm。后足腿节粗短。下生殖板锥形。雌虫体长34~49 mm。前翅长5.5~8 mm，鳞片状，侧置。下生殖板长方形，产卵瓣短。

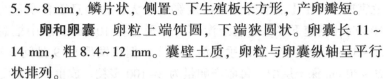

图7-19 笨蝗

卵和卵囊 卵粒上端饨圆，下端狭圆状。卵囊长11~14 mm，粗8.4~12 mm。囊壁土质，卵粒与卵囊纵轴呈平行状排列。

若虫 共5个龄期。

（3）东亚飞蝗（图7-20）

成虫 雄性体长33.5~41.5 mm。颜面垂直，与头顶形成圆弧状，无头侧窝。触角丝状。前胸背板中隆线发达，两

图7-20 东亚飞蝗

侧常具棕色纵条纹。前翅长32.3~46.8 mm，具多个暗色斑纹。后足腿节淡黄色略带红色，外缘具刺10~11个。雌性体长39.5~51.2 mm，前翅长39.2~51.2 mm。其他似雄虫（彩图7-19）。

卵和卵囊 卵和卵囊泡沫状物质长度约为卵囊的1/3。卵囊无缢缩圈。

若虫 共5个龄期。

7.2.1.2 发生规律和生活习性

蝗虫一般每年发生1~2代，多以卵块在土中越冬。冬季地温较高利于蝗卵越冬。若4~5月温度偏高，卵孵化早。秋季气温高，利于成虫繁殖危害。多雨年份，土壤湿度过大，蝗卵和蝗蛹死亡率高。干旱年份，在管理粗放的草坪上，土蝗、飞蝗则混合发生危害并产卵。

7.2.1.3 防治方法

（1）生物防治

利用牧鸡、蝗虫微孢子虫或用绿僵菌和印棟素等生物农药进行防治。

（2）药剂防治

发生量较多时可选用2.5%敌百虫粉剂、3.5%甲敌粉剂、1.5%甲基对硫磷混3%敌百虫粉剂等喷粉，每30 kg/hm²；或40%氧化乐果乳剂、50%辛硫磷乳油等进行超低量喷雾；或用麦麸100份、水100份、1.5%敌百虫粉剂2份（或40%氧化乐果乳油等0.15份）混合拌匀配制毒饵，施22.5 kg/hm²进行防治。随配随用，不要过夜。阴雨、大风和温度过高或过低时不宜使用。

（3）人工捕捉

结合草坪管理，人工捕捉。

7.2.2 夜蛾类

夜蛾类属鳞翅目夜蛾科。危害草坪的夜蛾类很多，主要有黏虫（*Pseudaletia separate*）、劳氏黏虫（*Leucania loreyi*）、斜纹夜蛾（*Spodoptera litura*）、甜菜夜蛾（*Spodoptera exigua*）等，其中黏虫和劳氏黏虫较常见。

黏虫是世界性的禾本科植物的大害虫，在我国分布较广，是一种暴食性害虫，大发生时幼虫常把植物叶片吃光，甚至整片地都吃成光秃，使禾草草坪失去观赏和利用价值。黏

虫主要危害狗牙根、早熟禾、剪股颖、黑麦草、高羊茅等草坪禾草，其在草坪上的危害症状为：草坪出现大小不等的萎蔫斑块，并逐渐扩大，在草坪上有成群觅食的鸟出现；草坪草下部叶片只剩叶脉，在土层或枯草层有残留的草坪草碎屑。被黏虫危害的草坪往往是地势较低、潮湿或有部分遮阴的区域。

7.2.2.1　形态特征

（1）黏虫（图 7-21）

成虫　体长 17~20 mm，翅展 35~40 mm，体色淡灰色或黑褐色，雄蛾颜色较深。触角丝状。前翅灰褐色，有时黄色至橙色，中央近外端有 2 个淡黄色圆斑，外侧圆斑较大，其下方有 1 个白点，白点两侧各有 1 个黑点。由翅顶角至后缘的 1/3 处有一斜行黑褐纹，外缘有 7~9 个小黑点排列成弧形。后翅基部淡褐色，向端部色渐暗。雌虫腹部末端有 1 尖形产卵器（彩图 7-20）。

卵　半球形，表面具有网状脊纹，初产时白色，孵化前呈黄褐色至黑褐色。

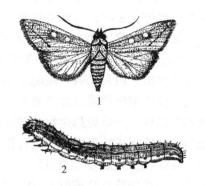

图 7-21　黏虫（仿 吴福祯等，1982）
1. 成虫　2. 幼虫

幼虫　老熟幼虫体长约 38 mm，圆筒形。体色变化较大，发生量小时，体色较淡，呈黄褐色或灰褐色，大发生时体色呈浓黑色。头部淡黄褐色，沿中央蜕裂线有"八"字形黑褐色纹。胴部常有多条纵纹，一般背中线浅黄色，亚背线为细黑线，其两侧各有 1 条红褐色条纹，两条纹间还有灰白色纵细纹，腹面污黄色，腹足外侧具黑褐色斑。幼虫期 6 龄（彩图 7-21）。

蛹　长圆锥形，红褐色，长 19~23 mm。腹部第 5~7 节背面近前缘处有横列的马蹄形刻点，中央刻点大而密，两侧渐稀。尾端有 1 对粗大的刺，刺两旁各生短而弯曲的细刺 2 对。雄蛹生殖孔在腹部第 9 节，雌蛹生殖孔在腹部第 8 节（彩图 7-22）。

（2）斜纹夜蛾（图 7-22）

成虫　成虫体长 14~20 mm，翅展 35~40 mm，全体褐色，胸背部有白色丛毛，腹部前部数节背面中央有暗褐色丛毛。前翅灰褐色，斑纹复杂，内横线与外横线灰白色，呈波浪形，中间有白色条纹，环状纹不明显，肾状纹前部白色，后部黑色，在环、肾纹间由前缘向后缘外方有 3 条白色斜线。后翅白色半透明，翅脉及缘线褐色（彩图 7-23）。

图 7-22　斜纹夜蛾成虫
（仿 吴福祯等，1982）

卵　直径 0.4~0.5 mm，扁半球形，几十至上百粒卵聚成块状，由 3~4 层卵组成，其上有雌蛾产卵时粘上的灰黄色绒毛。

幼虫　头部淡褐色，体缘黄色，有白色斑点。背线、亚背线黄色，第 2、3 节背线和亚背线两侧各有 2 个小黑点，第 3、4 节间有 1 条黑横纹，第 10、11 节亚背线两侧各有 1 个黑点，气门线上有黑点。

蛹　长 15~20 mm，初蛹胭脂红色稍带青色，后渐变赤红色，腹末端有大刺 1 对，基部分开。

7.2.2.2 发生规律和生活习性

(1)黏虫

发生规律因地区而异,东北、内蒙古和华北北部地区一年发生2~3代,华北、西北南部、长江以北地区4~5代,长江以南5~6代,福建6~7代,广东、广西7~8代。关于黏虫越冬的研究结果认为,北纬27°以南无越冬现象,此线以北至北纬33°可以越冬,北纬33°以北不能越冬,北方的虫源是由南方迁飞而来,而秋天南方(无越冬现象地区)的虫源又是由北方飞去的,目前对越冬、越夏和迁飞的问题还有待进一步深入研究。

黏虫的发育历期主要受气温的影响,各虫态、各代历期都有差异,在华北地区,卵期4~10 d,幼虫期18~25 d,蛹期9.5~16.5 d,成虫寿命11~18 d,即一代历期47~69 d。成虫昼伏夜出,白天隐藏,夜晚活动、取食、交配、产卵,一般20:00~21:00和黎明前活动最盛。成虫羽化后需取食花蜜补充营养,对糖、酒、醋混合液及腐烂的果实、酒糟、发酵液均有趋性,产卵后趋化性减弱而趋光性加强。雌虫喜产卵于寄主叶片尖端或枯心苗、病株的枯叶缝间或叶鞘里,卵成行排列,其上有黏液黏结成块,每块卵少者20~40粒,多者200~300粒。成虫飞行能力很强,若有气流携带,可远距离迁飞。幼虫6龄,1~2龄白天多隐蔽在草坪草心叶或叶鞘中,晚间活动,取食叶肉,留下表皮呈半透明的小斑点,3~4龄幼虫蚕食叶绿,咬成缺刻,5~6龄达暴食期,蚕食叶片甚至吃光,其食量可占整个幼虫期的90%以上。有假死性,1~2龄时受惊后常吐丝下垂,3龄受惊后则立刻坠地不动装死。幼虫还有潜土习性,4龄后常潜伏于寄主根旁的松土中,深度一般1~2 cm。4龄以上的幼虫在食物缺乏或环境不适宜时,可群集迁移,在迁移过程中所遇到的植物多被掠食一空。幼虫老熟后钻到根际附近的松土中深1~2 cm处结土茧化蛹。

黏虫成虫产卵适宜温度为15~30℃,最适温度为19~25℃。降雨一般对黏虫的发育有利,但暴雨或冷空气入侵,对其发生不利,一般相对湿度在75%以上时,对成虫产卵有利,低于40%时,即使在适温条件下产卵量也极少。黏虫对栖息的寄主环境有一定的选择性,一般在高而密的禾草草坪中,由于小气候以及生态条件极适于黏虫的生长和发育,一旦有充足的虫源很易造成大发生。

(2)斜纹夜蛾

斜纹夜蛾在长江中下游地区1年发生5~6代,在华北和西北东部1年4~5代,是一种喜温性害虫,其生长发育适温为28~30℃,在40℃高温下也可正常生长。每年的7~10月是该虫的盛发期。

成虫白天隐伏,黄昏后开始活动,交尾产卵多在黎明进行,成虫以取食花蜜补充营养。其对黑光灯、糖醋液趋性较强,寿命7~15 d,喜在植株茂密、嫩绿的叶背产卵,卵聚成块。卵7 d左右孵化成幼虫。幼虫初龄幼虫群集在卵块附近取食,2龄后开始分散,低龄幼虫食叶留表皮和叶脉呈窗纱状,3~4龄后进入暴食期,食叶仅剩叶脉,严重时叶片被吃光成光杆,以21:00~24:00取食最盛。有迁移危害习性。幼虫期12~27 d,幼虫老熟后入表土或枯草层化蛹,蛹期9~13 d。

7.2.2.3 防治方法

(1)农业方法

①对已被危害的草坪尽快施肥和灌水,刺激草坪草的再生长;②选择种植带有内生菌物的草坪草品种,提高草坪草对黏虫的抗性;③减少草坪枯草层,防止草坪长时间积水;

④对草坪秃斑及时补播，防止杂草侵入而为黏虫的产卵活动提供适宜的环境。

（2）诱杀成虫

利用成虫具趋光性和趋化性的习性，在成虫数量开始上升时，用黑光灯或谷草把诱杀，每公顷设置 120~150 个谷草把。还可用红糖 6 份、白酒 1 份、米醋 3 份加少量敌百虫混合液或用胡萝卜、红薯、豆饼等发酵液放在大碗或小盆里，放入田间，黄昏时开盖，黎明后取完虫再盖上，可诱到大量成虫。每 5~7 d 换剂 1 次。

（3）药剂防治

药物杀幼虫对 1~2 龄幼虫，此时幼虫群集，杀灭效果最佳。①喷粉，选用 2.5% 敌百虫粉剂、3% 乙基稻丰散粉剂、3.5% 甲敌粉、1.5% 甲基对硫磷混 3% 敌百虫粉剂、5% 杀螟松粉 22.5~30 kg/hm²。②喷雾，90% 敌百虫与马拉硫磷乳油 800~1 000 倍混合喷洒，也可用 50% 敌敌畏乳油与 50% 辛硫磷乳油 1 000~2 000 倍混合液喷洒以及 50% 西维因可湿性粉剂 200~300 倍液、2.5% 溴氰菊酯 2 000~3 000 倍液，均可获得良好效果。对 3 龄以上幼虫，用 80% 敌敌畏乳油与 50% 甲胺磷液 1 000 倍混合液防治效果较好。

（4）生物防治

使用含菌量在 60 亿~100 亿/g 的"77–21"苏云金杆菌粉 30~50 倍稀释液，20% 灭幼脲三号 4 000~6 000 倍液，灭杀幼虫效果在 90% 以上。

7.2.3　螟蛾类

螟蛾类属鳞翅目螟蛾总科。危害草坪草的螟蛾主要有草地螟（*Loxostege sticticalis*）、稻纵卷叶螟（*Cnaphalocrocis merdinalis*）及二化螟（*Chilo suppressalis*）。

7.2.3.1　形态特征

（1）草地螟（图 7-23）

草地螟在我国北方普遍发生，其食性广，可取食 35 科 200 多种植物。主要取食危害的草坪草有早熟禾、细羊茅、剪股颖、黑麦草等。初孵幼虫取食幼叶的叶肉，残留表皮，并常在植株上结网躲藏，3 龄后食量大增，可将叶片吃成缺刻、孔洞，仅残留网状的叶脉。被害的草坪草地上部分出现被蚕食状，草坪草周围有虫粪。在被害草坪上常出现逐渐连片的萎蔫小斑块，斑块的颜色也逐渐变为褐色。在受害斑块上有鸟觅食留下的孔洞，黄昏时可发现在草坪上低飞的灰蛾（彩图 7-24）。

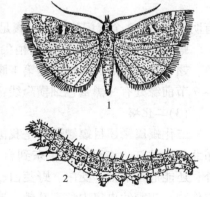

图 7-23　草地螟（仿 吴福祯等，1982）
1. 成虫　2. 幼虫

成虫　体长 9~12 mm，翅展 24~26 mm，全体灰褐色。头部颜面突起呈圆锥形，下唇须上翘。触角丝状。前翅灰褐色至暗褐色，翅中央稍近前缘有一近似长方形的淡黄或淡褐色斑；翅外缘黄白色，并有一串淡黄色小点连成的条纹；后翅黄褐色或灰色，翅基部较淡，沿外缘有两条平行的黑色波状条纹。静止时，双翅折合成三角形（彩图 7-25）。

卵　长 0.8~1.0 mm，宽 0.4~0.5 mm，椭圆形，乳白色，有光泽。底部平，顶部稍隆起，在植物表面呈覆瓦状排列。

幼虫 5龄。老熟幼虫体长16~25 mm，头宽1.25~1.5 mm，灰黑或淡绿色。头黑色，有明显的白斑。前胸盾片黑色，有3条黄色纵纹，背部有两条黄色的断线，两侧有鲜黄色纵条，体上疏生较显著的毛瘤，毛瘤上刚毛基部黑色，外围有两个同心的黄白色环。

蛹 长8~15 mm，黄色至黄褐色。腹部末端由8根刚毛构成锹形。蛹外有口袋形的茧，茧长20~40 mm，在土表下直立，上端开口用丝质物封盖。

(2)稻纵卷叶螟(图7-24)

稻纵卷叶螟(*Cnaphalocrocis medinalis*)是禾谷类植物重要害虫之一。国外分布于朝鲜、日本、印度、斯里兰卡及东南亚各国，国内广泛分布。主要危害禾本科草坪草，也危害水稻、大麦、小麦、粟、甘蔗等农作物。主要以幼虫缀叶成纵苞，躲藏其中取食上表皮及叶肉，仅留白色下表皮。植株受害影响正常生长，甚至枯死。

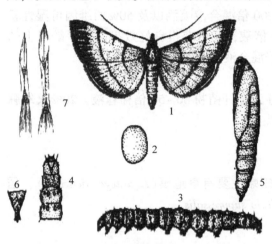

图7-24 稻纵卷叶螟形态与危害状
1. 成虫 2. 卵 3. 幼虫 4. 幼虫背面观
5. 蛹 6. 蛹臀棘 7. 危害状

成虫 雄蛾体长7~9 mm，翅展16~18 mm。前翅黄褐色，前缘暗褐色，在中央稍内方处有一褐色具光泽而凹下的"眼点"，翅外缘有暗褐色宽带，外缘线黑褐色，内横线及外横线暗褐色，在此两线之间与眼点相接处有一暗褐色短横线。后翅前缘白色，内横线短，内、外横线之间无短横线，外缘线宽带与前翅相同，雌蛾与雄蛾相似。

卵 扁平椭圆形，长约1 mm，宽约0.5 mm。初产时为白色，将孵化时变为黄色，日晒后变为赭红色，卵壳表面有不规则凸刻纹。

幼虫 老熟幼虫体长14~19 mm，头部褐色或淡褐色。胸腹部初为绿色，后转为黄绿色，老熟时带红色。前胸盾片淡褐色或褐色，后缘有2个螺旋形黑纹。中后胸背面中央各有明显黑点，2个气门片褐色，腹足趾钩为双序缺环。

蛹 体长7~10 mm，末端稍尖削。初为淡黄色，后转为褐色，腹面色较浅。复眼黑色，翅、触角和足的末端均达第1腹节前缘。腹部气门突出，第4~8节节间明显凹入，第5~7节前缘处有一黑褐色细横隆线，在背部的粗而深，臀棘明显突出，上有8根钩刺。

(3)二化螟

二化螟属鳞翅目螟蛾科，是我国许多禾本科草坪草及水稻等农作物的重要害虫，其分布北起黑龙江，南到海南，东到台湾，西到新疆。二化螟食性广，除危害禾本科的草坪外，还能危害水稻、茭白、野茭白、甘蔗、高粱、玉米、小麦、粟、慈姑、蚕豆和油菜等农作物。初孵幼虫集中危害叶鞘，造成枯鞘；然后钻入稻株茎秆，形成枯心苗。

成虫 雄蛾体长10~12 mm，翅展20~25 mm，体色灰黄至淡褐色。前翅近长方形，黄褐色或灰褐色，中室端部及下方有黑褐色斑点，外缘有7个小黑点，后翅白色，靠近翅外缘稍带褐色。雌蛾体长12~14 mm，翅展25~30 mm，体色、斑点颜色较浅，但前翅外缘有7个小黑点。

卵 扁平椭圆形，鱼鳞状单层排列在卵块中，表面覆盖透明胶质物。初产为乳白色，后变成茶褐色，临近孵化时为黑色。

幼虫　老熟幼虫淡褐色，中胸至第 9 腹节有 5 条紫褐色纵线。前胸盾片淡黄褐色，有黑褐色斑点。趾钩数为 49~64 个，三序环状。

蛹　体长 11~17 mm，圆筒形。初为淡黄色，背部可见 5 条棕色纵线，后变为红褐色，纵线消失。第 10 腹节末端宽阔，两侧有 3 对角突。

7.2.3.2　发生规律和生活习性

(1) 草地螟

草地螟在黑龙江北部和内蒙古北部地区为 1 代区。东北大部、华北大部和西北北部为 2~3 代区，也是我国草地螟的主要发生和危害的地区。另外，内蒙古大部、山西大部和河北北部等地区，还发生不完全 3 代。具有周期性暴发成灾的特点，大发生周期为 10~13 年，平均 11 年。草地螟在我国北方每年发生 2~4 代。2 代区越冬代成虫 5 月中下旬出现，6 月盛发。一代幼虫发生在 6 月中旬至 7 月末，6 月下旬至 7 月上旬为严重危害期，1 代成虫发生于 7 月中旬至 8 月。2 代幼虫于 8 月上旬开始发生，一般危害不大，陆续入土越冬。少数可在 8 月化蛹，羽化为 2 代成虫，但不再产卵。

成虫白天潜伏在草丛或作物田内，具较强的飞行能力，如遇惊扰，常作近距离飞移，飞行高度 0.5~5 m，飞行距离 3~5 m。成虫夜间活动，取食、交尾、产卵，盛期在 20:00~24:00，具强烈的趋光性，尤其是对黑光灯、白炽灯趋性更强。无趋化性。成虫产卵前，需吸食花蜜和水分以补充营养。成虫产卵对气候、植被、地形、地势、土壤的理化性质都有很强的选择性，在气温偏高的条件下，选择高海拔冷凉地区产卵，在气温偏低条件下，选择低海拔背风向阳暖区产卵。成虫选择幼虫喜食的双子叶植物上产卵，作物与杂草相比，选择杂草上产卵，杂草种类中，选择灰菜、猪毛菜、碱蒿类产卵，也喜欢在蓼科、伞形花科、豆科等作物上产卵。在适宜的环境内，草地螟产卵对植物群落中的优势杂草种及杂草密度有较强的选择性。卵多产于株高 5 cm 以下的低矮的幼嫩植株茎基部及叶片背面接近地表的部位。卵单产或块产，卵块一般 2~6 粒卵排在一起，紧贴植物表面覆瓦状排列。卵多产于寄主植物的叶背近叶脉处。在同一株寄主植物上，中部叶片的着卵量均比下部和上部叶片大；幼嫩寄主上的着卵量比老化寄主大，叶背的着卵量大于叶正面。产卵时间多集中在 0:00~3:00，一般每头雌虫产卵 83~210 粒，最多可达 294 粒。有时也可将卵产在叶柄、茎秆、田间枯枝落叶及土表。成虫产卵后多在 24 h 内相继死亡。卵期 4~6 d。产卵量与幼虫期发育、成虫补充营养及温湿度有关。

草地螟成虫具有远距离迁飞的习性。可迁飞最远距离为 150~230 km。其迁飞方向多随西南气流向东北方向。迁飞高度距地面 80~400 m，大多数集中在 80~240 m 高度层。迁飞速度在风速为 5~10 m/s 时。每夜迁飞距离可达 300~500 km。

幼虫共 5 龄。初孵幼虫即具吐丝下垂的习性，常群集于寄主叶背危害，稍遇触动即后退或前移，无假死性。进入 2 龄便扩散于全株，一旦进入 3 龄便暴食。也有吐丝结苞危害的习性，被结苞的叶片受害后变褐干枯或仅剩叶表皮的茧包，其内充满黑色虫粪，具转株或转叶危害的习性；3~4 龄前幼虫靠吐丝下垂后借微风摆动在株间迁移，当接触到植株的任一部位后，便紧伏其上，稍停片刻便开始活动，寻找取食场所；4~5 龄幼虫一般不吐丝下垂，分散危害。当遇到振动或触动时，迅速掉落于植株其他部位或地表，掉在植株上的幼虫一般静止不动或移动有限，而掉在地表的则很快钻入土缝或土块下。老熟幼虫钻入土层4~9 cm深处化蛹。成虫产卵前期4~8 d，卵期4~6 d，幼虫期13~25 d，蛹期13~14 d。

草地螟的发生程度与温度、湿度和降水关系密切，特别是越冬代成虫盛发期。能够正常生存、发育和繁殖的温度为16~34℃，湿度为50%~85%，越冬幼虫在茧内可耐−31℃低温。但春季化蛹时如遇气温回降，易被冻死，因此春寒对成虫发生量有所控制。在长时间高温干旱条件下，成虫不孕率增加，卵孵化率降低。在连续低温高湿条件下，雌蛾产卵量减少，死亡率增加。

天敌也是影响草地螟发生的重要因素。草地螟的天敌种类很多，主要有寄生蜂、寄生蝇、白僵菌、细菌、蚂蚁、步行虫、鸟类等。其中幼虫的寄生蜂有7种，寄生蝇有7种，如伞裙追寄蝇(*Exorista civilis*)、双斑截尾寄蝇(*Nemorill maculosa*)、代尔夫弓鬃寄蝇(*Ceratochaetops dellphinensis*)、草地螟帕寄蝇(*Palesisa aureoln*)、草地螟追寄蝇(*Exorista pratensis*)。其中伞裙追寄蝇和双斑截尾寄蝇为优势种，这些天敌对草地螟种群数量的增长起抑制作用。

(2)稻纵卷叶螟

东北1年发生1~2代，长江中下游至南岭以北5~6代，海南南部10~11代，南岭以南以蛹和幼虫越冬，南岭以北有零星蛹越冬。越冬场所为湿润地段的禾本科植物。该虫有远距离迁飞习性，在我国北纬30°以北地区，任何虫态都不能越冬。每年春季，成虫随季风由南向北而来，随气流下沉和雨水降落，成为非越冬地区的初始虫源。秋季，成虫随季风回迁到南方进行繁殖，以幼虫和蛹越冬。在5代区，每年5~7月成虫从南方大量迁来成为初始虫源，各代幼虫危害盛期为1代6月上中旬，2代7月上中旬，3代8月上中旬，4代在9月上中旬，5代在10月中旬。一般以2、3代发生危害重。成虫白天在植株间栖息，遇惊扰即飞起，但飞不远，夜晚活动、交配，把卵产在植物叶片的正面或背面，单粒居多，少数2~3粒串生在一起。

稻纵卷叶螟抗寒力弱，发育起点温度高，无滞育习性。成虫重要习性包括趋嫩绿茂密、湿度大的地块，白天隐藏叶背面。趋光性较强，一般雌虫趋光性大于雄虫。成虫产卵趋湿度大、植株叶色嫩绿的生境，喜欢在叶宽、浓绿和生长茂密的植株叶背面上产卵。成虫具有远距离迁飞的习性。

幼虫的重要习性有结苞习性，幼虫每次蜕皮或受外界惊扰，常抛弃旧苞，另结新苞。幼虫结苞规律为：1龄幼虫不结苞；2龄时爬至叶尖处，吐丝缀卷叶尖或近叶尖的叶缘，即"卷尖期"；3龄幼虫纵卷叶片，形成明显的束腰状虫苞，即"束叶期"；3龄后食量增加，虫苞膨大，进入4~5龄频繁转苞危害，被害虫苞呈枯白色。幼虫化蛹的部位则因植物生长期不同而异，一般生长前期多在植株基部嫩叶或枯黄叶上缀叶成小苞，化蛹其中；生长后期多数在叶鞘内化蛹。

(3)二化螟

二化螟在我国1年发生1~5代，东北、内蒙古每年1~2代，黄淮流域2代，长江流域的江苏、安徽、河南、湖北及浙江北部2~3代，浙江和湖北中南部、江西和湖南等地3~4代，福建、广东、广西4代，海南一般年发生5代。成虫有趋光性。通常成虫喜欢将卵块产在茎秆较粗且嫩绿的植株上。初孵幼虫一般群集危害，并钻蛀茎秆形成枯心植株，3龄后的幼虫有转株危害习性，危害状以核心团向周围扩散。越冬虫态通常为4~6龄的幼虫，越冬场所较复杂，一般在草坪草茎基部或附近土中越冬。越冬幼虫在气温高于11℃时开始化蛹，气温达到 15~16℃时羽化成虫。

气候条件与二化螟的发生有着密切的关系。春季温暖，湿度正常，越冬幼虫死亡率低，发生早，发生量大；春季低温多湿，幼虫发生不利；夏季高温干旱对幼虫发生不利。

7.2.3.3　防治方法

（1）草地螟

草地螟具有迁飞性，要加强草地螟预测预报，及时准确地开展草地螟预测预报，是搞好草地螟防治的关键。在防治上必须认真贯彻"预防为主，综合防治"的植保方针。实行综合治理，采用农业、生物和化学等技术相结合。

①农业防治　打孔通气，减少草坪枯草层，促进肥料、水分下渗，使草坪草保持旺盛健康的生长；及时灌水和施肥可刺激受害草坪的恢复；选择含内生菌物高的禾草品种可大大提高草坪对草地螟的抗性；及时清除杂草，减少虫源。

②物理防治　利用黑光灯诱杀成虫。草地螟成虫对黑光灯有很强的趋光性，通过诱杀成虫，可起到"杀母抑子"的作用。通常一盏黑光灯可控制和减轻方圆 67 hm² 植物的危害程度，虫口减退率在 85%~90% 以上。

③人工防治　利用成虫白天不远飞的习性，采用拉网法捕捉。拉网是用纱网做成网口宽 3 m、高 1 m、深 4~5 m 的虫网，网底和网口用白布制成。网的左右两边穿上竹竿，将网贴地迎风拉网，成虫即可被捕入网内。一般在羽化后 5~7 d 拉第一次网，以后每隔 5 d 拉网一次。

④生物防治　草地螟的天敌种类很多，在控制草地螟发生程度和种群数量中发挥着不可替代的作用。因此，严格筛选化学药剂的种类、控制使用时间和次数，对保护田间的天敌种群十分重要。

⑤化学防治　化学药剂防治草地螟于幼虫 3 龄前，一般掌握在成虫高峰期后 7~10 d。防治上应采取"围圈"施药，集中歼灭，要尽量统一时间，统一用药，以防止大龄幼虫转移危害。但草地螟幼虫大面积严重发生年份应在卵孵高峰期开始用药。防治中应实行交替用药，合理轮用，科学混用，以达到科学用药，提高防效，延缓抗性的产生。使用药剂有90% 晶体敌百虫 1 000 倍液、4.5% 高效氯氰菊酯乳油 1 500~2 000 倍液喷雾、2.5% 溴氰菊酯、5% S-氰戊菊酯、2.5% 高效氯氟氰菊酯 3 000 倍液喷雾、40% 辛硫磷乳油 1 000~2 000 倍液喷雾、80% 敌敌畏乳油 1 000~1 500 倍液喷雾等均有较好的防治效果。还可使用苏云金杆菌可湿性粉剂 16 000 IU/mg，每公顷用药量为 35~40 g，兑水 30 kg 喷雾，喷洒含100 亿/g 活孢子的杀螟杆菌菌粉或青虫菌菌粉 2 000~3 000 倍液。

（2）稻纵卷叶螟

①农业防治　合理施肥，加强田间管理促进水稻生长健壮，以减轻受害。也可设置诱集地块，集中灭虫。

②生物防治　人工释放赤眼蜂。在稻纵卷叶螟产卵始盛期至高峰期，分期分批放蜂，每公顷每次放 3 万~4 万头，隔 3 d 1 次，连续放蜂 3 次。喷洒杀螟杆菌、青虫菌，每公顷喷每克菌粉含活孢子量 100 亿的杀螟杆菌或青虫菌菌粉 150~200 g，兑水 50~75 kg，配成300~400 倍液喷雾。为了提高生物防治效果，可加入药液量 0.1% 的洗衣粉作湿润剂。

③药剂防治　掌握在幼虫 2、3 龄盛期或百丛有新束叶苞 15 个以上。每公顷喷洒 80% 杀虫单粉剂 35~40 g 或 42% 三唑磷乳油 60 mL 或 90% 晶体敌百虫 600 倍液，也可泼浇 50%

杀螟松乳油 100 mL 兑水 400 kg。提倡施用 5%氟虫腈胶悬剂，每公顷用药 20 mL 兑水喷洒，每公顷用 10%吡虫啉可湿性粉剂 10~30 g，兑水 60 kg。

　　(3)二化螟

　　①农业防治　适时对草坪进行冬灌和早春灌溉，降低草坪地越冬虫源基数；在草坪周围农田，针对二化螟选用生长期适中并抗虫的农作物品种，减少草坪外的二化螟种群数量；在二化螟寄主农作物生长期，通过一些有效控制措施如及时春耕沤田、处理好作物茬、调节栽秧期等降低二化螟虫口密度，有利于监控草坪地二化螟的发生。

　　②人工防治　在二化螟成虫产卵高峰期，组织人工摘除卵块。

　　③生物防治　在二化螟发生高峰期，喷施杀螟杆菌等生物农药防治。

　　④药剂防治　二化螟的药剂防治掌握在蚁螟孵化高峰前 1~2 d，可有效地控制二化螟对草坪的危害，也可避免危害的核心团向周围扩展。还可以在草坪中出现枯心植株时，结合浇水施用药剂防治。药剂可选择 3%克百威颗粒剂每公顷用 1.5~2.5 kg，拌细土 15 kg 撒施；每公顷用 25%杀虫双水剂 2~3 L 或 90%杀虫单可溶性粉剂 900 g，兑水 900 L 喷雾；20%三唑磷乳油 900 mL 或 5%氟虫腈悬浮剂 450 mL 兑水 900 L 喷雾。

7.2.4　叶甲类

叶甲类属鞘翅目叶甲科。成虫和幼虫都可危害草坪，但以成虫食叶为主，常常造成草坪草叶片出现孔洞、缺刻和白色条斑，严重时可将叶片全部吃光。幼虫剥食根部表皮，在根表面蛀成许多环状虫道。

　　危害草坪禾草的叶甲有粟茎跳甲(*Chaetocnema ingenua*)、麦茎跳甲(*Apophylia thalassina*)、黄曲条跳甲(*Phyllotreta striolata*)等。

7.2.4.1　形态特征

　　(1)粟茎跳甲(图 7-25)

　　成虫　体长 2~6 mm，卵圆形，全体青蓝色有光泽。触角 11 节。前胸背板梯形。鞘翅上刻点排列成纵线。足黄褐色；后足腿节发达，其胫节外侧具有凹刻，并生有整齐的毛列。腹部腹面金褐色，散生粗刻点。

　　卵　长椭圆形，米黄至深黄色。

　　幼虫　老熟幼虫体长 4~6.5 mm，长筒形。头部黑色，前胸盾板和臀板褐色，各节散生暗褐色斑。

　　蛹　裸蛹，长约 3 mm，乳白略带灰黄色，腹末有 2 刺。

　　(2)黄曲条跳甲(图 7-26)

　　成虫　体长 1.8~2.4 mm，黑色。每鞘翅上各有 1 条黄色纵斑，中部狭而弯曲。后足腿节膨大，胫节、跗节黄褐色(彩图 7-26)。

　　卵　长约 0.3 mm，椭圆形，淡黄色。

　　幼虫　老熟幼虫体长约 4 mm，圆筒形，黄白色。胸、腹各

图 7-25　粟茎跳甲
(仿 吴福祯等，1982)
1. 成虫　2. 幼虫

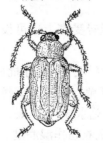

图 7-26　黄曲条跳甲
(仿 吴福祯等，1982)

节有不显著肉瘤，其上生有细毛。

蛹 长约 2 mm，椭圆形，乳白色。头部隐于前胸下面，翅芽和足达第 5 腹节。腹末有 1 对叉状突起。

7.2.4.2 发生规律与生活习性

（1）粟茎跳甲

在北方每年发生 1~3 代，以成虫在土中越冬。越冬成虫于翌年当土温达 17℃左右时开始活动，20℃时活动最盛。成虫温暖干燥时最为活跃，但中午强光照射时会潜伏土块下。卵产于寄主根际。幼虫孵化后即钻入近地面的茎部，向上蛀食。幼虫老熟后入土化蛹，第 1 代成虫一般发生于 6 月至 7 月上旬，6 月下旬至 7 月上旬幼虫危害，8 月成虫羽化。

（2）黄曲条跳甲

分布广，各地发生 2~8 代不等。以成虫在落叶、土缝、草坪草丛中越冬，翌春气温达到 10℃以上开始取食。成虫善跳跃，以中午前后活动最盛，有趋光性。成虫寿命较长。世代重叠。卵散产于植株周围湿润的土隙中或细根上，平均每雌产卵 200 粒左右，卵期 3~9 d。卵需在高湿情况下才能孵化，幼虫孵化后在表土层啃食根皮，幼虫共 3 龄。在土中作土室化蛹，蛹期 20 d。全年以春秋两季发生较重，并且秋季重于春季，湿度高的草坪重于湿度低的草坪。

7.2.4.3 防治方法

（1）农业方法

及时清除修剪下的残草和枯草，防止害虫在此越冬；春秋季防止草坪积水；幼虫危害严重期，可连续几天多灌水，以防止根部疏导组织的破坏，加速草坪草的生长。

（2）药剂防治

成虫盛发期喷施 90%敌百虫 1 000 倍液，50%马拉硫磷乳剂或 50%辛硫磷乳剂 1 000 倍液等；幼虫危害时，结合灌水还可用 90%敌百虫 1 000 倍液灌根。

7.2.5 蚜虫类

蚜虫属半翅目蚜科。危害草坪草的蚜虫，发生普遍且严重的有麦长管蚜（*Macrosiphum avenae*）、麦二叉蚜（*Schizaphis graminum*）、禾谷缢管蚜（*Rhopalosiphum padi*）、苜蓿蚜和无网长管蚜（*Metopolophium dirhodum*）等，其中，麦长管蚜是我国南北地区常发性害虫，麦二叉蚜在我国西北、华北北部较干旱地区，特别是西北地区发生较多；禾谷缢管蚜在南方发生普遍，也常与麦长管蚜和麦二叉蚜混合发生。蚜虫以成、若虫刺吸麦类、草坪禾草、禾本科牧草和杂草等植物的叶片汁液，吸取寄主的营养和水分，影响寄主的正常生长和发育，严重时导致寄主生长停滞，最后枯萎，同时还可传播病毒病（彩图 7-27）。

7.2.5.1 形态特征

危害草坪草的 3 种主要蚜虫麦长管蚜、麦二叉蚜和禾谷缢管蚜的形态特征见图 7-27 至图 7-29 和表 7-1。

7.2.5.2 发生规律与生活习性

（1）主要蚜虫的发生规律

麦长管蚜、麦二叉蚜和禾谷缢管蚜的发生规律及生活习性见表 7-2。

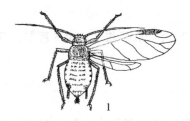

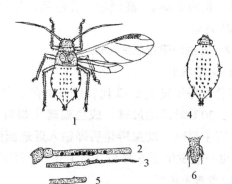

图7-27　麦长管蚜

有翅雌蚜: 1. 成虫　2. 触角

无翅雌蚜: 3. 成虫(除去触角及
　　　　　足)　4. 触角第3节　5. 尾片

图7-28　麦二叉蚜

有翅雌蚜: 1. 成虫　2. 触角第1~4节
　　　　　3. 触角第5~6节

无翅雌蚜: 4. 成虫(除去触角及足)　5. 触
　　　　　角第3节　6. 尾片

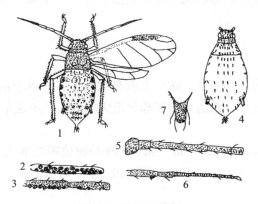

图7-29　禾谷缢管蚜

有翅雌蚜: 1. 成虫　2. 触角第3节　3. 触角第4~5节

无翅雌蚜: 4. 成虫　5. 触角第1~4节　6. 触角第5~6节　7. 尾片

表7-1　麦长管蚜、麦二叉蚜和禾谷缢管蚜的形态特征比较

	形态特征	麦长管蚜	麦二叉蚜	禾谷缢管蚜
有翅胎生蚜	体长/mm	2.4~2.8	1.8~2.3	1.6左右
	体色	头胸部暗绿色或暗褐色,腹部黄绿色至浓绿色,腹背两侧有褐斑4~5个,复眼红色	头胸部灰黑色,腹部绿色,背面中央有1条深绿色纵线,复眼黑褐色	头胸部黑色,腹部暗绿色带紫褐色,腹部后方中央有黑斑
	额瘤	明显,外倾	不明显	略显著
	触角	比体长,第3节有6~18个感觉圈	比体短,第3节有5~8个感觉圈	比体短,第3节有17~22个感觉圈
	前翅中脉	分三叉	分二叉	分三叉

（续）

形态特征		麦长管蚜	麦二叉蚜	禾谷缢管蚜
有翅胎生蚜	腹管	长约0.48 mm，全部黑褐色，端部有网状纹	长约0.25 mm，淡绿色，端部暗褐色，末端缢缩向内倾斜	近圆筒形，端部缢缩如瓶颈
	尾片	管状，极长，黄绿色，有3~4对长毛（有时两侧不对称）	圆锥形，中等长，黑色，有2对长毛	圆锥形，中部缢入，有3~4对长毛
无翅胎生蚜	体长/mm	2.3~2.9	1.4~2.0	1.7~1.8
	体色	淡绿色至黄绿色，背侧有褐色斑点，复眼赤褐色	淡黄色至绿色，背面中央有1条深绿色纵线	浓绿色或紫褐色，腹部后端常带紫红色
	触角	与身体等长或超过体长，黑色，第3节有0~4个感觉圈，第6节鞭部长为基部的5倍	为体长的一半或稍长	仅为体长之半，第3节无感觉圈，第6节鞭部长为基部的2倍

表7-2 麦长管蚜、麦二叉蚜和禾谷缢管蚜的发生规律及生活习性

项目		麦长管蚜	麦二叉蚜	禾谷缢管蚜
生活周期和越冬	温暖地区	为不全周期型，全年行孤雌生殖	为不全周期型，全年行孤雌生殖	为不全周期型，全年行孤雌生殖
	寒冷地区	以成蚜、若蚜或卵在禾本科草基部或土缝中越冬	以成蚜、若蚜或卵在禾本科草基部或土缝中越冬	为异寄主周期型，以卵在李、桃、稠李等越冬
发生规律		终年在禾本科植物上繁殖生活，冬季温暖的晴天越冬成、若蚜仍可取食植物。春暖后，卵孵化，越冬成、若虫直接恢复危害和繁殖	终年在禾本科植物上繁殖生活，冬季温暖的晴天越冬成、若蚜仍可取食植物。春暖后，卵孵化，越冬成、若虫直接恢复危害和繁殖	春夏季均在禾本科植物上生活和繁殖，秋末，在李、桃、稠李等植物上产生性蚜交尾并产越冬卵
生活习性		喜光照，较耐氮肥和潮湿，多分布于植株上部叶片正面，成、若蚜均易受振动而坠落逃散	喜干旱而怕光照，不喜氮肥。多分布于植株的下部和叶片背面，最喜幼嫩组织或生长衰弱，叶色发黄的叶片。成、若蚜受震动时假死坠落	喜湿畏光，嗜食茎秆、叶鞘，多分布于植株下部叶鞘和叶背，甚至根茎部，密度大时也取食植株上部组织。喜氮肥和密植地块。湿度充足时，较耐高温。成、若蚜较不易受惊动

（2）影响蚜虫发生的主要因素

影响麦长管蚜、麦二叉蚜和禾谷缢管蚜发生与危害的主要因素见表7-3。

表7-3 影响麦长管蚜、麦二叉蚜和禾谷缢管蚜发生与危害的主要因素

因素	麦长管蚜	麦二叉蚜	禾谷缢管蚜
温度	8℃以下很少活动，适温为5日均温16~25℃，28℃以上生育停滞	5日均温5℃左右开始活动，繁殖适温8~20℃，以13~18℃最适	5日均温8℃左右开始活动，18~24℃最有利
相对湿度	喜湿，适宜相对湿度为40%~80%	喜干，适宜相对湿度为35%~67%	最喜湿，不耐干旱

(续)

因素	麦长管蚜	麦二叉蚜	禾谷缢管蚜
风雨	暴风雨影响最大	暴风雨影响最小	暴风雨影响次之
植株生长状况	长势一般地块发生重	长势差的地块发生重	长势好的地块发生重
天敌种类	常见天敌50余种，主要有瓢虫、食蚜蝇、草蛉、蚜茧蜂、蜘蛛和蚜霉菌等		

7.2.5.3 防治方法

(1)农业防治

①冬灌可降低地面温度，杀死大量蚜虫。及时灌返青水，或有翅蚜大量出现时及时喷灌可抑制蚜虫发生、繁殖和迁飞扩散，又可保墒防旱。也可通过镇压草坪将无翅蚜碾压而死，减轻危害。②选择一些抗蚜虫耐病的草坪草和牧草品种，造成不良的食物条件。③要根据植物需求施肥、给水，保证氮(N)、磷(P)、钾(K)等营养元素和墒情匹配合理，以促进植株健壮生长。雨后应及时排水，防止湿气滞留。

(2)药剂防治

草坪草返青苗期和拔节期防治麦二叉蚜，草坪草生长期和牧草拔节期后，防治禾谷麦长管蚜以扬花末期防治最佳。药剂可选用50%灭蚜松或40%乐果乳剂1 000倍液、50%辛硫磷乳油1 000倍液喷雾、50%杀螟松乳油1 000~1 500倍液喷雾，50%抗蚜威4 000~5 000倍液喷雾防治、70%吡虫啉水分散粒剂2 g，兑水30 kg或10%吡虫啉10 g，兑水30 kg，混入2.5%高效氯氟氰菊酯20~30 mL喷雾防治。

7.2.6 其他茎叶部害虫

危害草坪草的其他种类害虫的种类、危害特点及防治方法见表7-4。

表7-4 其他种类害虫的种类、危害特点及防治

类群	分类	主要种类	危害特点	防治方法
叶蝉类	同翅目叶蝉科	(彩图7-28、彩图7-29)大青叶蝉(*Tettigoniella viridis*)、二点叶蝉(*Cicadula fasciifrons*)、四点叶蝉(*C. masatonis*)、六点叶蝉(*C. sexnotata*)、黑尾叶蝉(*Nephotettix cincticeps*)、小绿叶蝉(*Empoasca flavescons*)、白翅叶蝉(*Frythroneura subrufa*)	各种叶蝉均以成、若虫群集叶背及茎秆上刺吸汁液，使寄主生长发育不良，叶片受害后褪绿、变黄、变褐，有的出现畸形卷缩，甚至全叶枯死。此外，叶蝉还能传播植物病毒病	①设置黑光灯或普通灯诱杀；②在若虫盛发期可选择20%异丙威乳油或2.5%溴氰菊酯乳油或20%氰戊菊酯乳油3 000倍液喷雾
飞虱类	同翅目飞虱科	白背飞虱(*Sogatella furcifera*)、灰飞虱(*Laodelphax striatellus*)、褐飞虱(*Nilaparvata lugens*)	主要以成、若虫群集于寄主下部刺吸汁液危害，被害叶表面呈现不规则的长条形棕褐色斑点，严重时，植株下部变黑枯死。飞虱还可传播多种病毒病，刺吸造成的伤口常是小球菌核病直接侵入的途径	①种植抗耐虫品种；②加强草坪管护，提高抗(耐)虫能力；③药剂防治，低龄若虫高峰期可选用灭幼酮、噻嗪酮、异丙威等药剂防治喷雾

（续）

类群	分类	主要种类	危害特点	防治方法
蝽类	同翅目蝽科、缘蝽科、盲蝽科	稻绿蝽（*Nezara viridula*）、稻缘蝽（*Leptocorisa acuta*）、稻黑蝽（*Scotinophara lurida*）、赤须盲蝽（*Trigonotylus ruficornis*）、绿丽盲蝽（*Lygocoris lucorum*）、三点盲蝽（*Adelphocoris fasiaticollis*）、苜蓿盲蝽（*A. lineolatus*）、中黑盲蝽（*A. suturalis*）、牧草盲蝽（*Lygus pratensis*）	稻绿蝽、稻缘蝽、稻黑蝽以成、若虫刺吸寄主的叶片、茎秆，禾草受害后，叶片变黄，植株矮缩，若心叶受害，则不能正常生长，甚至造成枯萎死亡。盲蝽类成、若虫均刺吸草坪草嫩茎、叶、花蕾和子房，受害部分先褪绿变黄，或叶子出现黄色小斑点，后逐渐扩大成黄褐色大斑并皱缩，继而逐渐凋萎，最后枯干脱落	①冬春季清除草坪附近杂草，可减少越冬虫源；②若虫孵化盛期可选用吡虫啉、高效氯氰菊酯、氰戊菊酯等药剂喷雾防治
蓟马类	缨翅目管蓟马科、蓟马科	小麦皮蓟马（*Haplothrips tritici*）、稻管蓟马（*H. aculeatus*）、稻蓟马（*Stenchaetothrips biformis*）、端带蓟马（*Megalurothrips distalis*）、花蓟马（*Frankliniella intonsa*）、烟蓟马（*Thrips tabaci*）	蓟马以成、若虫锉吸草坪草的嫩芽、嫩叶，使其生长缓慢、停滞、萎缩，被害嫩叶、嫩芽呈卷缩状。因蓟马将卵产于主叶脉和叶肉中，当虫孵化后，叶片呈褐色斑点，造成叶片逐渐枯黄萎缩甚至成片死亡。对于种子生产的草坪草，开花期危害特别严重，在花内取食，捣散花粉，破坏柱头，吸收花器营养，造成落花落荚	①保护天敌。发挥小花蝽、草蛉、猎蝽等自然天敌的控制作用；②药剂防治，可选用阿维菌素、噻虫嗪、吡虫啉等药剂喷雾防治
秆蝇类	双翅目黄潜蝇科	麦秆蝇（*Meromyza saltatrix*）、瑞典秆蝇（*Oscinella frit*）	两种秆蝇均可危害多种草坪草和牧草。以幼虫危害，从叶鞘与茎间潜入，在幼嫩的心叶或近基部呈螺旋状向下蛀食幼嫩组织。幼虫取食心叶基部与生长点，使心叶外露部分干枯变黄，成为"枯心苗"	①增施肥料，及时灌溉，促进草坪草的生长发育，提高其抗虫能力；②药剂防治，在越冬代成虫盛发期至第 1 代幼虫孵化入茎以前进行药剂防治

7.3　其他有害动物

7.3.1　螨类

　　螨类属于蛛形纲蜱螨目。在我国，危害草坪的常见害螨主要有四爪螨科（叶螨科）的麦岩螨（麦长腿蜘蛛）（*Petrobia latens*）、叶爪螨科的麦圆叶爪螨（麦圆蜘蛛）（*Penthaleus major*）、二斑叶螨（*Tetranychus urticae*）和朱砂叶螨（*Tetranychus cinnabarinus*）。

　　麦岩螨主要发生在河北、河南、山东、山西、陕西、甘肃以及内蒙古和新疆等地。尤以黄河以北的平原旱地和山地发生普遍而严重，水浇地和长城以北的地区虽有发生，但数量少，危害轻。麦圆叶爪螨主要分布于山东、河南、安徽、江苏、浙江、四川、陕西以及山西南部和河北南部等地，尤以水浇地和低湿地发生较重，旱地除多雨的地区外，通常发生较轻，如淮河和长江流域，由于雨量充沛，以致水旱地发生程度常无甚差别。两种麦螨除危害草坪禾草、小麦、大麦外，麦岩螨也危害桃、柳、桑、槐等木本植物和红茅草、马绊草等杂草。而麦圆叶爪螨也危害豌豆、油菜以及小麦。这两种害螨于春秋两季吸取寄主汁液，被害叶先呈白斑，后变黄，轻则影响生长，造成植株矮小，重则整株干枯死亡。秋苗严重被害后，抗寒力显著降低。

二斑叶螨和朱砂叶螨是世界性的大害虫，在我国各地普遍发生。寄主很广泛，我国已知有32科113种植物，包括草坪草、棉花、高粱、玉米、豆类、瓜类、烟草、红麻、苘麻、蓖麻、芝麻、向日葵、茄子及苹果、梨、桃等果树；桑、槐、臭椿等树木；夏至草、旋花、紫花地丁、旱莲草、车前、小刺儿菜、马鞭草、荠菜等杂草。在叶背吸食寄主营养汁液，被害寄主轻则红叶，重则落叶垮秆，状如火烧，甚至造成大面积死苗。

7.3.1.1　形态特征

(1)麦岩螨

成虫　体较小，约0.61 mm×0.23 mm，卵圆形，两端较尖瘦。体多暗红褐色，背面中央有1个红斑，自胸部直达腹部。足4对，橘红色，第1对显著较长，各足端有4根黏毛。

卵　有越夏和非越夏两型。越夏卵圆柱形，顶端向外显著扩张，形似倒放草帽，顶端表面有星状辐射条纹；卵壳外面包有白色蜡皮，其内的卵从外表来看为淡红色。非越夏卵较小，球形，红色，表面有数十条隆起的纵条纹。

若螨　共3龄。幼螨体圆形，足3对，体长宽皆约0.15 mm，初为鲜红色，取食后变暗褐红。若螨足4对，形似成虫。

(2)麦圆叶爪螨

成虫　体长约0.65 mm，宽约0.43 mm。略呈圆形，深红褐色，背面中央有1个淡红色背肛。足4对，第1对最长，第2、3对几乎相等。各足端无黏毛。

卵　椭圆形，0.24 mm×0.14 mm。表面皱缩，中央有凹下的纵沟1条。初产时暗褐色，后变淡红色，外有1层白色胶质卵壳。

若螨　共4龄。幼螨足3对，初为淡红色，取食后呈草绿色，足呈红色。若螨足为4对，体色、体形似成虫。

(3)二斑叶螨

成虫　雌成虫背面观呈卵圆形，体长0.53 mm，宽0.32 mm，春夏活动季节淡黄色或黄绿色，秋季橙色。体背两侧各有长形黑斑1个，其外侧3裂。

卵　圆球形，直径0.13 mm。初产时透明无色或略带乳白色，后变为橙红色。幼螨体近圆形，长约0.15 mm，宽约0.12 mm，色透明，取食后体变暗绿色，足3对。

若螨　分为第1若螨和第2若螨，均具足4对。第1若螨体长0.21 mm，宽1.5 mm，体侧有明显的块斑。第2若螨仅雌虫有，体长0.36 mm，宽0.22 mm。

7.3.1.2　发生规律和生活习性

(1)麦岩螨

在黄河流域，每年可能发生3~4个重叠世代。喜干燥，一般春季干旱少雨的年份和地区发生广、虫量多、危害重，多雨年份一般不致造成显著危害。主要以成虫和卵在草坪等寄主植物根际和土缝中越冬。翌年开始活动危害时期依各地气候条件而异。在山东沿海地区，当月均气温达8℃时，越冬成虫开始活动危害，越冬卵也开始陆续孵化，此时一般在2、3月。此后田间虫口日趋增加，各虫态同时混合发生。4月虫量最盛，危害最烈，此时田间始见越夏卵。5月中旬后，田间大部为成虫，此后气温日增，田间大量出现越夏卵，同时成虫密度随之急剧下降，至6月上中旬成虫已极少见。9月中旬后，越夏卵陆续孵化，在寄主上一般可完成 1 代。由于此时天气日趋寒冷，发生数量较少，危害远较春季轻，常不为人所注意。冬季来临即以成虫和卵在根标土块或土缝中越冬。

麦岩螨活动的最适温度为 15~20℃，最适湿度在 50% 以下。一天之内，成、若虫活动常随日间温湿度而变化，以 9:00~16:00 较多。一般日出后气温升高时开始上升至植株上取食，至中午前出现虫量高峰；中午日烈高温时，虫量趋向下降；高温过后，虫量又趋上升，至日落前出现第 2 次高峰；日落后活动虫量剧减，此时大多潜于植株根际。因此，白天为施药防治的有利时机。麦岩螨对大气湿度较为敏感，如遇小雨或露水较大则多停止活动；同时也受风势的影响，并可借助风力扩散蔓延。洪水和水流则是远距离传播的主要方式。

（2）麦圆叶爪螨

1 年发生 2~3 代，北方以成虫和卵在禾草上、田间杂草或麦类植株上越冬，在南方冬季也可活动危害。在北方早春当气温达 6℃ 以上时，越冬虫体即开始发育和危害，以 3 月中下旬至 4 月中旬当气温达 8~15℃ 时危害最重，繁殖也最盛。4 月底密度减少，并以卵在禾草或土块上越夏。越夏卵 10 月中旬开始孵化，在禾草上或麦株上危害，11 月上中旬又以成螨或卵越冬。一代历期平均约 50 d。

麦圆叶爪螨一般只有雌性个体，营孤雌生殖。卵常产在禾草基部土壤中、禾草草根或落叶下以及麦田的麦茬下的湿润处，卵聚产成堆或成串。每雌螨可产卵 30~70 粒，平均产卵期约 21 d。该螨性喜阴凉湿润，有群集性，遇惊动即坠落或向下爬。一日内以 9:00 前和 16:00 后活动最盛，而中午常潜伏较低处，但阴天中午活动也强。一般相对湿度在 70% 以上、表土层含水量在 20% 左右最适于其繁殖危害。该螨不耐高温，但较耐低温，当气温达 17℃ 以上时，成虫即死亡，而冬季 -11.8℃ 时，成螨仍然正常存活而无不利影响，这表明高温对麦圆叶爪螨有明显的抑制作用。

（3）二斑叶螨

在辽宁 1 年约发生 12 代，华北地区 12~15 代，南方地区 20 代以上，四川简阳 4~10 月共发生 16 代，全年估计发生 18 代。华北一带以雌虫爬入土缝、树皮下吐丝结网，往往成群蛰伏。湖北荆州冬季在杂草、土缝、田间枯枝间落叶下、冬季不凋的矮生植物下部或桑、槐树皮裂缝内越冬，成虫休眠型和活动型并存，越冬期如气温略高，仍能取食活动。一般认为当 5 日平均气温上升达 5~7℃ 时越冬虫态开始活动，当气温上升达 10℃ 以上越冬卵相继孵化。温度低时卵期可长达 1 个月。一般于 4 月中下旬孵化为第 1 代。成、若螨皆在叶背吸食营养液，当叶背有虫 1~2 头时叶面呈现黄白色斑点，叶背有虫 5 头时出现红点，虫越多，红斑越大。东北、西北地区每年于 7 月下旬至 9 月下旬约发生 1 次高峰；黄河流域地区于 6 月中下旬至 8 月下旬约发生 2 次高峰；长江流域和华南地区于 4 月上旬至 9 月上旬发生 3~5 次高峰，一般都在 6 月底至 8 月。在湖北，二斑叶螨可发生 3~5 次高峰，第 1 次在 5 月下旬，第 2 次在 6 月中旬，第 3 次在 7 月上中旬，是全年最重的 1 次，第 4 次是 8 月上中旬，第 5 次在 9~10 月。每头雌成螨日产卵量 3~24 粒，平均 6~8 粒，一生可产卵 113~206 粒，平均 120 粒。卵的孵化率达 95% 以上。幼螨经 1~2 d 即变为第 1 若螨。未交配受精的雌虫所产的卵孵化后皆为雄虫。田间雌雄性比一般为 4.45:1，一般雌成虫寿命较长。6~8 月的降水量和降雨强度与二斑叶螨的发生有密切关系。降水量多、降雨强度大对二斑叶螨有抑制作用。但雨水能帮助二斑叶螨扩散。凡旬降水量在 20 mm 以下时，虫量增加很快，或虽在 20 mm 以上，但晴天在 5 d 以上，则仍增加很快。

7.3.1.3 防治方法

（1）清洁草坪

及时清除草坪及其周围的杂草，清除枯草层及其他残枝败叶。

（2）利用草坪灌溉消灭害螨

麦岩螨喜干旱，灌溉对麦岩螨有抑制作用，可结合灌溉灭虫；同时在麦圆叶爪螨的潜伏期进行灌水，或在危害期将虫震落进行灌水，能使它陷入泥中而死亡。适时灌水也能使草坪草生长健壮，增加抗虫能力。

（3）耙糖草坪

虫口密度大时，耙糖草坪，可杀伤大量虫体。

（4）发挥天敌的自然控制作用

每种草坪害螨都有一些天敌，要注意保护和利用。必须进行药剂防治时，应尽量使用选择性农药。

（5）药剂防治

于害螨大发生喷药防治。可选用的药剂品种：5%噻螨酮可湿性粉剂、20%三氯杀螨醇乳油 800~1 000 倍液、20%双甲脒乳油 1 000 倍液、50%久效磷 2 000 倍液、10%吡虫啉可湿性粉剂 1 500 倍液、1.8%阿维菌素乳油 5 000 倍液、20%复方浏阳霉素乳油 1 000~1 590 倍液，防治 2~3 次。

7.3.2 环毛蚓

环毛蚓（*Pheretima tschiliensis*）巨蚓科环毛蚓属，俗称地龙、曲蟮、蚯蚓，属于广布种，华北及长江流域各省份皆有。国内最常见的蚯蚓为环毛蚓，本属由 500~600 种，国内有 100 多种。常见的直隶环毛蚓（*Pheretima tschiliensis*）、威廉环毛蚓（*Pheretima guillelmi*）、湖北环毛蚓（*Pheretima hupeiensis*）等。

7.3.2.1 形态特征（彩图7-30）

通常由 100 个体节，头部不明显，由口前叶和围口节组成。感觉器官退化。体长 230~245 mm，体宽 7~12 mm。体节原则上每节有一圈刚毛，背孔自第 12 节与第 13 节间开始。背面呈紫红色或紫灰色。环带（生殖带）占 3 节，位于第 14~16 节，无刚毛。雄性生殖孔 2 个（第十八节），在皮褶之下突起，该突起前后各有一较小的乳突，皮褶成马蹄形，形成一浅囊，刚毛圈前有一大乳突。受精囊孔 3 对，位于第 6~9 节的各节间。受精囊为盲管，内端 1/3 部分屈曲，下部 2/3 为管状。雌性生殖孔 1 个，位于生殖带的前缘（第 14 节）腹部中央。

7.3.2.2 生活习性和发生规律

蚯蚓属夜行性动物，白昼蛰居泥土洞穴中，夜间外出活动，一般夏秋季 20：00 到次日 4：00 左右出外活动，采食和交配都是在暗色情况下进行的。蚯蚓穴居于潮湿多腐殖质的泥土中，以菜园、耕地、沟渠边数量最多。体色因环境不同而异，具有保护色的功能，一般为棕色、紫色、红色、绿色等。蚯蚓雌雄同体，异体受精。每年 8~10 月进行繁殖，互相交配（两个蚯蚓相互倒抱）以交换精子。受精卵在蚓茧内发育成小蚯蚓而出茧生活。

蚯蚓广泛分布于我国的景观及运动草坪中，在许多地区的草坪土壤中终年生存。通常在春秋两季因其掘穴、取食活动留下丘状凸起(小土坷垃)或管状凸起。个别情况下蚯蚓种群数量会发展到高水平。

蚯蚓的取食和掘穴活动使土壤变得过于疏松,从而使草坪平整不一(彩图7-31)。挖开土壤可见蚯蚓穴道遍布土壤,使草坪健康受损,因根系周围通气过度而使草坪稀疏。有时草坪变得过于松软,使割草机等其他草坪维护机械陷入土壤。蚯蚓在黏性土壤或黏土中危害尤重。

7.3.2.3　防治方法

多数杀虫剂对蚯蚓无效果。砷化钙可阻止蚯蚓到土表活动,氨基甲酸类杀虫剂施入土壤会降低蚯蚓种群的数量,溴氰菊酯500倍淋灌或过磷酸钙的稀释液可一定程度上起到驱逐蚯蚓的作用。对于危害严重的草坪,可利用国光土杀800倍液加毙克1 000倍液或土杀800倍液加白迪1 000倍液或甲刻1 500倍液进行浇灌,浇灌时要尽量浇透,使药液充分接触虫体。

7.3.3　软体动物

危害草坪的软体动物主要有蜗牛和蛞蝓。蜗牛别名蜒蚰螺,属于软体动物门腹足纲柄眼目巴蜗牛科。危害草坪的主要种类有同型巴蜗牛(*Bradybena similaris*)和灰巴蜗牛(*B. ravida*);危害草坪的蛞蝓主要为野蛞蝓(*Agriolimax agrestis*),属于软体动物、腹足纲柄眼目蛞蝓科。

同型巴蜗牛在我国除东北、新疆、西藏、宁夏外,其他省份均有分布;灰巴蜗牛在我国东部和西北地区分布较广;野蛞蝓分布于除西藏和东北南部外的其他省份。该类动物均为多食性,在遮阴潮湿的草坪发生较重。除危害草坪外,还可危害蔬菜、棉、麻、甘薯、谷类等多种作物,甚至还危害桑树及果树。初期食量较小,仅食叶肉,留下表皮或吃成小孔洞,稍大后可用唇舌刮食叶、茎,造成大的孔洞或缺刻,严重时可将叶片食光或将幼苗咬断,致使缺苗,是草坪苗期害虫之一。爬行过的地方会留下黏液痕迹,污染草坪。此外,排出的粪便也可污染草坪。

7.3.3.1　形态特征(图7-30)

软体动物是一种无脊椎动物,属软体动物门腹足纲柄眼目。身体分头、足和内脏团3部分。头部发达,有2对可翻转伸缩的触角,前触角较短小,有嗅觉功能,后触角较长大,顶端有眼。身体两侧有左右对称的足。背面有外套膜分泌形成的螺旋形贝壳,有的种类无壳或退化。口腔有腭片和发达的齿舌,无鳃,用"肺"呼吸。雌雄同体,卵胎生。

(1)同型巴蜗牛(彩图7-32)

成贝体外螺壳高12 mm,壳宽16 mm,有5~6层螺层。呈扁圆球形,壳质较硬,黄褐色或红褐色。螺旋部低矮,螺层较宽大,缝合线深,有稠密而细致的生长线,周缘常有1条暗褐色带。壳口马蹄形,口缘锋利,脐孔圆小而深,其形状个体之间差异较大。头部发达,

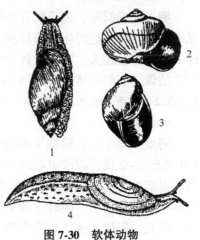

图7-30　软体动物
1. 灰巴蜗牛　2. 同型巴蜗牛贝壳
3. 灰巴蜗牛贝壳　4. 野蛞蝓

在身体前端，头上触角2对。口位于头部腹面，并具有触唇。足在身体腹面两侧，适于爬行。卵圆球形，直径2mm，初产时乳白色有光泽，逐渐变成淡黄色，近孵化时变成土黄色。幼贝形态与成贝相似，仅体型较小。

(2)灰巴蜗牛（彩图7-33）

成体贝壳中等大小，壳高19mm，壳宽21mm，有5.5~6层螺层。壳呈圆球形，壳面黄褐色或琥珀色，具有细致而稠密的生长线和螺纹，壳顶尖，缝合线深。壳口椭圆形，口缘完整，略外折，锋利，易碎，轴缘在脐孔处外折，略遮盖脐孔。脐孔狭小，呈缝缝状。成贝个体大小及颜色变化均较大。头部和足的特征与同型巴蜗牛相似。卵圆球形，直径约2mm，初产白色有光泽，以后颜色渐黄，孵化前为土黄色。幼贝形态与成贝相似，仅体型较小。

(3)蛞蝓（彩图7-34）

蛞蝓在中国南方某些地区称蜒蚰，俗名鼻涕虫、野蜗牛、托盘虫、泫达虫等。分布面积很广，全球多种农作物和园林植物都曾遭受其危害。

成虫 雌雄同体，外表看起来像没壳的蜗牛，体表湿润有黏液，成体长20~25mm，爬行时可伸达30~36mm，体宽4~6mm。无外壳，身体柔软。体灰褐色，有的灰红色或黄白色。头前端有2对暗黑色触角，能伸缩。第1对触角短，长约1mm，位于头部的前下方，称为前触角；第2对触角位于头部的上后方，较前触角长，约4mm，称为后触角。在后触角端部有黑色的眼。头前方是口，位于头部腹面2个前触角的凹陷处，口腔内有1对角质的齿舌。口的两侧后方有2片侧唇。自侧唇以后直达末端，即腹足，腹足扁平，中央具有2条腹足沟。在右后触角的后侧方2mm处，具有1个生殖孔。体背前端1/3处具外套膜，遮盖于体背，约占近全体长的1/2，当体背受触动时，可见外套膜的前部及两侧缘能向上翻起。在外套膜的中后部下方即为外套腔，开口于右侧方，腔内有呼吸器官、心脏、直肠与肛门等内脏器官。外套膜的后部下方，有1个退化的卵圆形"贝壳"称为盾板，外套膜有保护头部和内脏的作用。外套膜的后方右侧有吸孔，孔周围以细小的带环绕。外套膜的后方腹部背面有树皮纹状的花纹。虫体具腺体，可分泌无色透明黏液，爬行过的地方留有白色发亮的痕迹。

卵 卵椭圆形，韧而富有弹性，直径2~2.5mm，淡黄白色，透明，从卵壳外面能透见明显的卵核，近孵化时卵核颜色变深。一般1卵1核，少数的卵可见有2~3个卵核，这样的卵粒往往较大。数个或数十个卵粒常由胶状物质黏着在一起聚集成堆。

幼体 初孵幼体长2~2.5mm，淡褐色，体形同成体。

7.3.3.2 生活习性和发生规律

(1)蜗牛

同型巴蜗牛和灰巴蜗牛两种常混合发生。同型巴蜗牛通常1年繁殖1代，灰巴蜗牛1年繁殖1~2代，以成贝和幼贝越冬。越冬虫体大多蛰伏在潮湿阴暗处，如禾草和其他植物的根部、土缝里或枯草层及石块下。越冬蜗牛翌年3月初逐渐开始取食，4~5月成贝危害草坪及其他植物，同时交配并大量产卵。蜗牛雌雄同体，异体受精，也可自体受精繁殖，因此，任何1成体均能产卵，交配后10~15d开始产卵，产卵期平均15d。蜗牛一生多次产卵，3~10月均能查到卵，但以4~5月和9月卵量较大。每次产卵50~60粒，卵聚产成堆，每成贝一生可产卵30~235粒。卵期14~31d。卵多产在潮湿疏松的土里或枯叶下，若土壤过分干燥，卵不孵化，若将卵翻至地面接触空气，卵易爆裂。

蜗牛为夜行性动物，害怕阳光直射，昼伏夜出，黄昏至第 2 天清晨露水未干之前活动、觅食、交配和产卵。成贝和幼贝均喜阴湿环境，雨天较多时可昼夜活动取食，危害草坪，而在干旱情况下，蜗牛白天潜伏，夜间活动取食。在夏季干旱季节或遇到高温、强光等不良气候条件时，蜗牛便隐蔽起来，常常分泌黏液形成蜡状膜将口封住，暂时不食不动。干旱季节过后，又恢复活动，继续危害，最后转入越冬状态。

蜗牛行动迟缓，借足部肌肉伸缩爬行，并必泌黏液，黏液遇空气干燥发亮，因此，蜗牛爬过的地方留下黏液痕迹。

蜗牛是否大发生与温度、雨量有直接关系。据湖北报道，若前一年 9～10 月雨日达 28 d 以上，当年 3 月中下旬平均气温在 11.5℃ 以上，4～5 月雨日在 38 d 以上，那么当年 4 月中旬至 5 月上旬蜗牛将大发生，其中任一条件改变都不利于蜗牛生长发育，就不会大发生或发生期向后推迟。若 4～5 月雨日在 40 d 以上，9～10 月雨日在 30 d 以上，10 月也可能大发生。

蜗牛的天敌已知有步甲、沼蝇、蛙、蜥蜴等。天敌数量的多少可直接影响蜗牛数量的增减。例如，每头步行虫的成虫或幼虫在 20 min 内约能捕食 2 个成贝，留下空壳。

(2)蛞蝓

在我国全年至少可发生 2～6 个世代，世代重叠。蛞蝓一年四季均能产卵繁殖，孵化危害。5 月中旬至 10 月上旬是它们的活动盛期，同时也是危害最严重的季节。蛞蝓为雌雄同体，异体受精，也可同体受精繁殖。多于 4～5 月产卵于草根、土缝、枯叶或石块下，每个成体可产卵 50～300 粒。卵若暴露在日光下或干燥空气中，很快自行爆裂，土壤干燥时也不能孵化。蛞蝓完成 1 个世代约 70 d。卵历期为 16～17 d，从孵化至成贝性成熟约 55 d。成贝产卵期长达 160 d 左右。以成体或幼体在寄主根部湿土下越冬，但以成体为主。在冬眠期间，当遇天气较暖的日子仍可活动，低温时即潜伏在寄主植物根部。

夏季气温高，天气干旱时，可潜入植物根部、草丛中、石缝间越夏，但遇阴雨天气，气温下降时，仍能活动危害。蛞蝓怕光，在强烈日光下经 2～3 h 即被晒死。因此，日出后都隐蔽起来，而夜间出来活动危害，常爬出取食嫩叶。据西南农学院观察，蛞蝓多在 18：00 以后爬出活动，虫口密度逐渐增加，22：00～23：00 达到高峰，过午夜后，外出量逐渐减少，直至 6：00 前陆续潜入土中或隐蔽处。蛞蝓耐饥能力很强，在食物缺乏或不良环境条件下，能不吃不动。

蛞蝓的危害与活动能力密切相关，而蛞蝓的活动与气温、空气湿度和土壤湿度均有密切关系。它们喜生活在阴暗潮湿的场所，畏光怕热。阴雨后地面潮湿，或夜晚有露水时活动最盛，危害也重。土壤干燥对其不利。气温 11.5～18.5℃、土壤含水量为 20%～30% 对其取食、活动、生长发育有利；若温度升至 25℃ 以上，则潜入土缝或潮湿土块下，停止活动；当土壤含水量在 10%～15% 或高于 40% 时，生长会受到抑制或引起死亡。

7.3.3.3　防治方法

(1)清洁草坪，铲除杂草，撒施石灰粉等保护草坪，以减少蜗牛和蛞蝓的滋生地

用粉状的新鲜石灰，在草坪中撒石灰带，能阻碍蜗牛和野蛞蝓活动，甚至造成死亡，减轻受害。石灰应在傍晚时撒施，每公顷用 75～112.5 kg 生石灰粉。或用茶枯粉每公顷 45～75 kg，可毒杀蜗牛和蛞蝓。也可每公顷用 95% 氯化钡晶体 3 kg 混鲜石灰粉 30 kg 喷粉

毒杀蛞蝓。

(2)施氨水

夜晚喷施70~100倍的氨水，既可毒杀蜗牛和蛞蝓，又同时施肥。

(3)堆草诱杀

用树叶、杂草、绿肥、菜叶等于傍晚设置诱集堆，诱集蜗牛和蛞蝓，次日清晨将潜伏在诱集堆中的蜗牛和蛞蝓集中杀死。

(4)人工捕捉

发生数量少时，可人工捕捉蜗牛和蛞蝓的成体和幼体并集中杀死。

(5)化学防治

①毒饵诱杀，四聚乙醛对蜗牛和蛞蝓有强烈引诱作用。用四聚乙醛0.3 kg、饴糖(或砂糖)0.1 kg、硝酸钙0.3 kg混合后，再拌磨碎的豆饼4 kg，加入适量的水，使毒饵呈颗粒状。傍晚时撒在草坪中进行诱杀，夜间蜗牛和蛞蝓外出活动取食后即中毒死亡。②撒施毒土，6%四聚乙醛颗粒剂，每公顷用7~10 kg混合干砂土150~225 kg。③喷施灭蛭灵800~1 000倍液，或用茶饼粉0.5 kg加水5 kg浸泡一夜，过滤再加水至50 kg制成茶饼液剂，在蛞蝓早晚活动时喷洒，浇洒，毒杀效果可达91.6%~100%；民间流传在其身上撒盐使其脱水而死的捕杀方法的确有用(蛞蝓)。

7.3.4　马陆

马陆(*Prospirobolus joannsi*)又称马蚿、马蚰、千足虫、百足、千脚虫、秤杆虫，属于节肢动物门多足亚门倍足纲。全国各地均有分布。昼伏夜出，吃草根或腐败的植物。除草坪外，受害植物还包括仙客来、瓜叶菊、洋兰、海棠、文竹等室内花卉植物。

7.3.4.1　形态特征

马陆最明显的特征是每1体节有2对步足。体长25~30 mm，体茶褐色，每1体节有浅黄色环带，体有光泽。体呈圆形，头部有1对触角。初孵化的幼体白色，经几次蜕皮后，体色逐渐加深。幼体和成体都能蜷缩成圆环状(图7-31、彩图7-35)。

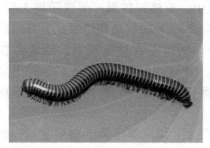

图7-31　马陆

7.3.4.2　生活习性和发生规律

马陆性喜阴湿。一般栖息在草坪土表、土块、石块下面或土缝内，白天潜伏，晚间活动危害。马陆受到刺激时，将身体蜷曲成圆环形，呈假死状态，间隔一段时间后复原活动。马陆的卵产于草坪土表或未筑穴的潮湿地段。卵成堆产，卵外有1层透明黏性物质，每头可产卵300粒左右。在适宜温度下，卵经20 d左右孵化为幼体，数月后成熟。马陆一般成虫可存活1年以上，1年繁殖1次。

马陆一般危害植物的幼根及幼嫩的小苗和嫩茎、嫩叶。马陆成体、幼体多以腐殖质为食，有时也取食蔬菜、花卉和草坪的幼苗、幼根和叶片。苗期幼芽和幼茎被害后，造成缺苗断垄，影响全苗；成株期细根和根皮被害，导致植株生长不良，枝叶枯黄，甚至整株死亡；叶片被害，造成孔洞和缺刻。整体上来讲，马陆对草坪的危害并不大。

7.3.4.3　防治方法

（1）清洁草坪

马陆偏好取食半分解凋落物的特点，保持草坪卫生，清除草坪中的土、石块，减少绿地周围堆肥等有机物，清除绿地周围的碎草和其他的潮湿物体碎片，减少马陆的隐蔽场所。采用清扫、烟熏、杀灭的方法清除，再辅以石灰进行撒播，降低土壤含水率，创造干燥环境以利驱虫。

（2）诱捕防治

在马陆巢穴集中地附近堆集杂草和枯落叶，使其腐烂，对马陆进行诱捕。

（3）药剂防治

在马陆危害严重时，用20%氰戊菊酯2 000倍或50%辛硫磷乳油1 000倍液防治。

思考题

1. 我国草坪地下害虫的种类有哪些？
2. 小地老虎、黄地老虎的区别特征是什么？
3. 如何区分华北蝼蛄和东方蝼蛄？
4. 常见草坪地下害虫的防治措施有哪些？
5. 常见危害草坪茎叶的害虫有哪些类群？如何进行有效防治？

第7章思政课堂

第 8 章

草坪常见杂草

8.1　草坪常见杂草种类与防除

8.1.1　草坪杂草的分类方法

根据杂草的植物学、生物学、生态学、生理学等特性，制定了多种杂草分类方法。这些分类方法分别就杂草的某些特性进行了归纳总结，对科研人员和草坪养护管理者识别杂草、用好除草剂有很大的帮助。

8.1.1.1　按亲缘关系分类或植物学分类

按亲缘关系分类在植物学上也称自然分类法，这种方法是根据各种植物在长期进化过程中，相互间所存在的或近或远的亲缘关系，按照门、纲、目、科、属、种等阶元，确定它们的归属。每种杂草都有自己的分类位置，如野燕麦属于植物界被子植物门单子叶植物纲颖花目禾本科燕麦属。最常用的是科、属、种、亚种与变种。根据子叶数，分为单子叶植物和双子叶植物。

8.1.1.2　按杂草的生活史或植物学习性分类

这种分类法通常把杂草分为一年生杂草、二年生杂草或越年生杂草、多年生杂草三大类。其中前两类主要依靠种子繁殖，一般较容易防除，而后一种防除则比较困难。

（1）一年生杂草

一年生杂草是指杂草从种子发芽出苗、生长到开花、结子，整个生命周期在一年内完成的杂草，即春夏由种子萌发、夏秋开花结实死亡，一年内只结实 1 次，这类杂草主要靠种子繁殖，如婆婆纳、稗、异型莎草、野燕麦、马唐、牛筋草、画眉草、狗尾草、千金子等。草坪杂草中以这一类杂草为多。

（2）二年生杂草或越年生杂草

这类杂草在夏秋萌发，以幼苗或根芽越冬，翌年开花结实后死亡，整个生命周期需跨越两个年度，又称越年生杂草，多为种子繁殖，如早熟禾、泥胡菜、猪殃殃、雪见草、附地菜、繁缕、稻槎菜、看麦娘、水稗子、黏毛卷耳、一年蓬、大巢菜、荠菜等。

（3）多年生杂草

多年生杂草的生命周期在 3 年以上，即指可连续生存 3 年以上的杂草。一个周期中，多次开花、结果。在第一年生长季节中种子可以成熟，但通常需经过 1 年以上才形成种子。多年生杂草不仅能通过种子繁殖，无性繁殖更是其主要的繁殖途径。这类杂草一般春夏发芽生长，夏秋开花结子，秋冬地上部分枯死，地下部分仍有生命力，由地下茎或冬芽越冬，翌年地下营养器官可重新抽芽生长，产生新的植株，继续开花结实。例如，刺儿菜、天胡荽、香附子、狗牙根、白茅、半边莲、双穗雀稗、李氏禾、三叶草、空心莲子草等，均属于这类杂草。多年生杂草较难除尽，拔掉了地上部分，还会从地下部分长出新的茎叶。

8.1.1.3 按生态类型分类

①湿生杂草 适于在水分经常饱和的土壤中生活的杂草，长期淹水反而不利其生长，如稗草、异型莎草等。

②中生杂草 适于在水分适中的土壤上生活的杂草。在过湿或过分干燥土壤中生长不良甚至死亡，如牛筋草、狗牙根等。

③旱生杂草 能在水分较为缺乏的环境中生活的杂草，如狗尾草、蒺藜等。

8.1.1.4 按发生期分类

①早春杂草 2月下旬至4月下旬发生，如马兰、天蓝苜蓿、狗尾草、马唐、稗草、双穗雀稗、狗牙根、空心莲子草等。

②晚春杂草 5月上旬发生，如青葙、地锦、野苋、碎米莎草等。

③早秋杂草 8月下旬至9月下旬发生，如大花婆婆纳、看麦娘、大巢草、藜、硬草、狗尾草、马唐、马齿苋、地锦、牛筋草等。

④秋冬杂草 10月上旬发生，如泥胡菜、一年蓬、小飞蓬等。

8.1.1.5 按杂草对除草剂的敏感性差异分类

这种分类法通常把杂草分成三大类，即禾本科杂草、莎草科杂草和阔叶类杂草。禾本科杂草和莎草科杂草又统称为单子叶杂草，阔叶类杂草又称双子叶杂草。

单子叶杂草是指在种子胚内只含有1片子叶的杂草。双子叶杂草是指在种子胚内含有2片子叶的杂草。

(1)禾本科杂草的主要形态特征

叶片长条形或披针形，叶脉为平行脉，茎切面为圆形，中间有明显的维管束，节与节之间常中空，根是须根。草坪常见的一年生禾本科杂草有马唐、牛筋草、狗尾草、稗草；多年生禾本科杂草有狗牙根、双穗雀稗等。

(2)莎草科杂草的主要形态特征

叶形、叶脉与禾本科杂草相似。莎草科杂草与禾本科杂草的主要区别是茎大多为三棱形、实心、无节，个别为圆柱形、空心。草坪常见的莎草有香附子、碎米莎草、光鳞水蜈蚣等。

(3)阔叶类杂草的主要形态特征

叶片宽卵形、圆形、矩圆形或倒阔卵形，叶脉为网状脉或弧形脉。茎横切面为方形、长方形或圆形中空。草坪常见的阔叶草有天胡荽、酢浆草、卷耳、地锦等。

这三类杂草对除草剂的敏感性有明显差异，如防除禾本科杂草的除草剂对莎草科杂草和阔叶杂草基本无效，这就为除草剂的选择提供了依据，因而这种分类方法在杂草防除实践中很有价值。

在草坪主要杂草中，一些发生频度高、危害大、难以防治的杂草被称为恶性杂草。恶性杂草通常是多年生杂草，如香附子、狗牙根、白茅、双穗雀稗、李氏禾、白三叶、空心莲子草等。

但是，以上各种分类方法都是相对的，在实际应用中应灵活掌握。例如，马唐既是禾本科杂草，又属于一年生杂草。

8.1.2 常见阔叶杂草与防除

阔叶杂草又称双子叶杂草,是草坪杂草中数量最多的一类杂草。阔叶杂草的胚通常有2个子叶,茎中具有无限维管束,叶通常为网状脉,花的基数为4或5。

草坪中常见的阔叶杂草有苋科的空心莲子草,菊科的小飞蓬、一年蓬、醴肠、石胡荽、苣荬菜、辣子草、蒲公英,伞形花科的天胡荽,石竹科的簇生卷耳、牛繁缕,酢浆草科的酢浆草,车前科的车前,大戟科的斑地锦、铁苋菜,藜科的小藜,旋花科的田旋花,豆科的大巢菜,十字花科的薄菜,玄参科的波斯婆婆纳、通泉草、蚊母草,桔梗科的半边莲和蓼科的酸模叶蓼等。

8.1.2.1 苣荬菜

苣荬菜(*Sonchus brachyotus*)属菊科,别名苦菜、野苦苣、甜苣菜。全国各省旱地都有分布,尤其在华北、东北、西北地区危害严重,为区域性恶性杂草。危害暖季型草坪和冷季型草坪(彩图8-1)。

第8章彩图

(1)形态特征

地下根茎匍匐状,黄褐色。全株含白色汁液。地上茎直立,绿色或略带紫红色,中稍空,表面有纵棱。基生叶丛生,有柄;茎生叶互生,无柄,基部略呈耳状抱茎,长圆披针形,边缘有稀疏缺刻或浅羽裂;头状花序顶生,花序梗与总苞均被白色绵毛,苞片多层,舌状花黄色;瘦果长椭圆形,淡褐色至黄褐色,有纵棱,两端截形;冠毛白色(彩图8-2至彩图8-4)。

(2)生物学特性

多年生草本,春夏发生型。以根茎和种子繁殖。根茎多分布在5~20 cm的土层中,质脆易断,每个断体都能长成新的植株,耕作和除草能促进其萌发。在我国北方4~5月出苗,终年不断,花果期6~10月,种子于7月渐次成熟。南方地区3月出苗,4~9月生长并进行无性繁殖,10~11月开花结果,冰冻后地上部分死去。种子发生的实生苗当年只进行营养生长,第2、3年才能抽薹开花。

(3)防除方法

由于根芽的再生能力很强,而且匍匐茎分布深广,质脆易断,人工挖掘往往助其扩大领域,分散繁殖,不宜采用人工挖除。苣荬菜对除草剂比较敏感,对实生苗在5叶期作叶面防治,一次即可清除干净。2年以上由根芽发生的植株,可以在抽薹时对茎叶喷洒除草剂,地上部分死后,有可能地下匍匐茎还会长出新的植株,待长到有10叶左右,可再次用药,直至根茎完全死亡为止。在苣荬菜生长期,冷季型草坪和暖季型草坪均可选用2,4-D丁酯等茎叶处理除草剂。

8.1.2.2 苦苣菜

苦苣菜(*Sonchus oleraceus*)属菊科。全国各省份旱地都有分布,尤其在华北、东北、西北地区危害严重。危害暖季型草坪和冷季型草坪(彩图8-5)。

(1)形态特征

茎直立,中空。叶长椭圆状披针形,大头羽状全裂,边缘有刺状尖齿;基生叶丛生,叶片基部下延成翼柄;茎生叶互生,基部抱茎,叶耳略呈戟形。头状花序数个,在茎的顶端排列成伞房状;总苞3~4层,暗绿色;舌状花黄色。瘦果长椭圆状倒卵形,有纵肋;冠毛白色(彩图8-6)。

(2)生物学特性

一年生或二年生草本。以根茎繁殖为主,种子也能繁殖。在我国中北部地区4~5月出苗。6~10月开花结果。种子成熟随风飞散,经越冬休眠后萌发。实生苗当年只进行营养生长,翌年后抽薹开花。

(3)防除方法

可参考苣荬菜的防除。

8.1.2.3　蒲公英

蒲公英(*Taraxacum mongolicum*)属菊科。分布于东北、华北、华东、华中、西南、西北各地,危害暖季型草坪和冷季型草坪(彩图8-7)。

(1)形态特征

主根粗壮圆锥形。叶基生,莲座状开展,倒披针形,常成逆向羽状分裂,边缘有齿,顶裂片较大,上面深绿色,下面淡绿色。花葶2~3个,直立中空。头状花序单生于花葶顶端;总苞片2层,外层苞片卵状披针形,内层长圆状线形,顶端常有角状突起;舌状花黄色。瘦果褐色,长4 mm,上半部有尖小瘤,上端具长喙,冠毛白色(彩图8-8至彩图8-11)。

(2)生物学特性

多年生草本,四季发生型。以种子及地下芽繁殖。西北地区3月下旬至4月上旬返青,4~5月开花,花葶陆续发生,花后7~10 d成熟,成熟的种子借风飘移传播,属于春季杂草,但直至晚秋还可见花。耐寒、耐旱,根再生力极强,切成片段还可发芽。

(3)防除方法

①挖根可除掉蒲公英,但极为费工,效率低。

②施用阔叶除草剂2,4-D等药剂防除效果较好,宜在秋季施药防除。

8.1.2.4　刺儿菜

刺儿菜(*Cephalanoplos segetum*)属菊科,别名小蓟、刺蓟。我国黑龙江省、华北、华东、中南、西北等地均有分布,以北方更为普遍和严重,多发生于土壤疏松的旱地。危害冷季型草坪和暖季型草坪(彩图8-12)。

(1)形态特征

具有地下白色的匍匐根状茎,根茎上常生有不定根、不定芽。茎直立,有棱,顶部分枝。叶互生,无柄,长椭圆形,叶边缘有齿裂和硬刺,叶背有白色蛛丝状毛。茎顶端生头状花序,雌雄异株,总苞片多层,外层有刺,花全为紫红色管状。果实长椭圆形,表面浅黄色至褐色,具羽毛状冠毛(彩图8-13至彩图8-15)。

(2)生物学特性

多年生草本,春夏发生型。以根芽繁殖为主,种子繁殖为辅。在我国中北部,最早于3~4月出苗,5~6月开花、结果,6~10月果实渐次成熟。种子借风力飞散。实生苗当年只进行营养生长,翌年才能抽薹开花。南方地区2月下旬开始从地下根茎发芽出苗,3~4月大量生长并分枝繁殖,5~6月开花,地上部分死亡。8~10月又从地下抽出新枝,12月至翌年1~2月,地上部分枯死或不生长。

(3)防除方法

①在发生面积小时,可以采用人工挑草。

②在刺儿菜生长期,冷季型草坪和暖季型草坪均可使用2,4-D 丁酯、二甲四氯、灭草松等防除。

8.1.2.5　小飞蓬

小飞蓬(*Conyza canadensis*)属菊科,别名小蒸草、狼尾巴蒿、蓬头、加拿大莲、小白酒草。全国各地均有分布,多生于干燥、向阳的地块。危害暖季型草坪和冷季型草坪(彩图8-16)。

(1)形态特征

茎直立,淡绿色,有脱落性疏长毛,上部分枝。茎生叶互生,条状披针形,边缘有微锯齿。头状花序具短梗,多数密集成圆锥状或伞房状花序;苞片2~3层,条状披针形;舌状花小,白色或微带紫色,筒状花较舌状花稍短。果长矩圆形,冠毛污白色。果皮膜质,浅黄色或黄褐色,表面有白色细毛,含1粒种子(彩图8-17至彩图8-19)。

(2)生物学特性

一年生草本,秋冬发生型。种子繁殖,以幼苗和种子越冬。种子成熟后即随风飘扬,落地以后,作短暂休眠,在10月中旬出苗,除严寒期间(12~2月)极少发生外,直至翌年5月均有出苗,但4月和10月为两个出苗的高峰期,花期7~9月。种子于8月即渐次成熟随风飞散,一株小飞蓬在正常生长情况下可结籽38 000~60 000粒。

(3)防除方法

由于小飞蓬种子量大,而且能随风飘飞,远途传播,很难杜绝种子传入。因此只能在11月和5月两次检查是否有小飞蓬发生,根据发生情况来选择防治措施。如果发生面积小,可以人工拔除;发生数量多而且还有其他的阔叶杂草,可用除草剂除之。防治必须要选择在4~6叶期,植株过大,对药剂的敏感度会下降。在小飞蓬生长期,冷季型草坪和暖季型草坪均可使用2-甲基-4-氯苯氧乙酸、灭草松、氯氟吡氧乙酸等防除。

8.1.2.6　荠菜

荠菜(*Capsella bursa-pastoris*)属十字花科,别名荠、荠菜花。全国均有分布。适生于较湿润而肥沃的土壤,也耐干旱。危害冷季型草坪和暖季型草坪,长江流域及西南地区前茬为水稻的草坪基地和生长环境较潮湿的草坪危害较为严重(彩图8-20)。

(1)形态特征

基生叶丛生,大头羽状深裂,具长叶柄。茎生叶互生,披针形,全缘或有缺刻,基部耳形而抱茎。总状花序顶生及腋生,花小而有柄;花瓣白色,4片,十字形排列。短角果倒三角状或倒心形,扁平,先端凹陷,果皮黄绿色,成熟时2瓣开裂,内含多数种子。种子长椭圆形,红褐色至黑色(彩图8-21、彩图8-22)。

(2)生物学特性

一年生或二年生草本,种子繁殖。花果期华北地区4~6月,长江流域3~5月。种子量很大。早春、晚秋均可见到实生苗。西北地区4月上旬至10月下旬均有发生,以4月、7~8月为两个主要出苗时期,9~10月仍有部分出苗进入越冬,翌年3月中下旬返青。一年可完成2代。第1代4月上旬出苗,4月下旬分枝,5月中旬开花,6月上中旬成熟。第2代8月上旬出苗,8月中旬分枝,9月中旬开花,10月上中旬成熟。

(3)防除方法

荠菜属于四季发生型杂草,种子休眠期短,对萌芽的气候条件要求不很严格,除酷暑和严寒以外，均有种子萌芽生长，给除草工作带来一定的难度，可用二甲四氯、灭草松、苯磺隆、氯氟吡氧乙酸等药剂防除。

8.1.2.7　酸模叶蓼

酸模叶蓼（*Polygonum lapathifolium*）属蓼科，别名旱苗蓼、大马蓼、斑蓼、柳叶蓼、水红花。全国各地均有分布。

（1）形态特征

子叶 1 对，长椭圆形，背面紫红色。幼苗全体被白色毛。茎直立，光滑无毛，高达30~100 cm，上部红褐色，节部膨大。叶互生，全缘，叶表常具新月形黑紫色斑块，主脉及叶缘具粗硬刺毛；托叶鞘筒状膜质；数个花穗构成的圆锥状花序近乎直立。花被 4~5裂，淡绿色或粉红色，果实成熟时花被不脱落，雄蕊 6。瘦果扁圆形，两面微凹，顶部具突起，褐黑色光亮，全体包于宿存的花被内。

（2）生物学特性

春季一年生草本。种子繁殖。在 0~5 cm 土层内能出苗。东北及黄河流域 4~5 月出苗，花果期 7~9 月。在长江流域及以南地区，9 月至翌年春出苗，4~5 月开花结果。西北地区3 月下旬出苗，5~7 月开花结果。酸模叶蓼能多次开花结实，常生长于比较湿润的环境，成单一小片种群或与稗草等混合发生。

（3）防除方法

可参照小飞蓬的防除。

8.1.3　常见莎草科杂草与防除

莎草科杂草多数有匍匐地下茎，须根。茎三棱形或有时为圆筒形，实心，很少是中空的，如茎中空则有密布的横隔。叶片线形，通常排为三列；叶鞘的边缘合成管状包于茎上。总状花序，通常数枚或多数生于茎上，或者密集在茎端呈头状，每一穗状花序基部通常有叶片状苞片，每一花下托有一苞片，称为鳞片。花通常无花被或少有具花被的，或变成鳞片状或刚毛状，通常为两性花，有时为单性花。若为单性花，通常雌雄同株，有时为异株。

草坪中常见的莎草科杂草有香附子、异型莎草、碎米莎草、光鳞水蜈蚣、日照飘拂草、扁秆藨草等。

8.1.3.1　香附子

香附子（*Cyperus rotundus*）别名莎草、回头青、旱三棱、香头草、三棱草。严重危害长江中下游地区的暖季型草坪，冷季型草坪也有发生和危害（彩图 8-23）。

（1）形态特征

根茎较长，有椭圆形或纺锤形的块茎，坚硬，褐色，有香味。秆锐三棱形，直立，常单生，高 20~95 cm。叶基生，比秆短；叶鞘棕色，老时常裂成纤维状。叶状苞片 2~3 枚，长于花序；叶表有光亮的蜡质层。长侧枝聚伞花序简单或复出，有 3~6 个开展的辐射枝；小穗条形，3~10 个排成伞形花序；小穗轴有白色透明的翅；鳞片紧密，2 列，膜质，中间绿色，两侧紫红色或红棕色；小坚果状三棱状长圆形，灰褐色（彩图 8-24、彩图 8-25）。

（2）生物学特性

多年生杂草，春夏发生型。适生于湿润环境，较耐热而不耐寒。块茎和种子繁殖，主要以块茎蔓延繁殖，繁殖快，生长迅速；其块茎生活力很强，可度过不良环境，如在中耕除草时将其扔在地边暴晒1个月，遇雨水仍能生根、发芽，继续蔓延到田间。花期在夏秋季。在长江流域4月发芽，6~7月抽穗开花，8~10月结子，并产生大量地下块茎。地下块茎分布于0~15 cm土层内。地上部分除去后，1~2 d即能长出新枝。实生苗发生期较晚，当年只长叶不抽茎。

(3)防除方法

①草坪播前冬翻时可以采取深翻，将香附子的块根翻到土面，使之受冻或失水，造成块根丧失生命力。

②香附子苗前，暖季型草坪可用丁草胺防除；香附子生长期，冷季型和暖季型禾本科草坪均可使用2-甲基-4-氯苯氧乙酸、灭草松等防除。防治时间以6~7叶期为最佳。

8.1.3.2 光鳞水蜈蚣

光鳞水蜈蚣(*Kyllinga brevifolia* var. *leiolepis*)别名耙齿草。分布于华南、华东、华中、西南等地的潮湿地。主要危害地势低洼或排水不畅的暖季型草坪和冷季型草坪。

(1)形态特征

根状茎细长，匍匐于土表；外被褐色鳞片状叶，多数；节上生分枝，根茎上到处可长不定根，形状似蜈蚣。秆散生，三棱形。叶基部成鞘状抱茎；第一真叶带状披针形，叶片横剖面呈"V"字形，腹面凹下，有5条明显的平行脉，叶片与叶鞘之间无明显相接处，叶鞘膜质透明，有5条呈棕黄色叶脉。第二、第三真叶与第一真叶相似。顶生球形头状花序，绿色。鳞片背脊平滑无刺。

(2)生物学特性

多年生草本，春夏发生型。能从地下根茎发芽、生长，也可由种子繁殖。我国南方地区5月初由种子发芽出苗，也能从老根茎抽芽。5~9月生长，靠地下根茎和地上匍匐茎繁殖。8~11月开花结果，冬天地上部分枯死。

(3)防除方法

光鳞水蜈蚣为禾本科草坪的伴生杂草，由于其贴地生长，行有性和无性繁殖，无法用人工彻底拔除。化学防除可参考香附子的防除。

莎草科其他常见杂草如异型莎草、碎米莎草、光鳞水蜈蚣、扁秆蔗草等均可参考香附子的防除。

8.1.4 常见禾本科杂草与防除

禾本科杂草可分为一年生禾本科杂草和多年生禾本科杂草。一年生如马唐、牛筋草、狗尾草、稗草、狗牙根等，多年生禾本科杂草如芦苇、苇状羊茅等，这些杂草主要影响草坪的整体美观，减少草坪冠层密度。

8.1.4.1 牛筋草

牛筋草(*Eleusine indica*)属禾本科穇属，别名蟋蟀草、油葫芦草、官司草、牛顿草。遍布全国各地，严重危害暖季型草坪和冷季型草坪(彩图8-26)。

(1)形态特征

茎秆丛生，斜伸，株高15~90 cm。叶片条形；叶鞘扁，鞘口具毛，叶舌短。穗状花序2~7枚，呈指状排列于顶端；穗轴稍宽，小穗成双行密生在穗轴的一侧，有小花3~6个；

颖和稃无芒，第一外稃有 3 脉，具脊，脊上粗糙，有小纤毛。颖果卵形，棕色至黑色，具明显的波状皱纹（彩图 8-27、彩图 8-28）。

（2）生物学特性

一年生杂草，春夏发生型。种子繁殖。种子成熟后休眠 3 个月左右才能萌发。发芽需变温，最适温度为 20~40℃，恒温时几乎不发芽。发芽时要求有光照，在无光的情况下发芽不良。种子在 0~1 cm 的土层中发芽最好，3 cm 以下不发芽，在土壤含水量为 10%~40% 的条件下均可出苗。

（3）防除方法

①4 叶期以后可采用人工挑除，拔草工作要在 7 月前，以防新的种子入土。

②在牛筋草苗前，禾本科草坪中可使用百草枯、氯草胺、乙草胺、地散磷、异丙甲草胺等防除；在牛筋草苗后，草坪 1~2 叶期，用低剂量的丁草胺或除草通防除。阔叶草坪可使用高效氟吡甲禾灵、精喹禾灵、精吡氟禾草灵、烯草酮、烯禾定、精噁唑禾草灵等茎叶处理除草剂防除。用药的时间最好选择在 4 叶期前后。

8.1.4.2　狗尾草

狗尾草（*Setaria viridis*）属禾本科狗尾草属，别名绿狗尾、狗尾巴草、莠草、谷莠子、绿毛莠、香茅子、毛莠莠、毛毛狗。广布于全国各地，是冷季型草坪和暖季型草坪中的重要危害杂草之一（彩图 8-29）。

（1）形态特征

秆直立或基部曲膝状，较细弱有分枝，高 20~100 cm；叶片条状披针形，淡绿色，背面光滑，上面粗糙，叶鞘光滑，鞘口有柔毛；叶舌具长 1~2 mm 的纤毛；圆锥花序紧密呈圆柱状，通常微弯垂，刚毛粗糙，绿色或带紫色，形状如狗尾巴；小穗椭圆形。谷粒矩圆形，顶端钝，有细点状皱纹（彩图 8-30、彩图 8-31）。

（2）生物学特性

一年生杂草，春夏发生型。种子繁殖，较耐干旱和贫瘠。我国中部和北部地区 4~5 月出苗，5 月下旬达到发生高峰，以后随灌水和降雨还会出现小高峰，南方地区 9 月上中旬会出现第 2 个发生高峰，6 月下旬至 10 月抽穗开花，7 月后种子陆续成熟。

（3）防除方法

①数量不多时可以用人工拔除。若在禾本科草坪之中，发生量较大时，可以结合轧剪草坪将其所抽出的穗轧去，阻止它开花结实。

②在狗尾草生长期，禾本科草坪可使用乙草胺、异丙甲草胺等防除。阔叶草坪可使用高效氟吡甲禾灵、精喹禾灵、精吡氟禾草灵、烯草酮、烯禾啶、精噁唑禾草灵等茎叶处理除草剂防除。用药的时间最好选择狗尾草幼苗 4~5 叶期以内。

8.1.4.3　稗

稗（*Echinochloa crusgalli*）属禾本科稗属，别名稗草、扁扁草、稗子、野稗。冷季型草坪和暖季型草坪的主要杂草之一，在我国各地均有分布。

（1）形态特征

秆丛生，直立，高 50~130 cm，分蘖极多；叶条形，无毛，先端渐尖，边缘干时常向内卷，宽 5~10 mm；叶鞘光滑无毛，无叶舌；圆锥花序狭窄下垂，呈不规则的塔形，分枝可再有小分枝；小穗密淡绿色，集于穗轴的一侧；长约 5 mm，有硬疣毛；颖具 3~5 脉；

第一外稃具5~7脉,有长5~30 mm的芒;第二外稃顶端有小尖头且粗糙,边缘卷抱内稃。

(2)生物学特性

一年生杂草,春夏发生型。种子休眠期达半年以上,一年只发生1代。稗草的发生期早晚不一,但基本上是晚春型杂草。南方地区4月上旬出苗,5月上中旬达到发生高峰,9月还可有第2个发生高峰。西北地区5月上旬开始出苗,6月上旬为出苗盛期,6月下旬数量逐渐减少,8月上中旬不再出苗。6月上旬至7月中旬为分蘖期,7月下旬至8月上旬抽穗,8月中下旬成熟。

(3)防除方法

参见牛筋草、狗尾草的防除。

8.1.4.4 双穗雀稗

双穗雀稗(*Paspalum distichum*)属禾本科雀稗属,别名水游筋、游草、红绊根草。主要分布于黄河以南各地。主要危害生长环境较为潮湿的暖季型草坪和冷季型草坪。

(1)形态特征

茎匍匐,可直立在地上生长,也可在地下生长。茎长1~2 m。茎分节,节上可产生芽,并发育成新枝,基部节上生不定根。叶线形或披针形,叶片背面光滑,表面略粗糙,叶缘粗糙。叶鞘上部及叶片基部具须状毛。总状花序2枚,着生于一端,呈指状。

(2)生物学特性

多年生杂草,春夏发生型。旱生或水生,主要由地下或地上匍匐茎无性繁殖,少种子繁殖。长江中下游地区4月根茎萌芽,6~8月生长最快,并产生大量分枝。双穗雀稗1株根茎平均有30~40个节,最多可达70~80个节,每节可萌芽1~3个,而且所有的芽都可以长成新的植株,因此,该草繁殖力极强,蔓延迅速,能很快形成群落。6月下旬至10月开花,少部分能结实,但大多数种子不饱满。

(3)防除方法

参见牛筋草、狗尾草的防除。

8.1.4.5 马唐

马唐(*Digitaria sanguinalis*)属禾本科马唐属,别名大抓根草、鸡窝草、鸡爪草、须草、叉子草、秧子草、红水草。全国均有分布,是我国草坪中的重要杂草,冷季型草坪和暖季型草坪中危害都比较严重(彩图8-32)。

(1)形态特征

秆倾地匍匐生长,节上易生不定根和芽,长出新枝,繁殖较快。叶片条状披针形,叶缘和茎部有毛。叶鞘松弛,叶舌膜质,无叶耳。总状花序,3~10个呈指状排列于秆顶。小穗1对,对生,披针形,有一短柄,褐色、紫褐色或绿色。种子长椭圆形,种皮光滑,乳白色半透明状。与马唐混合发生的还有毛马唐和止血马唐,须注意区别(彩图8-33)。

(2)生物学特性

一年生杂草,春夏发生型。西北地区5月中下旬发生,6月初晚苗出土,早苗6月中下旬抽穗,7月下旬至8月上旬成熟;晚苗7月上中旬抽穗,8月下旬至9月上旬成熟落粒。种子经冬季休眠后萌发。种子发芽温度为14~45℃,以30~35℃为最好,能在10%~30%的土壤湿度中出苗,以20%左右为好,可在0~6 cm土层内出苗,但以在0~3 cm土层内出苗为最好。南方地区在4月中下旬开始发生,5月中下旬至6月上中旬达发生高峰,

9 月上中旬还有少量发生，6~10 月开花结果，一年可发生 3 代。

（3）防除方法

可参考狗尾草的防除。

8.1.4.6　狗牙根

狗牙根（*Cynodon dactylon*）属禾本科狗牙根属，别名草板筋、绊根草、行仪草、马拌草、爬根草、铁线草。分布于我国黄河流域及以南各地。严重危害长江中下游地区结缕草等暖季型草坪。

（1）形态特征

具匍匐根状茎，多分枝，节上生根。叶片条形，叶鞘具脊，鞘口常具白色长柔毛叶舌呈小纤毛状。花、果期 6~10 月。秆顶簇生穗状花序 3~6 枚，呈指状排列，灰绿色或略带紫色；小穗呈 2 行排列于穗轴上，含 1 朵小花（偶为 2 朵），两侧扁，两颖近等长，具 1 脉，脉成脊。颖果矩圆形，长 0.9~1.1 mm，果皮黄褐色或棕褐色。

（2）生物学特性

为多年生草本，春夏发生型。种子细小且量少，发芽率低，主要靠地下根茎和匍匐茎进行无性繁殖，匍匐茎年生长量可达 1 m 以上，生长势极强。在我国南方地区 3 月上旬开始长匍匐枝，由地下根茎发出新芽。4~5 月生长，并大量繁殖，5~10 月开花结果，11 月后地上部分死亡。中北部地区 4 月从匍匐茎或根茎长出新芽并迅速蔓延，交织成网状，覆盖地面；6 月开始陆续抽穗、开花、结实，10 月颖果成熟、脱落，随流水或风力传播扩散。

（3）防除方法

参见狗尾草的防除。

8.2　草坪入侵性杂草

生物入侵是指生物由原产地通过人为或自然的途径侵入另一个新的环境中，在自然或半自然生态系统中形成自我再生能力，并对入侵地的生物多样性、农林牧渔业生产以及人类健康等造成明显损害或影响的现象，包括动物、植物、昆虫、病原微生物的异地入侵。外来入侵种就是广义上的有害生物，如害虫、病原菌或杂草等。

据 2002 年的不完全统计，中国至少有 380 种入侵植物，这些入侵植物最终演变为杂草。入侵性杂草给农业、林业、牧草与草坪带来很大威胁，特别是给天然牧场的生态系统带来严重影响。中国因外来入侵性杂草造成的损失估计每年约千亿元，并有逐年增加之势。

入侵性植物传播到新栖息地以后，它同原产地生态环境之间的关系被隔断，而在新生态环境中建立起来新关系。它逃避原产地的捕食与竞争，在新生态环境中通过自身生物潜力的发挥而建立新的种群，并可很快适应新生态环境。入侵性植物通过适应性进化能在定居建群中迅速繁衍，在竞争中夺取必要的营养和生存空间，形成了自身的竞争优势，造成本地其他物种的减少甚至某些物种的灭绝，改变了原有生物地理分布和自然生态系统的结构与功能，使原有的生物多样性减少甚至丧失以及导致生态系统失调。随着人类活动对自然界影响的不断加剧，入侵性杂草已对森林、草原、农田、湖泊等生态系统产生严重威胁，引起了国际社会的高度关注。

草坪入侵性杂草主要是指某种草坪杂草从原来的分布区域扩展到新的、遥远的地区，在新的区域内，其后代可以繁殖、生存、扩展。

8.2.1　草坪入侵性杂草的危害

入侵性植物最大特点就是在新的生态系统中，如果温度、湿度、海拔、土壤、营养等环境条件适合，凭借强大的侵域能力可迅速定居、繁衍，从而形成庞大的自然种群，对农业、林业、牧业造成危害。草坪入侵性杂草中造成危害的种类具有以下特点。

(1)生态适应能力强

许多外来入侵物种的适宜生存范围非常广，可在许多生态系统中生存，其中许多物种可以跨热带、亚热带和温带地区；有的可以在贫瘠土壤中生存，其抗旱、耐寒、耐温、抗污染能力强，一旦条件适宜或转好，即可大量滋生。

(2)繁殖能力特强

入侵种能够大量繁衍后代或产生种子，或繁殖世代较短，特别是那些具有很强的无性繁殖能力的物种，可通过根、茎等大量繁殖。例如，风眼莲兼有无性和有性两种繁殖方式，每个花穗包含300~500粒种子，还可以通过匍匐枝无性和有性繁殖，在30℃下5 d即可形成新植株。例如，在云南和四川造成严重入侵危害的紫茎泽兰，常入侵退化的草场，1 hm² 建群的紫茎泽兰一年可生产出65.7亿多个瘦果；每粒种子约50 μg，小如尘土并生有冠毛，可随风飞扬、传播，繁殖能力极强，能在退化的生态环境中迅速入侵。

繁殖能力强的入侵植物物种，在其原来的生态环境中必然有天敌生物控制其种群数量；而引入到新的环境中后，因失去了原有的自然控制机制，就可能肆无忌惮地繁殖而导致生态灾难。例如，风眼莲在原场地南美洲从未造成危害，因原产地有200多种天敌昆虫取食它，而到了中国却几乎没有天敌控制其种群。

(3)传播能力强

入侵物种能够迅速大量传播，有更多机会找到适宜的栖息环境，有的植物种子非常细小，可随风和流水传播得很远；有的种子可通过鸟类和其他动物远距离传播；有的物种与人类生活和工作有关，易于通过人类活动被无意传播；有的物种因外观美或具有经济价值而被人类有意识地传播。

8.2.2　草坪入侵性杂草的特征

8.2.2.1　草坪入侵性杂草的竞争作用

生物入侵过程中引起的最普遍问题是竞争。竞争既在个体之间也在种群之间激烈进行，其类型是多样的，可分为资源、干扰、竞争等不同性质，其中资源竞争是最本质的。种间竞争的实质就是一个种的个体与另一个种的个体对共同资源的利用或干扰，而引起的生殖、存活和生长等方面能力下降。在传统上，竞争仅指资源竞争，即生物个体在对处于短缺资源的共同利用中引起相互不利的影响。但在竞争中，生物个体的相互妨碍或干扰并非一定要通过资源这一中介来实现，通过天敌中介相互妨碍也是一种竞争策略，这称为似然竞争(apparent competition)。

(1)生态位竞争

入侵物种引进到新生态环境中，其基础生态位相当重要，它可以使入侵种在广泛的环境限定因素范围内存活和繁殖，因而其生态位幅度比较大。这种外来种在新生态环境中可以占据合适的生态位并能有效地获得资源。入侵成功的外来种不一定是体积很大或者食谱很广的物种，只要能够利用新生态环境中所占据生态位的资源就可在竞争中胜出，并从资源利用（食性和食物层次）和种群方面取代衰退和灭绝的物种。成功的外来入侵种对各种环境因子的适应幅度较广，对环境有较强的耐受性，具有广阔的生态幅，如耐阴、耐旱、耐污染、耐贫瘠等。如凤眼莲、薇甘菊、紫茎泽兰等入侵种形成了大面积单优群落，降低了物种多样性，使依赖于当地生物多样性而生存的物种没有适宜的栖息环境。

（2）排挤本土物种

成功的入侵种在新生态环境中通过竞争占据适当的生态位，并排挤相应生态位的土著物种，威胁当地生物多样性，导致一些物种濒危或灭绝。例如，马缨丹（*Lantana camara*）原产于热带非洲，1645 年间由荷兰引入我国台湾，作为观赏植物栽培。现在在中国热带及东南亚热带地区蔓延，排挤当地植物、堵塞道路，当地鸟类啄食其肉质果实而使其得到进一步传播。

8.2.2.2　草坪入侵性杂草的化感作用

植物向外释放一些化学物质，能影响（抑制或刺激）邻近植物（异种个体或同种个体）的生长发育，这种现象称为异株克生现象，其释放的化学物质称为异株克生化合物（allelochemicals，alletopathic agengts）。外来入侵植物释放化感物质的作用在于抑制邻近植物的生长而使自身获得更多的阳光、水分、营养和空间，从而形成单一优势种，降低当地生物多样性。而生态环境的生物多样性降低给环境带来很大的危害与风险。自然界中各种植物之间的化学竞争是相当激烈的，许多外来种的入侵过程都伴随着强烈的化感作用。

8.2.3　草坪入侵性杂草的种类

8.2.3.1　紫茎泽兰

紫茎泽兰（*Eupatorium adenophorum*）属菊科，别名解放草、破坏草。多年生草本或亚灌木，茎紫色，被腺状短柔毛，叶对生，卵状三角形，边缘呈粗锯齿状；可进行有性繁殖和无性繁殖，并分泌化感物质，影响临近其他植物的生长，为侵占性很强的毒草。

紫茎泽兰原产于北美墨西哥和中美洲，20 世纪 40 年代从中缅、中越边境传入云南南部，现已广布于西南地区，受其影响，凡是紫茎泽兰所到之处，其他植物失去生存空间。

8.2.3.2　豚草

豚草（*Ambrosia*）包括普通豚草（*Ambrosia artemisiifolia*）和三裂叶豚草（*A. trifida*），属菊科。一年生草本。适应性强，种子产量很高，每株可产种子 300~62 000 粒，而且其种子具有二次休眠特性，抗逆力极强，主要靠水流、禽类和人为传播。

豚草源于北美洲，目前全世界都有分布。豚草于 1935 年在我国杭州出现，三裂叶豚草于 20 世纪 40 年代传入东北。其吸肥能力和再生能力极强，造成土壤干旱贫瘠；遮挡阳光，影响草坪的光合作用；而且豚草可以释放多种化感物质，对禾本科等植物有抑制和排斥作用。

8.2.3.3　空心莲子草

空心莲子草（*Alternanthera philoxeroides*）属苋科，别名喜旱莲子草、水花生、东洋草、革命草。以无性繁殖为主。其花期很长，边花边果，结果率低，成熟果实率更低。其陆生型可以断裂生长出地面匍匐茎，并有庞大的地下根茎。多年生的地下匍匐茎节间缩短，节膨大, 在节处可反复生出幼芽。

空心莲子草原产于巴西, 大约在20世纪30年代传入上海及华东地区。50年代后, 南方许多地方将此草作为猪饲料引种扩散, 逃逸为野生。严重危害暖季型草坪和冷季型草坪, 是草坪中的一种重要害草。

8.2.3.4　三裂蟛蜞菊

三裂蟛蜞菊(*Trilobana wedelia*)属菊科, 别名南美蟛蜞菊。多年生草本。茎平卧, 节上生根; 叶对生, 多汁, 椭圆形至披针形, 通常三裂, 种子和营养繁殖均可, 花期几乎全年, 以夏秋为盛。适应性强, 能在不同土质生长, 耐旱又耐湿, 耐小于4℃低温。

三裂蟛蜞菊原产于热带美洲, 在全球热带广泛归化。20世纪70年代引入栽培, 现已在华南地区逸生为杂草, 成片生长, 侵占草地和湿地, 侵蚀和排挤本地物种, 被列为世界上最有害的100种外来入侵物种之一。

8.2.3.5　加拿大一枝黄花

加拿大一枝黄花(*Solidago canadensis*)属菊科。多年生草本。具长根状茎, 茎直立, 高0.3~2.5 m, 全部或上部被短柔毛; 叶互生, 披针形或线状披针形, 以种子和根状茎繁殖, 繁殖力强, 生长迅速。花果期7~11月。

加拿大一枝黄花原产于北美, 1935年从日本作为花卉引入中国台北, 后来上海、庐山相继引种, 如今已归化为当地野草。

思考题

1. 草坪杂草的分类方法有哪些?
2. 试述常见阔叶杂草及其防除方法。
3. 试述常见莎草科杂草与防除方法。
4. 试述常见禾本科杂草及其防除方法。
5. 什么叫作草坪入侵性杂草? 有哪些危害?
6. 简述草坪入侵性杂草的特征。
7. 简述草坪入侵性杂草的种类。

草坪种传有害生物及其防治

9.1 种传有害生物种类

在环境因素的作用下，有害生物与寄主经过长期的共同演化，形成了各自的适生区域和自然传播途径。其传播途径种类很多，因有害生物的种类不同而异。有些有害生物可进行自身运动而实现主动传播和随气流、降雨、流水、介体生物等自然载体进行被动传播。自然传播多数是在有害生物发生区内部或其周围的中、短距离传播，少数迁飞性害虫和大区流行病害的病原物也能完成远距离传播。例如，禾草锈菌夏孢子可随高空气流传播到几千千米之外，从而实现了大陆间的菌源交流。有害生物还可随人类活动而传播，称为人为传播。人为传播主要是由于调运了被有害生物侵染或污染的种子、苗木、农产品造成的。近年来，由于种子市场的迅猛发展，尤其是我国目前大量的草坪草种子仍依赖进口，加之现代快速交通工具的出现，大大缩短了运输时间，有害生物虽经长途旅行后仍能保持正常生活能力和侵染能力，这就使人为传播成为有害生物远距离迁移的主要途径。

9.1.1 种传途径

种子和其他繁殖材料是植物重要的人为传播有害生物的载体。种子是重要生产资料，人类为了种质改良和发展生产，引种和调运的范围广、种类多、数量大，传带有害生物的概率高。种子作为有害生物的自然传播载体，本来就有完善的传播机制，人为传播只不过延长了传播距离。种子传播有害生物种类多、带菌(虫)率高，且运入新区后直接进入田间，致使有害生物侵染下一代植物并迅速蔓延。

9.1.2 种传有害生物类群

草坪草的种传有害生物包括真菌、细菌、病毒及其他原核生物、寄生线虫、昆虫、螨类、有毒和有害杂草等，以各类病原物的种传现象尤为普遍而重要，因而种传病原物的检验是草坪草种子健康检验的主要内容。

9.1.3 种子传播的方式

病原物和其他有害生物随种子传播的方式按种子带菌(虫)部位划分为3种。

(1)附着在种子表面

禾草黑粉菌的冬孢子在种子收获加工过程中污染种子，造成种子表面带菌。灰霉菌的分生孢子、霜霉菌的卵孢子、核盘菌的菌核、某些病原细菌的菌体等也可附着在种子表面传播。

(2)潜藏在种子内部

许多病原物潜藏在种胚、胚乳、种皮(果皮)、颖壳等部位。黑麦草盲籽病菌、禾草内生真菌、某些黑粉菌、霜霉菌等都能以菌丝体潜伏于胚内。少数植物病毒(如大麦条纹花叶病毒粒体)和细菌也在胚内潜伏。种皮(果皮)是无性型真菌存在的主要部位,菌丝体潜藏在种皮内,但有时在种子表面产生菌落和繁殖体。少数霜霉病菌在种皮中产生卵孢子和菌丝体。病毒、细菌等都可潜伏在种皮中,种皮中的多数病毒不能传染下一代植株。谷象等害虫则钻蛀在种子内部传播。

(3)混杂在种子间

病原真菌的菌核、带菌病植物残片、腥黑粉菌的菌瘿、粒线虫的虫瘿,以及害虫、害螨、杂草种子等混杂在种子间传播。

许多有害生物不止有一种种传方式,了解其种传方式,有助于正确选择或设计种子健康检验方法。

9.1.4 种子健康检验的重要性

种子健康检验是种子检验和种子质量控制的重要组成部分。近年来,许多国内学者研究发现,我国草坪或牧草种子携带的病原体量大且种类丰富;使用该类种子不仅会影响种子的活力,导致种子品质降低,而且会对下一代植株的生长发育造成不良影响,使种子价值及草地建植受到威胁。当建植的环境条件适宜时,带菌种子也可成为病害传播流行的重要来源。健康检验的目的是确定种子携带有害生物的状况,主要包括有害生物的种类、数量及其危险程度,从而避免种子长途调运或进出口过程中有害生物随种子远距离传播,为种子检疫、种子播种质量评估、种子的合理使用、种子除害处理以及签发种子证书提供依据。为了防止危险性病、虫、杂草随商品种子和引种材料的传播蔓延,必须做好种子的健康检验。

9.2 种子健康检验方法

种子健康检验方法很多,对其检验技术的基本要求是准确、可靠、灵敏度高,快速、简单、方便易行,有标准化的操作规程等。在种子检验中将同一来源、同一运输工具、同一品种的种子统称为一个种子批,按批进行检验。通常一批种子数量很大,不可能全部检验,必须按规定的方法由种子批的总体中抽取适当数量的样品进行检验。

9.2.1 种传菌物检验

9.2.1.1 直接检验

这是一种采用肉眼或借助手持扩大镜的检查方法。观察种子是否有霉烂、变色、皱缩、畸形等症状,种子表面是否有霉层、微菌核以及各种子实体。若有异常,则挑取病菌制片,用显微镜检查。或先将种子过筛,检出夹杂在种子中间的菌核、菌瘿、病株残屑、土壤等,再做进一步鉴定。直接检验法适用于检验腥黑粉菌、麦角菌、禾草盲籽病等。

9.2.1.2 洗涤检验

将一定数量的种子样品放入容器内加入定量蒸馏水或其他洗涤液,振荡洗涤 5~

10 min，以洗脱孢子。然后将洗涤液低速（2 000~3 000 r/min）离心 10~15 min，使孢子沉积在离心管底部，弃去上清液，加入一定量蒸馏水或其他浮载液，重新悬浮沉积在离心管底部的孢子，取定量悬浮液，用高倍显微镜检查孢子种类并计数。洗涤检验法只能检测种子表面已经产孢的菌物，主要用于检验附着在种子外表的黑粉菌等。

9.2.1.3　吸水纸培养检验

　　将 3 层灭菌吸水滤纸铺在培养皿或其他适用容器的底部作培养床。先用蒸馏水湿润吸水纸，将表面消毒或未经消毒的种子合理等距排列在吸水纸上，置于一定条件下培养。多数病原菌物，适宜培养温度为 20~28℃，每天用近紫外光灯或日光灯照明 12 h，培养 7~10 d 后，借用实体显微镜和高倍显微镜逐粒检测种子，记载带菌种类和带菌种子数，以及带菌率、发芽情况。注意观察菌丝体颜色、疏密程度和生长习性，菌物繁殖体的类型和特征，例如分生孢子梗和分生孢子的形态、大小、颜色和着生状态及特点等。吸水纸培养检验法简便、快速，可在较短时间内检验大量种子，适于检验多种无性型真菌（图 9-1）。

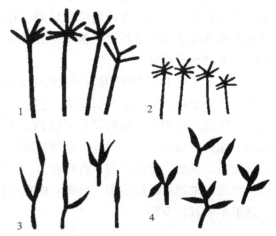

图 9-1　黑麦草四种种传病原真菌的吸水纸培养特征

1. *Drechslera siccans*　2. *D. tetramera*
3. *D. andersenii*　4. *Bipolaris sorokiniana*

9.2.1.4　培养基培养检验

　　用培养基检验种子带菌时，种子表面先进行适当消毒，然后置于培养基平板上，在适宜的温度下培养 7~10 d 后检查。依据菌落色泽和形态特征来快速鉴别菌物种类。常用的培养基有马铃薯葡萄糖琼脂培养基（PDA），麦芽浸汁琼脂培养基（MEA）、燕麦粉琼脂培养基（OMA）等。在检验特定种类的病原菌时，还可选用适合的选择性或半选择性培养基。培养基检验法适于能生成明确鉴别特征的各种可培养的种传真菌。此外，培养基还大量用于种传病原菌物的分离纯化，以获得纯培养物，进行现代常规病原菌种类鉴定。

9.2.1.5　种子解剖透明检验

　　采用化学方法或机械剥离方法分解种子，分别收集需要检查的种胚、种皮等部位，透明染色后镜检。剥离大量种子常用的化学分离法为：将种子用 5% 氢氧化钠溶液浸泡过夜，然后用 60~65℃ 的热水冲洗或小心搅动，使种胚、种皮等分离。种胚、种皮等分别用乳酚油（加入 0.5% 甲基蓝或 0.1% 酸性品红）煮沸一定时间，使植物组织透明，直接镜检，鉴定带菌种类，统计种子残体带菌率。此法适用于检测种胚内的散黑穗病以及种胚、种皮内霜霉病等的病原。

9.2.1.6　种子禾草内生菌物（*Epichloë* spp.）检验

　　室温下将种子在 5% NaOH 溶液中浸泡过夜，而后将种子倾于铺有纱布的漏斗内，自来水冲洗 3~5 min；冲洗过的种子移入烧杯内，加入乳酸苯胺蓝溶液（水溶性苯胺蓝 0.325 g，水 100 mL，85% 的乳酸 50 mL），以淹没种子为宜，在电热板上加热煮沸 3~5 min。或将种子在 5% 氢氧化钠 +1% 苯胺蓝溶液浸泡过夜，自来水冲洗 3 次，加入 0.8% 的乳酚油苯胺蓝溶液(100 mL乳酸、100 mL 80%苯酚、100 mL甘油、800 mg苯胺蓝、500 mL水)于玻璃试管中，在水浴中沸煮20 min，以保证其充分染色，再用自来水冲洗3次。用解剖针移去颖片，盖玻片下轻轻按压种子，使种子组织均匀地散布于盖玻片下。显微镜下观察种子糊粉层内或内表皮下深蓝色的有隔菌丝体，即为禾草内生菌物菌丝体。

9.2.1.7 生长检验

待检种子播种在经过高压蒸汽灭菌或干热灭菌的土壤、砂砾、石英砂或其他基质中，出苗后根据病株症状鉴定种传病原菌种类。还可在试管中水琼脂培养基斜面上播种种子，在适宜温度和光照条件下培养，根据芽苗症状结合病原菌检查，确定种传菌物种类。

9.2.1.8 现代分子检验

实时荧光定量PCR所使用的荧光化学方法主要有4种，分别是DNA结合染料法、水解探针法、杂交探针法、荧光引物法。它们又可分为扩增序列非特异和扩增序列特异两类检测。与传统方法相比，实时荧光定量PCR技术具有快速、灵敏、特异等优点，不受症状的限制，能区分细微差异。另外，高通量测序技术也应用于快速有效地检测植物病害的发生，其优点是灵敏、检测全面，省时省力，但费用较高。目前，这两种技术在植物病原菌检测中得到越来越广泛的应用，然而它们在草坪草及牧草的种传有害生物上的应用还很少见，这里不做具体介绍。

9.2.2 种传细菌检验

大多带有细菌的种子很少表现明显病变而进行直接检验。但禾草种子带有蜜穗病病原细菌(*Clavibacter rathayi*)时，种子表面覆盖黄色菌痂，可据此初步检出，再用细菌学检查确认。多数无病变表现的种子可进行生长检验或常规细菌学检验。生长检验是将种子播于湿润的吸水纸上或琼脂培养基平板上，根据幼芽、幼苗的症状做出初步诊断，再用细菌溢脓接种证实其致病性或作细菌学检查。常规细菌学检验先需用灭菌水浸泡种子或将种子磨成粉再加入灭菌水，充分振荡后静置，以浸提种子内的细菌。浸提液中的细菌用普通营养培养基或选择性培养基分离纯化后，再用常规细菌学鉴定方法、致病性测定法、噬菌体测定法或血清学方法鉴定种类。

9.2.3 种传病毒检验

一般用生长检验法检验。根据苗期和成株期症状初步检出，再用病植株汁液摩擦接种指示植物或进行血清学检查，以判定病毒种类。种子浸渍液、种子研磨后制得的病毒浸提液等也可直接用于接种指示植物或作血清学检查。

9.2.4 种传线虫检验

可采用肉眼和手持放大镜先仔细检查种子，检出禾草粒线虫的虫瘿。带虫瘿的颖壳呈青绿色，内含紫色、长条状易碎的虫瘿。可疑种子可放在培养皿内，加入少量净水浸泡后，在解剖镜下剥离颖壳，挑破检查有无线虫。为进一步确认，可将虫瘿置于湿滤纸上1~12 h，与正常种子相比，浸润后的虫瘿为褐色，松软，用解剖针挑开颖片，可见大量粒线虫的幼虫，在解剖镜下虫体清晰可见。

9.2.5　杂草种子检验

先将供检种子用种子筛(套筛)过筛,拣取筛上物和筛下物中的杂草种子(或果实),根据其植物学特征,诸如形状、大小、色泽、斑纹、种脐形态以及有无附属物等进行鉴定。必要时,将种子浸泡软化后解剖检查其内部结构。若上述方法尚不能鉴定的,可播种,检查其萌发方式以及上胚轴、下胚轴、子叶和真叶的形态特征。必要时,还需观察花、果特征。

9.2.6　害虫和害螨的检验

首先将种子进行过筛检查,查验是否带有害虫、害螨。使用规格筛,将需用的筛层按筛孔大小由大到小顺序套好,将种子样品放入上层筛内,套上筛盖,电动或手动回旋转动一定时间后,将不同的筛层物分别倒入瓷盘中,用扩大镜或解剖镜检查,检出昆虫和螨类。若检验时室温低于 20~30℃,最下层筛出物需在 20~30℃下处理 15~20 min,促使害虫和害螨活动,再行检查。

种子内部的害虫则可采用染色检查、密度检查、解剖检查和软 X 线机检查等方法。染色检查禾本科种子中的谷象、米象等害虫,可将种子样品放在 30℃水中浸 1 min,再移入 1%高锰酸钾溶液中浸 1 min,然后用清水冲洗 20~30 s,用放大镜检查,挑出表面有黑色斑点的种子,再行剖检。

也可依据有虫籽粒和正常籽粒密度的差异,采用盐溶液漂拣有虫籽粒。禾草种子可倒入 2%硝酸铁溶液中,搅拌后静置,谷象危害的籽粒漂浮在表面。此外,表现明显被害状和食痕的种子,还可解剖检查。用国产 HY-35 型或其他型号的软 X 线机可透视检查可疑种子内部的隐蔽害虫。

种子传带的害螨除可过筛检查外,还可利用螨类怕干畏热的习性,用螨类分离器检出。将种子样品平铺在分离器的细铜丝纱盘上,电热加温使盘面温度升至 43~45℃,保持 30 min,仔细检查盘下玻璃板上的螨类。

9.2.7　草坪种子带菌检验实验技术

种子带菌检验的目的是发现和鉴定病原物,作为出证、检疫处理和种子处理的依据。根据检验对象和设备情况选择简单、快速、易行且准确的种子带菌检验方法,有时需要同时用几种方法检验才能得到较为准确的结论。常用种子带菌检验方法有以下几种。

(1)直接检验

直接或借助手持扩大镜、实体显微镜仔细观察被检材料有无病原菌菌丝、菌瘿、菌核、线虫瘿、菌落、病株残屑等。直接检验只能检出具有明显症状的植物材料,作出初步诊断,多用于现场检查,或作为室内检验前的预备检查。

(2)洗涤检验

将一定数量的被检材料放入容器内,加入定量无菌水或其他洗涤液,经振荡、离心、镜检和计数等程序作出诊断的一种方法。主要用于检测种子表面附着的菌物孢子,包括黑粉菌的厚垣孢子、霜霉菌的卵孢子、锈菌的夏孢子以及多种半知菌的分生孢子等。洗涤检验法能快速、简便地定量测定种子外部带菌数量,现已用作检验麦类腥黑粉菌种子带菌的标准方法。但该法不能用于检测种子内部的病原菌物。

(3)分离培养检验

种子内部带菌或表面带菌可以通过分离培养来检验。种子内部带菌检验，需将种子表面消毒后再培养；种子外部带菌检验可用洗涤法洗涤后，再将表面洗液稀释培养，或直接将种子放在培养基平板上培养。

(4)萌芽检验

先将种子置于适宜的环境条件下使其萌芽，根据萌发状况及胚根、幼芽所表现出的症状进行检验，常用的方法有吸水纸保湿培养检验、砂基幼芽检验和土壤萌发检验等。

(5)剖粒染色检验

种子内部病变，需要解剖检验，即将种子感病部做成切片，经染色，透明，然后镜检。

(6)隔离种植检验

将种子和幼苗等繁殖材料在隔离田、隔离温室中培育一定时期，以检查有无病毒病或其他病害。

下面重点介绍洗涤检验法和分离培养检验法。

9.2.7.1 洗涤检验法

①从一批草地早熟禾种子样品中称取小样 2.5 g，放入 50 mL 灭过菌的三角瓶内，加入无菌水 20 mL，浸泡 30 min 后振荡 5 min，使种子表面病原菌被冲洗下来，用单层无菌纱布过滤。

②将滤液倒入带刻度的离心管中，再向步骤①中洗过的种子中加入 25 mL 无菌水，振荡 3 min，洗涤液经单层无菌纱布过滤。

③将第二次滤液与第一次滤液混合，并等量地分配到 2 个带刻度的离心管中。

④将③中的 2 个离心管置于 1 000 r/min 下离心 5 min。

⑤倾出离心管上清液，将各管沉淀液合并，量出容积供镜检。

⑥用标准滴管或微量加样器吸取上述沉淀液，滴一滴于载玻片中央，小心盖上玻片，避免产生气泡。

⑦在显微镜预定放大倍数下观察，并在盖玻片上不同部位均匀地按顺序检查 5~10 个视野，记录下每个视野菌物的孢子数，再算出每个视野的平均孢子数。

注意：应用测微尺量出显微镜一定倍数的目镜与物镜组合放大下的视野面积。同时测定所用滴管每毫升洗涤的滴数或微量加样量。

⑧参照下列公式计算每克种子所带孢子数。

$$每克种子所带孢子数 = \frac{K \times A \times L}{W}$$

$$K = h^2 / \pi R^2 \times m。$$

式中，A 为每个视野的平均孢子数；L 为洗涤沉淀液的总毫升数；W 为洗涤种子的克数；h^2 为盖玻片面积，一般为 324 mm^2(18 mm×18 mm)或 400 mm^2(20 mm×20 mm)；πR^2 为视野面积；m 为所用滴管每毫升洗涤液滴数。

9.2.7.2 分离培养检验法

①种子表面洗涤液分离　把上述经过检验的洗涤液稀释至 10 mL，然后将此稀释液用移液枪定量取 20~50 μL(视菌量而定)移入 PDA 平板培养基上，用玻璃刮刀涂抹均匀，放置于 20℃培养箱中培养 4~7 d，观察并统计其病原菌的数量和种类，将结果填入表 9-1。

表 9-1　种子洗涤液分离培养统计

病原菌名称	菌落			不同菌种所占比例/%	备注
	大小	形状	色泽		
1					
2					
3					
4					
5					
6					
⋮					

②种子内部带菌分离　取草地早熟禾种子小样 20~30 粒，用 70%的乙醇浸泡 1 min，倾倒酒精，再用 0.1%升汞消毒 2~3 min 或 1%~3%的次氯酸钠消毒 3~5 min，然后用无菌水冲洗 3~5 遍。把种子取出放在无菌的纱布上，用消毒过的解剖刀将种子剖开，放在平板培养基上(或用灭菌研钵充分研磨后加 20 mL 无菌水，离心后，沉淀液用玻璃刮刀涂抹在平板培养基上)，在 22~25℃温室中培养 4~7 d，观察并将结果填入表 9-2。

如果分离出的菌是毛霉(Mucor spp.)等腐生菌，可不必写出感病率，只用代号+、++、+++来表示种子的感染程度(表 9-3)。如果感染程度是严重(+++)或很严重(++++)时，应提出处理措施，因为这类腐生菌有很高的抗药性，不宜采用化学消毒法，可采用改善种子贮藏条件或将种子干燥处理保存等方法。

表 9-2　种子内部带菌分离统计

受检种子数	感病种子数	感病率/%	感病种子按病原菌统计			发芽率/%
			病原菌名称	侵染种子数	感病率/%	

表 9-3　种子受腐生菌感染的分级标准

种子感染百分率/%	程度级别	种子感染百分率/%	程度级别
<10	轻微(+)	26~50	严重(+++)
10~25	中度(++)	75	很严重(++++)

9.3　禾草主要种传病害及其防治

9.3.1　禾草赤霉病

　　禾草赤霉病是草坪草和牧草主要种子病害和种传病害之一，分布相当广泛，遍及世界各地。在我国江苏、贵州、安徽、内蒙古、四川、黑龙江等地均有发生。该病是多雨潮湿和温暖地区的一种常见病害，可引起植株种腐、苗腐、根腐、穗腐和茎腐等，其中以穗腐危害损失最大。禾草赤霉病在导致种子减产，品质降低及草坪早衰的同时产生毒素，引起人、畜中毒。

9.3.1.1　症状

　　病苗呈浅色至黄绿色，根部断续有水渍状病斑。危害穗部时，通常在小穗基部褪色，在病穗颖缝处出现粉红色至橘红色的霉层，即病原菌的分生孢子。后期，在小穗基部聚生许多黑色至紫黑色小粒，即为子囊壳(图 9-2、彩图 9-1)。

第 9 章彩图

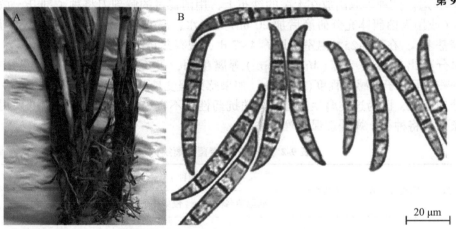

20 μm

图 9-2　镰孢菌根腐病(Zhang et al. , 2022)
A. 羊草根腐病　B. 镰孢菌复合体的大分生孢子

9.3.1.2　病原菌

　　病原菌主要为禾谷镰孢菌(*Fusarium graminearum*)，有性阶段为玉米赤霉菌(*Gibberella zeae*)。有研究发现，在巴西引起多花黑麦草赤霉病的病原菌还有亚洲镰孢菌(*F. asiaticum*)和 *F. cortaderiae*(Machado et al. , 2015)。近年来，在我国发现了由南方镰孢菌(*F. meridionale*)引起的多年生黑麦草茎腐病(Wang et al. , 2022)和由 *F. incarnatum-equiseti* 引起的羊草根腐病(Zhang et al. , 2022)。

　　禾谷镰孢菌　大分生孢子镰刀状或纺锤状，微弯、两端渐尖，1~9 个(多为 3~5 个)隔膜，因寄主及隔膜数目而异，(3~7) μm ×(25~77) μm。不产生或很少产生小分生孢子。子囊壳散生或聚生于病组织表面，卵形至圆锥形，顶部有明显乳突。壳壁膜质、蓝紫色或紫黑色，(130~260) μm×(40~300)1 μm，内含大量子囊。子囊棒状，直形或微弯，(50~80) μm ×(10~14) μm，内含 8 个子囊孢子。子囊孢子纺锤形或斜梭形，微弯，多有 3 个隔膜，(20~30) μm ×(4~5) μm。

南方镰孢菌　大分生孢子镰刀状至直形，通常背侧和腹侧平行，3~5 个隔膜，（2~7）μm×（20~56）μm。不产生小分生孢子。

镰孢菌复合体（*F. incarnatum-equiseti*）　大分生孢子镰刀状，4~7 个隔膜，（1.8~6）μm×（20~64）μm。不产生小分生孢子。

9.3.1.3　寄主范围

可寄生许多种禾草，主要草坪寄主植物有黑麦草、披碱草、狗牙根、早熟禾、冰草、鸭茅等若干种植物。

9.3.1.4　发生规律

病原菌以子囊壳或菌丝体在土壤、带菌种子和病株残体内越冬越夏。病株残体是主要的初侵染，病原菌在其上可长期存活。春季气温 10℃ 以上且高湿条件下，产生子囊壳并形成子囊孢子，借助风雨传播。在适宜条件下，孢子萌发侵入花器和小穗，使受害小穗出现水渍状、淡褐色病斑，在高湿条件下很快产生粉红色或橘红色霉层，即菌丝及分生孢子。一般年份赤霉病（穗腐）的流行，以寄主植物扬花期一次侵染为主，花期过后，如遇多雨，会有再侵染发生，加重病害严重程度。大部分地区，禾草生长季节对赤霉病发病的温度条件比较适合，关键取决于湿度条件。春暖潮湿或夏闷多雨时利于发病。施氮过多、土质黏重、地势低洼等条件下均可使病情加重。

9.3.1.5　防治措施

（1）严格检疫、选育和使用优良品种

①对种子及播种材料，尤其是进口草种必须进行严格检疫，杜绝从病区引种，严格进行种子检测。

②自无病地留种或以 20%~30% 的盐水选种，可汰除种子间大部分菌核，降低带菌率。

③选用抗病品种是病害最有效的防治方法。由于花是植物易受感染的主要器官，因此应该选择花期短的品种；也可以选择当地发病率低的抗病或避病种类种植，以防止此病蔓延。

（2）种子处理

①温水浸种　在 45~46℃ 下浸泡 2~2.5 h 或在 50℃ 下浸泡 30 min，均可消灭种子内的病原菌而不损害种子。

②杀菌剂拌种　萎锈灵（有效成分 3 g/kg 种子）、福美双（12 g/kg）拌种可有效防治赤霉病而不影响幼苗出土。此外，也可用克菌丹、杀菌灵（涕必灵）、烯唑醇、戊唑醇等杀菌剂。

③石灰水浸种　用 1% 石灰水浸种可有效防治赤霉病和黑穗病。

（3）栽培管理技术

①播种无病或已贮存 2 年的种子，播种深度适当加深将显著减少病害的发生率。

②选择适宜种植地　低洼、易涝、土壤酸性、阴坡及林木荫蔽处，种传病害容易流行。

③合理配置草种　在同一地区，避免种植花期前后衔接的感病的禾本科草和作物。

④合理灌水，勿使土壤过湿。

⑤避免偏施和过施速效氮肥，增施磷、钾肥可以增强寄主抗病力。

⑥重病地宜及早翻耕，改种非寄主植物。

⑦花期加强管理　使开花尽量整齐一致，缩短开花时间，可减少可能的侵染机会。

⑧减少田间传染源　铲除野生寄主，提前刈割病草，及早毁除生长矮小或提早抽穗的病株，焚茬等均可降低病害的发生。

(4)药剂防治

适当使用杀菌剂可以降低病原侵染的严重程度。由于病原菌侵入种子内部，传统的种子处理剂和杀菌粉剂对病害的防治效果较差，但内吸性杀菌剂还是具有一定效果。如单独使用多菌灵、托布津或苯来特等对越冬的感病种子进行土壤表面施药，能减少菌核的萌发，消除土壤中所含的初侵染源——子囊孢子，进而降低发病率。开花前施药1~2次效果最佳；发病期喷洒，在一定程度上可预防和抑制种子病害的发生。

9.3.2　禾草瞎籽病

禾草瞎籽病，又称盲种病，是草坪草的主要种子病害之一，1932年发现于新西兰，1940年随种子传入美国俄勒冈州。现在美国、澳大利亚、新西兰及欧洲各国等地均有发生。目前，我国草坪草上尚无报道。近年来，我国大量自国外进口草坪草种子，故必须加强对此病的检查和检验检疫等工作。该病严重制约种子生产，导致种子减产，品质降低。草坪草中以黑麦草受害最严重。

9.3.2.1　症状

病株仅种子受害，种子不育或发芽率降低。从外部形态上看，病株与健康植株没有明显差别，染病的种子与健康种子也不易区别。田间诊断时必须去掉颖片，感病早期，种子被一层淡红色的黏液所覆盖，黏液干后锈褐色的蜡质物而使籽粒呈锈褐色；种子成熟后，这些物质干燥后呈蜡状，使籽粒变为锈褐色且不透明或皱缩。室内诊断时，将病种子放置在载玻片上的水滴中，用显微镜观察，可发现有大量病菌孢子存在。

9.3.2.2　病原菌

病原为睡黏孢(*Gloeotinia temulenta*)，属子囊菌门小杯菌属，无性世代为黑麦盲种内孢霉(*Endoconidium temulentum*)。多花黑麦草瞎籽病如图9-3所示。

子囊盘直径为1~3.5 mm，初为淡红色后为深肉桂色，初期闭锁状，后期张开呈杯状；柄长1~8 mm，褐色；子囊棒状，顶端较粗，(3.3~7)μm ×(66~116)μm，内有8个子囊孢子；子囊孢子单胞，椭圆形，通常有2个油球，(7.6~12)μm ×(3~6)μm，在子囊内排

正常种子　　　　　　睡黏孢侵染种子

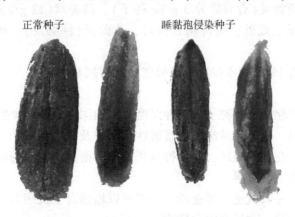

图9-3　多花黑麦草瞎籽病(Alderman, 2001)

成斜行，有侧丝多个，丝状，透明，直径 2~4 μm。

大分生孢子单胞，柱形，稍呈新月形，末端圆，多具 2 个油球，（11~21）μm ×（33~60）μm，大量发生于夏季。小分生孢子着生于粉红色枕状的分生孢子座上；孢子梗有隔，分支 2~3 次；小分生孢子单胞，卵形，有油球，（3.4~4.8）μm ×（2.7~3.2）μm。

9.3.2.3　寄主范围

病原菌的寄主范围很广，主要的草坪寄主植物有黑麦草属、剪股颖属、羊茅属、冰草属和早熟禾属的若干种植物。在我国毒麦（*Lolium temulentum*）种子上曾检测出睡黏孢的 ITS 序列。

9.3.2.4　发生规律

病原菌在染病的种子内越冬。带菌种子播种后，并不腐烂，而是完整地保留下来，直至初夏牧草开花时，每粒种子上长出 1~3 个伸出土壤表面的子囊盘。子囊盘成熟时产生子囊和子囊孢子，子囊孢子被弹射到气流中落到寄主的花上，在柱头上发生侵染；通常 9~14 d 后被侵染的种子由绿色变为深褐色。病菌感染种子后所产生的大分生孢子和小分生孢子在田间借助风力和雨水完成对邻近植株的花序或小花的再侵染。

寄主开花停止以后，侵染成功的可能性迅速减少。但冷凉潮湿的气候条件能延长授粉时间、种子成熟时间和护颖开放的时间，使柱头暴露为有接收力的状态，有助于病菌的侵染。同时，冷凉的气候也延长了子囊盘的形成时间，增加了分生孢子再侵染的机会。这就是盲种病在冷凉潮湿的季节里容易流行的原因。

9.3.2.5　防治措施

防治措施同禾草赤霉病。

9.3.3　禾草香柱病

该致病菌在寄主体内度过大部分生活周期，当禾草开花时，真菌沿着花序生长并在其基部形成子座，最终整个花序被菌丝包裹而停止生长，形状似一截"香"，称为香柱病。香柱病是禾本科草坪草和牧草常见病害，该病严重影响种子生产，最高可使种子减产 70%。此外，病草体内产生某些生物碱，易使家畜食后中毒。该病广泛分布于世界各地，在我国甘肃、新疆、内蒙古、吉林、陕西、河北、湖南、广西、安徽、江苏、四川等地均有分布。禾草香柱病如图 9-4 所示。

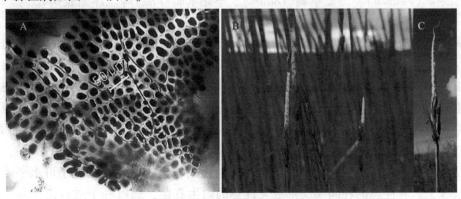

图 9-4　禾草香柱病

A. *Epichloë* 真菌在禾草体内的分布(李春杰/摄)　　B、C. 披碱草香柱病(薛龙海/摄)

9.3.3.1 症状

香柱病是一种花期病害，主要危害穗部，病株的分蘖枝条往往全部受害。该病为系统侵染性病害，内生的菌丝系统地分布在寄主的各个器官和部位，早期无明显症状。抽穗前叶片上出现一些非常细的白色菌丝，呈蛛网状霉层，逐渐增多形成毡状的"鞘"，缠绕在病株全部或部分小穗、叶鞘或茎秆的四周；到抽穗时，形成一个致密的毡状菌丝层，病部被紧紧包在中心，形状像一截"香"，即病原菌的子座，香柱病由此得名。子座初为白色，后变为黄色、橙黄色，最后成为暗黄色，上面生出许多小黑粒，即为子囊壳。病害后期，潮湿的天气下，子座上常常出现一些腐生真菌形成的块状污斑。病株多矮小，发育不良。

9.3.3.2 病原菌

目前，广泛研究的子囊菌门麦角菌科的有性态 *Epichloë* 属及其所对应的无性态 *Neotyphodium* 属，统称为 *Epichloë* 内生真菌。禾草内生真菌指在禾草体内渡过全部或大部分生活周期，但不导致禾草产生任何外部症状的一类真菌。通常情况下，内生真菌与草坪禾草形成互惠互利的共生体，带菌禾草抗虫、抗旱，生长迅速，竞争性强(或抗逆性增强)；适宜条件下，内生真菌进行有性繁殖，能部分或完全抑制宿主的开花和结实，即"香柱病"(有性态的内生真菌)。

全世界已正式报道的禾草 *Epichloë* 属内生真菌共47种，其中18种(亚种、变种)为有性型(表9-4)。我国报道较多的病原菌为 *Epichloë typhina*。其子座圆柱状，初为白色、灰白色，成熟期变为黄色、橙黄色，表面粗糙，子座长 20~55 mm；子囊壳埋生于子座内，孔口开于表面，梨形，黄色，(300~600)μm×(100~300)μm；子囊长圆筒形，单膜，顶壁加厚，有折光性的顶帽，(130~200)μm×(7~10)μm；子囊孢子线状，直径 1.5~2 μm。25℃条件下在 PDA 培养基上培养 2 周后，菌落直径为 45~54 mm，菌落正面白色，棉质，质地紧密，中央隆起或稍有皱褶，背面白色至黄色；菌丝体细长，分枝，分隔，不易产生分生孢子。胁迫条件下产生分生孢子，孢子梗长 13~33 μm，基部宽 2.7~4.1 μm，顶端变尖小于 1 μm；分生孢子无色透明，椭圆形或肾形，单个顶生，(4~9)μm×(2~3)μm。

9.3.3.3 寄主范围

可寄生多种禾草植物，草坪禾草寄主植物主要有芨芨草属(*Achnatherum*)、冰草属(*Agropyron*)、剪股颖属(*Agrostis*)、雀麦属(*Bromus*)、鸭茅属(*Dactylis*)、披碱草属(*Elymus*)、羊茅属(*Festuca*)、黑麦草属(*Lolium*)、早熟禾属(*Poa*)等。详见表9-4。

9.3.3.4 发生规律

该病菌主要有两种传播方式：种子传播和接触传播。其中，种子带菌是主要的传播途径。菌丝体存于种皮、胚乳和胚内，种子萌发后，菌丝随之进入幼苗。在生长期叶片的分生组织内部，菌丝以顶端生长的方式进行增殖，当生长至分生组织以上的叶片细胞伸长区，其生长方式转换为居间生长，并与宿主植物的生长节奏保持一致，菌丝生长随着叶片生长的停止而停止，但仍保持着新陈代谢活力。繁殖枝发育后，适宜条件下有性态 *Epichloë* 真菌可产生橘黄色的子座，缠绕在宿主植物的茎、叶鞘和花序表面，形成一个鞘，抑制宿主植物花序的成熟，俗称"香柱病"，影响宿主植物的有性生殖，子囊孢子可水平传播至其他健康植株上。有性态的种间杂交形成无性态的内生真菌，通过种子进行亲代向子代进行垂直传播。

表 9-4　有性态 *Epichloë* 属真菌及其寄生禾草

Epichloë 属真菌	寄生(或共生)禾草
E. amarillans	剪股颖(*Agrostis hyemalis*，*A. perennans*)，拂子茅(*Calamagrostis canadensis*)，弗吉尼亚披碱草(*Elymus virginicus*)，楔鳞草(*Sphenopholis nitida*，*S. obtusata*，*S. pallens*)
E. baconii	剪股颖(*A. capillaris*，*A. stolonifera*)，拂子茅(*C. villosa*，*C. varia*，*C. purpurea*)
E. brachyelytri	短颖草(*Brachyelytrum erectum*)
E. bromicola	雀麦(*Bromus benekenii*，*B. erectus*，*B. ramosus*)，柯孟披碱草(*E. kamoji*)，偃麦草(*Elytrigia repens*)，三柄麦(*Hordelymus europaeus*)，短芒大麦(*Hordeum brevisubulatum*)，羊草(*Leymus chinensis*)
E. elymi	雀麦(*B. kalmii*)，披碱草(*Elymus* sp.)
E. festucae	羊茅(*Festuca* sp.)，沿草(*Koeleria* sp.)，*Schedonorus* sp.
E. festucae var. *lolii*	黑麦草(*Lolium perenne* subsp. *perenne*)
E. glyceriae	甜茅(*Glyceria* sp.)
E. liyangensis	早熟禾(*Poa pratensis* subsp. *pratensis*)
E. sylvatica	短柄草(*Brachypodium sylvaticum*)，三柄麦(*Ho. europaeus*)
E. sylvatica subsp. *pollinensis*	三柄麦
E. typhina	羽茅(*Achnatherum sibiricum*)，冰草(*Agropyron* sp.，*Ag. cristatum*)，黄花茅(*Anthoxanthum odoratum*)，雀麦(*Bromus* sp.)，短柄草(*Br. phoenicoides*，*Br. pinnatum*)，鸭茅(*Dactylis glomerata*)，披碱草(*Elymus caninus*，*E. ciliaris*，*E. dahuricus*)，黑麦草(*L. perenne*)，粟草(*Milium effusum*)，梯牧草(*Phleum pretense*)，早熟禾(*Poa trivialis*，*P. silvicola*)，碱茅(*Puccinellia distans*)
E. typhina var. *ammophilae*	美洲沙茅草(*Ammophila breviligulata*)
E. typhina subsp. *clarkii*	绒毛草(*Holcus lanatus*)
E. typhina subsp. *poae*	早熟禾(*P. nemoralis*，*P. pratensis*，*P. secunda* subsp. *juncifolia*，*P. sylvestris*)
E. typhina subsp. *poae* var. *aonikenkana*	雀麦(*B. setifolius*)
E. typhina subsp. *poae* var. *canariensis*	黑麦草(*L. edwardii*)
E. typhina subsp. *poae* var. *huerfana*	羊茅(*F. arizonica*)

　　菌丝体存在于禾草的所有地上部分：茎秆、叶鞘、叶片、花序及种子，但未发现存在于根系中。侵入寄主后，年复一年地系统性寄生在寄主体内。体内菌丝体只有通过切片和染色后，才可在显微镜下观察到(图 9-4A)。每年寄主开始分蘖，菌丝便大量生长。田间主要通过病株分蘖新枝条传播扩散，远距离传播靠带菌种子及播种材料。寄主花序的分化、形成是病原菌菌丝积极生长及子座形成的基本条件，过量漫灌、潮湿低洼、半遮阴等条件有利于病害发生。

9.3.3.5　防治措施

　　防治措施参考禾草赤霉病的防治方法。此病不易用杀菌剂根治。

9.3.4 禾草麦角病

禾草麦角病(ergot)是草坪草和牧草主要种子病害和种传病害之一, 主要引起禾草种子减产, 品质降低, 而且所产生的菌核(麦角)含有多种有毒生物碱, 被家畜摄食后可引起中毒和流产。麦角病在世界各地均有分布, 在我国从北到南、从西到东几乎都有分布, 据报道, 甘肃、内蒙古、青海、新疆、宁夏、云南、四川、西藏、宁夏、贵州、河北、江苏、黑龙江、湖北、湖南、陕西、山西、吉林、辽宁等地区均有发生, 但以北方各省(自治区)为主, 其中又以新疆、青海和甘肃的受害草种最多。

9.3.4.1 症状

麦角病发生于穗部, 初期受侵染的花器分泌一种黄色的蜜状黏液, 即为病原菌的分生孢子和含糖黏液一起分泌, 此时称"蜜露期"。后期受侵染花器的子房膨大转硬, 形成黑色的香蕉状或圆柱状菌核, 突出于颖稃之外, 肉眼可见, 因其菌核形状很像动物的角, 故称"麦角"(图9-5)。菌核内部为白色的菌丝组织。一穗上常有个别小花被侵害, 生成一至数十个菌核, 与麦角相邻的小花常不孕, 成为空稃。有些禾草的花期短, 种子成熟早, 不常产生麦角, 只有"蜜露"阶段。田间诊断时应选择潮湿的清晨或阴霾天气进行, 此时"蜜露"明显易见; 干燥后, 呈蜜黄色薄膜黏附于穗表面, 不易识别。

图9-5 麦角病(薛龙海/摄)

9.3.4.2 病原菌

绝大多数病原菌为麦角菌(*Claviceps purpurea*), 异名为小头麦角(*C. microcephala*), 具有专化型。有报道, 雀稗属上麦角病的病原菌为雀稗麦角(*C. paspali*)。

麦角菌属于麦角菌科的子囊菌, 无性世代为麦角蜜孢霉(*Sphaeria purpurea*)。"蜜露"内无性世代在寄主子房内的菌丝垫中形成不规则腔室, 产生分生孢子, 分生孢子卵形至椭圆形, 单胞, 无色, $(3.5\sim10.8)\,\mu m \times(2.5\sim5)\,\mu m$。菌核表面黄色、黄褐色至紫黑色, 内部白色, 香蕉状、柱状, 质地坚硬, 大小常因寄主而异, $(2\sim30)\,mm\times3\,mm$。麦角成熟后落入土壤中越冬。翌年条件适宜时萌发出$1\sim60$个肉色有细长柄子座。子座直径$1\sim2\,mm$, 球形, 肉红色, 外缘生许多子囊壳; 子座柄白色, 长$5\sim25\,mm$; 上有许多乳头状突起, 即子囊壳的孔口, 子囊壳埋生于子座表皮组织内, 烧瓶状, 内有若干个细长棒状的子囊, 子囊壳大小为$(150\sim175)\,\mu m \times(200\sim250)\,\mu m$; 子囊透明无色, 细长棒状, 稍弯曲, 大小为

4×(100~125)μm，有侧丝，子囊内含 8 个丝状孢子，后期有分隔，大小为(0.6~1)μm ×(50~76)μm。

9.3.4.3 寄主范围

麦角菌属可以侵染 70 多属 400 余种禾本科植物。我国草坪上主要寄主植物有剪股颖属、黑麦草属、早熟禾属、羊茅属、冰草属、雀麦属、雀稗属、鸭茅属、披碱草属、仲彬草属等。

麦角菌可侵染的禾本科植物：醉马草(*Achnatherum inebrians*)、芨芨草(*A. splendens*)、扁穗冰草(*Agropyron cristatum*)、沙生冰草(*A. desertorum*)、西伯利亚冰草(*A. fragile*)、蒙古冰草(*A. mongolicum*)、兰茎冰草(*A. smithii*)、剪股颖(*Agrostis* sp.)、无芒雀麦(*Bromus inermis*)、拂子茅(*Calamagrostis epigeios*)、细柄草(*Capillipedium parviflorum*)、鸭茅(*Dactylis glomerata*)、肥披碱草(*Elymus excelsus*)、披碱草(*E. dahuricus*)、圆柱披碱草(*E. dahuricus* var. *cylindricus*)、柯孟披碱草(*E. kamoji*)、垂穗披碱草(*E. nutans*)、老芒麦(*E. sibiricus*)、中间偃麦草(*Elytrigia intermedia*)、偃麦草(*E. repens*)、苇状羊茅(*Festuca arundinacea*)、紫羊茅((*F. rubra*)、布顿大麦草(*Hordeum bogdanii*)、短芒大麦草(*H. brevisubulatum*)、紫大麦草(*H. violaceum*)、白茅(*Imperata cylindrica*)、仲彬草属(*Kengyilia* sp.)、羊草(*Leymus chinensis*)、赖草(*L. secalinus*)、天山赖草(*L. tianschanicus*)、多年生黑麦草(*Lolium perenne*)、雀稗(*Paspalum thunbergii*)、早熟禾(*Poa* sp.)、新麦草(*Psathyrostachys juncea*)、黑麦(*Secale cereale*)、甜高粱(*Sorghum bicolor*)、大油芒(*Spodiopogon sibiricus*)。

雀稗麦角菌可侵染的禾本科植物：雀稗(*Paspalum thunbergii*)、鸭嘴草(*P. scrobiculatum*)、囡雀稗(*P. scrobiculatum* var. *bispicatum*)。

9.3.4.4 发生规律

菌核在土壤中或混杂的种子间越冬。麦角必须经过一段 0~10℃的冷凉时期才能萌发。翌年空气湿度达到 80%~93%时，土壤含水量在 35%以上，土温 10℃以上，麦角开始萌发产生子座。子座产生 5~7 d 后子囊壳成熟。雨后晴暖有风的条件有利于子囊孢子发射，射出的子囊孢子借气流传播，落在柱头上萌发侵入禾草。冷凉潮湿的气候条件有利于麦角病发生。气候干旱但有灌溉条件并有树木荫蔽的草地，麦角病发生也很严重。花期长或花期多值雨季的禾草，此病发生较重。封闭式开花或自花授粉的种类很少感染。开花期麦角菌侵染后，菌丝滋长蔓延，发育成白色、棉絮状的菌丝体并充满子房。破坏子房内部组织后逐渐突破子房壁，生出成对短小的分生孢子。同时菌丝体分泌一种具有甜味的黏性物质（"蜜露"），引诱蝇类、蚁类等昆虫采食并携带分生孢子传至其他植株的花穗上，雨点飞溅、水滴也可传播。小花一旦受精，病原菌就不能侵染。当植物种子快成熟时，受害子房不再产生分生孢子，花器内部全部的菌丝体继续生长并吸收大量养分逐渐紧密硬化，进而变成拟薄壁组织的坚硬菌核(即麦角)。成熟的麦角自病穗脱落于土壤中，从而完成整个侵染过程。

9.3.4.5 防治措施

该病的防治措施参考禾草赤霉病的防治方法。

9.3.5 禾草黑穗病

在草坪草和牧草种子生产中，除前面介绍的引起草坪茎叶病害的黑粉病之外，黑粉菌(*Ustilago*)也是引起禾草黑穗病的主要病原菌。禾草黑穗病是一种常见病害,我国各地均有分布,严重影响种子生产。狗牙根黑穗病如图9-6所示。

图9-6　狗牙根黑穗病(Barnabas et al. , 2015)

9.3.5.1　症状

感病植株在抽穗之后方才表现特征性的症状。在小穗内,花的子房和护颖的基部被病菌破坏,形成泡状孢子堆而取代了种子。孢子堆被包藏在由寄主组织形成的膜内。外表灰色,紧密,并多少被颖片所覆盖。外皮易破裂而散出黑粉,有时为黏结状的孢子团,最终只留下花轴,故得名黑穗病(彩图9-5)。有少数品种颖片不受害,孢子团在颖内不易看出。在同一花序上,可有感染小穗和健康小穗同时存在。染病的小穗比健康的小穗较短而宽。一般是整穗发病,但也有中下部穗粒发病的。穗轴及种芒不受害。感病植株稍矮小,抽穗期也提早。

9.3.5.2　病原菌

禾草黑穗病主要是由黑粉菌属的真菌引起的。通常孢子团黑褐色,半黏结至粉状;黑粉孢子多数球形或近球形,少数卵圆形、长圆形或稍不规则形,黄褐色或橄榄褐色,少数红褐色。目前,造成我国禾草黑穗病的病原菌有9种,其中燕麦散黑粉菌(*U. avenae*)、狗牙根黑粉菌(*U. cynodontis*)、大麦坚黑粉菌(*U. hordei*)和小麦散黑粉菌(*U. tritici*)分布广泛,详见表9-5。

另外,其他黑粉菌科真菌引起的黑穗病在我国也有报道,如 *Anthracocystis sahariana* 可引起三芒草黑穗病, *Anthracocystis paspali-thunbergii* 可引起雀稗黑穗病,狗尾草黑粉菌(*Macalpinomyces neglectus*,异名为 *U. neglecta*)可导致多种狗尾草属植物发生黑穗病。

9.3.5.3　寄主范围

病原菌可寄生多种禾草植物,草坪草寄主植物主要有雀麦属、披碱草属、狗牙根属等,详见表9-5。

9.3.5.4　发生规律

黑穗病通常为种传病害。在种子萌发的同时,种子内的休眠菌丝随之恢复生长,从根部侵入幼苗。病菌侵入后,随植株的生长而达到花序,使之部分或全部被毁,变成孢子堆。开花期,病株上的孢子散发飞落在健康株花上,侵入护颖和种皮;在收获过程中病原菌的孢子附着在健康种子的表面或落入土中进行越冬、越夏,成为翌年侵染源。

病源菌的发育温度为4~34℃,适温为18~26℃,如果播种期降雨少,幼苗萌发及生长速度缓慢,病原侵入期长,当年发病就重。花期较高的温湿度有利于发病。孢子抗逆性强,

表 9-5　黑粉菌属真菌及其寄主范围和分布情况

病原菌	形态学(孢子)	寄主范围	分布情况
燕麦散黑粉菌 *Ustilago avenae*	(5~9.1)μm ×(5~8.2)μm，细刺	燕麦(*Avena sativa*)	四川、甘肃、山东、贵州、黑龙江、吉林、辽宁、河北、山西、江苏、陕西、台湾
雀麦黑粉菌 *U. bullata*	(5.5~11)μm ×(5~9)μm，密瘤	雀麦(*Bromus catharticus*，*B. japonicu*，*B. pectinatus*，*B. sewerzowii*)	吉林、新疆、内蒙古
栗黑粉菌 *U. crameri*	(7.5~12.5)μm×(7~9.5)μm，光滑	稗(*Echinochloa crus-galli*)、狗尾草(*Setaria viridis*，*S. faberi*)	新疆、河北、内蒙古、吉林、黑龙江、辽宁、河南、山东、甘肃、江苏、四川、西藏、湖南、台湾
狗牙根黑粉菌 *U. cynodontis*	(6~8.5)μm ×(5~7.5)μm，扫描电镜下可见密的小疣	狗牙根(*Cynodon dactylon*)	北京、江苏、浙江、福建、江西、河南、湖南、广东、香港、海南、广西、四川、云南、陕西、台湾
大麦坚黑粉菌 *U. hordei*	(4.5~9.5)μm ×(4.5~7)μm，光滑，无刺突	大麦(*H. vulgare*)、燕麦(*A. sativa*，*A. nuda*)、老芒麦(*Elymus sibiricus*)	新疆、河北、内蒙古、陕西、甘肃、青海、云南、北京、山西、上海、江苏、安徽、浙江、江西、福建、广东、广西、四川、西藏、贵州
U. royleani	(9~12)μm ×(7.5~11.5)μm，有刺	马唐(*Digitaria* sp.)	云南
大麦散黑粉菌 *U. nuda*	(5.5~9)μm ×(5~7.5)μm，有小刺	大麦(*H. vulgare*)	西藏
小麦散黑粉菌 *U. tritici*	(5.5~9.5)μm×(4.5~7.5)μm，稀疏刺	燕麦(*A. fatua*，*A. nuda*，*A. sativa*)、老芒麦(*E. sibiricus*)、大麦(*H. sativum*，*H. vulgare*)、黑麦(*Secale cereale*)	新疆、北京、河北、山西、内蒙古、吉林、江苏、安徽、山东、河南、广东、广西、四川、云南、西藏、陕西、甘肃、青海、宁夏
土库曼黑粉菌 *U. turcomanica*	(9.5~15)μm ×(10~12.5)μm，密细疣	东方旱麦草(*Eremopyrum orientale*)	新疆

注：主要参考《中国真菌志 第十二卷》(郭林，2000)。

在不同条件下可存活2~10年。病原菌在致病性方面具专化现象。

9.3.5.5　防治措施

防治措施可参考禾草赤霉病或黑粉病的防治方法。

9.3.6　腥黑穗病

腥黑穗病主要是由腥黑粉菌属(*Tilletia*)真菌引起的一类草坪和牧草种子生产中的重要病害。腥黑穗病分布较广，在我国新疆、四川、吉林、河南、北京、河北、山东、江苏、福建、安徽、江西、云南、陕西、台湾等地均有发生。

该病害是禾本科草坪草、牧草和作物的种子病害之一，可引起植株矮化，减产，甚至颗粒无收(毁灭性病害)；一旦发生，很难防治。其中，小麦矮腥黑穗病(*T. controversa*)和禾草腥黑穗病(*T. fusca*)是许多国家对引进草种的主要检疫对象。目前,这两种检疫性病害在我国均尚未发生。近年来,我国动植物检疫局多次从国外引进的禾本科草种中截获重大疫情。例如,1982年3月,北京口岸从美国进口的冰草种子中检出小麦矮腥黑穗病;1997年广州口岸和1999年天津口岸从美国进境的黑麦草种子中均发现黑麦草腥黑粉菌(*T. walker*);2004年天津口岸从美国华盛顿进境的碱茅种子中发现碱茅腥黑粉菌(*T. puccinelli-ae*)。鹬鸪草腥黑穗病如图9-7所示。

图9-7　鹬鸪草腥黑穗病(Li et al., 2014)

A、B. 发病症状　C. 分生孢子(*T. geeringii*)

9.3.6.1　症状

病株生长受抑制,明显矮化,黑色的病粒在颖片内很明显,并从内外秤间突出,不易脱落。穗形几乎没有变化,子房部位稍显黑色,外膜易碎,孢子团紧密,棕褐色。病穗较长、宽大,病粒包裹在内外秤之中很饱满,而健康株种子较细长。在寄主生长后期,如果水分多,则病瘿可胀破,使孢子外露,干燥后形成不规则的硬块。有时,该病与黑穗病症状不易区别,因此不宜以症状作为诊断的唯一依据。

9.3.6.2　病原菌

在我国,引起禾草的腥黑穗病的病原菌主要有9种,具体种类及分布见表9-6。腥黑粉菌的孢子堆主要生在寄主子房中,也生在叶、叶鞘和茎上;初期外面有膜包围,后期膜破裂,在开裂的颖片中伸出。孢子球形、近球形、椭圆形或卵圆形,外有无色胶质鞘包围,少数表面有突起。不育细胞比黑粉孢子小,无色或浅黄色。

9.3.6.3　寄主范围

病原菌可寄生多种禾本科植物,主要草坪寄主植物有雀麦、羊茅、披碱草、冰草、黑麦草和早熟禾等属的若干种植物。我国主要禾草寄主植物有雀麦、狼尾草、看麦娘、赖草、狗尾草等属的若干种。详见表9-6。

9.3.6.4　发生规律

病原菌以冬孢子在种子间越冬,翌年春季与种子同时萌发。冬孢子萌发产生担子,其上端产生丝状担孢子,冬孢子成对融合产生双核的侵染菌丝侵入寄主幼苗。随着寄主生长发育,菌丝进入穗原始体,进而侵入各个花器,至寄主抽穗期,病原菌也由缓慢发展的营养生长期进入快速发展的繁殖期,破坏子房,形成冬孢子堆。

表 9-6　腥黑粉菌及其寄主范围和分布情况

病原菌	形态学(孢子)	寄主范围	分布情况
看麦娘腥黑粉菌 *Tilletia alopecuri*	(18～25.5)μm×(17.5～24)μm，黄色，粗瘤	看麦娘(*Alopecurus aequalis*, *A. genicu-latus*)	台湾
野古草腥黑粉菌 *T. arundinellae*	(25～33)μm×(25～29)μm，黑褐色，不透明，粗瘤	野古草(*Arundinella hirta*)	四川
狼尾草腥黑粉菌 *T. barclayana*	(16.5～26.5)μm×(15～23.5)μm，暗栗褐色，鳞片状瘤	狼尾草(*Pennisetum alopecuroides*, *P. flaccidum*, *P. polystachion*, *P. purpure-um*)	北京、河北、山东、江苏、安徽、江西、云南、陕西、四川
雀麦腥黑粉菌 *T. bromi*	(18.5～27.5)μm×(16.5～25)μm，黄褐色，网纹，细疣	雀麦(*Bromus inermis*, *B. intermedius*, *B. sewerzowii*)、羊茅(*Festuca* sp.)、早熟禾(*Poa* sp.)	新疆
小麦网腥黑粉菌 *T. caries*	(15～22)μm×(14.5～18.5)μm，红褐色，网纹	赖草(*Leymus multicaulis*)	新疆
小麦矮腥黑粉菌 *T. controversa*	直径 16～25 μm，黄褐色，网纹	冰草(*Agropyron*)、雀麦(*Bromus*)、披碱草(*Elymus*)、羊茅(*Festuca*)和黑麦草(*Lolium*)等属	中国未见报道
野青茅腥黑粉菌 *T. deyeuxiae*	(14～20)μm×(14～19)μm，暗褐色，有瘤	野青茅(*Deyeuxia effusiflora*, *D. pyrami-dalis*, *D. scabrescens*)	陕西、河南
狐草腥黑粉菌 *T. fusca*	直径 14.5～19.3 μm，红褐色，少数网纹	雀麦(*Bromus*)和羊茅(*Festuca*)等属	中国未见报道
狗尾草腥黑粉菌 *T. setariae*	(21～33)μm×(20～30)μm，暗红色，有瘤	狗尾草(*Setaria pumila*)	福建、四川
狗尾草小孢腥黑粉菌 *T. setariae-viridis*	(19～28)μm×(18.5～25)μm，褐色，有瘤	狗尾草(*S. faberi*, *S. italica*, *S. viridis*)	北京、江苏、吉林
稗腥黑粉菌 *T. pulcherrima*	(17.5～30)μm×(16.5～28)μm，栗褐色，有瘤	稗(*Echinochloa crus-galli*)	四川

注：主要参考《中国真菌志　第三十九卷》(郭林，2011)和《草坪保护学》(徐秉良，2011)。

　　病原菌附着在种子表面进行远距离传播，也可通过土壤、风雨、被孢子污染的材料等传播。土壤带菌是主要侵染菌源，分散的病原菌冬孢子在病田土壤中可存活多年。影响冬孢子萌发的决定性因素是温、湿度，通常温湿度适宜的秋季是孢子萌发侵入寄主的最佳时期。病原菌有生理分化现象。

9.3.6.5　防治措施

　　该病的防治措施同竹禾草赤霉病防治方法。

思考题

1. 试述种子携带病虫的几种方式。
2. 试述种子健康的概念。
3. 试述种子健康检验的常用方法。
4. 试述禾草黑穗病的防治方法。

5. 试述禾草麦角病的危害及其防治方法。

6. 试述禾草内生菌物的检测方法。

7. 试述草坪病害防治的原则与要点。

第 9 章思政课堂

草坪保护常用农药及施药技术

草坪化学保护就是利用化学农药对危害草坪的有害生物(害虫、害螨、线虫、病原菌、杂草及鼠类等)进行防治。它是草坪养护中的一个重要环节。由于化学防治具有对防治对象高效、速效、操作方便，适应性广及经济效益显著等一些其他防治措施不可替代的优点，已成为当前有害生物防治中不可缺少的手段之一，尤其是当草坪病虫害大发生时，化学防治往往是唯一有效的方法。近年来，农药品种与产量都有了大幅度的增加，农药的用量也随之与日俱增。由于长年、大量、不合理地使用农药，不可避免地出现了"农药综合症"，即害虫产生了抗药性、次要害虫上升为主要害虫引起害虫再猖獗、农药残留等问题，同时在草坪上使用不当还会出现药害问题等。因此，根据高效、安全、经济、简便的原则，探索科学使用农药的新方法、新途径，将其负面影响减小到最低限度，也是现代草坪化学保护的重要课题。

10.1 农药的剂型与使用方法

在农药使用中，选用适当的农药剂型和相适应的使用方法是非常重要的。这不但能提高对有害生物的防治效果，还能节省农药用量、提高施药工效和减轻劳动强度，并且能防止农药对环境的污染，减轻或避免对有益生物的伤害，提高对施药人员及草坪的安全性。

10.1.1 草坪化学保护的基本概念

10.1.1.1 农药的定义

农药是在植物保护中广泛使用的各类化学药物的总称，指用于预防、控制危害农业、林业、草坪的病、虫、草和其他有害生物；有目的地调节植物、昆虫生长的化学合成物；以及来源于生物与其他天然物质的一种或者几种物质的混合物及其制剂。

10.1.1.2 农药的分类

为了便于认识和使用农药，可根据其用途、成分、防治对象或作用方式、作用机理等进行分类。

(1)按原料的来源及成分分类

①无机农药 主要由天然矿物原料加工、配制而成的农药，其有效成分为无机的化学物质。目前，还在应用的有石灰、硫黄、硫酸铜、磷化铝等。

②有机农药 主要由碳氢元素构成的一类农药，大多是用有机化学合成方法制得。这类农药具有高效、广谱、用量少等优点，已成为当今使用最多的一类农药。它的缺点是使用不当会污染环境和农产品，某些品种对人、畜高毒，对有益生物和天敌无选择性。在有机农药中，还有一类是根据自然界中某种动植物体内所含的对有害生物具有毒杀作用的物

质,再用人工合成的方法仿制成这些物质合成的农药,称为仿生农药,如拟除虫菊酯类的溴氰菊酯,沙蚕毒素类的杀螟丹、杀虫双等。

③生物农药 用生物活体及其代谢产物加工而成的农药。这类农药与有机农药相比,具有对人、畜毒性较低,选择性强,易降解,不易污染环境与农产品等优点。例如,井冈霉素、苏云金杆菌、阿维菌素等均属此类农药。

(2)按用途分类

按主要的防治对象分类,这是农药最基本的分类方法。草坪上常用的有以下几类。

①杀虫剂 是对昆虫有机体有直接毒杀作用,以及通过其他途径可控制其种群形成或可减轻、消除害虫危害程度的药剂。

②杀螨剂 用来防治危害植物或居室中的蜱螨类的药剂。

③杀菌剂 对病原微生物能起到杀灭、抑制或中和其有毒代谢物,使植物及其产品免受病菌危害或改变病菌的致病过程,有些还能诱导植物产生抗病性,从而有助于抑制植物病害的发展与危害的一类药剂。根据对植物病害的作用,可分为保护性、铲除性和内吸性杀菌剂。

④杀线虫剂 用于防治植物寄生性线虫的药剂。

⑤除草剂 用于杀灭草坪或人工环境中非目标植物的一类农药。根据对植物作用的性质,分为灭生性与选择性除草剂;根据作用方式可分为触杀型、内吸传导型、激素型除草剂。

⑥杀鼠剂 用来防除农田、牧场、粮仓、厂房、草坪和室内鼠类等啮齿动物的农药。

⑦杀软体动物剂 用来防治蜗牛、蛞蝓等软体动物的药剂,有些还可用来杀灭传播人畜血吸虫病的中间宿主钉螺。

⑧植物生长调节剂 是用于促进、调节和控制植物生长发育的药剂。按其作用特点,又可分为生长素类、赤霉素类、细胞分裂素类、成熟素(乙烯)类和脱落酸类等。

(3)按作用方式分类

按照对防治对象的不同作用方式进行分类,常分为以下几类。

①杀虫剂

胃毒剂:只有被昆虫取食后经肠道吸收进入体内,到达靶标部位才可起到毒杀作用的药剂。

触杀剂:能够穿透昆虫体壁(常指昆虫表皮)进入体内,起到毒杀作用的药剂。

熏蒸剂:以气体状态通过昆虫呼吸器官进入体内引起昆虫中毒死亡的药剂。

内吸剂:可被植物(包括根、茎、叶及种苗等)吸收,并传导运输到其他部位与组织,使害虫吸食有毒汁液中毒而死亡的药剂。吸食而引起中毒的,也是一种胃毒作用。

拒食剂:可影响昆虫的味觉器官,使其厌食、拒食,最后因饥饿、失水而逐渐死亡,或因摄取营养不足而不能正常发育的药剂。

驱避剂:施用后可依靠其物理、化学作用(如颜色、气味等)使害虫产生忌避或发生转移、潜逃现象,从而达到保护植物或特殊场所的药剂。

引诱剂:使用后依靠其物理、化学作用(如光、颜色、气味、微波信号等)将害虫诱聚而歼灭的药剂。

昆虫生长调节剂:通过干扰害虫某种生理机能或行为来达到防治目的的杀虫剂(如不育剂、早熟素等),这类药剂大多适合特定的防治对象。

②杀菌剂

保护性杀菌剂：在病害流行前（即当病原菌接触寄主或侵入寄主之前）施用杀菌剂，使植物体免受病原菌侵染而得到保护的药剂。

内吸性杀菌剂：是指植物在发病或感病后施用化学药剂使其对植物或病菌发生作用，或改变病菌的致病过程，从而达到减轻或消除病害的药剂。

铲除性杀菌剂：对病原菌有直接强烈杀伤作用，植物在生长期均不能忍受，故一般只用于播前土壤处理、植物休眠期或种苗处理的药剂。

③除草剂

输导型除草剂：施用后通过内吸作用传导至杂草的敏感部位或整个植株，使之中毒死亡的药剂。

触杀型除草剂：不能在植物体内传导移动，只能杀死所接触部位的植物组织或细胞的药剂。

选择性除草剂：即在一定的浓度和剂量范围内杀死或抑制杂草而对草坪植物安全的药剂。

灭生性除草剂：在常规剂量下可以杀死所有植物体的药剂。

除以上分类方法外，还可根据农药的化学结构类型、制剂形态、作用机制等进行分类。

10.1.2　农药助剂

农药助剂（adjuvants）是在农药制剂加工或使用中，用于改善药剂理化性能、提高药效、使之便于使用的一类物质，也称农药辅助剂。农药助剂一般没有生物活性，它可分为以下几种。

（1）填充剂

填充剂又称填料。农药加工时，为调节成品含量和改善药剂物理状态而配加的固态物质，可使原药便于机械粉碎，增加分散性，是加工粉剂或可湿性粉剂的填充物质，如黏土、陶土、高岭土、硅藻土、叶蜡石、滑石粉等。

（2）湿润剂

湿润剂又称湿展剂，可以降低水的表面张力，使水易于在固体表面润湿与展布，如茶枯、纸浆废液、洗衣粉、拉开粉等。

（3）乳化剂

乳化剂能使原来不相混溶的两相液体（如油与水），其中一相液体以极小的液珠稳定分散在另一相液体中，形成不透明或半透明的乳浊液，如烷基苯磺酸钙、聚氧乙基脂肪酸酯等。

（4）溶剂

溶解农药原药的溶剂，多用于加工乳油，要求毒性低、不易燃、成本低、来源广，如苯、甲苯、二甲苯等。

（5）分散剂

分散剂有两种：一种为农药原药的分散剂，是一种具有高黏度（$5\sim10$ Pa·s）的物质，例如废糖蜜、纸浆废液的浓缩物，通过机械作用，可将熔融的原药分散成胶体颗粒（如浓乳剂、悬浮剂、乳粉等剂型）；另一种为农药制剂的分散剂，具有防止粉粒絮结，利于分散的助剂，一般为一些表面活性剂。

（6）黏着剂

黏着剂是能增加农药对固体表面黏着性能的助剂。可防雨水冲刷，延长持效期。如在粉剂中加入适量黏度较大的矿物油，在液剂农药中加入适量的淀粉糊、明胶等。

（7）稳定剂

稳定剂有两类：一类为防解剂，可抑制或减缓农药在贮藏、运输或使用中有效成分发生分解；另一类为抗凝剂，防止农药在贮藏、运输或使用中有效成分发生凝聚或物理性能变坏(如粉状制剂结块、乳剂分层等)。

（8）增效剂

增效剂本身无杀虫活性，但能抑制昆虫体内解毒酶的活性，与某些农药混用后，能提高农药的毒力与药效，对防治抗性害虫及延缓有害生物的抗药性等具有重要意义。

随着农药加工技术与应用的发展，又产生了许多新的农药助剂，如渗透剂、发泡剂、消泡剂、防冻剂、着色剂等。在以上助剂中，最为常用的是填充剂、湿润剂、乳化剂和溶剂；而乳化剂、湿展剂种类最多，用途最广，对药剂性能影响极大，又称表面活性剂；分散剂、黏着剂、发泡剂、消泡剂、防冻剂、增效剂等是根据原药理化性能与使用目的不同而有选择使用的助剂。

10.1.3　农药的剂型

在草坪化学保护中，当对症使用的农药确定后，为提高药效，选用适当的农药剂型和相适应的使用方法就成了关键因素。选用得当不仅能提高防治效果、节省农药用量、提高工效和减轻劳动强度，而且还能防止农药对环境的污染、减轻或避免农药对有益生物的杀伤，提高对施药人员与植物的安全性。

10.1.3.1　农药加工的意义

未经加工的原药多为有机合成的化合物，固体的称为原粉，液体的称为原油，一般都不能直接施用，必须按其性质和用途加工成适宜的制剂后方能使用。农药剂型(pesticide formulations)就是农药制剂的形态。农药制剂加工的主要目的是方便使用，提高分散度与药效；增加对人、畜、有益生物及环境的安全性。

10.1.3.2　农药剂型的种类

目前农药剂型有50多种，常用的有以下种类。

（1）粉剂(dustable powder，DP)

粉剂是由原药、填料经混合粉碎至一定细度的粉末状制剂。有些粉剂在加工中根据需要添加少量助剂(稳定剂)。常用的填料有黏土、陶土、高岭土、硅藻土等。质量要求：粉粒细度要求95%~98%通过200(直径＝74 μm)目筛。平均粒径为30 μm，含水量<1.5%，pH 5~9。热储稳定性54℃±2℃储存14 d，有效分解率≤10%。小于20 μm的粉粒要求占60%以上。粉剂中有效成分含量一般在10%以下。低浓度粉剂供喷粉使用，高浓度粉剂供拌种、制毒饵、毒谷或土壤处理用。

（2）可湿性粉剂(wettable powder，WP)

可湿性粉剂是由原药和少量(8%~13%)表面活性剂(湿润剂、悬浮剂和分散剂)以及细粉状的载体(硅藻土、陶土等)一起经粉碎混合而成。质量要求：95%~98%通过325目筛(直径=44 μm)，粉粒平均直径为 25 μm，润湿时间≤120 s，悬浮率≥70%，水分含量<3%，pH 5~9，热储稳定性 54℃±2℃，储存 144 d，有效分解率≤10%。

（3）可溶性粉剂(water soluble powders，SP)

可溶性粉剂是由水溶性原药、少数水溶性填料(硫酸钠、硫酸铵等)混合粉碎而成的水溶性粉剂，有的还加入少量表面活性剂(润湿剂)，可直接溶于水供喷雾使用。制剂外观似可湿性粉剂，而有效成分一般可达 60%~90%。质量指标要求水分含量≤3%，在水中完全溶解时间<3 min，细度因品种而异。

（4）乳油(emulsifiable concentrate，EC)

乳油主要是由原药、溶剂(如甲苯、二甲苯等)和乳化剂(8%~10%)组成，在某些乳油中还需要加入适量的助溶剂、增效剂、渗透剂、稳定剂，加水后能形成相对稳定的乳状液。质量要求 pH 6~8，稳定度在 99.5%以上，一般要求加水乳化后至少保持 2 h 内稳定，正常情况下贮存不分层、不沉淀。由于乳油中含有大量有机溶剂，所以在加工、包装、运输、贮存等过程中都需要注意防火。另外，乳油中的有机溶剂多为二甲苯等有毒品，易对环境造成污染。

（5）微乳剂(micro emulsion，ME)

微乳剂是由原药、乳化剂、水组成，根据需要也可加入少量的有机溶剂。它是用较大量的乳化剂和辅助剂把农药油溶液分散到水中，使油珠的细度达到 0.01~0.1 μm，其外观已接近透明或微透明液。由于油珠如此细微，对某些生物表皮和膜具有很好的通透性，从而显著提高了药剂的效力。

（6）水乳剂(emulsion in water，EW)

水乳剂由亲油性液体原药或低熔点固体原药溶于少量水，或不溶的有机溶剂以极小的油珠(<10 μm)在乳化剂的作用下稳定地分散在水中形成不透明的乳状液，有效成分的含量一般在 20%~50%，为水包油型不透明的乳状液体剂型。它实际上是一种浓缩的乳状液，又称浓乳剂(concentrated emulsion)。水乳剂以水为分散介质，具有不易燃烧与爆炸，储运安全，毒性低于乳油，对环境、人、畜及作物的危害小等特点，是乳油理想的水基替代剂。

（7）水剂(aqueous solution，AS)

水剂是由水溶性的原药溶于水中而制成。使用时兑水可供喷雾、泼浇或灌根等用。水剂加工方便，成本低廉，但长期贮存易分解失效。水剂中农药有效成分易水解，湿润性不好，制备或使用时还需加少量湿润剂。

（8）悬浮剂(suspension concentrate，SC)

悬浮剂又称胶悬剂，是一种可流动的液体状制剂。由原药、各种助剂(湿润剂、乳化剂、分散剂、防冻剂、防腐剂、增稠剂、pH 调节剂、稳定剂等)混合加工而成。悬浮剂一般具有较高的有效成分含量或固体填充物，不用或很少使用有机溶剂，使用时兑水喷雾，分散性好，悬浮率高。但较黏稠，难以从容器内倒出，给使用造成了不便。目前市场上出现的悬浮剂主要有水悬浮剂、油悬浮剂、干悬浮剂、水分散粒剂 4 种。

（9）粒剂(granule，GR)

粒剂是由原药、载体和其他辅助剂加工而成的粒状固体制剂。按粒径的大小分为微粒剂(74~297 μm)、颗粒剂(297~1 680 μm)、大粒剂(5 000~9 000 μm)。它具有以下特点：使高毒农药品种低毒化使用；可控制药剂有效成分的释放速度，节省用药，延长持效期；

减少对环境的污染，避免杀伤天敌，减轻对草坪产生药害的风险。

(10)水分散粒剂(water dispersible granules，WDG 或 WG)

水分散粒剂又称干悬浮剂(dryflowable，DF)或粒型可湿性粉剂(granule typewettable powder)，由原药、湿润剂、分散剂、隔离剂、稳定剂、黏结剂、填料与载体组成，有效成分含量一般在 50%~90%，多数在 70% 以上。一旦放入水中，水分散粒剂能较快地崩解、分散，形成高悬浮性的固液分散体系。

(11)泡腾片剂

泡腾片剂是一种特殊的片剂，可在水中自动崩解，形成悬浮液，是一种供喷雾使用的片剂剂型。具有经压片成型后密度大、体积小、便于包装及贮运的特点，使用时可避免粉尘飞扬与定量不准的缺点，在水田可直接抛撒使用。

(12)缓释剂(controlled releaser，CR)

缓释剂是利用物理和化学的手段使农药的有效成分贮存于农药加工品中，然后又使之有控制地释放出来。缓释剂依据其加工方法可分为物理型缓释剂和化学型缓释剂两大类。

物理型缓释剂(微胶囊剂、塑料结合剂、多层带剂、纤维片缓释剂、吸附包衣缓释剂等)是利用物理方法加工制造的，主要是利用包衣封闭与药剂渗透，贮存体吸附与药剂扩散、药剂和贮存体溶解固化与药剂解析等原理制造而成。

化学型缓释剂是使带有羟基、羧基或氨基等活性基团的农药与一种有活性基团的载体，经过化学反应结合到载体上而形成的缓释剂。这种新形成的缓释剂已失去农药原有的理化与生物特点，但在环境和生物体内经过化学与生物降解逐渐释放原有的农药，发挥其活性作用来控制有害生物。

缓释剂制作方法常用吸附-包衣法和结合法。利用高分子聚合物(如聚乙烯醇、环氧树脂、天然纤维素、石蜡等)将农药固体或液体包裹在其中而制成颗粒胶囊，粒径 20~50 μm 不等，囊壁厚度 0.1~1 μm，加水成水悬液，供喷雾施用。国内外已研制较成功的缓释剂是微胶囊剂。

微胶囊剂(microcapsule formulation，MR)是将很微小的原药液体或固体包裹在保护膜中，粒径一般为 25 μm 左右。它是由农药原药(囊芯)、助剂、囊皮等制成。囊皮常用人工合成或天然的高分子化合物，如聚酰胺、聚酯、动植物胶(海藻胶、明胶、阿拉伯胶)等，是一种半透性膜，使用时药剂通过囊壁缓慢地释放出来。释放速度可通过改变胶囊壁厚度，改变胶囊壁多孔性的方法加以调节。具有延长药效、高毒农药低毒化、使用安全等优点。

(13)超低容量喷雾剂(ultra low volume concentrate，UL)

超低容量喷雾剂是含农药有效成分 20%~50% 的油剂，不需稀释就可直接喷洒。有的根据需要加入少量助溶剂或化学稳定剂，以提高对原药的溶解度、降低对植物的药害。这种制剂专供超低容量喷雾器或飞机超低容量喷雾使用。配制该剂型对所用溶剂有较高要求，要求用黏度小、挥发性低、密度大、闪点高、对作物安全的溶剂，质量要求仓储 1 年有效成分分解率<5%。该剂渗透力强，使用时不需要加水稀释，以植物油代替有机溶剂，可减轻对草坪的药害。

(14)烟剂(smokes generator，SG)

以农药原药、燃料(各种碳水化合物如木屑粉、淀粉等)、氧化剂(又称助燃剂，如氯酸钾、硝酸钾等)、消燃剂(如陶土、滑石粉等)制成的粉状混合物(细度全部通过 80 目筛)。袋装或罐装,有的在其上插引火线,点燃后,可以燃烧,但不能有火焰。农药受热气化成烟在空气中受冷又凝聚成固体微粒沉积在植物上。也有一些原药在常温下是液体,汽化后在空气中凝结微粒成雾,因此也称烟雾剂。烟剂分散度高,粒径只有 $0.1 \sim 2\ \mu m$。施用时受自然环境尤其是气流的影响较大,所以一般适用于在植物覆盖度大或空间密闭的场所中防治病虫害,如防治森林、仓库、保护地、卫生害虫等。

(15)种衣剂(seed dressing,SD)

种衣剂是含有黏合剂的农药包覆在植物种子外面并形成比较牢固药层的剂型。黏合剂(成膜剂)有羧基甲基淀粉钠、聚乙烯醇等。成膜剂中可根据需要加入杀虫剂、杀菌剂、农肥、微量元素等。具有防治地下害虫以及草坪苗期病虫害,提供营养(含有肥料、稀土元素等)和促进植物生长发育(含有植物生长发育调节剂)的作用。种衣剂生产的关键技术除了选用有效、安全、经济的药剂外,另一关键技术是对黏结剂等辅助剂的选用,要求形成的药膜、药壳在种子上既不易脱落,又应具有良好的透水性和通气性。

10.1.4　农药稀释和配制方法

10.1.4.1　农药用量表示方法

①农药有效成分用量表示法　国际上早已普遍采用单位面积有效成分用量,即用多少克有效成分/公顷表示。如速灭杀丁防治菜青虫时有效成分用量为 $75 \sim 100\ g/hm^2$。

②农药商品用量表示方法　一般表示为 $g(mg)/hm^2$。如防除大豆禾本科杂草需要用20%拿卜净乳油 $975 \sim 1\ 500\ mg/hm^2$。

③百分比浓度(%)　通常表示制剂的有效成分含量,如50%多菌灵可湿性粉剂。

④百万分浓度(ppm)　表示一百万份药液中含农药有效成分的份数,通常表示农药加水稀释后的药剂浓度,单位等同于 mg/mL 或 $\mu L/mL$。

⑤稀释倍数表示法:是针对常量喷雾而沿用的习惯表示方法。如用10%氯氰菊酯乳油$2\ 000 \sim 6\ 000$ 倍液防治菜青虫,一般不指出单位面积用药量,应按常量喷雾决定。

10.1.4.2　农药使用浓度换算

(1)农药有效成分与商品量的换算

$$农药有效成分=农药商品用量×农药商品浓度(\%)$$

(2)百万分浓度与百分比浓度(%)的换算

$$百万分浓度=百分比浓度×10\ 000$$

(3)稀释倍数换算

①内比法(用于计算稀释倍数小于 100 的稀释方法)

$$稀释倍数=原药剂浓度/新配制药剂浓度$$

$$药剂用量=新配制药剂用量/稀释倍数$$

$$稀释剂用量(加水或者拌土量)=原药剂用量×(原药剂浓度-新配制药剂浓度)/新配制药剂浓度$$

②外比法(用于计算稀释倍数大于 100 的稀释方法)

$$稀释倍数=原药剂浓度/新配制药剂浓度$$

$$稀释剂用量=原药剂重量×稀释倍数$$

10.1.4.3 农药制剂用量计算

(1)已知单位面积上的农药制剂用量,计算农药制剂用量

农药制剂用量[mg(g)] = 单位面积农药制剂用量[mg(g)] × 施药面积(hm²)

(2)已知的面积上的有效成分用量,计算农药制剂用量

农药制剂用量[mg(g)] = 单位面积有效成分用量(g/hm²)/制剂中有效成分百分含量(%) × 施药面积(hm²)

(3)已知制剂要稀释的倍数,计算农药制剂用量

农药制剂用量[mg(g)] = 要配制的药液量或者喷雾器的容量[mL(g)]/稀释倍数

10.1.4.4 农药的稀释方法

农药的稀释液浓度是指在农药稀释液中,商品农药制剂占药液的总量比例,一般用倍数法来表示。有效浓度是指药剂有效成分在药液总量的比例,一般用百万分浓度来表示,即 mg/kg。

(1)液体农药的稀释方法

①一级稀释 也称直接稀释,在准备好的配药容器内,盛放好所需用的清水,然后把所用的药剂缓缓倒入水中,用小棒搅拌均匀以后即可使用。

②二级稀释 先用少量的水将农药稀释成母液,再将配制好的母液按稀释比例倒入准备好的清水中,搅拌均匀以后即可使用。

(2)可湿性粉剂的稀释方法

先用少量清水将所用可湿性粉剂搅拌成糊状,然后将其倒入盛放清水的容器,边倒边搅拌,使糊状物质在水中均匀分散以后即可使用。

(3)粉剂农药稀释方法

粉剂农药在使用时一般不稀释,但当作物生长高大茂密时,直接使用时药量有限,便可选用一定的填充料进行稀释才能使用。

稀释方法:先取一部分填充料将所需药粉混入拌匀,配成母粉,然后取一部分填充料,加以搅拌稀释成所需浓度。

10.1.4.5 农药配制及注意事项

除少数可直接使用的农药制剂外,一般农药在使用前都要经过配制才能使用,农药的配制就是把商品农药配制成可以使用的状态,如乳油、可湿性粉剂等本身不能直接使用,必须兑水稀释成所需要浓度的喷洒液才能喷施。农药配制一般要经过农药和配料取用量的计算、量取、混合几个步骤。

(1)认真阅读农药商品使用说明书,确定当地条件下的用药量

农药制剂配取,要根据其制剂有效成分的百分含量、单位面积的有效成分用量和施药面积来计算。商品农药的标签和说明书中,一般均标明了制剂的有效成分含量、单位面积上有效成分用量,有的还标明了制剂用量或者稀释倍数。所以,要准确计算农药制剂和取用量,首先要仔细认真阅读农药标签和说明书。

(2)计算用量

药液调配要认真计算制剂取用量和配料用量,以免出差错。

(3)安全准确的配制农药

计算出制剂的取用量和配料用量后,要严格按照计算的量量取或者称取。液体药要用

有刻度的用具如量筒，固体农药要用秤称量量。取好药和配料后，要在专用的容器里混匀，混匀时要用工具搅拌，不得用手，为了准确安全地进行农药配制，还应注意以下几点。

①不能用瓶盖倒药或者饮水桶配药；不能用盛药水的桶直接下河沟取水，不能用手伸入药液或者粉剂中搅拌。

②在开启农药包装、称量配制时，操作人员应佩戴必要的防护用具。

③配制人员必须经过专业训练，掌握必要技术，熟悉所用农药性能。

④孕妇、哺乳期妇女不能参与配药。

⑤配药器械一般要求专业，每次用后要洗净，不得在河流、小溪、井边冲洗。

⑥少数剩余和不要的农药应埋入地坑中或者集中处理；处理粉剂时要小心，以防粉尘飞扬。

⑦喷雾剂不得装得太满，以免药液泄漏；当天配好的药液当天用完。

10.1.5　农药的施用方法

农药施用方法是在掌握防治对象发生发展规律、自然环境因素、药剂种类和剂型等特点的基础上，把农药施用到目标物上所采用的各种施药技术措施。要想使农药最大限度地击中靶标生物而对非靶标生物及环境影响小，就必须科学、有效、合理地施用农药。因此，要熟知防治对象与非靶标生物的生物学特性及病虫害的发生发展规律；了解农药的特性（如理化性质、生物活性、作用方式、防治谱等）；了解施药地的自然环境条件，尤其是小气候条件；了解施药器械工作原理，以利操作和提高施药质量；掌握农药品种与剂型的特点，确定正确的施药方法。施药方法一经确定，提高施药质量就成了达到良好防效的关键因素。

按农药的剂型和施药方式，可分为喷雾法、喷粉法、施粒法、烟雾法及毒饵法等使用方法。

10.1.5.1　喷雾法

喷雾法（spraying）是利用喷雾机具将液态农药或稀释液雾化并分散到空气中，形成液气分散体系的施药方法。农药制剂中除超低容量喷雾剂不需加水稀释可直接喷洒外，可供液态使用的其他农药剂型如乳油、可湿性粉剂、胶悬剂、水剂、水分散粒剂以及可溶性粉剂等，均需加水调配成稀释液后才能供喷洒使用。影响喷雾质量的因素如下。

（1）药械对药液分散度的影响

药液的雾化是靠机械来完成的，雾滴的大小与喷雾器性能好坏有直接的关系。普通空气压缩式喷雾器对药液施加压力形成液流，经过喷头中的狭小喷孔喷出。提高液流的压强，使液流与静止的空气冲撞，药液被撞碎，即"雾化"。药液受到的压力越大，雾化程度越高，液滴越小。压杆式喷雾器，如 3WS-16 型喷雾器，常用压力为 $3\sim4$ kg/cm^2，此类喷雾器所形成的雾滴较大（喷药液量为 $450\sim900$ L/hm^2），属于常量喷雾，由于喷雾液量大而对受药表面覆盖密度高，尤其适用喷洒保护性的杀菌剂或触杀性的杀虫剂、除草剂等。根据用液量，还可分为低容量喷雾（喷药液量为 $75\sim225$ L/hm^2）与超低容量喷雾（大田作物喷药液量为 5 L/hm^2 以下），它们分别采用背负式机动弥雾喷粉机与超低容量喷雾器或飞机喷雾。

（2）药液的理化性能对其沉积量的影响

液体的表面张力与在自然情况下所形成的液滴大小成正比，而与液滴数目成反比。所以液体表面张力越小，所生成的雾滴数就越多，雾滴就越小。降低液滴表面张力可增加分散度，增强它在受药表面上的湿展性与沉积量，所以在湿展性不好的制剂中(如水剂)添加少量表面活性剂，可显著增加药剂沉积量而提高防效。超低容量喷雾剂的溶剂为低挥发性的油类，故在植物与昆虫体表面具有良好的湿展性能。

(3)药液沉积量与生物表面结构的关系

受药表面的性质对药液沉积量有很大影响。实践证明，同种药液对有茸毛或具较厚蜡质层植物的叶面，如稻、麦、甘蓝、葱不易湿展；而在蜡质层薄的叶片，如马铃薯、葡萄、黄瓜等的叶片上则较易湿展。药液在不同昆虫体壁上的湿展性也有较大的差异，这与昆虫体表的蜡质层厚薄有关。

(4)水质对药液性能的影响

农药的液化是借助于水来进行的。水质好坏的主要指标是水的硬度。硬水一般对乳液(尤其是离子型乳化剂所配成的乳液)和悬浮液的稳定性均具有很大的破坏作用。有些农药在硬水中可转变成非水溶性的或难溶性的物质而丧失药效，如2,4-D钠盐等。有些水的硬度大，通常碱性也大，一些药剂(如有机磷类)易被分解。克服硬水不良作用，一是选用硬度小的自然水源；二是采用抗硬水能力强的非离子型乳化剂。

10.1.5.2　喷粉法

喷粉法(dusting)是利用鼓风机所产生的气流把农药粉剂均匀地吹散后沉积到草坪上的施药方法。现在发展比较先进的是静电喷粉法(electrostatic dusting)，即通过喷头的高压静电给农药粉粒带上与其极性相同的电荷，又通过地面给作物叶片及叶片上的有害生物(如害虫)带上相反的异性电荷，靠两种异性电荷的吸引，把农药粉粒吸附在靶标上的方法。静电喷粉比常规喷粉可提高附着量5~8倍。同时，由于粉粒带有相同的电荷，还可减少粉粒间的结絮现象。影响喷粉质量的因素如下。

(1)药械性能与操作

药剂喷洒时，其分散度的高低与粉剂颗粒大小、喷雾器性能好坏有关。粉剂的分散度则在加工品中已决定，剩下的就是由喷粉器的性能来决定了。要想将药粉均匀地喷布到每一地段的草坪上，关键是喷粉器在各个时间内喷出粉剂的量是否恒定，进料及送风速度越快，喷出粉量则越多。在使用手摇喷粉器时，使用者几乎不可能保持恒定的送风与行进速度，排粉量的误差可达到50%~300%。而良好的机动喷粉器，进料误差则可减少到2%以下，如东方红-18A型背负式机动弥雾喷粉机，能保持恒定的送风和进料速度，有较高的喷粉质量，而且喷幅宽、工作效率高。

(2)环境因素

喷粉时的气流，尤其是上升气流对喷粉质量影响很大。一般认为当风力超过1 m/s时，就不适宜喷粉。喷粉时草坪上有露水，有利于提高粉剂的附着。但此时要特别注意出粉孔不得被露水打湿，否则会形成粉团堵塞出粉孔而使出粉量忽高忽低。粉剂附着在草坪上后易被震落，还不耐雨水冲洗，一般在喷药后24 h内降雨应补喷，但也要根据药剂性能、致毒速率快慢、喷药时害虫所处的场所等再做决定。

(3)粉剂的物理性质

粉剂呈疏松状态，喷出后，往往会出现一定的絮结现象，这种絮结体一般由25~300个粉粒组成，利于粉剂的沉积，但降低了在受药表面上的分散度。在粉剂中加入少量油类，可提高粉粒在受药表面上的黏附能力。粉剂在贮藏期易受潮而结团、影响到正常喷粉，因此粉剂应在干燥的地方贮藏。

10.1.5.3　其他施药方法

（1）拌种法

将药粉与草坪种子拌匀，使每粒种子外面都覆盖一层药粉，是防治种传、土传病害及地下害虫的方法。在禾本科草坪种子上拌种，药剂有效成分用量为种子质量的 0.2%～0.3%，拌种应在拌种器内进行，以 30 r/min 的速度，拌和 3～4 min 为宜。

（2）种、苗浸渍法

用于浸种的药剂多为水剂或乳剂，药液用量以浸没种子为限。浸种药液可连续使用，但要补充所减少的药液量。浸种防病效果与药液浓度、温度和时间有密切的关系。浸种温度一般在 10～25℃，浸种后的种子要晾干后再播种，否则影响出苗率。浸秧苗的基本原则同上。刚萌动的种子或幼苗对药剂很敏感，尤以根部反应最为明显，处理时应慎重，以免造成药害。

（3）毒饵法

毒饵法是用害虫喜食的食物（如豆饼、花生饼、麦麸等），加适量的水拌和，再加 1%～3% 具有胃毒作用的农药（如辛硫磷、毒死蜱等）拌匀制成饵料，用量为 22.5～30 kg/hm^2。该法适用于诱杀具有迁移活动能力、咀嚼取食的有害动物（如害鼠、害虫、蜗牛、蛞蝓等）。可将毒饵撒在幼苗基部，最好用土覆盖，以延长持效期。地面撒施，饵料还可用新鲜水草或野菜，药剂量为 0.2%～0.3%，用量 150～225 kg/hm^2。在傍晚，尤其在雨后撒施效果最好。

毒谷法用于防治蝼蛄、地老虎、蟋蟀等地下害虫。毒谷配制与毒饵法基本一样，将谷子煮成半熟，晾成半干后再拌药。

（4）根区施药与土壤施药法

根区施药，应用触杀剂与内吸剂，需施在草坪根区之外，通过植物根部吸收而达到防治有害生物的目的。土壤施药方式很多，如撒施、条施、灌施等。很多具有内吸、熏蒸作用的杀虫、杀螨、杀线虫剂与生长调节剂，均可在草坪的生长期或休眠期，将药粉撒施或将药液泼施于沟内，然后覆土使用。

（5）撒施法

对毒性高或易挥发的农药品种，不便采用喷雾或喷粉法施药的，可制备成颗粒剂或将药剂掺土制成毒土撒施。按每公顷所需药剂掺 10～20 筛目的细土 215～300 kg 进行撒施。药剂为粉剂时，可直接与细土拌和；药剂为液剂时，应先加 4～5 倍水稀释，用喷雾器喷到细土上拌匀。撒毒土最好在早晨露水未干时进行，颗粒剂可用药械撒施，接触毒性低的药剂也可用手撒施。

（6）泼浇法

先用大量的水把农药稀释，用洒水壶或瓢泼施到草坪上。对防治炭疽病与立枯病等有较好的效果。缺点是用药量与耗水量均较高，在水源缺乏的地区不宜采用。

（7）茎秆涂抹法

将内吸性农药稀释为高浓度母液，并加入动植物油，用涂抹器将药剂涂到植物茎秆上。如久效磷稀释 4～5 倍加 0.4% 动物（或植物）油，用涂抹器将药剂涂到一些观赏植物茎秆上防蚜虫，或将内吸性除草剂涂到曼陀罗上防除高秆杂草。

10.2　常用农药及科学施药技术

10.2.1　常用杀菌剂、杀线虫剂及科学施用技术

10.2.1.1　植物病害化学防治原理

植物病害化学防治是使用化学药剂处理植物及生长环境，以减少或消灭病原微生物或改变植物代谢过程，提高植物抗病能力而达到预防或阻止病害发生和发展目的的手段。其原理有以下4个方面。

(1)保护作用

在病菌侵入寄主之前将其杀死或抑制其活动，阻止入侵，使植物避免受害而得到保护。有以下3种防治策略：①消灭侵染来源，即在病菌越冬或越夏场所、中间寄主、带菌土壤、带菌种子、繁殖材料和草坪发病中心施药；②药剂处理可能被侵染的植物或农产品表面；③在病菌侵染之前施用药剂干扰病原菌的致病或者诱导寄主产生抗病性。

(2)治疗作用

在病原菌侵入以后至寄主植物发病之前使用杀菌剂，抑制或杀死植物体内外的病原物，终止或解除病原物与寄主的关系，阻止发病。

(3)铲除作用

利用杀菌剂完全抑制或杀死已经发病部位的病菌，阻止已经出现的病害症状进一步扩展，阻止病害加重或蔓延。

(4)抗产孢作用

利用杀菌剂抑制病菌的繁殖，阻止发病部位形成新的繁殖体，控制病害流行危害。

10.2.1.2　常用杀菌剂、杀线虫剂品种

(1)杀菌剂品种

①波尔多液(Bordeaux mixture)　是用硫酸铜、生石灰和水配制成的天蓝色胶状悬液。需现配现用，不能贮存。波尔多液有多种配比，可根据植物对铜或石灰的耐受力及防治对象选择配制。它是一种良好的保护剂，对藻状菌(如霜霉菌、腐霉菌、疫霉菌)引起的病害有良好防治效果，但对白粉病、锈病等效果差。使用时直接喷雾，药效为15 d左右。

②代森锰锌(mancozeb)　为广谱性、保护性杀菌剂，可有效防治霜霉病、炭疽病、疫病及各种叶斑病。对人、畜低毒。常见剂型有25%悬浮剂、70%可湿性粉剂。一般用25%悬浮剂1 000~1 500倍液叶面喷雾。

③百菌清(chlorothalonil)　为广谱性保护剂。对于霜霉病、疫病、炭疽病、灰霉病、锈病、白粉病及各种叶斑病有良好的防治效果。对人、畜低毒。常见剂型有50%、75%可湿性粉剂，10%油剂，5%、25%颗粒剂，2.5%、10%、30%烟剂，用75%可湿性粉剂500~800倍液喷雾防治多种病害。

④腐霉利(procymidone)　为保护性杀菌剂，有一定的内渗性，因此兼具保护、治疗双重作用。对灰霉病、菌核病等防治效果好。对人、畜低毒。常见剂型有50%可湿性粉剂、30%颗粒熏蒸剂、25%流动性粉剂、25%胶悬剂。常规使用50%可湿性粉剂1 000~2 000倍液喷雾。

⑤甲霜灵（metalaxyl）　为具有保护、治疗作用的内吸性杀菌剂。在植物体内能双向传导，耐雨水冲刷，持效期 10～14 d，是一种高效、安全、低毒的杀菌剂。对霜霉病、疫霉病、腐霉病有特效，对其他菌物和细菌病害无效。常见剂型有 25%可湿性粉剂、40%乳剂、35%粉剂、5%颗粒剂。一般用 25%可湿性粉剂 500～800 倍液喷雾，用 5%颗粒剂 20～40 kg/hm²做土壤处理。可与克菌丹等保护性杀菌剂混用，以扩大杀菌谱、提高防效。

⑥戊唑醇（tebuconazole）　为广谱内吸性杀菌剂，具有保护、治疗和铲除作用，用于防治锈病、白粉病等真菌病害，可作为种衣剂，对禾谷类作物各种黑穗病有很高活性，可与多种杀菌剂混配。对人、畜低毒。常见剂型有 43%悬浮剂、80%水分散粒剂、25%乳油、25%可湿性粉剂。可用 43%悬浮剂稀释 3 000～5 000 倍液喷雾，每隔 7～10 d 喷一次，连续喷 2～3 次。

⑦霜霉威（propamocarb）　为内吸性杀菌剂。对腐霉病、霜霉病等卵菌病害有特效。对人、畜低毒。常见剂型有 72.2%、66.5%水剂。用 72.2%水剂 600～1 000 倍液叶面喷雾可防治霜霉病；72.2%水剂 400～600 倍液浇灌苗床、土壤，可防治腐霉病及疫病，用量为 3 L/m²，间隔 15 d。

⑧吡唑醚菌酯（pyraclostrobin）　内吸性杀菌剂，具有保护、治疗和铲除作用，持效性长。对黄瓜白粉病和霜霉病，香蕉黑星病、叶斑病和菌核病，草坪上的褐斑病和腐霉病均有较好的防治效果。对人、畜低毒。常用剂型有 25%乳油、30%悬浮剂。30%悬浮剂稀释 1 200～2 000 倍液，每隔 7～15 d 喷一次，连续喷 2～3 次。

⑨嘧菌酯（azoxystrobin）　具有保护、治疗、铲除和抗产孢作用，在病害防治中主要表现保护和铲除作用，高效、广谱，对几乎所有的子囊菌、担子菌、卵菌和半知菌都有很强的活性，对人、畜低毒。常见剂型有 25%悬浮剂、50%水分散粒剂。一般用 50%水分散粒剂，每公顷每次 150～300 g，每隔 10 d 喷一次，连喷 2 次。

（2）杀线虫剂

①阿维菌素（abamectin）　是十六元大环内酯类化合物，由灰色链霉菌发酵产生。对线虫、昆虫和螨类均具有触杀和胃毒作用，并具有微弱的熏蒸作用，无内吸作用，可抑制卵孵化、线虫活动与侵入。制剂主要为不同含量的乳油、水分散粒剂。需根据防治对象选择不同的剂量进行防治。

②棉隆（dazomet）　广谱熏蒸性杀线剂，兼治土壤菌类、地下害虫及杂草，易于在土壤及其他基质中扩散，杀线虫作用全面而持久，并能与肥料混用。该药适用范围广，可防治多种线虫，不会在植物体内残留。常用剂型为 98%微粒剂，75%可湿性粉剂。

③威百亩（metam-sodium）　具有熏蒸作用的二硫代氨基甲酸酯类杀线虫剂。本药剂为土壤熏蒸剂，不可直接喷洒植物。可采用沟施或喷洒两种方式施用。常用剂型为 35%、42%水剂。土壤处理后，待药剂全部分解消失后方可播种。

④克线丹（cadusafos）　属乙酰胆碱酯酶抑制剂，为触杀性杀线虫剂，无熏蒸作用，水溶性及土壤移动性较低，在作物体内残留量极少。制剂为 10%克线丹颗粒剂。

⑤氰氨化钙（calcium cyanamide）　该药水解后生成单氰胺和氢氧化钙，能有效地杀灭线虫及其他土传病害，并供给作物所需要氮、钙营养，抑制硝化反应，综合提高氮的利用率。制剂为颗粒剂。

⑥噻唑膦（fosthiazate）　具有优异的杀线虫活性和显著的内吸杀虫活性，还可防治对传

统杀虫剂具有抗药性的各种害虫。可抑制卵的孵化,阻碍线虫的活动、侵入与发育。可用于防治各类根结线虫,剂型为10%颗粒剂。

⑦淡紫拟青霉(*Paecilomyces lilacinus*)　活体真菌杀线虫剂。防治线虫时,淡紫拟青霉菌剂施入土壤后,孢子萌发产生菌丝,菌丝遇到线虫卵即分泌几丁质酶破坏卵壳的几丁质层,穿透卵壳进入卵内,破坏细胞及胚胎使其不能正常孵化。但对孵化后的线虫效果甚微,对侵入植物后的线虫无效。

10.2.2　常用杀虫剂及科学施用技术

杀虫剂主要是指用来防治农业、林业、牧业及草坪上有害昆虫的农药。在草坪保护中使用的药剂,应选择高效、低毒、低残留、对环境安全的杀虫剂,尤其应使用生物源或仿生类的生物农药。为了获得良好的防治效果,我们首先应了解杀虫剂的作用原理。

10.2.2.1　杀虫剂对昆虫的作用方式

杀虫剂施用后,必须以一定的方式进入虫体并到达作用部位,然后才能在靶标部位上起作用。因此,了解杀虫剂的作用方式对科学使用杀虫剂、提高防治效果与经济效益、减少农药对环境污染都具有重要意义。

①触杀作用　药剂与昆虫表皮接触后,能够穿透昆虫体壁进入虫体内而使昆虫中毒死亡。具有触杀作用的药剂有辛硫磷、溴氰菊酯等。

②胃毒作用　药剂随食物经昆虫口器进入消化道引起昆虫中毒致死的作用方式。具有胃毒作用的药剂有敌百虫、除虫脲、茚虫威等。

③熏蒸作用　杀虫剂气化所产生的有毒气体,通过昆虫的呼吸系统进入体内使昆虫中毒死亡。具有熏蒸作用的药剂有硫酰氟、磷化铝等。

④内吸作用　杀虫剂能被植物的根、茎、叶吸收,并在植物体内运转或转化成毒性更大的物质,昆虫取食带毒的汁液而发生的中毒作用。具有内吸作用的药剂有乐果、噻虫嗪等。

10.2.2.2　杀虫剂的作用机理

杀虫剂作用机理,包括杀虫剂穿透害虫体壁进入虫体,并在体内运转和代谢,最后到达靶标部位发挥毒杀作用的机制。

(1)作用于神经系统

以神经系统作为作用靶标发挥毒性,这类药剂统称为神经毒剂。不同杀虫剂的化学结构不同,具体靶标和作用机理也不相同。有机磷和氨基甲酸酯类杀虫剂通过抑制乙酰胆碱酯酶产生神经毒性;拟除虫菊酯类杀虫剂破坏轴突上离子通道而影响神经功能;吡虫啉和沙蚕毒素类是以乙酰胆碱受体作为靶标的神经毒剂。

(2)作用于呼吸系统

以昆虫呼吸系统作为靶标发挥毒性,这类药剂统称呼吸毒剂。很多呼吸毒剂能抑制呼吸,导致O_2不能正常传送或不能产生能量,从而阻断昆虫的正常呼吸。很多熏蒸剂不只是通过气门进入昆虫呼吸系统产生熏蒸作用,而且可破坏昆虫呼吸链中的电子传递等。

(3)调节昆虫生长发育

这类药剂不能直接快速杀死害虫,而是干扰昆虫生长发育或蜕皮,造成种群数量衰退,因此又称抑虫剂。它的作用靶标是昆虫体内独特的激素或合成酶系统,对人、畜非常安全。

10.2.2.3　常用杀虫剂品种

(1) 辛硫磷

辛硫磷(phoxim) 具有强烈的触杀和胃毒作用，对人、畜低毒。由于易光解失效，主要用于防治草坪上的地下害虫。制剂有 3%、5% 颗粒剂，50% 乳油。叶面喷雾防治各种害虫用 1 200~2 000 倍液；防治地下害虫采用土壤或种子处理，用种子量的 1%~2% 拌种，土壤处理用 2.5% 微粒剂 1.5~1.8 kg/hm^2。

(2) 毒死蜱

毒死蜱(chlorpyrifos) 具有胃毒、触杀和熏蒸作用，在土壤中挥发性较高。适于防治地下和草坪上的害虫、螨类。对人、畜中毒。制剂有 48% 乳油。防治介壳虫、蚜虫、红蜘蛛、蓟马等害虫，用 500~1 500 倍液喷雾。防治地下害虫用 1.2~2.8 kg/hm^2 拌毒土撒施。

(3) 高效氯氰菊酯

高效氯氰菊酯(β-cypermethrin) 为广谱、触杀性杀虫剂，可用来防治鳞翅目、鞘翅目和双翅目害虫，对人、畜毒性低毒，对鱼、蚕高毒，对蜜蜂、蚯蚓有毒。剂型主要有 4.5% 的高效氯氰菊酯乳油。害虫发生期可用 4.5% 高效氯氰菊酯乳油 2 000~3 000 倍液喷雾。

(4) 溴氰菊酯

溴氰菊酯(deltamethrin) 为高效、广谱性杀虫剂，具有很强的触杀作用，有一定的胃毒与忌避作用，还有一定的杀卵能力，击倒快，无内吸及熏蒸作用。对人、畜毒性中等，对鱼毒性大。制剂有 2.5% 溴氰菊酯乳油，2.5% 凯素灵可湿性粉剂。用 2.5% 溴氰菊酯乳油 2 000~3 000 倍液喷雾可防治多种害虫。

(5) 氰戊菊酯

氰戊菊酯(fenvalerate) 为高效、广谱性杀虫剂，有一定的胃毒与忌避作用，无内吸及熏蒸作用。对人、畜毒性中等，对鱼毒性大。可防治草坪上的大多数害虫。制剂有 20% 氰戊菊酯乳油。一般用 1 500~2 000 倍液叶面喷雾。

(6) 甲氰菊酯

甲氰菊酯(fenpropathrin) 为广谱杀虫、杀螨剂，具触杀和一定的忌避作用，无内吸和熏蒸作用。对人、畜毒性中等，对鱼毒性大。适用于蔬菜、花卉、草坪上防治多种害虫和害螨。制剂有 20% 甲氰菊酯乳油，用 2 000~3 000 倍液喷雾，可防治多种害虫和螨类。

(7) 除虫脲

除虫脲(diflubenzuron) 属苯甲酰脲类昆虫生长调节剂，遇碱易分解，对光、热比较稳定。以胃毒为主，兼具触杀作用。抑制昆虫的几丁质合成，使昆虫产生畸形虫体而死亡，对鳞翅目、鞘翅目、双翅目害虫有效，对刺吸式口器昆虫无效。对人、畜低毒。制剂有 20% 除虫脲悬浮剂，用 1 000~2 000 倍液喷雾可防治多种鳞翅目害虫。

(8) 噻嗪酮

噻嗪酮(buprofezin) 属嗪类杀虫杀螨剂，几丁质合成抑制剂。对幼虫和若虫有效，对成虫没有直接杀伤力，但可缩短其寿命，减少产卵量，并且幼虫产出的多是不育卵。对飞虱、叶蝉、粉虱等效果好，持效期长。对人、畜低毒。常见剂型有 25% 噻嗪酮可湿性粉剂。一般使用 25% 可湿性粉剂 1 000~1 500 倍液，在虫害发生前期用药效果最好。

(9) 噻虫嗪

噻虫嗪(thiamethoxam) 为氯化烟酰类高效、广谱内吸性杀虫剂，兼具胃毒和触杀作用，持效期长，对刺吸式口器害虫防效好，对人、畜低毒。制剂有 25% 噻虫嗪可湿性粉剂、25% 噻虫嗪水分散粒剂等。主要用于防治刺吸式口器害虫。用 25% 可湿性粉剂 5 000~10 000 倍液，均匀喷雾可防治蚜虫和飞虱等。

（10）哒螨酮

哒螨酮(pyridaben)是一种高效、广谱性杀螨剂，触杀性强，无内吸传导和蒸腾作用，对叶螨的各个发育期(卵、幼螨、若螨和成螨)均有较好的效果，对锈螨的防治效果也好，持效期长，一般可达 1~2 个月。制剂有 20% 哒螨酮可湿性粉剂、15% 哒螨灵乳油。防治山楂叶螨与苹果叶螨，用 20% 可湿性粉剂 3 000~4 500 倍液喷雾。

10.2.3 常用除草剂及科学施用技术

10.2.3.1 除草剂的选择性原理

草坪草与杂草同时发生，而绝大多数杂草与草坪草属于同一个属的高等植物，亲缘关系非常近，因此要求除草剂具备很强的选择性，或采用恰当的使用方法而获得选择性，才能安全有效地应用于草坪防除杂草。除草剂的选择性原理有以下几方面。

①位差与时差选择　位差选择性指一些除草剂有较强的毒性，施药时可利用杂草与草坪草在土壤中或空间位置上的差异而获得选择性。时差选择性是指利用草坪与杂草发芽及出苗早晚的差异而形成的选择性。

②形态选择性　利用草坪草与杂草的形态差异而获得的选择性。如单子叶植物与双子叶植物在形态上彼此差异很大，导致二者对药剂的敏感度不同。

③生理选择性　由于植物茎叶或根系对除草剂吸收与输导的差异而产生的选择性。易吸收与输导除草剂的植物对除草剂敏感。

④生化选择性　由于除草剂在植物体内生物化学反应的差异而产生的选择性。这种除草剂在草坪中应用安全，属于真正意义上的选择性。

⑤利用保护物质或安全剂获得选择性　一些除草剂选择性较差，可利用保护物质(如活性炭)或安全剂(NA)获得选择性。

10.2.3.2 除草剂的使用方法

（1）土壤处理法

将除草剂施于土壤中，称为土壤处理法。根据处理时期不同又可划分为播前、播后苗前和苗后土壤处理。

（2）茎叶处理法

将除草剂直接喷洒到杂草茎叶上的方法称为茎叶处理法，一般采用喷雾法。按用药时期又分为播前茎叶处理与生育期茎叶处理。

10.2.3.3 除草剂常用品种

（1）防除禾本科杂草的土壤处理剂

土壤处理剂均在草坪生长期杂草萌芽前使用。

①异丙甲草胺(metolachlor)　又名都尔，选择性芽前土壤处理剂。通过幼芽吸收，抑制幼芽与根的生长。由于禾本科杂草幼芽吸收该药的能力比阔叶杂草强，因而主要用于防除禾本科杂草，持效期 60~90 d。该药适用于成坪的暖季型草坪，可防除马唐、狗尾草、稗草等一年生禾本科杂草以及一年蓬、牛繁缕、苍耳等阔叶杂草。加工剂型为 72% 乳油，

用 1 500~2 000 mL/hm² 兑水 700~1 000 kg 喷雾。使用时要求土壤有一定的湿度，而且在杂草萌芽出土前使用。

②乙草胺(acetochlor) 选择性芽前土壤处理剂。防除马唐、稗草、狗尾草、早熟禾、看麦娘、画眉草、牛筋草等一年生禾本科杂草，对野苋、藜、鸭跖草、马齿苋等双子叶杂草也有一定的防治效果，但对多年生杂草无效。剂型有 50% 乳油，20% 可湿性粉剂。在暖季型草坪生长期杂草萌芽前，用 50% 乙草胺乳油 1 500~2 000 mL/hm² 兑水 700~1 000 kg 喷雾，用液量取决于土壤湿度、温度和有机质含量。冷季型草坪上不宜使用。

(2) 防除禾本科杂草的茎叶处理除草剂

①高效氟吡甲禾灵(haloxyfop-R-methyl) 苗后选择性除草剂，具有内吸传导性。适用于防除阔叶草坪中一年生和多年生禾本科杂草，如稗草、马唐、狗尾草、牛筋草、看麦娘、千金子、狗牙根等，对阔叶杂草和莎草科杂草无效。持效期长，一次施药基本可控制全生育期禾本科杂草的危害。剂型有 10.8% 乳油。用药量随杂草大小而异，防除一年生禾本科杂草，用 10.8% 乳油 500~600 mL/hm² 兑水 500~800 kg；防除多年生禾本科杂草，用 900~1 800 mL/hm² 兑水 500~800 kg 喷雾。在阔叶草坪生长期，禾本科杂草 3~5 叶期施药。施药时严禁将药液喷洒或漂移到邻近的禾本科草坪上。

②精喹禾灵(quizalofop-p-ethyl) 选择性输导型茎叶处理剂，适用于阔叶草坪中防除稗草、马唐、牛筋草、千金子、画眉草、看麦娘、狗尾草、狗牙根、双穗雀稗等一年生和多年生禾本科杂草。剂型有 5% 乳油。在阔叶草坪生长期，禾本科杂草 3~5 叶期施药，一年生杂草用药量为 800~1 200 mL/hm²，多年生杂草 1 500~3 000 mL/hm²，兑水 500~800 kg，均匀喷雾杂草茎叶。在干旱情况下，为取得良好防效，需适当增加用药量，并避免喷到邻近的禾本科草坪上。

(3) 防除阔叶杂草的茎叶处理剂

①氯吡嘧磺隆(halosulfuron-methyl) 内吸传导型选择性除草剂，主要防治阔叶杂草和莎草。活性很高，在土壤中残留期长，每季作物最多使用一次。剂型主要是 36% 氯吡嘧磺隆水分散粒剂，可防除马唐、苍耳、鸭跖草、藜、豚草、反枝苋、香附子、牵牛等阔叶杂草和莎草。有效成分用量为 18~35 g/hm²。

②苯磺隆(tribenuron) 内吸传导型苗后选择性除草剂，该药在土壤中通过化学水解作用很快分解，持效期 60 d 左右。剂型有 75% 干悬浮剂、10% 可湿性粉剂，适用于暖季型草坪和冷季型草坪防除空心莲子草、天胡荽、牛繁缕、繁缕、猪殃殃、碎米荠、雀舌草、一年蓬、大巢菜等阔叶杂草。在草坪生长期，阔叶杂草株高不超过 10 cm 时，用 75% 干悬浮剂 10~30 g/hm² 兑水 700~900 kg 进行茎叶喷雾。喷雾时注意防止药液飘移到邻近敏感植物上，干燥低温时(10℃)不宜使用。

(4) 防除莎草和阔叶杂草的茎叶处理剂

①2-甲基-4-氯苯氧乙酸(MCPA) 激素型选择性除草剂，有内吸传导作用。主要用于单子叶草坪田里防除香附子、碎米莎草、天胡荽、石胡荽、小飞蓬、一年蓬、车前、小藜、马齿苋、苦苣菜、田旋花、刺儿菜、苍耳、龙葵等阔叶杂草与莎草科杂草。在草坪生长期，莎草和阔叶杂草 2~5 叶期，用 20%2-甲基-4-氯苯氧乙酸钠水剂 600~1 000 mL/hm²，兑水 750~900 kg 喷雾。

②灭草松(basagran) 又名苯达松，触杀型选择性苗后除草剂。多种阔叶杂草与莎草

科杂草对其敏感,适用于暖季型草坪和冷季型草坪。可防除碎米莎草、异型莎草、苍耳、马齿苋、苦苣菜、蓼、藜、龙葵、婆婆纳等杂草,在草坪生长期,杂草 3~4 叶期,用 48% 水剂 1 500~2 000 mL/hm²,兑水 700~900 kg 进行茎叶喷雾。

(5)建植草坪前使用的除草剂

①草甘膦(glyphosate) 非选择性传导型茎叶处理剂。杀草谱广,几乎对所有杂草都有效,但对百合科、豆科等深根性杂草效果不好。制剂有 41% 水剂。适用于果园、茶桑园、热带经济草坪、防火道、草坪更新及公路、铁路荒草地等除草。防除一年生杂草,草高 10~20 cm 时,用药量 0.495~1.5 kg/hm²;防治多年生白茅、芦苇等,用药量 3~4.5 kg/hm²,春天施药。

②敌草快(diquat) 非选择性触杀型茎叶除草剂,稍具传导性。制剂有 200 g/L 水剂。可在果园、经济作物行间、田埂、免耕田、荒地快速灭茬及草坪田的行间做针对性保护喷雾,在免耕地、田埂等可作灭生性喷雾,也可用作催枯剂。可有效防除马齿苋、鸭跖草、田旋花、苦菜、灰菜、小飞蓬、牛筋草等单子叶和双子叶大多数杂草,尤其对芦苇、白茅、狗牙根等多年生顽固性杂草效果好。杂草较小时,用 200 g/L 水剂 200~300 mL,兑水 15~20 kg,均匀喷雾。

10.2.4 生物农药及施用技术

10.2.4.1 生物农药的定义

生物农药是指可用来防除病、虫、草、鼠等有害生物的生物体本身及来源于生物体内并作为"农药"的各种生理活性物质,主要包括生物体农药和生物化学农药。

(1)生物体农药

①微生物体农药 用来防治有害生物的活体微生物,主要有菌物、细菌、病毒、线虫、微孢子虫等。

②动物体农药 主要指天敌昆虫、捕食性螨类及采用物理方法或生物技术方法改造的昆虫等。

③植物体农药 具有防治农业有害生物功能的活体植物。

(2)生物化学农药

①植物源生物化学农药 主要包括植物毒素、植物内源激素、植物源昆虫激素、异株克生物质、防卫素等。

②动物源生物化学农药 指将昆虫产生的激素、毒素、信息素或其他动物产生的毒素经提取或完全仿生合成加工而成的农药。

③微生物源生物化学农药 主要指微生物产生的抗生素、毒蛋白等物质。

10.2.4.2 生物农药的分类

从来源上讲,有植物源农药、动物源农药、微生物源农药。从功能上讲,包括抗生素类、信息素类、激素类、毒蛋白类、生长调节剂类和酶类等。

10.2.4.3 生物农药种类及使用技术

(1)生物杀虫剂

①印楝素(azadirachtin) 从印楝中分离出来的植物性杀虫剂。对昆虫具有拒食活性、驱避活性和生长发育抑制作用,以拒食活性为主。可防治 400 多种农林、仓储和卫生害虫,

特别是对鳞翅目、同翅目、鞘翅目等害虫有特效，对人、畜、鸟类及天敌安全，对周围环境无任何污染。主要剂型有 0.3% 印楝素乳油，5% 川楝素乳油。生产上常用 0.3% 印楝素乳油 750~1 500 mL/hm²（a. i. 为 2. 25~4. 5 g/hm²），加水 750 L 常规喷雾，一般在黄昏前施药，但不易与碱性农药混用。

②苦参碱（matrine） 植物性杀虫剂，从苦参中提取分离的杀虫活性成分。主要有胃毒和触杀作用，可以防治鳞翅目、鞘翅目、直翅目等多种害虫，对人、畜低毒。常见剂型为 0.3% 水剂、1% 苦参碱可溶性液剂，用 1% 可溶性液剂 1 000~1500 倍液喷雾，可防治草坪上的蚜虫及其他各种害虫。

③苏云金杆菌（Bacilus thuringiensis） 简称 Bt，细菌性杀虫剂，杀虫的活性成分为 β 外毒素。可用于防治直翅目、鞘翅目、双翅目、膜翅目，特别是鳞翅目的多种害虫。常见剂型有 Bt 可湿性粉剂（100 亿活芽孢/g），Bt 乳剂（100 亿活孢子/mL）。在低于 25℃ 干燥通风的情况下可保存 2 年。可用于喷雾、喷粉、灌心等，也可用于飞机防治，与低剂量的化学杀虫剂混用可提高杀虫效果。草坪上防治害虫用 100 亿孢子/g 的菌粉 750 g/hm²，兑水 2 000 倍液喷雾。30℃ 以上施药效果最好。苏云金杆菌可与敌百虫、菊酯类等农药混合使用，效果好，速度快。但不能与杀菌剂混用。

④白僵菌（beauveria） 菌物性杀虫剂，对人、畜及环境安全，害虫不易产生抗药性。可用于防治鳞翅目、同翅目、膜翅目、直翅目等害虫。常见剂型为粉剂（50 亿~70 亿孢子/g 的菌粉）。可采用喷雾与拌毒土方法施药，用白僵菌菌粉 50~60 倍液喷雾或将菌粉与细土按 1∶10 拌匀，撒到草坪上或栽培观赏植物的地面上。注意不能与化学杀菌剂混用，应储存在阴凉干燥处。

⑤阿维菌素（abamectin） 新型抗生素类杀虫、杀螨剂，具触杀和胃毒作用。对人、畜高毒，对鳞翅目、鞘翅目、同翅目、斑潜蝇及螨类有高效，用来防治观赏植物、园艺作物及草坪叶螨和害虫。常见剂型有 0.6%、1.8% 乳油。防治害虫或螨类用 1.8% 乳油 1 000~3 000 倍液喷雾。

（2）生物杀菌剂

①木霉菌（Trichodrema sp.） 是无性型真菌丝孢目木霉属的菌物孢子。剂型为 1.5 亿活孢子/g 木霉菌可湿性粉剂。可防治草坪、牧草、观赏植物的霜霉病，使用该可湿性粉剂 3 000~4 500 g/hm²，兑水成 900 kg/hm² 稀释液喷雾，于发病初期开始用药，每隔 7 d 喷 1 次药，连续喷药 3 次。

②多抗霉素（polyoxin） 我国所用的是金色链霉菌所产生的代谢产物，属于广谱性抗生素类杀菌剂。它具有较好的内吸性，干扰菌体细胞壁的生物合成，并能抑制病菌产孢和病斑扩大。剂型有 10% 可湿性粉剂，1%、3% 水剂。对黄瓜霜霉病、白粉病、人参黑斑病、苹果梨灰斑病以及水稻纹枯病都有较好的防治效果。防治草坪病害，用 10% 可湿性粉剂 1 500~2 250 g/hm²，兑水 75 kg 喷雾，间隔 7 d，共喷 3~4 次。

（3）生物除草剂

①胶孢炭疽菌（Colletorichum gloeosporiodes） 是寄生在菟丝子上的一种毛盘菌属的炭疽菌，是防治菟丝子的生物除草剂。剂型为高浓缩孢子吸附粉剂。在田间菟丝子出现初期用药，将粉剂加水稀释 100~200 倍，充分搅拌并用纱布过滤一次，利用滤液喷雾在只有菟丝子的地方进行防除。

②双丙氨磷(bialaphos)　从链霉菌发酵液中分离、提纯的一种三肽天然产物。属于非选择性内吸传导型茎叶处理剂。一般在草坪建植前用于灭生性除草,可防除猪殃殃、马齿苋、雀舌草、牛繁缕、繁缕、婆婆纳、冰草、看麦娘、野燕麦、藜、莎草、早熟禾、狗尾草、车前、蒿、田旋花等一年生和多年生阔叶杂草及禾本科杂草,对阔叶杂草的预防效果高于禾本科杂草。剂型有32%液剂。当杂草高20~50 cm时用药,一年生杂草用1 000~2 250 g/hm²,多年生杂草用2 250~3 000 g/hm²,均兑水60 kg进行茎叶喷雾。

10.2.5　农药科学使用方法及注意问题

实践证明,农药一方面对防治和减轻有害生物危害,保证农林牧业丰产有重要意义;另一方面,农药不合理使用也会产生副作用。因此,科学合理地使用农药,才能充分发挥农药的优势和潜能,减少其副作用,使其更好地为生产实践服务。

10.2.5.1　科学合理使用农药提高药效

合理用药就是要坚持有害生物综合治理的观点,贯彻"经济、安全、有效"的用药原则。在农药使用中应注意以下几个问题。

(1)根据病虫害及寄主特点选择药剂和剂型

各种药剂都有其独特的性能及一定的防治范围,在施药前应根据不同的病、虫、草害种类、发生程度、发生规律,寄主植物种类、生育期等,选择合适的药剂和剂型,做到对症下药,避免盲目用药。

(2)根据病虫害特点适时用药

把握病、虫、草害的发生发展规律,抓住有利时机用药,既可节约用药,又能提高防治效果,而且不易产生药害。例如,使用药剂防治害虫,应在低龄幼虫期用药,否则不仅害虫危害到农作物并已造成损失,而且害虫的虫龄越大,抗药性越强,防治效果也越差。使用药剂防治病害时,要在寄主发病前或发病初期用药,如果使用保护性杀菌剂必须在病原物接触、侵入寄主前使用。气候条件和物候期也影响农药用药时间的选择。

(3)正确掌握农药的施用方法和用药量

采用正确的施用方法一方面能充分发挥农药的防效,另一方面还能减少对有益生物的杀伤和减少农药残留,减轻对农作物的药害。农药的剂型不同,使用方法也不同,例如,可湿性粉剂不宜用于喷粉,烟剂要在密闭条件下使用。要按确定的单位面积计算好用药量及浓度,合理使用农药,不可随意增加单位面积用药量、使用浓度、使用次数;否则,不仅浪费农药,增加成本,还会使农作物产生药害,甚至造成人、畜中毒与农药残留。

(4)合理轮换使用农药

长期使用单一农药防治某种有害生物,易使防治对象产生抗药性,降低对病、虫、草害的防治效果,增加防治难度。例如,很多害虫对拟除虫菊酯类杀虫剂,一些病原菌对内吸性杀菌剂中的部分品种容易产生抗药性。如果增加用药量、浓度和次数,害虫或病原菌的抗药性会进一步增大。因此,应合理轮换使用不同作用机理的农药品种,以减少以上不良现象的出现。

(5)科学复配和混合用药

将对有害生物具有不同作用机理的两种或两种以上农药混合使用,不仅可提高防治效果,而且可以达到同时兼治几种病、虫、草害的目的,扩大防治范围,降低防治成本,延缓有害生物产生抗药性，延长农药的使用年限。如有机磷类与拟除虫菊酯类农药杀虫剂混用、甲霜灵与代森锰锌混用等，就是成功的事例。农药之间能否混用，主要取决于农药本身的理化性能，混用后不产生化学变化和物理变化；混用后不应增加对人、畜和其他有益生物的毒性和危害；混用后要提高药效，但不能增加农药的残留量；混用后不能产生药害。

10.2.5.2　安全用药防止药害和毒害

（1）农药对植物的药害

药害是指因农药使用不当，对农作物产生伤害。根据药害产生的快慢，分为急性药害和慢性药害。急性药害是指喷药后很快（几小时或几天内）出现的受害现象，如叶、茎、果上产生药斑，叶片焦枯、畸形、变色，根系发育不良或形成"黑根""鸡爪根"，种子不能发芽或幼苗畸形，出现落叶、落花、落果等，甚至全株枯死。慢性药害指在喷药后缓慢出现的受害现象，植株生长发育受到抑制，生长发育缓慢，植株矮小，开花结果延迟，落花落果增多，产量低，品质差等。要避免药害的发生，必须根据防治对象和寄主植物特点，正确选用农药，按规定的用量、浓度和时间使用农药。

（2）农药对有益生物的毒害

农药种类或使用的剂量选用不当，不仅会杀死害虫，也会杀死天敌，杀伤蜜蜂等传粉昆虫，杀伤鱼类及有益的水生生物等。要保护环境与有益生物，就要注意把握药剂种类、剂型、使用方法、用量、用药时间的选择。如防治刺吸式口器害虫可选用内吸剂，改喷雾为涂茎或拌种，有利于保护天敌；要等药剂的持效期过后再释放天敌；适当降低施药浓度、也有利于保护天敌，虽然没有彻底消灭害虫，但残留下来的害虫有利于天敌的取食、繁殖，既保护了天敌昆虫、控制了害虫，又减少了害虫产生抗药性的风险。

思考题

1. 什么是农药？可按什么系统进行分类？各系统中又包括哪些类型？
2. 农药助剂的定义及常用助剂的种类有哪些？
3. 农药为什么要进行加工？加工后的剂型有哪些类型？各有什么特点？
4. 农药施用的方法有哪些？各种方法有哪些特点？
5. 比较不同草坪杂草的化学防除技术。
6. 生物防治在草坪病、虫、草害防治中的作用有哪些？
7. 草坪地下害虫如何进行化学防治？
8. 如何有效防治草坪草的主要病害？常用的化学农药有哪些？

第 10 章思政课堂

参考文献

彩万志, 庞雄飞, 花保祯, 等, 2001. 普通昆虫学[M]. 北京: 中国农业大学出版社.

曹春梅, 白全江, 孔庆全, 等, 2002. 6%福立种农剂防治麦类黑穗病田间药效试验[J]. 内蒙古农业科技(1): 16-17.

曹涤环, 刘建武, 2000. 冷季型草坪褐斑病防治[J]. 林业与生态(11): 40.

晁龙军, 单学敏, 车少臣, 等, 2000. 草坪褐斑病病原菌鉴定、流行规律及其综合控制技术的研究[J]. 中国草地(4): 42-47.

车晋滇, 2002. 紫花苜蓿栽培与病虫害防治[M]. 北京: 中国农业出版社.

陈积山, 张月学, 唐凤兰, 2009. 我国草类植物空间诱变育种研究[J]. 草业科学(9): 173-177.

陈立坤, 李学政, 邓红华, 2018. 匍匐剪股颖币斑病的发生及综合防治[J]. 现代农业科技(24): 126-127.

陈叶, 2002. 人工草坪退化原因及保养途径[J]. 现代化农业(1): 15-16.

陈煜, 杨志民, 李志华, 2006. 草坪草耐荫性研究进展[J]. 中国草地学报(3): 71-76.

程思远, 王兆龙, 2021. 施肥对高尔夫果岭草坪草匍匐剪股颖生长的影响[J]. 上海农业科技(2): 75-78+89.

邓衍明, 叶晓青, 贾新平, 等, 2014. 体细胞突变技术在草坪草种质创新上的最新应用[J]. 草业科学(9): 1696-1706.

董纯辛, 崔艺, 牛启尘, 等, 2022. 棘孢木霉特性及其对两种草坪病原菌的生防作用[J]. 草地学报, 30(5): 1102-1109.

段惠, 强胜, 吴海荣, 等, 2003. 紫茎泽兰(*Eupatorium adenophorum* Spreng)[J]. 杂草科学(2): 36-38.

耿继光, 2004. 生物农药使用指南[M]. 合肥: 安徽科技出版社.

顾敏霞, 张丽, 邵丽达, 等, 2013. 体细胞无性系变异在草坪草改良上的研究进展[J]. 核农学报(4): 430-436.

郭丽珠, 范希峰, 滕珂, 等, 2022. 芽前除草剂和氮肥联合施用对纯雌野牛草草坪建植的影响[J]. 草地学报, 30(9): 2375-2380.

郭林, 2000. 中国真菌志: 第十二卷 黑粉菌科[M]. 北京: 科学出版社.

郭林, 2011. 中国真菌志: 第三十九卷 腥黑粉菌目, 条黑粉菌目及相关真菌[M]. 北京: 科学出版社.

郭予元, 2015. 中国农作物病虫害[M]. 北京: 农业出版社.

韩召军, 杜相革, 徐志宏, 等, 2001. 园艺昆虫学[M]. 北京: 中国农业大学出版社.

杭楠, 王翔宇, 张蕴薇, 等, 2019. 结缕草草坪杂草化学防除策略[J]. 草业科学, 36(9): 2259-2269.

贺春贵, 2004. 苜蓿病虫草鼠害防治[M]. 北京: 中国农业出版社.

洪晓月, 丁锦华, 2002. 农业昆虫学[M]. 2版. 北京: 中国农业出版社.

黄代华, 姬承东, 2014. 草坪施用农药对环境的影响[J]. 现代园艺(8): 178-179.

金丽华, 王铁城, 2022. 草坪虫害生物防治的研究进展[J]. 现代农业研究, 28(3): 115-117.

昆虫学名词审定委员会, 2000. 昆虫学名词[M]. 北京: 科学出版社.

兰剑, 任彬, 竺欣, 等, 2001. 宁夏地区草坪草病害调查及防治对策[J]. 草业科学, 18(4): 54-55.

李春杰, 南志标, 2002. 混播对草坪建植与病害的影响[J]. 草业科学, 19(8): 63-66.

李春杰，南志标，崔嵩，2003. 几种真菌对 3 种常见冷季型草坪草的致病性测定[J]. 草业科学，21(12)：75-77.

李春杰，南志标，2003. 引种草坪草的适应性评价及病害和草害[J]. 草业科学，20(4)：68-72.

李春杰，南志标，刘勇，等，2008. 醉马草内生真菌检测方法的研究[J]. 中国食用菌，27(增刊)：16-19.

李春杰，南志标，2003. 中国草类作物病理学研究[M]. 北京：海洋出版社.

李岚，2021. 滩羊放牧对典型草原生态化学计量特征和多功能性的影响[D]. 兰州：兰州大学.

李庆孝，2002. 生物农药使用指南[M]. 北京：中国农业出版社.

李西，王丽华，刘尉，等，2014. 三种暖季型草坪草对二氧化硫抗性的比较[J]. 生态学报，34(5)：1189-1197.

李霞，孙盛年，2019. 北京地区园林景观中的冷季型草坪及其养护管理措施[J]. 现代农业科技(2)：160-161.

李扬汉，2000. 中国杂草志[M]. 北京：中国农业出版社.

李云瑞，2002. 农业昆虫学[M]. 北京：高等教育出版社.

李照会，2002. 农业昆虫鉴定[M]. 北京：中国农业出版社.

李振宇，解焱，2002. 中国外来入侵种[M]. 北京：中国林业出版社.

理查德 N. 斯特兰奇，2007. 植物病理学导论[M]. 彭有良，等译. 北京：化学工业出版社.

连鹤娜，李春杰，2022. 不同栽培措施对醉马草坪用性状的影响[J]. 草业学报，31(6)：178-188.

梁玮莎，易建平，周国梁，等，2006. 毒麦种子内生真菌 Gloeotinia temulenta ITS 序列分析[J]. 植物检疫，20(S1)：7-10.

梁小玉，刘新全，2004. 紫茎泽兰发生特点、防治及利用[J]. 四川草原，12(9)：13-15.

刘若，2001. 草原保护学第三分册：牧草病理学[M]. 2 版. 北京：中国农业出版社.

刘大群，董金皋，2007. 植物病理学导论[M]. 北京：科学出版社.

刘根凤，程莹，汤锋，2005. 草坪有害生物防治研究进展[J]. 安徽农业科学，33(9)：1714-1716.

刘公社，Jing Zhang，于兴旺，等，2019. 国际牧草与草坪草育种新动向[J]. 草学(3)：76-80.

刘明稀，易自力，赵运林，等，2004. 草坪病害生物防治研究进展[J]. 草业学报(6)：1-7.

刘强，2014. 石灰性土壤条件下冷季型观赏草坪营养调控及其生长响应研究[D]. 兰州：甘肃农业大学.

刘荣堂，2004. 草坪有害生物及其防治[M]. 北京：中国农业出版社.

刘维志，2000. 植物病原线虫学[M]. 北京：中国农业出版社.

刘长令，2002. 世界农药大全：除草剂卷[M]. 北京：化学工业出版社.

刘长仲，2009. 草地保护学[M]. 北京：中国农业出版社.

刘振宇，侯新村，张志国，2000. 草坪草离蠕孢叶枯病的研究[J]. 中国草地(3)：42-47.

刘自学，2002. 草坪草品种指南[M]. 北京：中国农业出版社.

龙瑞军，姚拓，2004. 草坪科学实习试验指导[M]. 北京：中国农业出版社.

鲁朝辉，张少艾，2021. 草坪建植与养护[M]. 5 版. 重庆：重庆大学出版社.

陆佳馨，王一婧，张赟，等，2021. 杀菌剂 M-565 对草地早熟禾夏季斑枯病的防效[J]. 江苏农业科学，49(1)：88-96.

陆亮，杜予州，李鸿波，等，2009. 西花蓟马传播病毒病的研究进展[J]. 植物保护，35(2)：7-10.

陆维忠，程顺和，王裕中，2001. 小麦赤霉病研究[M]. 北京：科学出版社.

马进，2001. 杭州草坪主要病害调查及综合防治[J]. 四川草原(4)：48-51.

马奇祥，赵永谦，2004. 农田杂草识别与防除原色图谱[M]. 北京：金盾出版社.

马占鸿，2009. 植病流行学[M]. 北京：科学出版社.

牟吉元，2001. 普通昆虫学[M]. 2 版. 北京：中国农业出版社.

南志标，王彦荣，贺金生，等，2022. 我国草种业的成就、挑战与展望[J]. 草业学报，31(6)：1-10.

农业部农药检定所，2004. 新编农药手册[M]. 北京：中国农业出版社.

农业部畜牧业司，全国畜牧总站，2009. 草种检验员培训教程[M]. 北京：中国农业出版社.

潘克鑫，薛光，周伟荣，等，2009. 海滨雀稗修剪高度对草坪宁71号防除光鳞水蜈蚣的效果[J]. 草业科学，26(7)：177-180.

潘丽梅，刘艳梅，2001. 长春市早春草坪病害种类调查[J]. 吉林林业科技，30(5)：27-32.

庞雪娜，侯喆，侯波，2015. 草坪病害病因分析及防治[J]. 农业科技与信息(6)：68，73.

彭立冬，刘万杨，朱博栋，等，2019. 北京雁栖湖生态发展示范区部分园林植物病虫害调查与分析[J]. 北京园林 (1)：57-59

齐晓，周禾，2006. 草坪病虫草害生物防治技术研究进展[J]. 草原与草坪，6：3-8.

钱俊芝，韩建国，孙贵娟，等，2000. 坪用草地早熟禾褐斑病防治的初步研究[J]. 草业科学(1)：55-59.

强胜，2009. 杂草学[M]. 2版. 北京：中国农业出版社.

商鸿生，王凤葵，2002. 草坪病虫害识别与防治[M]. 北京：金盾出版社.

商鸿生，2017. 植物检疫学[M]. 2版. 北京：中国农业出版社.

单旭东，2020. 保温和浇水处理对冬季胁迫下结缕草生理生化指标的影响[D]. 北京：北京林业大学.

沈国辉，何云芳，杨烈，2002. 草坪杂草防除技术[M]. 上海：上海科技出版社.

首都绿化委员会办公室，2000. 草坪病虫害[M]. 北京：中国林业出版社.

宋瑞清，董爱荣，2001. 城市绿地植物病害及其防治[M]. 北京：中国林业出版社.

苏秀娟，李晓建，潘艳青，等，2013. 春季草坪管理与养护技术[J]. 吉林农业 (2)：230.

泰尔格力，蔡金宏，徐畅，等，2021. 狗牙根草坪杂草化学防除研究进展[J]. 中国草地学报，43(12)：90-99.

屠予钦，2001. 农药科学使用指南(第二次修订版)[M]. 北京：金盾出版社.

汪昊磊，2009. 水分对草坪质量影响的试验研究[D]. 北京：北京林业大学.

王圆，吴品珊，陈克，2000. 电子辐照灭活小麦矮腥黑穗菌[J]. 植物检疫(2)：73-75.

王春梅，2002. 草坪病虫害防治[M]. 延吉：延边大学出版社.

王晓龙，李红，杨伟光，等，2015. 我国牧草及草坪草辐射诱变育种研究进展[J]. 饲料博览 (8)：13-15.

王一专，吴竞仑，2006. 南京地区禾本科草坪上禾本科杂草的发生规律及苗后防除方法[J]. 杂草科学 (4)：35-36.

王振中，2005. 植物保护概论[M]. 北京：中国农业出版社.

卫宏健，丁杰，张巨明，等，2022. 践踏胁迫下狗牙根草坪土壤真菌群落结构的变化特征[J]. 草业学报，31(4)：102-112.

魏建兵，符义坤，鲁先阳，等，2003. 沈阳地区草坪禾本科杂草化学防除技术研究[J]. 草业科学，20(11)：54-58.

翁启勇，余德亿，2002. 草坪病虫草害[M]. 福州：福建科学技术出版社.

吴文君，2000. 农药学原理[M]. 北京：中国农业出版社.

仵均祥，2002. 农业昆虫学(北方本)[M]. 北京：中国农业出版社.

谢联辉，2006. 普通植物病理学[M]. 北京：科学出版社.

谢联辉，2008. 植物病原病毒学[M]. 北京：中国农业出版社.

熊作明，贾健，丁宣祺玥，2017. 草坪植物抗逆生理研究综述[J]. 农业与技术，37(21)：23-26.

徐秉良，2011. 草坪保护学[M]. 北京：中国林业出版社.

徐秉良，2014. 草坪病虫害诊断与防治原色图谱[M]. 北京：金盾出版社.

徐秉良，2006. 草坪技术手册：草坪保护[M]. 北京：化学工业出版社.

徐汉虹，2007. 植物化学保护[M]. 4 版. 北京：中国农业出版社.

徐洳梅，叶万辉，2003. 生物入侵理论与实践[M]. 北京：科学出版社.

许再福，2009. 普通昆虫学[M]. 北京：科学出版社.

许志刚，2009. 普通植物病理学[M]. 4 版. 北京：高等教育出版社.

薛光，2008. 草坪杂草原色图鉴及防除指南[M]. 北京：中国农业出版社.

薛福祥，2009. 草地保护学：牧草病理学[M]. 3 版. 北京：中国农业出版社.

严寒，刘全科，2004. 马蹄金草坪主要病虫草害的防治[J]. 湖北植保(5)：40-41.

杨鼎元，钟理，吴佳海，等，2016. 浅析禾草内生真菌育种研究进展[J]. 种子，35(3)：48-52.

杨青华，蒋素娟，陈小凤，2014. 不同药剂对台湾草草坪杂草的防除效果研究[J]. 现代农业科技(16)：111-112.

杨晓枫，兰剑，2015. 牧草与草坪草种子生产技术研究[J]. 种子，34(7)：41-45.

伊锋，张吉立，刘振平，等，2014. 施肥对草坪土壤养分及旅游景观草坪质量的影响[J]. 山西农业科学，42(3)：299-302.

易建平，陶庭典，沈禹飞，等，2002. 进境黑麦草种子中黑麦草腥黑粉菌的鉴定[J]. 南京农业大学学报，25(2)：52-56.

余德亿，2005. 草坪病虫害诊断与防治原色图谱[M]. 北京：金盾出版社.

虞轶俊，2008. 农药应用大全[M]. 北京：中国农业出版社.

袁庆华，张卫国，贺春贵，2004. 牧草病虫鼠害防治技术[M]. 北京：化学工业出版社.

岳晓霞，柳小妮，李毅，2017. 草坪有害生物诊断系统的设计与构建[J]. 草原与草坪，37(1)：99-105.

曾北危，2004. 生物入侵[M]. 北京：化学工业出版社.

张成霞，南志标，李春杰，等，2004. 三种草坪草的种带与土传真菌及杀菌剂拌种的防效[J]. 生态学报，24(3)：495-502.

张敏，胡辉丽，2006. 气源性污染对园林草坪植物的影响及植物自我修复研究进展[J]. 草原与草坪(6)：9-14.

张宁，周艳萍，牛启尘，等，2020. 草坪枯草层防控研究进展[J]. 草业科学，37(3)：413-422.

张新全，马啸，郭志慧，等，2015. 国外禾本科草育种研究进展[J]. 草业与畜牧(1)：1-7.

张一宾，张怿，2007. 世界农药新进展[M]. 北京：化学工业出版社.

张友军，吴青菌，黄昌辉，2003. 农药无公害使用指南[M]. 北京：中国农业出版社.

张子嘉，肖波，2022. 微生物菌剂对草坪草的促生机理及增强抗逆性研究进展[J]. 草学(2)：5-8.

章武，刘国道，南志标，2015. 4 种暖季型草坪草币斑病病原菌鉴定及其生物学特性[J]. 草业学报(1)：124-131.

赵春莉，张志强，刘翰升，等，2019. 不同混播比例与光照条件对紫羊茅与多年生黑麦草混播质量评价[J]. 吉林农业 (6)：3.

赵美琦，孙彦，张青文，2001. 走近草坪：草坪养护技术[M]. 北京：中国林业出版社.

赵善欢，2001. 植物化学保护[M]. 北京：中国农业出版社.

郑乐怡，归鸿，2000. 昆虫分类(上、下册)[M]. 南京：南京师范大学出版社.

周雯，顾洪如，沈益新，等，2008. 马蹄金草坪杂草发生特点及防除技术研究[J]. 杂草科学 (4)：14-17.

AGRIOS G N，2005. Plant Pathology[M]. 5th Ed. New York：Academic Press.

ALDERMAN S C，2001. Blind seed disease[M]. New York：US Department of Agriculture，Agricultural Research Service.

BAO X，CARRIS L M，HUANG G，et al. ，2010. *Tilletia puccinelliae*，a new species of reticulate-spored bunt fungus infecting Puccinellia distans[J]. Mycologia，102(3)：613-623.

BARNABAS E L,ASHWIN N M R,KAVERINATHAN K,et al. ,2015. A report of Ustilago cynodontis infecting the Bermuda grass-Cynodon dactylon in coimbatore, Tamil Nadu[J]. Journal of Sugarcane Research, 5(1):77-80.

WOLFE J C,NEAL J, HARLOW C,et al. ,2016. Efficacy of the Bioherbicide Thaxtomin A on Smooth Crabgrass and Annual Bluegrass and Safety in Cool-Season Turfgrasses[J]. Weed Technology A Journal of the Weed Science Society of America, 30:733-742.

GULLAN P J, CRANSTON P S, 2005. The insects:An outline of Entomology[M].3rd Ed. London:Balckwell Publishing.

KIRK P M, CANNON P F, DAVID J C, et al. ,2001. Dictionary of The Fungi[M]. 9th Ed. London:CABI Publishing.

LI Y M, SHIVAS R G, CAI L, 2014. Three new species of Tilletia on Eriachne from north-western Australia[J]. Mycoscience, 5: 361-366.

LOU Y, MA Z H,2007. Introduction to Molecular epidemiology of plant disease[M]. Beijing: China Agricultural University Press.

MACHADO F J, MOELLER P A,NICOLLI C P,et al. , 2015. First report of Fusarium graminearum, F. asiaticum, and F. cortaderiae as head blight pathogens of annual ryegrass in Brazil[J]. Plant Disease, 99(12): 1859.

RICHARD J E, 2002. Fundamentals of Entomology[M]. 6th Ed. New Jersey:Prentice Hall,Inc.

WANG H, FENG D, CHEN L,et al. , 2022. First Report of Fusarium meridionale causing stalk rot of ryegrass in China[J]. Plant Disease, 106(5): 1533.

ZHANG Y, WANG L, ADDRAH M E,et al. , 2022. Fusarium incarnatum-equiseti species complex causing root rot disease on Leymus chinensis in China[J]. Plant Disease, 106(2): 762.

附 录

附录 1

草坪害虫分目检索表

附录 2

草坪主要杂草检索表

　　根据国内外已报道的草坪杂草种类,将国内有记录的 122 种杂草所隶属的 29 科列成检索表,以供检索参考(引自翁启勇、余德亿,2002)。

1. 没有花和果实,用孢子和根茎繁殖。茎直立;叶鳞片状,下部联合成鞘;孢子囊穗顶生 ················
 ··· 木贼科(Equisetaceae)
1′. 有花和果实,用种子或营养器官繁殖。非寄生植物,植株绿色 ·· 2
2. 草质藤本植物,茎攀缘、缠绕或匍匐 ·· 3
2′. 非藤本植物,茎直立、斜升或平卧 ··· 8
3. 植株具卷须。叶为羽状复叶,有托叶;卷须生于叶顶 ····· 豆科(Leguminosae)[野豌豆属(Vicia spp.)]
3′. 植株无卷须 ··· 4
4. 叶轮生;茎四棱形,棱上有小倒刺 ··················· 茜草科(Rubiaceae)[猪殃殃属(Galium spp.)]
4′. 叶互生 ··· 5
5. 单叶 ··· 6
5′. 复叶,小叶 3 或 5 ··· 7
6. 具托叶鞘;花小,花被单层;瘦果 ······································· 蓼科(Polygonaceae)
6′. 无托叶鞘;花大,花冠漏斗状;蒴果 ·· 旋花科(Convolvulaceae)
7. 茎缠绕;叶全缘;花序总状 ·· 豆科(Leguminosae)
7′. 茎匍匐;叶缘有齿;花单生于叶腋 ··· 蔷薇科(Rosaceae)
8. 叶具网状脉,多有向下直伸的主根 ··· 9
8′. 叶具平行脉或弧状脉;根为须根,无向下直伸的主根 ··· 40
9. 叶柄基部膨大形成叶鞘或托叶成鞘状包围茎部 ··· 10
9′. 叶柄基部无叶鞘或托叶鞘 ··· 11
10. 具叶鞘;花有花萼与花冠之分;多为复伞形花序,极少为单伞形花序或头状花序 ············
 ··· 伞形科(Umbelliferae)
10′. 具托叶鞘;花具单层花被;花序穗状、圆锥状、头状或数花簇生于叶腋 ········· 蓼科(Polygonaceae)
11. 叶全部基生,无茎生叶 ·· 12
11′. 具茎生叶,基生叶有或无 ·· 13
12. 花密集成有总苞的头状花序;植株含乳汁 ··············· 菊科(Compositae)[蒲公英属(Taraxacum spp.)]
12′. 花序不成头状;植株也不含乳汁。花序穗状,花小而密集,干膜质;叶脉近弧形 ·················
 ··· 车前科(Plantaginaceae)
13. 复叶 ·· 14
13′. 单叶(全缘、羽状裂或掌状裂) ·· 20
14. 三出复叶 ·· 15
14′. 羽状复叶。茎直立或斜伸 ·· 17
15. 小叶倒心形,全缘;蒴果 ··· 酢浆草科(Oxalidaceae)
15′. 小叶非倒心形,有齿或有裂 ··· 16
16. 小叶边缘具细锯齿;花序总状或密集呈头状;荚果 ························· 豆科(Leguminosae)
16′. 小叶 3 裂或 2 裂;花序聚伞状;聚合瘦果近长圆形 ···
 ··· 毛茛科(Ranunculaceae)[茴茴蒜(Ranunculus chinensis)]
17. 具托叶 ·· 18
17′. 无托叶 ·· 19

18. 小叶全缘；荚果 ·· 豆科(Leguminosae)

18′. 小叶有齿或有裂；瘦果 ·· 蔷薇科(Rosaceae)

19. 小叶 3 或 5(7)；花密集成有总苞的头状花序；瘦果 ································ 菊科(Compositae)

19′. 小叶 5~9，花序总状；角果 ·· 十字花科(Cruciferae)

20. 肉质草本；茎平卧或斜伸；叶片楔状长圆形或倒卵形；花黄色 ··········· 马齿苋科(Portulacaeae)

20′. 非肉质草本 ·· 21

21. 叶对生 ··· 22

21′. 叶互生 ·· 29

22. 植株含乳汁。茎平卧或斜伸；花单性，雌雄同序，无花被，花序腋生；蒴果 ···················

　　 ··· 大戟科(Euphorbiaceae)

22′. 植株不含乳汁 ·· 23

23. 叶全缘 ··· 24

23′. 叶缘有裂 ·· 26

24. 花单生或对生于叶腋，白色叶条形 ·················· 茜草科(Rubiaceae)[白花蛇舌草(Hedyotis diffusa)]

24′. 花多数集成花序 ·· 25

25. 头状花序腋生，花白色，苞片干膜质 ············· 苋科(Amaranthaceae)(莲子草属 Alternanthera)

25′. 花序非头状。雄蕊生于花托上；茎节通常膨大 ······························· 石竹科(Caryophllaceae)

26. 花密集成有总苞的头状花序，瘦果 ································· 菊科(Compositae)

26′. 花序非头状 ·· 27

27. 果实为 4 小坚果；茎方形 ·· 28

27′. 蒴果；花单生于叶腋或为总状花序 ··· 玄参科(Scrophulariaceae)

28. 轮伞花序或小聚伞花序排列成圆锥花序；唇形花冠 ······················· 唇形科(Labiatae)

28′. 穗状花序细长，顶生或腋生；花小，非唇形花冠 ························· 马鞭草科(Verbenaceae)

29. 花密集成有总苞的头状花序；瘦果 ··································· 菊科(Compositae)

29′. 花序非头状 ·· 30

30. 花被单层或无花被 ·· 31

30′. 花有花萼与花冠 ·· 34

31. 植株含乳汁；无花被，杯状聚伞花序，蒴果 ························· 大戟科(Euphorbiaceae)

31′. 植株不含乳汁；有花被 ·· 32

32. 花单性。雌花生于叶状苞内，叶椭圆形、椭圆状披针形或卵状菱形，叶缘有钝齿；蒴果 ···········

　　 ·· 大戟科[铁苋菜属(Acalypha spp.)]

32′. 花两性或兼有雌性 ·· 33

33. 花有干膜质苞片；叶背脉显著突出 ·································· 苋科(Amaranthaceae)

33′. 花无干膜质苞片；叶背脉不突出 ·································· 藜科(Chneopodiaceae)

34. 花瓣分离 ·· 35

34′. 花瓣合生。花冠喉部无小鳞片 ·· 38

35. 角果；总状花序；雄蕊 6，稀 2~4，花瓣 4，极少退化为丝状 ············· 十字花科(Cruciferae)

35′. 蒴果、分果或瘦果；花单生于叶腋或排列成聚伞状 ·· 36

36. 雄蕊 4~10；花瓣 4~5；蒴果圆柱形 ··· 柳叶菜科(Onagraceae)

36′. 雄蕊多数；花瓣 5 ·· 37

37. 雄蕊花丝结合成单体雄蕊；叶有毛；蒴果或分果 ······················· 锦葵科(Malvaceae)

37′. 雄蕊分离；叶无毛；聚合瘦果长圆形 ··································· 毛茛科(Rantlncijlaceae)

38. 浆果或蒴果；叶常有裂或齿，被短柔毛或无毛 ····························· 茄科(Solanaceae)